U0188013

# 强亦忠

## 科普文选

QIANGYIZHONG KEPU WENXUAN

◎崔凤梅　李敬磊　组编

云南出版集团

YNK 云南科技出版社

·昆明·

图书在版编目（CIP）数据

强亦忠科普文选 / 崔凤梅, 李敬磊组编. —— 昆明：
云南科技出版社, 2019.12

ISBN 978-7-5587-2443-5

Ⅰ.①强… Ⅱ.①崔… ②李… Ⅲ.①科学普及—中
国—文集 Ⅳ.①N4-53

中国版本图书馆CIP数据核字(2019)第258845号

## 强亦忠科普文选

**崔凤梅　李敬磊　组编**

责任编辑：洪丽春
助理编辑：曾　芫
封面设计：长策文化
责任校对：张舒园
责任印制：蒋丽芬

书　　号：ISBN 978-7-5587-2443-5
印　　刷：湖南省众鑫印务有限公司
开　　本：889mm×1194mm　1/32
印　　张：12.375
字　　数：310千字
版　　次：2020年1月第1版　　2020年1月第1次印刷
定　　价：68.00元

出版发行：云南出版集团公司　云南科技出版社
地　　址：昆明市环城西路609号
网　　址：http://www.ynkjph.com/
电　　话：0871-64190889

# 序

我很少为他人作序，但当崔凤梅老师与我联系，请我为她选编的《强亦忠科普文选》一书作序时，我爽快地答应了。我之所以愿意为该书作序，理由有二：一是强亦忠教授是我们苏州大学医学部的老师，而且还曾在我现在工作的放射医学与防护学院任过教。崔凤梅是他的学生，她为了了却强教授多年来想出版科普文集的心愿，庆贺其80年华诞，热情地选编了这本《强亦忠科普文选》，我理应大力支持；二是强教授与我是同行，已相识30余年，曾一起参加过不少相关学术会议，特别是20世纪80年代中期，我们一道参加原子能出版社组织编写的《原子能科学技术辞典》一书的审稿会，同在放射化学小组，大家认真审稿，热烈讨论乃至争议，彼此留下了美好的记忆和深刻的印象。强亦忠教授作为一位在专业上有较高造诣的核科技工作者，不忘科普，写了大量科普作品，还多次获得省级和全国性的科普奖项，并加入了中国科普作家协会，成为有一定影响的科普作家，这在中国核学会核化学与放射化学专业委员会的科学家中并不多见。我作为他的同行甚感欣慰。科普工作是学会的重要工作，也是每个科技工作者应该承担的社会责任。因此，我很高兴为《强亦忠科普文选》一书作序，为科普工作发声。

　　因为时值新学期开学之际，事务繁忙，我只粗略地看了一遍《强亦忠科普文选》的清样稿，但仍给我留下了深刻印象。强教授从本专业出发，写了大量与核科学技术有关的科普作品，他用生动的语言、形象的比喻，准确通俗地普及核科技知识，这对消除公众的"核恐惧"心理，促进核科技和国防事业的发展是大有裨益的。他不仅着眼于普及科学知识，更重视弘扬科学精神，传播科学思想，倡导科学方法，他的科普作品具有丰富的科学内涵和深厚的思想底蕴，这在他的科学小品、科学时评和科学随笔的作品中体现得尤为明显，因而他的作品的影响力也就更大。要着重指出的是，他十分重视科普的最终目的，即提高公众解决实际问题的能力和参与科普决策的能力，大力倡导科技建议这一文体，并身体力行提出了大量科技建议，这与他作为苏州市政协常委和全国政协委员积极履行参政议政职能的视野有关，因此不少切合实际的建议也成为这本书的另一个特点。对此，每个人可能会有不同看法，但强教授的出发点和思想无疑是值得我们认真思考的。

　　以上只是我的一些粗浅的读后感言，是为序。

# 选编者的话

　　强亦忠教授是原苏州医学院（2000年并入苏州大学）的知名教授，他1963年毕业于我国著名的高等学府清华大学原子能化工专业，即奔赴酒泉原子能基地工作，先后从事天然核燃料铀和人工核燃料钚的科研和生产，因主持多项技术革新项目卓有成效，1977年恢复职称评审后即第一批被晋升工程师。1979年调苏州医学院放射医学系放射化学教研室任教，主编和参与主编教材《放射化学》《简明放射化学教程》《核药学》《环境放射学基础》《医学写作》《科技写作教程》等教材，成绩显著，曾被选为全国原子能专业教学指导与教材编写委员会常务理事、核化学与放射化学专业委员会副主任、全国科技写作研究会常务理事、医学写作专业委员会主任。他在搞好教学的同时，积极开展科学研究，在环境放射化学、生命物质放射性核素标记、辐射自由基生物学与医学等领域均有建树，发表论文30余篇，获得部省科技进步奖6项、江苏省教委"八五"先进科技工作者称号等，后被破格晋升教授。他于1988年由普通教师、党外人士破格任命为苏州医学院研究生处副处长，负责研究生教学与培养工作。他狠抓教学改革，注重培养质量，并亲自主持开设"科研方法学"和"科技写作"（论文写作）课程，还编写《医学学位论文写作指南》等著作与教材，深受好评和研究生的欢迎。他后又被调任医学院科技处处长，他为寻求科技工作的突破口，经过认真调查研究，提出作为核工业部直属的医学院校，科技工作既要有医学特色，又要为核工业发展服务，应以"两医两技"（即放射医学、核医学、生物技术、核技术）为中心，推动全院科技工作发展的方针，还提出"在管理中体现服务，在服务中加强管理"的指导思想，使医学院科技工作有了很大改观。他主持的科技处被江苏省教委评为科技管理先进集体。

1992年，强亦忠教授作为党外处级干部被推荐加入民主党派——中国民主促进会，1993年被选为苏州市政协常委，后又连任一届，1998年又被选为第9届全国政协委员。他以"位卑不忘报国志，人微不信言必轻"的心态，以"入会为公，参政为民"的理念，本着"求真务实、敢讲真话、认真调研、认真思考"的精神，积极参政议政，写出上百份提案、建议、大会发言材料和社情民意，其中有不少在各种报刊上全文或摘要刊登，有的还获得优秀提案奖、优秀言论奖，成为"至少在苏州市的民主党派中都是有很高威望和影响的代表人物"（原苏州市政协副主席、中共苏州市委统战部部长盛家振在强亦忠教授的著作《同心集》作序中的评语）。

强亦忠教授不仅在教学、科研、管理和参政议政诸方面做出了成绩，难能可贵的是，他还热心于科普工作，把科普工作作为知识分子应尽的义务和回馈社会的责任，利用业余时间从事科普创作和科普讲座。除在酒泉原子能基地编写过一本技术工人培训教材《精馏及其在核燃料后处理废液回收中的应用》一书（后于1981年由原子能出版社出版）外，真正从事科普创作是从保密单位酒泉原子能基地调回苏州医学院之后，于1980

年初开始的。他有感于公众的核恐惧心理，严重影响核科技在国民经济中的应用，特别是核电的发展，首先结合自己的专业写科普文章，发表在《苏州日报》上，得到了读者的欢迎和编辑的赞扬。全国晚报于1983年和1985年两次举办科学小品征文活动他都积极响应，写出多篇作品应征，两次均获奖。其作品还被分别收入优秀获奖作品选集《科技夜话》和《科学夜谭》之中，使他得到了极大的鼓舞，创作热情更加高涨，由此一发而不可收，陆续写出了上百篇科普作品，分别发表在《苏州日报》《江苏科技报》《人民政协报》《新民晚报》《春城晚报》和《环境》《现代化》《科学大众》《科技文萃》《祝您健康》等报刊上，其中有多篇获省级和全国性的优秀作品奖。由此，他加入了中国科普作家协会，还被选为江苏省科普作家协会常务理事、苏州科普促进协会副理事长。

　　强亦忠教授近年来有一个心愿，就是想将他多年来发表的科普作品选编出版一本科普文集，做一个总结，但一直未能实现。今年是他80寿辰，作为他的学生，作为他原科研小组的后辈成员，曾得到他的帮助，就想帮他实现这一心愿，以作为他80寿辰的一份礼物，这就是我选编这本《强亦忠科普文选》的初衷，后得到李敬磊先生的赞同，并参与到选编工作中来。但真正着手做这件事，还是碰到了不少困难，一是由于年代久远，加之强教授平时未注意有关资料的保存，因此作品收集的难度较大。我一方面请强教授尽量提供他保存的资料；另一方面，请他尽量回忆和提供查找有关资料的线索。强教授花了一个多月的时间，从办公室到家里，翻匣倒柜，好不容易收集到一部分资料。我又带领研究生，利用互联网进行检索，有的资料只能靠手工一份份报纸或一本本杂志翻检查阅，才收集到他发表的大部分作品。二是强教授的科普作品种类繁多，内容庞杂，如何归纳构建《文选》的框架，也是一个难题。后来与强教授商议，决定还是按文体类别进行归纳，分成科普文章、科学小品、科学时评、科学随笔、科学诗歌、科学游记、科学小说、科技建议和科普论文等9辑。

为了选编这本文选，我集中、系统地阅读了强亦忠教授的科普作品，有了一种全新的认识。我认为强教授的科普作品有以下5个特点：

一是立足本专业，写自己熟悉的内容，保证作品内容的正确，使作品既具科学性，又有独特性。科学性是科普作品的第一属性。强教授做人认真，教学认真，做科研认真，同样写科普作品也非常认真，他把做学问的认真用到了科普作品的创作上。他的许多科普作品都是写与自己专业和工作密切相关的内容，如核能安全、辐照技术、放射医学、核医学、核环境学等核科学技术方面的知识，以及科技管理工作涉及的内容。写作之前，他都要翻阅书籍，查找文献，重新学习有关知识，核对数据，以确保作品内容准确无误。另一方面，由于他从事的专业的特殊性和写作风格的特殊性，也使得他的作品内容和品味都具有独特性。

二是关注科技发展和科研的前沿，使作品具有新颖性和时代性，以吸引广大读者。他经常把自己和本单位的科研成果、文献调研中看到的新进展以及学术会议上了解到的新信息写进科普作品，如《异军突起的辐射灭菌术》《自由基——是非功过细评说》《能自动追击癌细胞的导弹》等篇什，介绍的都是内容很新的知识，避免了科普作品老面孔、炒冷饭的弊端。

三是贴近读者的关切和需求，使作品具有实用性和亲民性。如《常开门窗防肺癌》《花岗岩是住宅中"沉静的杀手"吗》《看〈血疑〉，话钴源》（《血疑》是当时热播的日本电视剧）等篇什，介绍的都是与人们生活相关或公众十分关心的问题。这里要特别提到的是，强教授十分重视"公共科学事件"科普。因为公共科学事件往往是公众普遍关心的热点、难点问题，因此抓住公共科学事件的时机，开展科普，为公众解疑释惑，这既是应对公共科学事件的需要，又可收到立竿见影的科普效果。如苏联切尔诺贝利核电事故、花岗岩放射性风波、日本大地震导致福岛核事故在中国引发的抢购食盐风波等，强教授都及时写出作品，受到好评。

四是融汇"四科"（即科学知识、科学方法、科学思想、科学精神），特别注重普及"后三科"（即科学方法、科学思想、科学精神），使作品具有思想性和深刻性。强教授认为，科普的最终目标是提高公众的科学素质，而科学素质的关键在于"后三科"。他的很多作品都在普及"后三科"上下功夫。这在他创作的科学小品、科学时评和科学随笔的作品中体现得尤为明显。他还专门写了一本名为《比科学知识更珍贵》的市民科普读本，专门宣传"后三科"，很受欢迎。

五是重视作品的篇章构思和语言文字，使作品具有趣味性和通俗性。强教授认为，科学是丰富多彩、发展变化和不断创新的，其内涵本身就具有趣味性和美学价值。因此，在科普作品中努力体现趣味性和文学性是他一贯的追求。在他的作品中，特别注意篇章结构的运思、篇名标题的设置和语言文字的推敲，常用形象的语言、巧妙的比喻、新奇的联想、睿智的幽默，使作品具有可读性。如《"核侦探"探脑》《贫铀弹的魔影》《重忆SARS之痛》《从"张悟本现象"我们能悟出什么》

《量到微时令人惊》等，仅看题目就有一种吸引人、打动人的力量。

此外，在这本《文选》中，我们还选编了强教授撰写的科技建议文本和科普理论研究论文。由于强教授担任苏州科普促进会副理事长，主持协会的科普创作和理论研究，因此进入21世纪后的十几年来，他把很大精力倾注于科普理论研究，取得了丰硕成果。科技建议是公众参与公共科学事务特别是科学决策、科技创新的重要途径，是公众科学素质的重要体现，强教授这些年来一直倡导把科技建议纳入科普工作范畴，并身体力行，做出表率。强教授认为这两种文体体现了他对科普工作的新见解和新理念，建议我们收入这本文选。我们认为他讲的有一定道理，因而采纳了他的意见。这也许会成为这本文选的另一个特色和亮点吧。

我们十分荣幸请到中国科学院院士、原中国核学会核化学与放射化学专业委员会主任委员柴之芳教授为本书作序，他现在是苏州大学医学部放射医学与防护学院特聘院长，在新学期开学的繁忙之际，仍拨冗写下热情、诚恳的文字，我们对此表示深深的感谢和敬意。

我们还要感谢上海仁机仪器仪表有限公司对本书出版的大力支持。

虽然我们在选编这本文选的过程中，投入了很大的精力，花费了不少工夫，但由于受条件和时间所限，加之我们对科普的理解不深，水平不高，不足与疏漏之处在所难免，敬请广大读者和专家批评指正。

崔凤梅

# 目 录

# 第一辑
## 科普文章

**【选编者按语】**

这里所说的科普文章，是指通过通俗的讲解、叙述来介绍科学知识和应用技术的科普作品，即知识性科普作品和技术性科普作品。这是科普作品中最常见数量也最多的一种科普文体。强亦忠的科普创作就是从写这一类科普文章起步的。

20世纪80年代初，一家科普杂志上发表的一篇科普文章提到混凝土预制板建筑物，其中包括磷石膏建材建造的住宅含有较强的放射性，对人体会造成危害，是"沉静的杀手"，引起了人们的恐慌。其实，磷石膏轻板框架建材是一种利用废矿渣生产的新型建材，它坚固、质轻、抗震性好、成本低、可工业化生产、施工简单，因此很快得到了推广。在苏州也建了一大批用这种建材建造的住宅。但不明事实真相的居民纷纷到市人大去反映、去投诉，一时间掀起了轩然大波，引发了群体事件。苏州市政府立即采取应急措施，责令苏州医学院放射医学系紧急调查这类住宅的放射性，并对其危害作出评估，强亦忠教授当年有幸参加了这一科研任务。后来，科研任务顺利完成，调查数据证实这类建筑的放射性在允许的范围之内，这场风波才逐渐平息下去，却引发了强教授的思考，并由此得出一个重要的结论：向公众普及有关放射性的知识多么重要！于是，他着手写了第一篇科普文章，就此坚定了他走科普道路的决心。此后，他围绕核科学技术在国民经济各个领域和人们生活中的应用以及核电和核安全方面的知识，接连写了多篇文章。1986年4月26日，苏联切尔诺贝利核电站发生事故，他马上做出反应，写了两篇文章，其中《对苏联切尔诺贝利核电站事故的思考》一文还获得江苏省科普作家协会评选的优秀作品奖。我们这里入选的是强教授根据事故发生后联合国原子辐射效应科学委员会经过长期调查研究所做的新的评价，写了《切尔诺贝利核电事故三问》一文，更深入地讲解了事故发生的原因，客观地评价事故的后果，科学地介绍核电的安全性和经济性，受到广泛好评。

　　到20世纪末，又有传媒在介绍花岗岩做装饰材料时说其含有高放射性，是"沉静的杀手"，一时间又搅得大家人心惶惶，谈"石"色变。强教授又及时写出《花岗岩是住宅中的"沉静杀手"吗？》一文，予以批驳。这篇文章后获全国十家科普杂志评选的优秀作品金奖。

　　总观强教授的这类科普文章可以发现，他非常重视读者的需求和社会的关切，作品不仅介绍有关科学知识，还对一些不正常的社会现象和错误的宣传和传言进行批驳，直抒己见，使其作品具有一定的思想性和战斗性。他早期这类科普文章写得较多，这里我们仅选了15篇。他的第一篇关于磷石膏建材放射性的文章以及还有一篇获奖作品未能找到，十分遗憾。

# 治疗癌症的新武器

癌症是一种严重威胁人类生命的疾病，征服癌症已成为当今世界科学研究的重大课题之一。

辐射疗法是目前治疗癌症最重要的方法，它承担了大约三分之二癌症病人的治疗任务。但是，由于这些γ射线的聚焦性能差，"敌我"不分，在消灭癌细胞的同时，对周围正常组织也有伤害，引发副反应，容易导致整个治疗功败垂成。

那么，怎样来提高辐射疗法的效果呢？除了不断提高辐射疗法的精准度外，科学家们找到了一种新武器——重离子。

世界万物都是由不同的原子构成的，而原子又是由带正电的原子核和围绕核旋转的带负电的电子组成的。当原子部分甚至全部失去核外电子时，它就带正电，这就是离子。通常把质量数比氦原子大的离子称为重离子。由于重离子带电，因此可在加速器中借助于电磁场加速，使它获得很高的能量。

高能量重离子用于治疗癌症具有许多优点。首先是它的能量高，辐射电离本领大，杀灭癌细胞的威力也大。无论是在癌肿的表面还是深处，它的杀伤力都一样，因此可彻底歼灭所有的癌细胞。二是高能离子可以高度聚焦，这就可以确保对癌肿组织的有效杀伤，而对周围组织损害很小。此外，利用重离子聚焦性能好的特点，可做成"离子解剖刀"，进行无血解剖，甚至可以用来在单个细胞内进行手术。

现在，美国已成功地用氦、氖、氮、碳等重离子治疗胰腺癌、胃癌、脑神经胶质瘤等200多例，用氦离子手术刀切除脑垂体瘤700多例，取得了理想的效果。可以预料，随着重粒子加速器的发展，重离子将成为治疗癌症的有力武器。

（1985.5）

# 异军突起的射线灭菌术

在我国的一些毛纺厂里，常发现与原毛接触的工人会染上一种病，特别是选毛工人，发病率很高，轻者感到浑身无力，重者甚至无法坚持工作，严重影响了职工的身体健康。经研究发现，这是由羊毛中含有布氏杆菌引起的，这种病就叫布氏病。但由于原毛的消毒处理比较困难，采取了许多办法都未能奏效，布氏病仍时有发生。怎么办？有人建议用射线辐照来灭菌，一试验，奇迹出现了：用10万伦琴*的照射量竟把整包原毛上的布氏杆菌全部杀灭！于是在1979年陕西第一毛纺厂首先安装了一台钴-60的辐照装置，对原毛进行消毒处理，一举制服了布氏病。这是射线灭菌术在我国得到成功应用的一个突出的例子。

射线灭菌术的发展可追溯到二十多年以前。当时肠缝合线用作手术缝合材料深受欢迎。因为肠缝合线是用牛、羊等哺乳动物骨的胶原纤维做原料，缝入体内后可逐渐被人体吸收，无须拆线。但是肠缝合线往往会带有污染细菌，而它又不耐高温，不能用高温加热法彻底消毒，因此常常会引起手术后感染。外科医生们很想找到一种灭菌效果好而又不用加热的新技术。1956年，美国一家公司首先采用电子束对肠缝合线进行灭菌试验，取得了满意效果。于是射线灭菌术就这样应运而生了。之后，随着石化工业的发展，以塑料为原料的医疗器具日益增多，许多医疗器具向一次性使用的方向发展，这些医疗器

---

\* 注：伦琴是以前的辐射剂量单位，现改用戈瑞（Gy）.

具的材料都不耐高温，无法用高温加热消毒。就这样，射线灭菌术异军突起，得到了迅速发展。

射线灭菌与传统的高温灭菌和化学灭菌不同，它是利用射线对微生物的辐射损伤效应来达到杀菌消毒目的的，因此具有许多独特的优点：射线灭菌是一种冷消毒技术，物品不会因高温而遭到破坏，射线源不与物品直接接触，不会残留有害的气体、液体和固体物质；射线穿透能力强，杀伤力大，可在密封包装的情况下直接消毒，灭菌彻底，有效期长；射线灭菌方法简便，易实现自动流水作业，且耗能很少，费用一般仅为高温消毒的1/4。这些都是其他消毒方法无法比拟的。因此，在欧美一些技术先进的国家，射线灭菌术已用于注射器、针头、缝合线、手术刀、输血装置甚至移植脏器等多种医疗器械和用品的消毒。

此外，射线灭菌术还可在其他许多部门得到应用，如射线用于食品的杀虫灭菌，是一种既可保障食品卫生，又可保持食品新鲜的食品保藏新方法，在国外已得到了实际应用。我国在这方面的试验工作也取得了很大进展。

射线可用于博物馆等展品的灭虫防蛀。据报道，位于捷克布拉格附近的波希姆·鲁兹托克博物馆的5万多件木制展品，经过钴-60 24~48小时的照射，射线穿透深度为1米，可防蛀达十年以上。射线灭菌也可用于图书资料的防蛀、防霉和历史文物的保护。

射线灭菌还可用于城市污泥的处理。经适当剂量辐照过的污泥可用作肥料，施于农田，有助于恢复因大量使用化肥而下降的地力，甚至可用作牛、羊等反刍家畜的辅助饲料。

当然，射线灭菌也有缺点。由于射线会引起那些不耐辐射的物品的分解，使它的应用受到了一定限制。

（1985.9）

# 酿造美酒有新方

一年一度的元旦又来临了。人逢佳节，以酒助兴，于是我想到要买一瓶好酒。这个念头被一位在辐照室工作的朋友知道了，他说可以给我提供一瓶价廉物美的优质酒，这既使我喜出望外，又使我迷惑不解。经他详细解释我才明白个中道理。

原来新酿出来的酒一般需存放一段时间方可饮用；存放时间越长，酒的质量越好。这是因为酒在存放过程中会发生一系列化学反应：一是酒中含有的羧酸、醛、醇等有机化合物在存放过程中会相互作用，醛被氧化生成羧酸，羧酸与醇化合生成酯。酯具有香味，酯含量越多，香味就越浓。二是醇会与水发生缔合反应，生成缔合物，使酒的烈性降低，口味变得醇和。这就是酒的陈化。但由于这些反应的速度十分缓慢，因此陈化时间很长，少则一年半载，多则十几年甚至几十年。这就势必造成生产资金的大量积压，需要占用许多仓库，每年还会有3%~5%的酒挥发损失。有些用薯类酿的酒，无论存放多长时间也无法去除怪味。因此，人们一直在寻求好的陈化方法，曾试验过超声波和微波处理法，但效果都不够理想。近几年来，我国科技工作者根据国外的有关报道，对γ射线辐照法加速酒的陈化进行了一系列研究，取得了较满意的成果。这种方法一般只需几天、十几天，酒的色泽、透明度、香味、入口、余味、风格等指标都有明显提高，其中尤以薯类白酒的效果最为突出。这种酒本来质量较差，入口麻嘴，苦涩辛辣，刺喉上头，但用辐照法陈化后，质量大为改观。1982年1月，用辐照法陈化的薯类白酒在四川29种优质白酒的评比中名列第四，展销时由于它价廉物美，很快抢购一空。除薯类酒外，一般成品酒经辐照处理，质量也都有明显提高。

听了朋友一番介绍，我对辐射还有如此神奇的功效惊叹不已。

（1985.12）

# 常开门窗防肺癌

如果有人告诉你，一般住宅里都存在着引起肺癌的潜在危险因素，你也许会感到惊讶或疑惑，但这却是已被科学证明了的事实。这个致病的"凶手"就是一种看不见、嗅不出的放射性气体氡及其衰变子体。

氡是自然界中含量最少的一种惰性气体，它仅占大气中的一千亿亿分之一左右，但却无处不在。在自然界中，无论岩石、土壤或水，都含有微量的放射性元素铀，铀衰变生成镭，镭衰变生成氡。氡再继续衰变，生成钋、铋、铅等放射性子体核素，这些物质被人吸入后，时间长了就有可能致癌，对人体造成危害。

凡是放射性核素均会自发地放出射线，变成另一种核素，这个过程称为衰变（也称蜕变）。原来的核素称为母体，衰变后产生的核素就称为子体。氡是由镭衰变产生的子体，它放射α射线，衰变后生成放射性子体钋，钋再陆续衰变生成放射性子体铋、铅等。实验已证实，α射线对人体细胞的损伤作用特别强，尤其是氡子体，被人吸入后，主要截留在呼吸道的黏膜上，使肺区这个局部受到很大的辐射剂量，长时期作用，就可能致癌。据调查，我国肺癌病人死亡率北方比南方高，特别是北方一些边远地区更高。这与那里的住房密闭，自然通风差等因素有关。

室内的氡主要来自地基表面和建材析出以及由地下通入

室内的管道周围裂缝渗进来的。因此，室内氡的浓度首先取决于房基、周围土壤和建材中的镭含量；其次，与地基和建材的致密程度有关。材质越疏松，氡就越容易析出来；此外，还与建筑结构、通风状况以及气象条件有关。通常，室内氡的浓度要比室外高十几倍，通风不好的房间氡浓度可比一般房间高好几倍，特别是为了取暖或空调而紧闭门窗的房间，氡浓度会更高。

减少室内氡及其子体危害最简便而又有效的方法就是加强通风。一般打开门窗只需1小时，室内氡就可降到室外的水平。经常进行湿法扫除，减少室内空气中的浮尘，也可降低氡子体的危害。把厨房与居室隔开，特别是在用煤或天然气作燃料时，更要注意这一点。此外，在墙面和地板上涂上一层气密性好的涂料，可减少建材中的氡向室内空气的释放，如环氧树脂涂料，氯乙烯-偏氯乙烯共聚乳液等，这对防氡也有明显效果。

（1986.5）

# 辐射绝育法治虫

　　虫害是农业生产的大敌，害虫繁殖能力很强，喷洒农药虽可控制虫害于一时，但很难将它们彻底消除，而且大量使用农药会造成污染，危及人类健康。

　　科学家们经过研究发现，害虫的雄虫在适宜的放射线剂量的照射下，其性细胞会发生突变，虽仍有交配能力，但受精卵不能发育孵化，这就如同给害虫做了绝育手术一样。如果大量培育这种不育雄虫，分期分批把它们释放到农田中去，让它们去追逐雌虫，结果是"光下蛋，不孵仔"。经过三代之后，就会使害虫断子绝孙。

　　早在20世纪50年代初，美国科学家在可拉列岛每周释放13.6万个不育雄虫，仅半年时间危害家畜的螺旋蝇就绝迹了。后来在佛罗里达半岛扩大实验，每周释放140万个不育雄蝇，第二年螺旋蝇就销声匿迹了，年受益额超过了2000万美元。而治虫成本仅1000多美元。

　　这真可谓是一种奇妙的治虫方法，一不损害作物，二不污染环境，三不会对人畜和其他益虫造成伤害，四治虫效率高，很快使害虫绝种，不会像农药那样出现耐药性，五费用低廉，因而受到人们青睐。我国也对多种害虫进行了辐射不育治虫研究，有的已经进入田间实验。现在，辐射不育治虫法已在美、苏、日等发达国家进入推广应用阶段，出现了自动化程度很高的大型不育昆虫繁殖工厂。辐射不育治虫的研究与应用在世界各地正方兴未艾。

（1991.5）

# 自由基——功过是非细评说

近日，笔者参加了全国自由基生命科学应用学术研讨会，收益匪浅，感触良多。自由基生物学近年来发展迅速，研究成果丰硕，其中有不少成果已转化为商品。现在，与清除自由基有关的医药品、保健品纷纷应市，在各种媒体上频频亮相，使"自由基"这个在前几年还很冷僻的专业名词深入千家万户。但是，由于商家片面追求广告效应，在宣传中对科学性的把握不够严谨，甚至造成误导。比如，说什么自由基是"百病之源"啦；自由基是人体内的"垃圾"，必须清除干净啦；抗自由基的保健品对每个人都是十分需要的啦等等。因此，专家们呼吁：

## 要为自由基正名

自由基是带有尚未配对的电子的原子、分子或离子。由于这种未配对电子具有强烈的配对趋向，因此自由基具有很强的反应活性，极不稳定，存在的寿命十分短暂。从理论上讲，任何化学反应只要其生成物中的原子形成不配对电子，就会产生自由基。因此，在人体内产生自由基是不可避免的。但人体只要将这些自由基维持在低浓度范围内，那么它们不仅无害，而且还有积极的生理作用。例如，它们可参与某些生化反应和生化物质的合成，对消化、生殖、发育等具有促进作用。又如，白细胞在机体免疫反应过程中会大量释放活性氧自由基，可吞噬入侵的微生物。最新的研究发现，一氧化氮自由基也有这种杀伤外侵之敌的功能。此外，一氧化氮自由基还具有松弛血管平滑肌，防止血小板凝聚和促进神经传导等功能，在学习和记忆过程中充当重要角色。因此，我们对自由基不能"格杀勿论"，不能把它们当作"垃圾"统统清除掉。

当然，机体内自由基生成过多，超出允许的低浓度范围，则会造成危害。但专家们认为：

### 要相信人体的调控功能

人类在漫长的进化过程中形成了一系列自我保护的功能，其中包括对自由基的调控功能。通常，人体内可合成一系列的抗氧化酶，如超氧化物歧化酶（SOD）、谷胱甘肽过氧化物酶(GSH-Px)、过氧化氢酶（CAT）和抗氧化剂谷胱甘肽（GSH)等，使体内氧自由基的生成量控制在氧消耗量的1%~2%的范围内。一旦体内氧自由基生成量上升，这些抗氧化物酶和抗氧化剂的生成量就会增加，迅速与自由基发生反应，使之降低到允许的浓度范围之内，因此不会造成危害。

如果一个人长期处于严重污染的环境之中，或长期从事高度紧张的工作，或患有某种较严重的疾病，或因年龄老化、各种生物机能逐渐衰退，那么，人体内自由基的产生量会增多，而清除自由基的功能会减弱。此时，过量的自由基会对核酸、蛋白质、生物膜等进行攻击，造成机体损伤。如不能及时修复或更新，则会影响健康，甚至危及生命。在上述这几种情况下，采取适当的保健措施甚至医疗措施是十分必要的。不过，专家们指出：

### 要正确对待保健品

选择保健措施的基本原则是：采取综合手段消除或预防影响人体健康的各种因素，包括外因和内因，降低人体内产生自由基的量和提高抗氧化物酶、抗氧化剂的合成能力。切不可单一地、过分地依赖特殊营养品和保健品。首先是生活上要讲究卫生，适当锻炼，增进健康；第二是饮食上要符合营养，防止人体必需营养素的缺乏；第三才是适量地从保健品中补充外源性的抗氧化剂。实际上，许多天然食品包括药食两用的中草药，都存在一些防治某些疾病和促进健康的有效成分。比如茄子、豆角、韭菜、油菜、土豆、青椒、黄瓜、西红柿、葡萄、香蕉、桃、刺梨、大枣、山楂、陈皮、大蒜、茶叶等食物，生地、当归、酸枣仁、灵芝、肉桂、杜仲、枸杞、丹参、五味子、甘草等中草药，它们含有维生素C、维生素E、$\beta$-胡萝卜素、茶多酚类、生物黄酮类等成分，这些都是抗氧化剂，具有消除自由基的功能。因此，我们提倡多吃富有营养的新鲜蔬菜和水果，这对提高机体抗氧化效能具有十分重要的意义，是非常有效而又实用的保健措施。

（1998.1）

# 秸秆的焚烧危害与综合利用

　　1998年5月17日晚，笔者乘川航班机由沪赴蓉，参加全国生物物理学术会议，当飞机降落在成都双流国际机场时，只见烟雾腾腾，空气中弥漫着呛人的烟味，好生奇怪。一打听才知道是连日来成都郊区农民焚烧麦秸造成的。后来看到报纸上正式披露，从5月7日起，焚烧麦秸的滚滚浓烟使成都机场上空能见度极差，严重影响飞机的正常起降。从13日到14日的24小时内，机场被迫3次关闭，许多班机只好迫降重庆机场。据悉，这前后几天中，造成61个航班延误，损失之巨创中国民航史上之最。此外，烟雾还引发恶性交通事故多起。因为浓烟无孔不入，即使门窗紧闭，仍熏得居民苦不堪言，怨声载道，旅客大为不满，愤然离去。这不由使我想起，近年来在苏南地区麦收时节看到烧秸情景，不禁忧心忡忡。

## 焚烧秸秆，危害甚多

　　首先是造成资源的极大浪费。据专家们称，全国每年有秸秆6亿多吨，其中含氮300多万吨，磷70多万吨，钾近700万吨，这相当于我国目前化肥用量的四分之一以上。此外，秸秆含有微量元素及有机物质，付之一炬，实在可惜。

　　其次，焚烧秸秆会造成严重的环境特别是大气的污染。大量农作物秸秆的不完全燃烧会增加$CO_2$、$CO$、$SO_2$、氮氧化物等有毒气体的排放和烟尘的生成，这对人体会造成危害，影响健康。

　　第三，夏、秋两次集中焚烧秸秆，黑烟四起，火光冲天，一片狼藉，不堪入目，严重影响人民生活和经济建设，稍一疏忽，还会引发火灾等灾难，酿成更大的损失，是一种极不文明的行为。

## 秸秆综合利用，大有文章可做

首先，秸秆是一种很好的肥料，可以直接还田。专家们指出，秸秆是个宝，它含有丰富的有机质如氮、磷以及钾等成分。如果每亩耕地还田秸秆300~500千克，可增产粮食25千克以上；连续三年秸秆还田，不仅增加土地肥力，还可增加土壤有机质0.2%~0.4%，改善土壤物理性状，改变土壤板结发僵，有利于调节土壤养分，提高氮、磷、钾及其他养分的利用率，增加化肥的有效吸收，保护农田的生态环境。

秸秆也是一种较好的饲料，可以用来喂养牲畜。据专家估计，全国如果有三分之一的秸秆用作饲料，即可增加1亿头牛的载畜量，节约饲料5300多万吨。此外，秸秆养畜还可实现秸秆过腹还田，这是很有综合效益的一种生产模式。

秸秆还是一种传统的能源，我国农村过去有近一半的能源依靠农作物秸秆。现在经济发展了，农民生活水平提高了，直接用秸秆做燃料已难以接受。但秸秆可以通过固化、碳化、沼气化等方法用作燃料，使用方便。据估计，全国如果有三分之一的秸秆用作能源，可替代6000多万吨标准煤。

此外，秸秆可加工成性能良好的各种衬填材料；秸秆可以做成可降解的饭盒替代塑料泡沫饭盒，减少"白色污染"；秸秆还可用作编织材料，加工成各种工艺品和实用品。因此，秸秆利用大有前途。

（1998.5）

# 花岗岩是住宅中的"沉静杀手"吗

## ——漫话建筑物的放射性

　　建筑物是人类活动最主要的场所。随着科学技术的发展和人类生活水平的提高，人们对室内环境的要求也不断提高，对房屋及其装修材料的危害因素日益重视，特别是近十几年来对建筑物的放射性危害尤为关注。但由于人们对这方面的科学知识不甚了解，而一些传媒有时宣传不慎，有意无意地夸大了放射性的危害，不时引起人们的疑虑，甚至产生恐惧，建筑物的放射性已成为一个社会敏感问题。

### 一"石"激起千层浪

　　早在20世纪80年代初，一家科普杂志登载了一篇文章，称混凝土建筑物的放射性对人体危害很大，特别是工业废渣建材，放射性高，危害更严重，是"隐蔽的杀手"。文章一经公开发表，消息不胫而走，引起了很大震动，不少人向有关部门反映，追问是否确有其事。为此，笔者还承担了一项紧急的科研任务——调查苏州市居民住宅的放射性。后经过各方面的努力，特别是科学道理和真实数据的展示，事情才逐渐平息下来。事隔16年，时间到了20世纪末，又有传媒在介绍花岗岩做装饰材料时说它的放射性是"沉静的杀手"，一时间搅得人心惶惶，谈"石"色变，真是一"石"激起千层浪。

　　其实，用石材做建材古已有之。从富丽堂皇的宫殿到一般民宅，比比皆是。只是近几年来，由于花岗石、大理石美丽华贵，色泽自然，作为装饰材料，给建筑物平添了几分端庄和大方，重新受到青睐，不仅公共建筑常被采用，而且已进入寻常百姓家，成为都市建筑一道亮丽的风景线。那么，花岗石到底有没有放射性？其危害到底有多大？为了讲清这个问题，我们还必须从人类赖以生存的地球说起。

## 追根寻源话放射

在人类生活的地球上，到处都存在着天然放射性物质。从根本上讲，放射性物质形成于地球诞生之初，当时的强度比现在要高3倍之多。地球上的生命，包括人类就是在这种环境条件下孕育、演化、繁衍、生息的。如果没有放射性，地球万物将是什么样子是很难想象的。当然，现在环境中的放射性极其微量，它主要分别来自铀-238和钍-232为母体所形成的铀系和钍系两个放射系，如铀、钍、镭、氡、钋和放射性铋、铅等，以及不成放射系的放射性核素如钾-40等，它们广泛分布于地壳的岩石、矿物和土壤之中。因而，以此为原料生产的建材也必然含有这些放射性物质就不足为怪了。

就传统建材而言，其放射性物质的含量因建材种类及产地不同而有很大的差异，这与地球化学特性有关。通常，花岗岩、页岩、浮石等岩石类建材的放射性含量相对较高，砂子、水泥、混凝土、红砖次之，石灰、大理石较低，天然石膏、木材最低。随着工业和"三废"治理的不断发展，许多工业废渣被用作建材，取得了明显的经济和社会效益。但由于工业废渣往往对放射性物质有不同程度的富集，因而使工业废渣建材如粉煤灰砖、磷石膏板等的放射性有所增高。对此，国家非常重视，早在20世纪80年代中期就颁布了一般建材和工业废渣建材放射性的限制标准，凡上市的建材必须符合这两个标准。根据笔者所在单位及国内其他权威机构所进行的调查表明，用传统建材（包括花岗岩）建造的房屋，其放射性辐射均在允许范围之内；即便是用工业废渣建材建造的房屋，只要严格按国家标准控制，也绝无问题。相反，现在建筑物的危害因素多数来自装修不慎引起的化学污染。

当然，一切事物都是一分为二的。不管怎么说，建材中含有的放射性虽然符合国家标准，但多少总会对人体造成一定影响，其中最主要的危害因素是铀系的衰变子体放射性气体氡-222及由它进一步衰变形成的放射性子体引起肺癌的可能性。据美国科学研究委员会（NRC）估计，美国每年死于肺癌者约有15.7万人，其中约有12%可能是由于室内放射性氡引起的，这中间多数是吸烟者，不吸烟者仅为2000余人，这是因为吸烟加氡辐射会增强致癌效应，使患癌概率增加。当然，这只是一种估计，因为多数氡致癌的研究工作是在矿工中进行的，而矿工受氡的辐射剂量要比家庭居民高得多。目前，住宅低剂量氡的辐射危害还正在研究之中。不过降低氡的危害的有效办法十分简便：只要加强通风就行。通常，打开门窗1小时，室内氡就可以降到室外水平。因此，对氡的危害也不必过虑。

### "谈核色变"何时休

现在，我们再来研究一下谈"石"色变的原因。为什么人们一听到花岗岩有放射性就紧张呢？这是因为人们对放射性十分害怕，而这种害怕由来已久。自1945年8月美国把两枚原子弹投在日本广岛、长崎之后，出于对核威慑力宣传的需要，美国及其他一些西方国家的当政者操纵舆论工具，大肆渲染核恐怖，把放射性的危害夸大到神乎其神的地步，使人们"谈核色变"，其流毒之广之深，至今仍远远没有肃清。时至今日，西方一些别有用心的政治家出于某种需要，仍把反核作为斗争的工具，在西方报刊上还经常会看到与事实相距甚远的有关放射性危害的报道。一件在其他领域中根本不值一提的事，只要与"核"和"放射性"沾边，就被竭力鼓噪，弄得满城风雨。这就是为什么在西方对"核"和"放射性"的争论一直连绵不断、时起时伏的根本原因。我国的宣传媒体和广大群众应该从中悟出道理，以科学的态度对待放射性。

并非凡有放射性都会产生危害，这已被无数研究结果和事实所证实。更为有趣的是最新的研究表明，低剂量条件下的辐射，不仅不会对人造成伤害，还会提高和激发人的免疫功能，这就是低剂量辐射的有益效应，即所谓"刺激效应"。只有当放射性超过允许剂量时，才会引起辐射损伤。这里关键是一个"量"的问题，这又是一个由"量变"引起"质变"的有力例证。因此，今后我们涉及放射性的问题，再也不能"谈核色变"了。首先，要问一问到底有多大剂量，然后再了解会不会造成危害。这样，你就能做到胸有成竹，正确应对，不为舆论所左右。

推而广之，我们从"花岗岩风波"中悟出一些正确对待和分析科学事件的科学方法来。

（1998. 12）

# 遭遇二噁英　认识二噁英

1999年5月以来，比利时发现了严重的食品二噁英污染事件，不仅造成了本国食品市场的一片混乱，而且牵涉法国、荷兰和德国，殃及欧洲和世界其他一些国家，使成千上万吨禽畜产品被禁售、封存或销毁，损失十分惨重。这是继1996年"疯牛病"事件导致欧盟对英国牛肉作出全球性禁令之后，欧洲再次发生的最严重的食品丑闻。

## 祸起萧墙

1999年2月以来，比利时一些养鸡场相继发现肉鸡生长异常，鸡蛋产蛋量锐减，蛋壳变脆变薄，鸡的死亡数剧增等奇怪现象，遂怀疑饲料有问题。有关部门对肉鸡的脂肪进行了化验，结果发现其二噁英的含量竟超过世界卫生组织（WTO）建议标准的1000倍以上。追根究源，果真是一家饲料厂生产的混合饲料出了问题。这恰巧与引起疯牛病的缘由同出一辙，症结都在含动物蛋白的混合饲料上。

随着禽畜产品需求量的增加，欧洲各国的饲养场为了以最短的时间，最少的代价获得更多的禽畜产品，普遍使用了利用鸡、牛、兔、鼠等动物下水加工而成的混合饲料。因为动物下水含有禽畜生长所必需的蛋白质，据称这种饲料可促使鸡仔在40天内长到2.5千克，比原来缩短时间近一半，却只消耗不到4千克的饲料。

问题就出在这种混合饲料上。现已初步查明，生产这种混合饲料的工厂所用的动物脂肪混入了工业用油，而这种工业用油在受热过程中会分解生成大量二噁英。

## 细说祸害

那么，为什么二噁英污染事件会引起比利时政府如此大的震荡？为什么世界各国对污染食品会采取如此严厉的防范措施？

二噁英（Dioxin）是一种二氧四氯二苯杂环类化合物，实际上它早就存在于人类生存的环境之中了，但通常浓度极低。随着工业的发展，污染的日趋严重，它的危害才逐渐被人们所认识。二噁英主要来源于一些化学品的杂质（如氯酚类制品的副产品），多氯联苯类制剂的分解产物，落叶型除草剂，漂白脱色剂，含塑料垃圾禁烧及汽车尾气的排放物等，是一种有毒污染物。它不仅具有很强的致癌、致畸、致突变性，而且还具有免疫毒性、内分泌毒性和生殖毒性，是"环境激素"的重要成员，对人类危害极大。因此，二噁英已被国际上一些权威的癌症研究机构列为人类一级致癌物，WHO也把它作为新的重要环境污染物列入全球环境监测计划食品监测部分的名单之中，并于1998年提出建议限制标准：二噁英被摄入人体的量为每千克体重1~4皮克（1皮克为$10^{-12}$克，即1万亿分之1克），这比剧毒氰化物的限制标准（每千克体重0.005毫克）要低2百万倍！

二噁英具有较强的脂溶性，容易存留于动物的脂肪和乳汁中。因此，禽、畜和鱼类及其蛋、乳和肉制品是最容易被污染的食品。专家们指出，被人体摄入的二噁英90%来自食品，且一旦被人体吸收，就难于再排放出来。因此，经常食用被二噁英污染的食品，就会对人造成危害。历史上已经发生过多次二噁英类物质危及人类健康的事件，如日本的米糠油污染事件，台湾的食用油污染事件，它们都是由于采用多氯联苯作为加热介质，由于管道渗漏使多氯联苯受热分解产生的二噁英渗入了食用油，从而造成急性中毒事件的。还有美国在越南战争期间使了上万吨落叶型除草剂造成大批人员二噁英中毒，以及意大利一家工厂发生二噁英泄漏事故造成数万人急性中毒等。因此，二噁英的危害早就引起了人们的关注，只是这些事件离我们比较遥远，因而不去了解罢了。

### 冷静以对

首先，我国从国外进口禽畜产品本来数量就不多，从比利时等4国进口的数量极其有限，恰巧是今年发生污染事件以后出品的就更少了。其次，自二噁英污染事件被揭露之后，我国政府很快作出反应，采取了一系列果断措施，各地卫生防疫等部门闻风而动，进行紧急查处，使从比利时等4国进口的有关食品得到了有效控制，大多数商家也积极配合，自觉地进行清理，撤下了禁售的有关食品。因此，我们不必过虑。当然，在购买进口禽畜食品及乳制品时，问清楚是否是1999年1月15日以后由比利时等4国生产的，这是完全必要的。其他食品尽可放心购买和食用。此外，二噁英是一种剧毒的致癌物质，但其危害效应有一个剂量累积过程。偶尔吃了一些受污染的食品，还不至于就会患癌，更不会危及生命，大家不必过分紧张。

023

（1999. 3）

# 世纪末的警告：环境污染危及人类生存繁衍

1998年10月，笔者在无锡召开的一次全国性学术研讨会上，听了一位专家题为"自由基与人的精子功能"的学术报告。他指出：目前，许多具有类似于激素功能的化学物质对环境的污染，致使人类男性精子的数量正以平均每年大约2%的速度递减，如果这种状况继续下去，到2050年，人类将出现精子危机，其生存繁衍将受到严重威胁！这引起了与会者的关注，也引起了我的兴趣。

## "环境激素"作祟

大家知道，激素是人体的内分泌器官分泌出来的微量物质，尽管数量极少，但对人体却具有重要而又特殊的生理功能。例如，性激素可刺激生长发育和生殖系统的成熟。那么，什么是"环境激素"呢？其实"环境激素"的概念早在1977年就由日本学者提出来了，它是指释放到环境中能导致内分泌障碍的化学物质，它包括大量人工合成的激素、农药、灭菌剂、洗涤剂、森林防护剂以及一些生产塑料的化工原料、垃圾焚烧处理时排出的有害物质等，现已查明有70余种，其中40多种是农药的有效成分，它们大都具有与雌激素分子相似的化学结构，如DDT（氯苯乙烷）、二噁英（多氯联苯）和聚碳酸酯等。它们释放到环境中，对大气、水源、土壤造成污染，再通过饮食、呼吸等途径进入人体，产生类似于激素的作用，破坏人体原有的平衡机制，影响人体正常的激素分泌，干扰人体的正常生理功能，导致男性精子数量减少，活性下降，畸胎率上升，不育症增多。丹麦内分泌学专家尼·斯卡凯贝克经多年调查后发现，近60年来，欧美等国男性精子平均减少了50%以上。美国科学家科·伯恩的研究结果揭示，美国格雷特湖由于受到严重化学污染，栖息在这个湖内的鱼类、鸟类和哺乳类等多种动物的后代生长发育出现障碍，有的甚至已到了不能发育生长至成年的地步，有的即使发育成熟，也丧失了生育后代的能力。我国科学家的研究结果也证实，我国男性的平均精子数量已由20世纪40年代每毫升6000下降到现在的2000，50年下降了2/3，精子活力也大幅度减退，造成每8对夫妻中就有1对不育！

## 自由基侵袭

男性精子出现危机，既有"环境激素"引发的内分泌失调的生理因素，也有自由基侵袭的影响。国内外自由基生物学专家指出，"环境激素"及一些物理因素（如臭氧层变薄和空洞引起紫外线照射增强等）的作用，使机体受到损害，往往与自由基分子的攻击作用有关。就精子而言，一方面为了维持人的精子的正常功能，自由基是不可或缺的；另一方面，如果自由基过多，将会造成精子的损伤。而环境污染是引起人体自由基增多的元凶之一，这已成为男性不育症的重要病因。据美国一位对此很有研究的科学家早些年曾作过预测，如果环境污染得不到有效控制，任其发展下去，将有50%的美国男子失去生育能力！

## 人类应该觉醒了

"环境污染已直接危及人类的生存繁衍！"这引起了科学

家和有识之士的警觉和关注。日本环境厅于1998年5月发表了题为《环境激素战略规划公告》。美国环保局和国家环境保健科学研究所也成立了环境激素专门研究机构，并于去年8月开始就具有类激素作用的化学物质对人体的危害进行调查，预定两年内向美国国会拿出报告。欧洲各国也十分重视这一问题，普遍成立了相应的研究机构，并开展了类似的调查研究计划。

但是，要真正解决"环境激素"的危害，有效遏制男性精子减少、活力降低的问题，还需要一个过程。因此，专家们呼吁，在加强环保措施的同时，建议公众要采取积极的防范措施，远离"环境激素"，这是非常重要的。要尽量少使用塑料容器装饮食，要尽可能不用含氯(如聚氯乙烯)包装袋；严格禁止把塑料混入焚烧处理的垃圾中；要尽量少用化学干洗，尽量不用含铅汽油；要多吃一些新鲜蔬菜、水果等。

（1999.6）

# 切尔诺贝利核电事故三问

　　1986年4月26日清晨，在苏联基辅市北面大约130千米处的切尔诺贝利核电站4号反应堆发生了一起核事故，这是迄今为止核电史上最大的核事故，也是20世纪所发生的最严重的科学事件之一。当时引起了全世界的巨大震动，引发了全球能源经济的一番振荡，一时间传言四起，议论纷争，对核电的安全性产生了怀疑，至今人们仍记忆犹新。但由于核电事故涉及的知识深奥，随后引发的争议背景复杂，加之媒体误导，对一般公众而言，其真相不一定搞得清楚。有人曾把1979年美国三哩岛核电站发生的核事故称为"一所十亿美元的学校"，那么切尔诺贝利核电事故无论从所造成的损失还是可记取的教训来看，都远远超过了三哩岛事故。时间过去了近20年，今天我们回过头来如何来看待切尔诺贝利核电事故呢？如何从中引出正确、科学的认识，充分吸取深刻的教训和有益的启示呢？

## 一问事故是怎么发生的

　　切尔诺贝利核电事故的发生原因是多方面的，既有设备和管理上的因素，也有人为的因素，它是在特定堆型和特殊条件下发生的。切尔诺贝利核电站的反应堆是比较陈旧落后的石墨堆，设计原来就存在问题，后来普遍采用的压水堆等先进堆型就有了很大改进，不存在石墨堆的弊端。切尔诺贝利核电事故的直接原因是管理混乱和操作失误引发的。当时由于进行反应堆电控系统试验，没有通知反应堆操纵人员，而试验人员并不了解试验可能发生意外将引起严重后果，而一旦出现异常后又未能遵守既定的运行程序，及时关闭控制系统，造成反应堆失控，引起堆芯失水，铀元件熔化。后来再给反应堆紧急补充冷却水为时已晚，反而产生大量过热蒸汽，并与熔化的铀元件锆合金包壳和石墨慢化剂发生化学反应，产生氢、甲烷和一氧化碳，使压力急骤升高，压力管破裂，引起爆炸和石墨着火，使反应堆在几秒钟之内完全破坏，导致大量放射性物质以气态和微粒的形式释出，造成严重后果。

由此可见，引发事故的直接原因是人为的差错，而酿成如此大的核辐射灾害，则与反应堆堆型设计、建设上的缺陷以及事故发生时处理不当和应急措施不力有直接关系。

## 二问事故到底产生了怎样严重的后果

当时，由于反应堆遭到严重破坏，大量放射性物质逸出，一方面造成大批电站工作人员的超剂量照射，特别是消防队员为了扑救反应堆的火灾，受到的辐照更多。另一方面，逸出的放射性物质污染了周围地区，苏联政府只好将周围地区居民紧急撤离，造成了公众的极大恐慌和经济损失。特别是苏联当局对切尔诺贝利核电事故开始采取保密的方针，缺乏必要的透明度，使周围居民不是从权威性的公开报道了解事故情况，而是从传闻中得知事故的消息，这就造成信息的不完整和失真，引起了公众心理上的强烈反应，表现出心理过度紧张、焦虑和失调，导致了对政府的不信任，极大地阻碍了对事故的有效应急处置。另外，苏联政府缺乏细微周密的核事故应急计划。在核事故发生之前，切尔诺贝利核电站周围居民被告知，核电站不可能发生事故，更未制定事故应急措施和开展事故演习，因此一旦发生事故，就出现慌张、混乱，防护措施跟不上，如事故后迟迟没有采取饮食控制防止放射性碘的摄入等措施，造成部分公众特别是儿童的放射性碘照射。

在事故发生之后的最初一段时间，媒体对事故造成的影响作了大量报道。为了追求轰动效应，大多过高估计了事故的危害。有的捕风捉影，未经核实就作了披露，如有的报道称，急性辐射事故造成了上百人的死亡，甚至国外有出版物声称："有7000名应急人员已死于辐射"，还有称已死亡3万人以及大批居民罹患白血病和其他癌症的报道。一时间搞得人心惶惶，这些都是很不负责任的说法。为此，联合国原子辐射效应科学委员会组织大批专家做了长达14年的调研研究，于2000年5月2～11日在维也纳举行第49次会议，对切尔诺贝利核电事故作出了评价，其结论是：这次事故开始时237人接受急性放射病的诊治，最后诊断为急性放射病的仅为134人，最终30人死亡，其中28人死于过量照射，死者均为电站工作人员和消防队员，周围居民无一人死于过量照射；该委员会对这起核电事故的长期效应，包括对公众的影响所作的结论是：除儿童甲状腺癌的发生率有十万分之几例的增加外，至今未发现有其他归因于这次事故的总癌症发生率和死亡率的增加。联合国原子辐射效应科学委员会是联合国系统中专门评价电离辐射水平和健康效应的一个科学机构，由各国该领域的资深科学家代表和顾问组成，它的报告和结论被国际公认为是这个领域中最具权威性的。因此，这次所做的结论，彻底澄清了事实，纠正了错误的报道，得到了各国的普遍认同和欢迎。

这次切尔诺贝利核事故另一个大的负面效应是对核电的安全性再次引起怀疑，反核电势力重新抬头，使1979年美国三哩岛核电事故后掀起的反核电浪潮刚刚平息又再度掀起。有的国家紧缩了核电发展计划，有的国家甚至做出不再发展核电的决策，世界核电建设再次受挫。但毕竟1986年不是1979年，经过拥护核电和反对核电两种势力的7年较量，特别是核电在这7年中安全运行的业绩和相关技术的发展，使"拥核电"与"反核电"的斗争发生了微妙的变化。在三哩岛核电事故发生后的头两个星期，就发生了7万余人之众的反核电势力进军华盛顿游行事件，报纸、广播等舆论工具的反核电宣传甚嚣尘上，一时间拥核电派钳口沉默。为了平息事态的发展，美国核管会急忙宣布9座同类型反应堆停止运行，并暂停颁发新的核电站建造和运行许可证。美国政府的立场影响到其他西方国家，一时间核电工业万马齐喑，出现了严重的停滞和倒退。

然而，切尔诺贝利核电站事故没有使核电工业受到致命的打击，更没有动摇人们发展核电的信心。就在事故发生后不久，苏联当局明确表示，建设核电站是苏联发展动力工业最主要的趋势，今后核电还将进一步增加。靠出事故地点最近的波兰，也宣布他们发展核电的计划不会因此而改变。法国、意大利、荷兰等国的官方人士也都表示，事故在技术上的教训值得吸取，但不能成为停止核电发展计划的理由。欧洲议会还以压倒性多数通过了西欧坚持发展核电的政策。1986年8月，国际原子能机构在维也纳举行会议，与会专家们认为，发展核电是当今世界各国的大方向，无论从发展能源还是从减少环境污染的角度来看，都必须走这条路。这充分说明，自三哩岛核电站事故以来，经过7年的努力，核电事业的基础更牢固了，能经受更大风波的考验；拥核电派具有更强的自信心，更多的有识之士看到了核电的光辉前景，核电正在逐步深入人心。

## 三问核电到底是否安全

公众之所以谈"核"色变，对核电有恐惧心理，其渊源来自二十世纪四五十年代美国核讹诈政策和核恐怖宣传。这正如美国辐射防护委员会名誉主席泰勒分析的那样："自开展核试验以来，在公众中存在着一种强烈的对辐射危害的担忧。这种担忧由于种种原因而加剧，其中主要是某些人希望制造某种有利于他们个人或某些集团的私利。……其结果造成了在没有确实理由害怕的地方引起了公众的恐惧感。这种恐惧症的主要制造者是新闻媒介。……但是，核电安全的结论很难向没有受过这方面科学知识教育的普通公众解释清楚。"因此，他极力倡导要对公众进行辐射危害及防护知识的宣传，以使公众对核电有一个正确的了解。

实际上核电确实是一种安全、清洁的能源。自1954年苏联建成第一座试验性核电反应堆以来，至切尔诺贝利核电事故前的1985年，全世界核电反应堆已达374座，装机容量为2.5亿千瓦，占全世界总发电量的15%。其中法国核电已占全国电量的64.8%，比利时占59.8%，我国台湾地区也达到59%；核电三十多年来的运行记录已破4000堆年（一座反应堆运行一年为一堆年）大关，从未发生一次辐射死亡事故。而切尔诺贝利核电事故并不具有代表性，这可以从这次事故与三哩岛事故的比较中看出来：这两次事故的最初原因都是由工作人员的操作失误和后来的处理失当引起的，但后果却不大一样。这是由于两者堆型不同，安全防护措施和应急措施不同造成的。切尔诺贝利核电站采用的是石墨水冷堆，这是一种比较陈旧、落后的堆型。这种堆型的致命弱点有三：一是堆型庞大，锆合金的用量也大，一旦失控，容易发生锆–水反应而产生大量氢；二是用大量的石墨作慢化剂，也容易产生甲烷、一氧化碳等易燃易爆的气体，引起爆炸和着火；三是没有安全壳，一旦发生爆炸，放射性物质很容易从堆芯泄漏出来。这次切尔诺贝利核电站事故之所以如此严重，就是因为发生了爆炸，破坏了堆芯的压力壳，并引起石墨着火，使大量放射性物质随着火势形成的热浪直接进入大气造成的。加之没有有效的应急救灾措施，造成了大批事故抢救人员受到严重的辐射损伤。

三哩岛核电站属于目前世界核电工业普遍采用的压水堆型，它具有三道安全屏障，即"三壳"：一是核燃料元件的锆合金包壳，二是包在反应堆芯外面的高强度钢体压力壳，三是由1米厚的钢筋混凝土和6厘米钢衬里组成的密封安全壳。因此，发生事故时，虽然堆壳遭到严重破坏，但放射性物质仍被封闭在安全壳体之内，很少泄漏出来。整个事故过程中，只有三名工作人员受到60%的年剂量限值的照射，对周围环境仅造成轻微的污染，核电站周围80千米内的200万居民平均只受到10微希的剂量，这仅相当于天然本底辐射对人造成的年剂量的1/200，对居民的健康毫无影响。

切尔诺贝利核电事故之后，世界各国更加重视核电安全性的改进，使反应堆运行更加可靠，核电站事故概率从20世纪80年代的每年每千座核电站可能发生一起核事故，降到现在每年每10万座核电站才可能发生一起核事故，安全性提高了100倍。核电的安全性还应该从燃料循环链即从燃料资源的获得、运输、生产、废料处理等环节的评估，以及与其他发电的安全性相比较，才能更准确地理解其优劣。如煤电的安全风险，应包括煤的开采、运输、燃烧等过程中存在的风险。我国煤矿事故频发，仅2004年的统计，我国共发生煤矿死亡事故3639起，造成6027人死亡。世界各国煤矿死难事件也比较严重。再如水电，在勘测、施工中存在风险以及水坝决堤、漫堤的隐患，其风险均大于核电。专家们通过综合评估，认为核电和天然气是最安全的能源。

核电是一种清洁的能源，它排出的放射性物质比煤电要少60%。一座100万千瓦的核电厂排出的放射性物质使附近居民受到的辐射剂量每年不到0.02毫希，而相同规模的火电厂，由于煤中会有微量的铀、钍、镭等放射性元素，随烟尘飘落到火电厂周围，造成的年辐射剂接近0.05毫希。笔者曾专门做过核电与煤电放射性危害的比较研究，结果也与国外报道类似。更重要的是，核电可避免燃煤、燃油电厂的化学污染。一座100万千瓦的煤电厂，每年燃煤300万吨，产生废物的总量超过300万吨，其中包括大约2千吨飘尘，4万吨二氧化碳，1万吨氮氧化物和大量苯并芘类多环芳烃、100多千克汞和镉一类重金属毒物，排入大气，造成酸雨，毁坏森林，危害人类健康，其危险性远远超过核电。一个典型的例子就是法国，其核电占总发电量的比例由1980年的24%提高到目前的80%。此间法国总发电量增加近50%，而排放的二氧化硫减少了56%，氮氧化物减少了9%，微尘减少了36%，大气质量得到明显改善，优于十分重视环保的德国，其空气污染程度只及德国的1/5，二氧化碳排放量只及德国的1/10，就是得益于核电。

但是，要求核电绝对不出事故是不切实际的。在现实生活中，人们做任何一件事情都要冒一定风险或付出一定代价，只要这种风险或代价很小，而带来的利益很大，就能为人们所接受，这就是代价-利益分析原则。每年我国要发生交通事故，死亡人数数以万计，但人们并未因此而不坐车或出门。同样，我们也不应该由于核电可能发生事故，而放弃这种安全、清洁、经济的能源。

从经济上看，核电也可做到比煤电便宜。虽然核电站基建投入高于煤电厂，但运行成本远低于煤电。如100万千瓦的压水堆电站，每年只需核燃料30吨，其中仅消耗铀-2351吨，其余尚可回收。而煤电厂则需300万吨煤，平均每天要40节车皮的列车运煤。对此，核电有很大竞争优势。

当今世界，环境污染、能源短缺和资源匮乏是困扰全球的三大难题，而核电作为一种安全、清洁、经济的能源，对缓解这三大难题特别是解决能源危机大有裨益。因为到目前为止，核能是最成熟、最有希望成为大规模替代化石能源的一种能源。所以近20年来全世界核电稳步增长，核电占全球发电总量已超过20%。我国也采取积极发展核电的政策，正在加快核电建设的步伐，反应堆将由现在的7座将增加到2020年的43座，以解决"四化"建设所面临的巨大能源需求。现在，连美国也在悄然改变能源政策，近10年来，美国核电发电量增加了22.8%，并正在打破持续25年来不建核电的禁令。

（2005.1）

# 贫铀弹的魔影

自1998年春天以美国为首的北约对南联盟实行惨无人道的狂轰滥炸以来，"贫铀弹"这个词就不断见诸报刊。那么，什么是"贫铀弹"？它对环境和人类将产生多大的危害呢？

首先，还得从天然放射元素铀说起。铀是广泛存在于自然界的一种稀有放射性元素，它由3种同位素组成，即铀-238、铀-235和铀-234，它们分别占天然铀的99.275%、0.720%和0.005%，其中，只有铀-235是可裂变核素，它在中子轰击下可发生自持链式核裂变反应，用作原子弹的核炸药和核电站反应堆的"燃料"，但事前必须对铀-235进行浓缩。作为原子弹的"炸药"，铀-235的浓度必须大于90%以上；作为核电站的"燃料"，铀-235一般也要达到3%左右。因此，需要对天然铀进行同位素分离，使铀-235的浓度提高，这就是浓缩铀或称加浓铀。经铀-235浓缩之后剩余的天然铀就是贫化铀或称贫铀，它除少量用于氢弹的外层和快反应堆的增殖层外，就没有多少用处了，然而它的量却远远大于浓缩铀，成为核废料，必须在严格的条件下保存起来。后来，人们发现这种贫铀纯度高，且比重高达19.04，是铁的2.4倍，如果将它转化为金属，再加入少量其他金属，制成合金，则具有许多优良的性质。如铀-钨合金，既有很高的硬度，又有很大的比重，是一种理想的穿甲和装甲材料。

美国早在20世纪70年代就研制生产了各种穿甲弹，并于

1991年首次用于海湾战争。贫铀弹不是核武器，因为它不是利用可裂变核素的链式核裂变反应释放的巨大能量来达到战争目的。因此，目前国际上尚无禁止其使用的明文规定。它对人体和环境究竟有多大危害，也没有进行过详细研究。但铀是一种毒性很强的放射性物质，它既有辐射毒性，又有化学毒性，因此美国滥用贫铀弹是很不道德的。因为贫铀弹中铀浓度高，这就会造成被炸的局部地区铀浓度骤然升高。更为严重的是，贫铀弹在爆炸过程中由于高温高压的作用，会使铀形成高度分散的放射性微粒和气溶胶，在大气中飘逸，通过呼吸进入人体；它们也可以逐渐沉降至地表，进入水体和土壤，再通过农作物和水产品等食物链进入人体，其危害就更大了。因为，铀的半衰期（放射性减少一半所需的时间）很长，达45亿年，相对于人的寿命而言，其危害可以说是永久性的。铀的γ射线对人体的危害虽不大，但铀主要放射α射线，其能量高达400多万电子伏特，在体内射程很短，直接作用于细胞，可对DNA造成很大的损伤，引发白血病和其他癌症。通过呼吸进入人体的铀，可沉积于肺部，诱发肺癌；通过食物进入人体的铀，主要滞留于肾、肝和骨髓中，引起病变。

在1991年的海湾战争中，美军在伊拉克投放了数量可观的贫铀弹，现在其危害已显露出来。据伊拉克一家医院的统计报告称，该院1990年以前，每年受诊病人中发现癌症患者不足100人，到1997年却猛增到380人。在伊拉克遭受贫铀弹轰炸的地区，癌症发病率高达全国平均水平的3.6倍。不仅如此，贫铀弹也使美军自身遭到伤害。据美国负责调查海湾战争综合征的有关人员称，接触贫铀弹是美国军人患海湾战争综合征的重要原因。在南斯拉夫，由于北约投弹数量和轰炸持续时间都比海湾战争严重，因此贫铀弹对环境生态造成的危害预计比伊拉克更加严重。英国生物学家罗·柯格希尔指出：北约在南斯拉夫投下的贫铀弹，其放射性污染程度已超过正常标准的3000倍，相当于苏联切尔诺贝利核电站事故的3%。放射性对农作物的危害，当年就显露出来了；对人的危害，有一个较长的潜伏过程。据专家们预计，南斯拉夫患白血病和其他癌症的病人今后将明显增加，未来几年内将有成千上万人死于贫铀弹的危害。

噩梦醒来是早晨。但对南斯拉夫来说，这个早晨仍然阴霾灰暗，战争的梦魇仍然笼罩着巴尔干半岛这个美丽的国家，战争给他们的环境和生态造成的严重破坏将危及几代人。这是以美国为首的北约对南斯拉夫2000万人民，也是对全人类犯下的滔天罪行。

（2005.4）

# 吃葡萄不吐葡萄皮

早年北京地区流行一句通俗话语：吃葡萄就吐葡萄皮，不吃葡萄就不吐葡萄皮。相声演员把它改成了一段练嘴皮子功夫的绕口令：吃葡萄不吐葡萄皮，不吃葡萄倒吐葡萄皮。大家听了觉得滑稽有趣，一笑了之。但这看似荒谬的绕口令却包含着一定的科学道理，那就是吃葡萄最好连皮一起吃下，不要吐皮。下面就让我们来了解葡萄、葡萄酒和葡萄皮的秘密。

## 揭开"法兰西之谜"

法国与德国是两个比邻的欧洲大国。浪漫的法国人和严谨的德国人，其民族特性虽然迥异，但他们都属欧美人种，饮食习惯大体相同，都喜欢吃高脂肪、高蛋白、高热量的食物。现代医学研究发现，这种"三高"食物容易引起动脉硬化和心脏病。但从流行病学调查的结果来看，人们惊奇地发现，法国人患心脏病的比率明显低于德国人，平均寿命也比德国人长，这就是所谓的"法兰西之谜"。为了揭开谜底，有人进一步做了调查，发现法国人喜欢饮用红葡萄酒佐餐，而德国人偏爱大杯大杯地畅饮啤酒。原来"法兰西之谜"竟隐藏在这红葡萄酒之中。

科研人员研究发现，红葡萄酒中含有大量的天然抗氧化剂和自由基清清除剂——多酚类化合物，它是原花青素、花青素、儿茶素、白藜芦醇和没食子酸等的混合物，这些多酚类化合物可有效地清除人体内有害的自由基，抑制红细胞膜和低密度脂蛋白的脂质过氧化，促进内皮细胞松弛因子——一氧化氮（NO）的生成，可抑制能引起动脉硬化的内皮素的有害作用，防止血小板的凝聚，有效降低血液中的胆固醇，从而预防心脑血管病的发生，还可有效地缓解心脏病的症状。法国科研人员专门做过一次调查：得过心脏病的中年人，每天喝2小杯红葡萄比那些不喝红葡萄酒的人心脏病复发的可能性减少50%。

因此，红葡萄酒已不再只是一种低酒精度的开胃饮品，而是一种对某些疾病有预防作用的保健饮料。2002年美国《时代》周刊评出的10种有益于健康的食品中，红葡萄酒赫然入榜，美国政府还特许在国产的红葡萄酒商标标签上标明"适量饮用健康"的提示。

### 认识红葡萄酒之奇

实际上，我国自古以来就把葡萄作为保健佳品，早在1500年前就有葡萄"甘而不饴，酸而不酢，冷而不寒，味长汁多，除烦解渴"的记载。中医认为，葡萄性味甘酸，有补气血、强筋骨、滋肾液、益肝阴、利小便之功效。因而以葡萄为原料酿制的红葡萄酒也有类似的作用。红葡萄酒除了含有上述多酚类化合物外，还含有黄酮类化合物、维生素C、维生素E和微量元素硒、锌、锰等，它们都具有抗氧化和清除自由基的作用。因此红葡萄酒不仅对心血管病有防治作用，而且对其他多种疾病也有神奇的功效。

红葡萄酒有抗衰老作用。法国最著名的葡萄酒产地——波尔多，也是举世闻名的长寿之乡，在那里你经常可以看到90多岁的老人在葡萄园里愉快地劳作。他们个个红光满面，神采奕奕，精力充沛。那里的村民用餐必不可少的就是红葡萄酒，他们坚信红葡萄酒是延年益寿的佳酿。

红葡萄酒有益于皮肤。法国一家皮肤医疗中心常用红葡萄酒的提取物给皮肤病患者沐浴。而加拿大的科学家们研究发现，红葡萄酒可有效地预防牙病。他们的研究发现，红葡萄酒中含有的多酚类化合物对牙周细菌的繁殖有明显的抑制作用，因而能有效地阻止牙周病的发展。

据美国《癌症研究》杂志报道，洛杉矶的一家癌症研究中心的科研人员从红葡萄酒中提取了一种化学成分——原花青素B二聚体，用于乳腺癌动物小鼠模型进行实验研究，发现小鼠乳腺肿瘤明显缩小，有较好的治疗效果。另一项美国科学家的研究也证明，红葡萄酒中的一些有效成分对乳腺癌有防治作用。因此，他们认为适量饮用红葡萄酒可减少乳腺癌的发生。

## 探究葡萄皮的奥秘

葡萄是水果中的佳品，其肉汁多且味美，人人喜爱。其实，葡萄浑身都是宝，其皮、籽连同叶、梗都有益于健康。法国民间流传一种说法：葡萄是大自然为人类的健康和美丽奉献的一份厚礼！

前面我们已经说过，红葡萄酒之所以具有多种保健功效是因为它含有多种天然抗氧化剂和自由基清除剂，其中尤以多酚类化合物的功效为最。而多酚类化合物中，则以原花青素的作用最为显著。研究证实，原花青素是葡萄酒中生物活性最强的组分，它对引起血管病和动脉粥样硬化的危险因子——内皮缩血管肽-1有很强的抑制作用，而恰恰是葡萄皮和籽中富含多酚类化合物，特别是其中的原花青素比葡萄肉更丰富。由此可见，吃葡萄吐皮和籽是十分可惜的，许多法国人就养成了连皮带籽吃葡萄的习惯。

巴西里约热内卢大学的莫拉教授经研究发现，葡萄皮和籽中含有一种可降低血压的生物活性物质，对降低血压有明显效果；他们还发现葡萄皮和籽含有抗癌物质，能有效地抑制癌细胞的生长。法国波尔多大学的研究人员还发现葡萄皮和籽中含有的原花青素是结构特殊的原花青素，被称为寡聚原花青素（OPC），其清除自由基的效果尤其突出，是维生素C和维生素E的几十倍。

　　但是，不是任何地方出产的红葡萄酒都能有效地预防心血管疾病。实验证明，只有饮用每升所含多酚类化合物的浓度高于5毫克的红葡萄酒才有抑制内皮缩血管肽–1的作用。人们都知道，产于法国西南部和意大利撒丁岛的红葡萄酒闻名于世，享有盛誉，而恰恰是这两个地区出产的红葡萄酒中原花青素的含量高，通常要比其他红葡萄酒高2~4倍。决定红葡萄酒中原花青素含量的因素很多，其中最重要的有两条：一是葡萄品种。品种的优劣决定其含原花青素的多少；二是酿酒技术。能将葡萄皮、籽和肉中所含的原花青素等具有抗氧化和清除自由基的活性成分充分提取出来的酿酒工艺才能造就高品质的红葡萄酒。

　　由此可见，吃葡萄和喝葡萄酒还大有学问呢！

（2009.2）

# NO：从污染气体到"明星分子"

NO（一氧化氮）是氮氧化合物家族中的一员，它是由一个氧原子和一个氮原子组成的气体分子，是一个既简单又复杂、既有害又有益的分子。

## NO：环境污染气体分子

早在两个世纪前，英国著名化学家H. 戴维（1778—1829年）在研究笑气（$N_2O$）时因误吸过量的NO而险些丧命。因此，从一开始NO便作为一种化学毒气而给人们留下了深刻的印象。NO广泛地含在燃煤废气、汽车尾气等工业废气中。长期以来，人们一直是把它作为环境污染气体来加以研究的。

对NO认识的转变发生在此后大约100年，这件事情还与诺贝尔奖的创立者A. 诺贝尔（1833—1896年）有关。大家都知道，诺贝尔是瑞典一位才华横溢的化学家、发明家和实业家，他一生拥有355项发明专利，其中最重要的一项发明就是炸药硝化甘油。而在生产硝化甘油的过程中，人们就已经注意到一个不同寻常的现象：度过周末的工人周一刚上班就会普遍出现剧烈头痛等症状，随着上班天数的增加症状会逐渐减轻乃至消失，如此周而复始。人们推测这可能与接触硝化甘油有关。因为硝化甘油是一种挥发性物质，如被人吸入，可造成脑血管的扩张或收缩而引起搏动性头痛。当时，内科医生已发现小剂量的硝化甘油对治疗心脏病很有效，但确切的机制尚不清楚。事有凑巧的是，诺贝尔本人当时就患有严重的心脏病，但他却拒绝医生劝他服用硝化甘油的建议，他不相信自己发明的炸药能治心脏病，认为这是对他"命运的讽刺"，结果心脏病最终夺去了他63岁的生命。不过，这却激起了科学家们对硝化甘油研究的浓厚兴趣，决心要揭开它治疗心脏病的奥秘。

## NO：机体内重要的自由基分子

可是研究过程并非一帆风顺，直到20世纪80年代，研究才有了突破性进展，原来硝化甘油治疗心脏病的关键是NO自由基分子！

科学家们发现，血管内皮细胞中存在一种能使血管松弛的分子，就被称为内皮细胞舒张因子。它在生物体内发挥信号传递的作用。进一步的研究证实，机体内的NO自由基分子就是内皮细胞舒张因子，当心绞痛的患者服用硝化甘油后，会在体内引起一连串的"多米诺效应"：硝化甘油被机体吸收，进入血管后会转化生成NO自由基，NO自由基是一个信号分子，它会刺激机体产生环磷酸鸟苷，而环磷酸鸟苷可使血管松弛和扩张，进而促进血流加快，使心脏供氧量增加，从而起到缓解心绞痛、降低血压的效果。

此后的一系列研究证实，NO不仅在调节血管紧张度中发挥重要作用，而且还在机体的许多生理、生化过程中扮演重要角色。NO可保证血管系统泵血的正常进行，以维持血管和动脉壁的清洁和弹性，防止血小板凝聚而造成血栓；NO可减缓血管因炎症反应而形成的动脉粥样硬化斑块在血管壁上的沉积，甚至可以使这些斑块发生逆转；NO可清除体内的其他自由基，使心血管疾病引起的氧化应激反应降到最低限度；NO在免疫系统中也发挥着重要的作用，不仅可通过白细胞抵御一系列细菌、真菌和支原体等病原体的侵袭，预防多种疾病的发生，而且NO

还可以诱导癌细胞的死亡和凋亡，因而具有抗肿瘤的作用。现在，科学家们正在研究如何利用NO来抑制肿瘤细胞的生长，以达到治疗恶性肿瘤的目的。此外，NO还是神经传导的递质，参与神经信息传导，它可使神经元兴奋，在学习和记忆中发挥重要作用。更为有趣的是，药学家在研究一种治疗心绞痛的新药时，虽然对症的效果并不理想，但却意外地发现对阳痿的治疗有奇效，原来NO也是引起阴茎勃起的化学信使，阴茎勃起组织内的神经细胞释放NO可扩张血管而使阴茎勃起。这一发现立即被制药厂商用来生产治疗阳痿的新药，这就是"伟哥"，很快就风靡全球，而研究这一药物的科学家L．J．伊格纳罗就此赢得了"伟哥之父"的美誉，这真是失之东隅、收之桑榆的意外惊喜了。

实际上，人体在生物进化的过程中就建立了自身产生NO的机制。NO主要是由位于血管内膜细胞层的内皮细胞通过一氧化氮合成酶生成的。通常情况下，人体产生的NO足以维持机体的正常运行。只有当机体因疾病、年老体衰、不良生活习惯、有害环境等原因使NO的产生机制出现了障碍，NO的浓度不足以维持机体生理、生化过程的正常运行时，才需要从体外通过药物的方式来补充NO的生成。当然，人体内产生NO的量都是维持人体生理、生化过程所需要的量，是极其微量的，虽呈现自由基的状态，但是有益于健康的。只有当NO的量远远超过人体生理、生化所需剂量时，才会成为有害的气体分子。这又是一个由量变引起质变的生动事例。

## NO：至尊至贵的"明星分子"

二十世纪八九十年代，由于发现了NO有这么多重要的生物功能，因而引起了科技界的广泛重视和热情追捧，掀起了研究

NO的热潮。1992年，世界顶级的学术期刊《科学》(Science)评选NO为"年度分子"，也即年度最有价值的分子，因为NO被认为是体内最重要的分子之一，可谓是"明星分子"，其至尊至贵的地位得到了业内科学家们的一致认同。

1997年，美国创办了以NO命名的学术期刊。接着，国际上还成立了NO学会。用一个化学分子的名称来命名一个刊物和一个学会，这是科学界有史以来独一无二的，由此也可想见NO在当代生命科学领域至关重要的地位，以及科学家们对NO执着和痴迷的程度。1998年10月12日，瑞典诺贝尔奖委员会宣布将本年度的诺贝尔生理学和医学奖授予L. J. 伊格纳罗、RF. 弗奇戈特和F. 默拉德三位美国科学家，以表彰他们在发现和证明"一氧化氮是心血管系统的信号分子"中所作出的杰出贡献，可谓实至名归。这也引起了笔者的遐思：100年前诺贝尔拒绝服用硝化甘油而死于非命，100年后诺贝尔奖颁发给了揭示硝化甘油科学谜底的科学家，这似乎冥冥之中补偿了诺贝尔生前的遗憾，我们只能惊叹历史的吊诡、事物的复杂和科学的神奇了！

（2009. 10）

# 吸烟危害与自由基

控烟运动已在我国开展多年，但吸烟的危害仍未得到有效遇遏制，控烟形势依旧十分严峻。这不仅需要政府采取更加坚决、有效的控烟举措，也需要公众更加广泛、自觉地参与控烟行动。

## 吸烟危害知多少

我国著名呼吸疾病专家、中国工程院院士钟南山曾大声疾呼：吸烟就像一部死亡发动机；笔者还要补充一句：吸烟好似一台烧钱的焚钞炉！

吸烟是引发多种疾病和死亡的危险因素，这已成为医学界的共识。吸烟使人的平均寿命缩短10年。根据2009年世界卫生组织发布的最新报告，全世界每年死于吸烟相关疾病的人数高达500余万，估计中国为100余万，而且还在不断增长。

科学实验和流行病学调查的结果证实，吸烟不仅可直接引起支气管和肺组织的损伤，造成呼吸系统疾病，而且可导致癌症和心血管疾病这两种目前死亡率最高的疾病。现已知道，在各种癌症死亡病例中，大约有30%是由吸烟引起的。吸烟者死于肿瘤的概率是非吸烟者的10倍以上；口腔癌死亡的50%~70%与吸烟有关；重度吸烟者患喉癌的概率是非吸烟者的20~30倍；吸烟者食管癌的发病率是非吸烟者的4~10倍。吸烟是引发心肌梗死的一个重要诱因。吸烟使人患心脏病的风险性增加了2倍。

吸烟不仅危及生命，而且还给国家和个人带来沉重的经济负担。我国是烟草大国，烟草年产量超过250万吨，2.22万亿支。我国也是烟民大国，15岁以上吸烟人口超过3.5亿，受被动吸烟危害的人数高达5.4亿。根据我国2008年卫生统计年鉴的结果推算，我国35岁以上成人归因于吸烟的三类疾病（癌症、心血管疾病和呼吸系统疾病）的疾病经济负担高达2237.2亿元，约占各类疾病经济总负担的1/6。据2002年我国吸烟人群的现状调查，平均每个烟民每天吸烟的费用为2.73元，则每人每年花费近千元，全国烟民的购烟消费每年约3500亿元，十分可观。由此推算，我国烟草工业的税收抵不上吸烟造成的疾病经济负担！

## 吸烟危害源自谁

有一位专门研究香烟危害的专家把燃烧的香烟比喻为一个"微型化工厂"，这是非常形象和贴切的。因为香烟在燃烧过程中会发生一系列复杂的化学和物理变化，生成几千种物质，其中有大量有毒气体和烟尘，包括一氧化碳（$CO$）、氮氧化物（$NO_x$）、焦油和各种自由基。

吸烟时，香烟燃烧的一端温度可高达900℃，而烟气入口时的温度则降到50~80℃，在几百分之一秒的瞬间和几厘米烟柱的距离内存在一个很大的温度落差，其中的变化极其复杂。

通常，温度高于600℃燃烧即可实现完全燃烧，其主要产物是二氧化碳（$CO_2$）、二氧化氮（$NO_2$）和水蒸气等气态物质。开始，炽热的烟气在穿过未燃烟丝时可对烟丝起加热和蒸馏的作用，引发一系列氧化还原反应。但随着烟气向入口端移动，温度逐渐降低，氧气含量因逐渐消耗而减少，于是就由完全燃烧转变为不完全燃烧。温度降到450℃时，烟丝发生焦化反应，产生焦油等一系列焦化产物。有些烟草组分在开始燃烧时被氧化，到后来又会被还原，如$CO_2$可还原转变为CO。烟气在移行和降温过程中，还会形成气溶胶，产生大量接近微米大小的颗粒物。在复杂的氧化还原过程中，很容易发生电子的转移，形成各种自由基，它们分布在烟气的气相物质和焦油之中。这些就构成了吸烟危害的源头。

## 烟害罪魁自由基

过去人们一直认为，吸烟的危害主要来自尼古丁。但经过科学家们近一二十年的深入研究，证实吸烟危害的罪魁祸首是自由基而非尼古丁，尼古丁的危害主要表现在吸烟依赖性即成瘾性上。

在吸烟产生的气相物质中，存在多种自由基，其中主要是烷氧自由基和烷类自由基，还有NO和$NO_2$自由基。这些自由基是在烟草燃烧和烟气移行过程中不断产生的。首先是烟草中的含氮物质在燃烧时生成大量的NO、$NO_2$和亚硝胺，它们又与燃烧时产生的烯类物质反应生成烷氧自由基和烷类自由基。这些自由基具有很强的反应活性，可与细胞膜发生脂质过氧化反应。油脂酸败变化、老年斑等就是典型的脂质过氧化反应的表现。而脂类是构成细胞膜的主要成分，因此自由基攻击细胞膜，发生脂质过氧化反应，就会破坏细胞膜，损害其生物功能，从而造成严重后果。这些自由基还可以与蛋白质发生氧化反应，导致DNA断裂等，造成蛋白质结构和功能的严重损伤。这些都是引起各种疾病的重要原因。

吸烟过程中生成的焦油是颗粒大约为0.1~1微米的物质，其中包含几种特别稳定的自由基，如醌和半醌自由基、多环芳烃自由基以及含磷类自由基等。每支香烟生成的焦油中所含的这些自由基的数目可高达$6 \times 10^{14}$个。多环芳烃自由基是一类致癌性很强的物质，如苯并芘。此外，前面提到的亚硝胺本身就是致癌物质，烷氧自由基和烷类自由基又极易自氧化，生成反应活性更强的活性氧自由基，它们攻击细胞及其膜，发生脂质过氧化反应，造成细胞及其膜的损伤；它们还可以与DNA结合，使之发生变异，进而引发多种疾病和癌症。

动脉粥样硬化和心脏病的起因与低密度脂蛋白的氧化关系极为密切，而许多自由基特别是活性氧自由基具有极强的氧化能力，成为低密度脂蛋白氧化的关键因素。因此，自由基可导致动脉壁细胞的损伤，引起炎症反应，最终造成动脉硬化。这就是吸烟引发心脏病的主要原因。

科学家们在研究中还发现了一个奇怪的现象：中国烟民患心脏病和肺癌等与吸烟相关疾病的比例明显比美国烟民低。进一步的研究发现，其原因是中国烟民大部分有饮茶的习惯，而美国烟民同时喜好饮茶的少。茶中含有丰富的茶多酚，而茶多酚具有很强的清除氧自由基的能力，因而可抑制吸烟产生的自由基发生细胞膜脂质过氧化作用，减轻其损伤。受此启发，中国科学家还研制了茶多酚香烟滤嘴。实验证明，一般香烟滤嘴清除自由基的效果甚微，而茶多酚滤嘴的清除效果很好，由于它清除了烟害的关键因子，因此是减轻吸烟危害的有效措施，现已申请了专利。同理，如果烟民能多吃一些含多酚类、黄酮类、多糖类、维生素类以及番茄红素、胡萝卜素等具有清除自由基功能成分的饮食，对阻抗烟害也是有益的。当然，更彻底的办法还是戒烟和禁烟。

（2010.3）

# 第二辑
# 科学小品

## 【选编者按语】

科学小品是指用小品文的形式来普及科学技术知识的一种科普文体，它集科学、哲学、美学于一身，兼具知识性、哲理性和诗意性的优点，其意蕴深厚，结构精巧，叙述生动，文字隽永，属于科学文艺的范畴，因此很受读者欢迎。

强亦忠教授从一开始从事科普创作起，就十分看重科学小品的写作。1983年全国13家晚报联合举办科学小品征文活动，他积极应征，写出《"核侦探"探脑》和《恐龙灭绝新说》两篇作品，分寄《新民晚报》和《春城晚报》，不仅均被刊发，而且其中《"核侦探"探脑》还获得优秀作品奖，并被收入获奖作品选集《科技夜话》，正式出版。1985年，全国18家晚报第二次联合举办科学小品征文活动，强教授再次应征，写了《"侦察员"的功勋》《微而见著的人体硒》两篇作品，仍分寄《新民晚报》和《春城晚报》，均被采用，其中《"侦察员"的功勋》再度获评优秀作品，也被收入获奖作品选集《科学夜谭》，正式出版*。他的多篇科学小品佳作，如《太湖成因之谜》《讲课艺术与音乐》《看〈血凝〉，话钴源》《猴殇》等，均引起较大反响。

由于强教授热爱科学小品，并对它产生浓厚兴趣，进而开展研究，有所感悟，写出了一篇科学小品研究论文《科学小品，贵在创新》（见第9辑科普论文首篇），应征江苏省科普作家协会为国庆30周年举办的科普理论研究论文征文活动，获评优秀论文奖。

\*注：此文本应入选本辑，由于其知识点主要是中子活化分析在刑侦工作中的应用，与第7辑科学小说《冬夜的奇遇》完全相同，为避免重复，只好放弃。

# 太湖成因之谜

镶嵌在江南大地上的明珠——太湖，美丽富饶，举世闻名。但对她的成因却知之甚少。一般认为，太湖地区古代曾是海湾，后来由于长江带来的泥沙堆积，把海湾与大海隔开，方形成太湖。但这种成因不能解释太湖的一些独特的地质地貌。那么，太湖到底是怎么形成的呢？至今还是一个谜。

皓月当空，举首凝望，你会发现月亮表面坑坑洼洼。据专家们推测，这是宇宙物质如陨石撞到月球上形成的"陨击坑"。同样，地球上也有这样的陨击坑，只是地球表面有大气层保护，宇宙物质撞击到地球表面的概率大大减小罢了。此外，经过长期的地壳运动，陨击坑很可能被湮灭。即使如此，目前地球上已发现上百个陨击坑。这是湖泊的一种新的成因学说。

假如乘坐飞机在太湖上空盘旋，你会惊奇地发现，太湖的轮廓，特别是西南部的轮廓是那样的圆，与太湖相连的河流呈辐射状，这独特的地貌是出自哪个"雕刻家"之手呢？地质工作者还发现，太湖存在"逆冲断层"这一与泥沙堆积成因学说十分矛盾的地质现象，这又是怎么一回事呢？许多迹象表明，太湖很可能是由于陨击坑形成的。最近，有关部门组织了天文、地质、原子能等多学科的研究小组，对太湖进行考察和研究，寻找宇宙物质撞击留下的证据，以便用可靠的科学事实揭开太湖形成之谜。

（1983.10）

# 恐龙灭绝新说

举世闻名的云南禄丰恐龙化石，是我国科技工作者在抗日战争时期极其艰难困苦的条件下发现的。当时引起了全世界古生物学界的轰动，在古脊椎动物研究史上写下了光辉的一页。

恐龙是生活在距今大约二亿年至七千万年前的大型爬行动物，曾在地球上称霸一时，但后来突然销声匿迹了。恐龙为什么会灭绝？这是人们长期以来孜孜以求的研究课题，并提出了种种假说。有人认为，在中生代末期地球上发生了一次剧烈的地壳运动，引起陆地缩小、气候变冷，恐龙不能适应而被淘汰；有人认为，中生代末期太阳黑子大爆炸，地球上的宇宙线增强，恐龙受到过高的辐射杀伤以及引起严重的遗传效应而灭绝；还有人认为，是因为哺乳动物兴起，恐龙竞争失败……这些说法都有一定道理，但又都不能圆满地解释恐龙灭绝的原因。

近年来，有一个突破性的发现：欧美和我国的科技工作者在白垩纪—第三纪交界的地质层中发现了铱含量很高，这异常现象引起了地质界和古生物学界的浓厚兴趣。铱是一种稀有重金属，在地壳中的含量很少，而在地外天体中的含量却比地壳中高得多。因此，铱被作为在地球上寻找地外物质的示踪剂。在白垩纪—第三纪交界的物质层中发现铱异常的高，这说明这个时期很可能发生过地外天体大量冲击地球的灾难性事件。而恐龙正好是在这个时期突然灭绝的。这难道只是偶然的巧合？

当地外天体冲击地球的灾难事件发生时，发生爆炸，大气温度升高，大批植物被毁……恐龙一下子怎能适应这种环境的突变？因此，地外天体的冲击如果不可能是恐龙灭绝的唯一原因，那么很可能也是加速其灭绝的一个重要原因。对此，国内外学者都在进一步深入研究。我们坚信，恐龙绝灭之谜总有一天会被揭开。

（1983. 11）

# "核侦探"探脑

脑是人体的司令部，它的功能一旦终止，人的生命也就立即完结。因此，探索脑的奥秘已成为研究人类本质的核心课题。长期以来，人们对大脑及其功能的认识一直停留在十分原始的水平上。直到最近，采用了往脑部派遣"核侦探"，即投入放射性制剂的办法，才取得了重大的突破。

例如，人脑的活动一般与脑组织各个部位的血流量成正比，因此可往血液中注入放射性气体氙作"核侦探"，它便随血液流入脑组织，并不断发出"情报"，即可测定脑组织各部位的放射性强度，弄清大脑皮层各个区域的不同功能，从中发现大脑是否存在病变。又如，大脑活动需要消耗能量，其能量来自葡萄糖的代谢，因此可用放射性碳或氟标记的葡萄糖作"核侦探"，注入血液之中，再用探测器接受它从脑组织发射出来的射线，即可了解放射性葡萄糖在脑组织中的分布情况，从而观察到脑组织各部位葡萄糖的代谢状况，揭示脑组织各个部位的不同功能。用这种方法已成功地探测到眼睛的睁或闭所引起的生理、生化过程的微小变化。因为这样小的变化已足以使大脑皮层视觉区域放射性葡萄糖的分布产生明显差异。这种方法不仅可用于研究人的行为和思维过程，而且对探索癫痫、瘫痪、精神病、偏头痛等疾病也很有帮助。

脑肿瘤是肿瘤中最常见的一种，早期诊断是治疗脑肿瘤的关键，目前除了超声波扫描和脑造影外，最常用的也是"核侦探"——放射性同位素扫描，但效果都不很理想。这是因为血液和脑组织之间存在着多道"防线"和"关卡"，即"血-脑屏障"，"核侦探"也往往难以通过。最近，已研究出一种用放射性硒或碘标记的新型脑显影剂，它可混过"血-脑屏障"的防线和关卡，进入脑内，进行侦察。这对脑肿瘤的早期诊治，无疑是个振奋人心的创举。

（1984. 3）

# 能自动追击癌细胞的"导弹"

导弹是一种会自动寻找目标的飞行武器，令人惊叹的是，科学家们现在已成功地研制出了一种叫"导弹放射性治疗剂"的新药，它能在人体内自动追击、歼灭癌细胞。

目前，治疗癌症最常用的方法是手术治疗法、辐射治疗法和化学治疗法。手术和辐射治疗法只能摧毁癌细胞的大本营——癌肿块，而对那些散兵游勇则无能为力。更何况辐射在消灭癌细胞的同时，对正常组织也有伤害，带来副作用，过强的辐射治疗还会引起放射病。化学疗法所用的药物也常常会引起恶心、呕吐等剧烈的副反应。因此，这些方法都难以达到全歼人体内癌细胞的目的。而那些漏网的癌细胞一旦得到喘息的机会，就会迅速繁殖，卷土重来，向人体发动更猛烈的攻势。

导弹放射性治疗剂是一种含有放射性同位素的免疫球蛋白，它兼有免疫治疗和辐射治疗的两种功效。免疫是人体识别、驱逐和歼灭病菌等入侵之敌（医学上叫作抗原）的一种防御功能。当人体受到细菌、病毒的袭击时，体内就会产生出一种特异的免疫球蛋白（医学上叫作抗体），它有惊人的识别本领和作战能力。现已查明，人体能制造一百多万种抗体分子。每一种抗体都只与一种抗原起反应，并消除这种抗原对人体的危害，而对其他细胞全无影响。因此，只要查明附着在某种癌细胞上的是哪种抗原物质，就可以找到相应的抗体——免疫球蛋白，然后再把这种免疫球蛋白与放射性同位素相结合，制成药物，注入患者体内，就如同往人体内发射了无数枚导弹。这些导弹靠特异的免疫功能导航，无论癌细胞躲在哪里，它都能跟踪追击，命中目标。这些导弹的弹头就是放射性同位素发射的带电粒子，它对癌细胞的杀伤力很大，而对周围正常组织的影响却很小。

导弹放射性药物还是一种理想的癌症"侦探"，只要把它注入人体，就可用放射性扫描机在体外接收它从人体内发回的情报——放射线，不管癌肿多么隐蔽，都可以从扫描机的荧光屏上准确地确定它的部位，这就为癌症的早期诊断提供了可靠的信息。

目前，虽然导弹放射性药物还处在实验阶段，但我们坚信，人类制服癌症的日期是不会太远了。

（1984.6）

# 看《血疑》，话钴源

目前，几个电视台同时播映的日本电视连续剧《血疑》，吸引了许多观众，也引起了部分观众对钴源的疑虑，使用钴源安全吗？钴源到底是什么东西？

钴源是放射性同位素钴–60辐射源的简称。自然界中存在的钴是稳定的核素钴–59。把钴–59金属做成靶子，放到原子反应堆中任中子的"弹雨"射击，被中子命中的钴–59原子核就变成钴–60，它能放射电子和极强的伽马射线，这就是钴源。它是目前应用最广的强辐射源，是治疗肿瘤的重要武器。

有一位患者嗓子哑了，久治不愈。医生为他做了详细检查，确诊为喉扁平细胞癌。于是医生决定用钴源治疗机进行放射治疗。两个月后，癌肿就消失了。这是钴源治疗癌症许多成功例子中的一个。由于一般癌组织对射线的损伤作用比正常组织敏感，因此射线可有效杀灭或抑制癌细胞，而对正常组织损伤很小，从而达到治疗的目的。它特别适用于宫颈癌、喉癌、鼻咽癌、舌癌等癌肿的治疗，被人们誉为"无形的手术刀"。目前钴源治疗术负担着60%以上癌症病人的治疗任务。

钴源在工业、农业和其他领域中也有着广泛的用途。钴源可用于钢板的测厚，焊接部位的探伤和找矿等。钴源还是一种能引起化学反应的特殊"催化剂"，在有机材料的辐射聚合、改性等方面的应用尤其引人注目，已制造出许多性能优异的特殊材料。例如无形眼镜的镜片等。钴源还广泛应用于辐射消毒灭菌、食品储藏、育种和病虫害的防治、辐射雄虫不育技术中。

钴源的使用是非常安全的。它不仅有足够的铅屏蔽和严格的准直装置，以防止意外事故的发生。在医院里，钴源操作是人身事故发生率最少的医疗操作之一。正因为如此，《血疑》的编剧才编造了一系列极其偶然的巧合：什么更换钴源的时间强行临时变动啊，安装非常可靠的钴源被震倒滚出啊，让对钴源一无所知的幸子正好闯入钴源禁区啦，等等。真是把"无巧不成书"的创作"秘密"用绝了。这和现实的可能性完全是两回事。

（1984.8）

# 微而见著的人体硒

　　一千万分之二，这相当于500千克水中的两小滴水，实在是微乎其微。然而硒在人体中也仅占一千万分之二，它的作用却毋容忽视！

　　长期以来，硒一直被认为是对人体有害的元素。19世纪50年代美国发生了军马牧草中毒事件，但直到1934年才查明，这都是硒中毒引起的。研究结果证实，牲畜吃了硒含量高的牧草得一种会导致脱毛、脱蹄和跛足等症状的"碱土病"，严重的还会引起死亡。但如果牲畜缺硒又会得白肌病。到1957年，科学家们证实，硒是动物体内一种必需微量元素。此后，科学家们致力于人体硒的研究，取得了可喜的成果。现已查明，缺硒会导致心、肝、肾、肌肉等多种组织的病变。在我国，分布很广的两种地方病——克山病和大骨节病就与土壤和食物中缺硒有关，患者血液和头发中的硒含量明显偏低，口服含硒药物有明显的疗效，用含硒化合物喷洒作物也有防病的作用。

　　硒与癌症的关系更是一个令人感兴趣的问题。自20世纪40年代有人报道硒能引起癌症之后，在相当长的一段时间里人们一直以为硒是致癌物质。但后来进一步的研究却得出了相反的结论。在用加了致癌物质的饲料喂养的两组动物中，有一组加了硒，其癌症发病率大大低于另一组。这引起了医学界的高度重视和深入研究。美国的Schrauzer等人分析了27个国家的调查结果，发现癌症死亡率与食品和人血中硒的含量成反比。我国在江苏启东肝癌多发地区所做的调查也证明，肝癌发病率与缺硒有关。这说明硒有抑制癌症的作用。现已肯定，硒是谷胱甘肽过氧化酶的必需成分，而这种酶能抑制致癌性很强的过氧化物和自由基在体内的形成，估计这就是硒之所以有抗癌作用的道理。

硒的生物功能是多方面的。硒对免疫、生育、视觉等人体功能均有影响，硒还对汞、镉、铅、砷、铬、硫等元素的毒性有拮抗作用。

总之，人体硒的含量虽然极微，但其生物功能卓著，从营养学的观点来看，保证每天有足够的硒摄入量，这对人体健康大有裨益。一般鱼、虾、海味、动物内脏、禽蛋等食品的含硒量较高，蟹肉、虾仁、蚕蛹的含硒量尤丰。我国的科学家推荐，成人每日饮食中的硒含量以40~70微克为宜。

现在，对人体硒的研究方兴未艾，一旦人们对人体硒的作用有了更深的了解，必将会导致医药学、卫生学和生物无机化学的重大突破！

（1985.2）

# 讲课艺术与音乐

讲课是一门艺术，其规律与音乐有许多相通之处。

节奏是音乐的基本要素，它通过音阶的高低、音程的长短、力度的强弱、速度的急缓的巧妙组合和变化，谱写出千姿百态的美妙旋律。节奏在讲课中也十分重要。讲课时的详略快慢，抑扬顿挫，起承转合也必须安排得当，恰到好处，使讲课既内容精湛，逻辑严密，又条理清晰，中心突出，就像一首动人的乐曲。

一首音乐作品，通常都有一到几个主题旋律，这是音乐作品的灵魂，它贯穿全曲，反复出现，不断发展，给人们留下深刻的印象。一堂课，也必须抓住一到几个重点，这就是讲课的"主题旋律"。在讲授过程中，应通过巧妙的适当变化，让重点内容多次出现，前后呼应，不断深化，以便让学生逐步加深理解，最终达到牢固掌握的目的。

和音乐中的休止符一样，讲课中也可作适当停顿。讲授过程中的这种短暂停顿，或在设问之后，让学生有一个思考的时间，以调动学生的思维活动，激发他们的浓厚兴趣；或在板书之时，通过板书给学生点出重点之处，关键所在，起到提纲挈领、画龙点睛、强调加重的作用。但是，这种停顿只是声音的暂时休止，而绝非讲授的停滞，这种停顿或是前面讲授内容的概括、延续、引申，或是后面讲授内容的酝酿、铺垫、引发。因此，讲课中的短暂停顿运用得好，同样可起到"此时无声胜

063

有声"的作用。

教师就应该成为"讲授艺术家"，对每堂课的内容和讲法精心设计、反复揣摩，精雕细琢，使讲课放射出艺术的光辉来！

（1986.6）

# 漫话炼金术

金是一种稀有的贵金属，具有很好的化学稳定性和延展性。我国在夏代就已经把金用作货币了。

随着制陶、冶金等技术的发展，人们累积了不少的知识。于是，有人企图以丹砂、硫黄等矿物和汞、铜、铅等金属为原料，寻找一种"点石成金"的妙术，这正好迎合了封建统治者的需要，这是由于统治阶级一方面贪婪钱财，一方面还希冀长寿，他们从机械类比法出发，认为黄金不锈，服金定能增寿，即所谓"服金者如金"，于是，炼金术逐渐盛行，前后延续了一千多年，使无数炼金术士为此付出了生命，吞金丹者丧生。

从现代物理和化学的观点来看，一种元素如铅，其本质特性是有原子核决定的，化学变化只是由核外电子发生变化而引起元素状态的变化，元素的本质没有变，铅还是铅，不会变成金。要想把一种元素变成另一种元素，必须使其原子核发生变化才行。1919年英国物理学家卢瑟福用带正电荷的 $\alpha$ 粒子作"炮弹"，去轰击氮的原子核，使氮变成了氧，首次实现了人工原子核转变，但生成量很少。1932年人们发现了中子，由于它不带电，不受原子核内电荷的排斥，容易击中原子核，成为实现核反应的高效炮弹。1942年建立了核反应堆，它提供了强大的中子流，可以用来制造周期表中几乎所有元素的放射性同位素以及自然界中不存在的人造元素如镅、锫、锎等，这些元素都是比金更贵重的金属，终于使古代点石成金的梦想变成了

065

现实。因此，核反应堆又被誉为现代炼金炉。

现在，用这种炼金炉生产最多的是用于医学诊断和治疗的放射性同位素，如碘–131、锝–99m、钴–60等。碘–131通常是用元素碲做成靶子在反应堆中子照射下生成的。锝–99m则可用中子轰击元素钼来制得。这两种放射性同位素是目前核医学诊断中最常用的。因此，现代炼金术已成为人类战胜疾病、延年益寿的有力武器。

（1987.3）

# 辐射下闪烁的蓝珍珠

在一个周末的舞会上，雯雯姑娘戴的项链引起了人们的注意。那是一串蓝色的珍珠项链，颗颗珍珠玲珑剔透，在五彩缤纷的灯光照射下熠熠闪烁，璀璨夺目，行家一看就知道是珍珠中的上品。小伙子们向雯雯投来爱慕的目光，姑娘们露出羡慕的神色，这个问她项链是从哪买的？那个问她买这串项链花了多少钱……

原来雯雯是一家工艺美术厂研究室的工人，最近雯雯的研究室接受了一项辐照中心的委托，把一批辐照加工的珍珠做成项链，进行试销。那么，为什么要将珍珠进行辐射加工呢？因为现在的珍珠一般都是通过贝的人工养殖培育出来的。由于养殖环境难以控制，使得珍珠的形状、色调、光泽等质量指标无法保证。特别是近年来乡镇企业的迅速发展，使广大农村水域受到污染，水质恶化，贝母的养殖日益困难。人们只好选择那些对环境适应力强的贝类来育珠，这就导致珍珠质量进一步下降，上等蓝色珍珠极为罕见。如何将质低价廉的普通奶黄色珍珠加工成珍贵的蓝色珍珠就成为各国竞相研究的课题。

经过一段时间的探索，现在已研究出一种辐照着色的工艺，只要把普通奶黄色珍珠用钴-60放射源的 $\gamma$ 射线或电子束照射一定的剂量，就可以得到质品高雅、光彩夺目的蓝色珍珠，其色调、光泽、褪色性能等与天然蓝珍珠毫无二致。雯雯姑娘戴的这串珍珠项链就是用辐照着色法加工得到的蓝色珍珠做的。辐照中心请她试戴，是要她做活广告，进行广泛宣传。

听了雯雯的一席话，人们不禁发出赞叹：辐照真是巧夺天工啊。

（1988.12）

# 揭开松树皮治病之谜

15—16世纪的欧洲，航海探险兴起。特别是意大利航海家哥伦布率领船队于1492年10月登上巴哈马群岛的圣萨尔瓦多，首次发现新大陆，一时成为英雄，航海探险更是成为时髦之举，人们趋之若鹜。

对于探险者来说，劈波斩浪的艰辛，战飓风斗暗礁的险恶自不待言，最令人不寒而栗的是坏血病的肆虐，有多少热血男儿因此而死于非命，有去无回。1534年，法国探险家卡蒂尔船长率领110名水手，经过千辛万苦，终于发现了加拿大的圣劳伦斯湾，但不幸被冰封围困在海上整整一个冬天，仅靠咸肉和饼干维持生命，25名水手死于坏血病，其余的人也奄奄一息，陷入坐以待毙的绝境。幸运的是卡蒂尔船长遇到了热情、敦厚的魁北克印第安人，他们用当地的松树皮和松针煮水给水手们喝。一周之内奇迹出现了，水手们全部转危为安，死里逃生，安全返回了法国。这使卡蒂尔十分惊讶，他把这一切写进了《加拿大游记》一书之中。

时隔436年之后，这件事引起了法国波尔多大学教授马斯克里尔的浓厚兴趣。他为了揭开卡蒂尔和水手们获救之谜，亲自到加拿大魁北克进行调查，拿回那里的松树皮和松针进行分析，发现其中含有维生素C和花色素原，都是治疗坏血病的有效药物。此后，马斯克里尔博士对花色素原进行了长达6年的潜心研究，发现花色素原是属于一种叫生物黄酮类的物质，它不

069

仅对维生素C具有增效作用，而且还是一种抗氧化剂，可清除人体内的自由基，有保护血管、消炎退肿的功效，还有提高脑的记忆能力，减少精神压力对人体的不良影响，消除过敏反应的作用。

现在，越来越多的研究证明，自由基是促进人体老化的罪魁祸首。例如，动脉硬化就是因为老年人体内低密度脂蛋白被氧自由基氧化而堆积在血管内形成斑块，使动脉血管流通不畅，严重时会出现心绞痛甚至心搏骤停，脑部丧失记忆或造成中风。而花色素原是清除自由基效果极佳的抗氧化剂，它对防治自由基引起的几十种疾病有一定疗效，其中包括心脑血管疾病和肿瘤。这更激发了马斯克里尔博士的研究热情。他经大量实验发现，只有少数几种松树的皮和松针中含有花色素原，并确认生长在法国南部从波尔多到西班牙边境的松树含有这种生物活性物质。它把这种从松针中提取的复合物进行了一系列临床验证，并获得了美国专利。

现在，世界各国竞相研究天然物质特别是天然食物中的抗氧化剂，富含抗氧化剂的食品正在成为保健品的新宠。

（1998.4）

# 百年话镭

100年前的1898年12月26日，年仅31岁的法籍波兰女科学家玛丽·居里在法国科学院宣读了《论沥青铀矿中含有一种放射性很强的新物质》的报告，公布了一项新的发现，即比铀放射性强200万倍的新元素，她把它命名为镭（Radium），即拉丁文"放射"的意思，再一次引起了19世纪末世界科学界的极大轰动。

### 伟大的发现

放射性元素的发现，与X射线和电子的发现一起被称为19世纪末的三大发现，导致了原子结构理论的突破，人类对物质世界认识的深化，为原子能时代的来临开辟了道路。

1896年法国科学家贝克勒尔首先发现铀盐能发射一种神奇的射线，他把它称为"铀射线"。这引起了居里夫人的浓厚兴趣，她决定把这个新颖、独特的课题作为自己的博士论文选题，试图揭开"铀射线"的奥秘。她找来几百种不同物质，一头扎进实验之中，并于1898年初发现了钍的化合物也放出与铀相同的射线，这证明"铀射线"并非铀所独有。于是她就取了一个更为确切的名字，叫"放射性"，具有"放射性"的元素就叫"放射性元素"。那么世界上还有没有其他放射性元素呢？居里夫妇二人经过周密的设计，采用复杂的分离程序，把沥青铀矿中含有的各种元素一个一个分离开来。经过半年的努力，终于把含量仅为一亿分之一的一种新的放射性元素收集到了。1898年7月，他们向法国科学院递交了论文，并用"波兰"一词的拉丁文命名了这个新元素，即钋（Polonium），以表达居里夫人对祖国的眷恋之心。在发现钋的过程中，他们发现沥青铀矿中还有另一种放射性更强的物质。于是，他们又日以继夜地研究了5个月，终于从钡盐的结晶中找到这个新物质，它就是放射性元素镭。

### 光辉的典范

镭的发现对经典物理"物质不变"的学说是一个巨大的冲击。当时许多人表示怀疑，希望能看到镭的样子。为此，居里夫人决定从沥青铀矿中提取纯镭。这是一个多么具有胆识和睿智的决定啊！然而，要从成吨的矿物中提取含量不足百万分之一的镭谈何容易！她和居里在一个夏天像蒸笼、冬天像冰窖的破木棚里开始了这举世无双的艰难试验。她既当学者，又当技工，亲自一锅一锅地熬矿渣，一连几个小时不停地用铁棒搅拌，烟尘、蒸汽、酸雾包围着她，她以钢铁般的意志和耐力，经过整整45个月，458次失败，5677次试验，终于得到了0.1克纯镭盐，并详细研究了镭的各项性能。她在这一工作中所创造的分离和测定放射性元素的方法为放射化学作为一门新的学科奠定了坚实的基础。由于她在放射性研究中的卓越成就，分别于1903年和1911年荣获诺贝尔物理学奖和化学奖，这在诺贝尔奖的历史上是绝无仅有的。

镭有很强的放射性，它发射的能量是煤的253倍。它的射线穿透力很强，能杀灭细菌，还能激发许多物质发光，因此很快得到了广泛应用。如做夜光表的发光粉，做示踪剂，用于癌症等疾病的治疗。最早的放射治疗术"镭疗术"曾在当时风靡于世。为此，居里夫人把经过千辛万苦得到的价值上百万法郎的镭无偿地送给了研究癌症治疗的实验室。

由于居里夫人在极其艰苦的条件下长期从事放射性的研究，受到过多的辐射而被夺走了生命。

### 永恒的启示

镭发现已有一个世纪了，它的用途也随科技的进步，被性能更优越的人工放射性核素所取代，但居里夫人在研究镭的过程中所表现出来的科学精神却始终熠熠闪光，永不减色。

居里夫人伟大的一生不仅在于她做出非凡的成就和获得的无数桂冠，更重要的是在于她作为科学家的高尚人格。正如爱因斯坦在悼念居里夫人的演讲中所言："第一流的人物对于时代和历史进程的意义，在其道德品质方面也许比单纯的才智成就方面还要大。即使是后者，它取决于品格的程度也远超过通常所认为的那样。"

（1998.12）

# 生物技术时代悄然来临

1999年1月6日，由中国科学院和中国工程院587位院士参加评选的1998年中国和世界十大科技进展新闻在京揭晓，其中有关生物技术的最新成就分别有4条和3条赫然入选，它们是列中国十大科技进展第1条的攻克国家水稻工程难题，第3条的首创转基因羊技术，第7条的人类基因组研究获进展和第9条的研制成功基因重组人胰岛素；列世界十大科技进展第4条的克隆技术新突破，第5条的DNA测序技术取得突破和第7条的提出克服排异反应新方法。在十大科技进展新闻中，生物技术入选数量之多，排名之前，令人振奋。这一评选结果与一些新闻媒体通常在岁尾年终评选"十大新闻"的做法有很大区别，它不是从新闻的角度，而是从科学技术发展的角度，评选者又是我国科学技术最高层次的两院院士，因此评选结果具有无可争辩的权威性，它预示着生物技术时代已悄然来临。

21世纪将是生物技术世纪，这已成为中外科技界的共识。如果说19世纪的第一次工业革命是机器替代人力，20世纪的第二次工业革命是电脑替代人脑的话，那么21世纪第三次工业革命将是人工生命替代生天然生命。

1998年，与生物技术密切相关的分子生物学、细胞生物学、发育生物学等生物学基础理论研究取得了一系列重大突破，基因操作技术、胚胎克隆技术、基因治疗技术、大规模细胞培养发酵技术、蛋白质和酶工程技术等生物技术成果层出不穷，形成了一批新的研究热点，出现了生物信息学、组织化学、组织工程学等新的边缘学科和综合技术。更为可喜的是，有相当一批生物技术新成果很快就在工业、农业、医药卫生等领域得到了广泛应用，特别是基因在不同个体、甚至在不同生物种属之间的转移、整合，为新品种的培育和一些遗传疾病、肿瘤疾病的诊治提供了有效手段，进而为人类健康、农业增产、环境污染治理以及控制和改造整个地球的生物展现了广阔的前景。

阐明人类及农作物的基因组及其编码蛋白质的结构和功能，这是当今生命科学和生物技术发展的一个主流。1990年由美国率先启动的"人类基因组计划"（HGP）是继20世纪上半叶的曼哈顿原子弹计划和中叶的人类登月计划之后的第三项浩大的科技工程。包括中国在内的世界各国在广泛关注的同时，积极参与了竞争和合作。这项计划的任务是破译和编码人类24条染色体DNA双螺旋结构的全部遗传信息，包括人类大约10万个基因，绘制出以遗传图为主要内容的第二代人类解剖图。它将揭示基因组所蕴含的许多人类奥秘，大大推动基因诊断和基因治疗技术的发展，促进基因工程药物和疫苗的研制和应用，从而奠定21世纪医学和生命科学飞速发展的基础，为人类的医疗保健事业带来一场新的革命。

转基因技术是当今生物技术的又一大热点，它是将外源性基因导入到动植物体内，使之与原来的基因整合在一起，随母体细胞的分裂而增殖，在体内得到表达，并稳定地遗传给后代，形成新的品种。我们利用转基因技术可大大加快农作物和家畜新品种的培育，改良米、麦、果、蔬、肉、蛋、奶等食品的品质，提高它们的抗病、抗虫、抗盐碱、抗旱涝的能力和高产、优质、保鲜等方面的性能。利用转基因技术还可以生产珍贵的药用蛋白，为一些重大疾病患者造福，其中尤为引人注目的是生物反应器技术。其意义就在于转基因动物能大量廉价地生产珍贵的药物，一头转基因动物就是一个制药厂。目前，国际上已研制成功的转基因动物有牛、羊、猪等10多种，可生产贵重药物的蛋白有人红细胞生成素、乳铁蛋白、人血清白蛋白、人血红蛋白、人凝血因子、抗胰蛋白酶等，其发展前景不可限量。

（1999.1）

# 猴　殇

2004年是猴年，关于猴年的话题非常热闹。但似乎有一个关于猴的沉重话题，议论者始终很少，那就是猴的濒临灭绝。最近我看到了一些资料，产生了一种时不我待的紧迫感，不得不重提猴的话题，名曰猴殇。

## 沃尔什教授的警告

美国普林斯顿大学生物学家P.沃尔什教授率领的考察队于1998年至2002年对类人猿的主要栖息地西非加蓬和刚果（布）原始森林的黑猩猩和大猩猩进行了实地调查，发现这两种灵长类的洞穴数量在过去的20年中锐减过半，少了56%。据他们推测，如果照此速度发展下去的话，30年后，黑猩猩和大猩猩的数量将再减少80%，从而使这两种物种濒临灭绝！

问题的严重性还远不只是黑猩猩和大猩猩，几乎世界各地的灵长类动物都将面临灭顶之灾。目前，国际物种保护委员会以及其他一些国际动物保护组织共同起草了一份世界最濒危的灵长类动物的名单，竟达25种之多，它们的种群数多者几百上千只，少者仅存几十只，其中现存数量最少的当数生活在中国海南岛的海南长臂猿，仅有20多只；其次是生活在越南的灰腿白臂叶猴、越南金丝猴和达氏叶猴以及生活在尼日利亚和喀麦隆的大猩猩，也只有100只上下到200来只。像巴西北方蛛猴，刚果一带的山地大猩猩，也都只有300来只。如此多的灵长类动物的种群数处于岌岌可危的境地，难道作为灵长目之首的人类还不心急如焚，引起高度警觉吗？

## 同命相怜的忧伤

也许我们已经听惯了物种灭绝的消息，习以为常了。因为当今世界每天都有约100种物种在灭绝；因为根据达尔文"物竞天择，适者生存，优胜劣汰"的进化论法则，老的物种的消亡，新的物种的出现，是一种很正常的现象。但专家们却严正警告我们，现在出现的物种灭绝远远超出正常物种动态平衡下的物种消亡，而且已经危及地球上的顶级动物灵长类。在进入21世纪之前的两千多年中，还没有一种灵长类动物灭绝过，而恰恰在刚跨入21世纪之时，就有一种名叫非洲疣猴的灵长类动物灭绝了。这说明物种灭绝现象已经扩展到了适应力最强、最有智慧的高级动物，我们人类最亲近的同类——猴子了。

人们一般所说的猴子，是泛指学名为灵长目类的最高等的哺乳动物，又分为狐猴亚目（包括狐猴、懒猴、眼镜猴等）与人猿目（包括各种猿猴、猩猩和人类）。早在1个半世纪前的1859年，英国博学家达尔文发表皇皇巨著《物种起源》时就阐明了人类在动物界的位置及由动物进化而来的依据，得出了人类起源于古猿的结论。此后，由猿到人的进化线索得到充分的证明。到了现代，分子生物学家们用DNA生物分子比较法对人类、黑猩猩、大猩猩、长臂猿、猴等的DNA分子进行了比较，发现人与黑猩猩、大猩猩之间的差异仅为1.9%，这从分子水平上进一步证明猿猴是人类最亲近的近亲。现在猿猴濒临灭绝，任其发展下去，人类的消亡还会太远吗？

## 时不我待的反思

要真正认清猿猴濒临灭绝的严重性以及与人类的关系，还得从生物多样性说起。

何谓生物多样性？生物多样性就是指一个地域内基因、物种和生态系统的总和。由此可见，地球上的生物多样性是人类赖以生存和发展的物质基础。首先，生物多样性为人类提供了最基本的生存所必需的食物、纤维、药物资源、能源和工业原料等原生资源；第二，生物多样性是维持地球生物圈生命系统正常功能的必要前提，如通过植物的光合作用把太阳能转变成生物能，成为生物圈的生命基础：通过食物链物质和能量的流动，保持地球上水、氧、碳、氮、磷等几十种元素和物质的循环和平衡，创造和维持地球上一切生命赖以生存的生态环境；第三，生物多样性还具有巨大、潜在的科学价值。实际上尽管今天科学技术发达到了惊人的程度，但人类对自然界的了解还是远远不够的。就昆虫而言，人类大约只识别其中的3%，植物也还有1/3是不了解的，即便是人类研究最多的脊椎动物，也还有1/10尚未被人们所知晓。就拿灵长类动物来说吧，人类对它们的了解根本谈不上深入、全面。有科学家预测，也许在灵长类动物身上就蕴含着人类进化新的重要线索，甚至可以从中找到治疗艾滋病、战胜癌症、征服SARS的宝贵线索。仅就生物遗传多样性一项，就是一个取之不尽用之不竭的宝库。无论是传统育种还是遗传工程育种，都是以现有生物的基因作为资源的。袁隆平院士名扬世界的杂交稻就是利用野生稻种培育出来的。许多转基因作物也都是以天然物种为基础的。合成青霉素及其各种各样的类似物、衍生物也都是以天然青霉素为模板的。总之，生物多样性对人类具有巨大的社会、经济、环境、生态和文化等多重价值。

但是，生物多样性当前正面临前所未有的危机，正在进入7000万年前以恐龙为代表的物种大灭绝后的又一次大灭绝，即

079

第6次大灭绝，其灭绝的速度和规模远远超过前面5次，而这次灭绝与以往的最大不同在于它不是天灾而是人祸造成的。由于人类盲目追求自身眼前的利益，陶醉于主宰万物、征服自然的成就，以及出于傲慢与无知，在近200年特别是最近几十年，使大自然花费亿万年才造就的生物多样性遭到了严重的破坏。地球诞生至今已有45亿年，地球上出现生命也有35亿年，而生命的进化由猿到人花费了大约500万～1000万年，现代人的出现距今才5万年，而人类成为地球上的优势物种还不足1万年。可是，在过去的两千年里，随着人类征服自然能力的提高，对生物多样性的破坏也随之加剧。就拿人类对物种状况了解较多的鸟类来说吧，目前已有1/4的鸟类灭绝。时至今日，有20%的鱼类、18%的哺乳动物、11%的鸟类、8%的陆生植物都濒临灭绝。而这种灭绝的速度相对于生命演化35亿年的历史，真可谓是一瞬之间。这就给我们提出一个十分严峻的问题：生物多样性的保护，也即地球环境生态的保护，已成为摆在人类面前一个迫在眉睫的问题。时不我待，十万火急。尽管我们现在还很难回答有关生物多样性的许多问题，但生物多样性是不可逆的，没有生物多样性人类就无法生存，这是不争的硬道理。我们必须尽快唤醒人们对生物多样性的良知和责任感，加快对生物多样的认识和保护。正如一位科学家所言：生物多样性的保护是有时间限制的。我们可以晚一点到太空去遨游，我们可以晚一点克隆这样那样的动物，我们可以晚一点实现生活的全面智能化，然而我们却不能在生物多样性丧失殆尽之后才去研究它、保护它。否则人类等不到解决全球环境生态恶化、生物多样性丧失的那一天，自己就从地球上消失了！

（2004.9）

# 第三辑
# 科学时评

## 【选编者按语】

所谓科学时评，是指对科技工作、科技活动、科技现象、科技事件以及与其相关的问题发表评论的一种文体。当今科学技术的一大特点就是科学技术具有群众性。公众对科学技术的发展与创新，对科学技术与政治、经济和社会发展的关系以及对科学技术的负面效应、伦理道德等方面，都愈来愈感兴趣。因此科普也应与时俱进，它不仅仅是普及科学知识，更要普及科学方法、科学思想和科学精神，要引导读者热爱科学，关心科技事业，参与科技事业，促进科技事业的发展，使之成为科技创新双轮驱动的一翼。因此，科学时评也就成为科普创作的一个新的重要文体。

强亦忠教授十分重视科学时评的写作，这与他一贯关心科技事业发展以及担任学校研究生处副处长、科技处处长，从事科技管理工作，以及参加民主党派，当选政协委员，积极履行政治协商、民主监督、参政议政等经历有关，也与他既有开阔的宏观视野，又有细致的微观视角和观察思考问题的敏锐性有关。他写的科学时评褒优贬劣，激浊扬清，切中时弊，尖锐中肯，有很强的针对性、时效性和战斗性，深受好评。

如他写的赞扬本校的中国工程院院士阮长耿教授科学精神的时评《阮长耿与"我不及"精神》*曾获《苏州日报》优秀作品奖。他撰写抨击时弊、剖析公共科学事件的科学时评《克鲁克斯的悲哀》《反思谣'盐'事件》等也都受到称赞。他的科学时评往往是结合自己的实际工作，深入思考，有感而发，切合形势，贴近实际，富有启发性和亲近感。

*注：此文后来被作者融入《赞"烛缸"精神与"我不及"精神》一文之中。

# 请珍惜校名

笔者最近参加了一个知识产权的研讨会，会上一位专家提出"校名是一种无形资产"的观点，觉得很有道理。

校名象征一所学校的智力资产，它包含人才资源，科技成就和知识成果等，可以转化为巨大的经济和社会效益。据悉，最近北京外国语大学与新加坡合资成立一个高级商务咨询服务公司，就把校名作为无形资产进行评估，作价250万元入股。

我们苏州医学院，是一所创办83年、在中外均享有一定声誉的高等医学院校，它拥有26个硕士点，7个博士点，众多的教研室、临床科室、研究所（室），一批知名的专家、教授；它创立了优异的教学业绩，树立了良好的科研风尚；它具有圣洁讲坛，学界精英，杏林高手、莘莘学子，给人们一种希冀、期盼、信赖、厚望。因此，苏医的校名凝聚着深厚的学校历史，积累着丰硕的医学知识，象征着权威的医卫机构，蕴含着博大的科技精华。假如一个机构挂上苏医的牌子，一种保健用品通过苏医的鉴定，一剂新药标明在苏医做了临床验证，一件医疗仪器署上苏医监制，迅即信誉大增，身价百倍。

但是，长久以来受历史的局限和计划经济观念的束缚，人们对无形的资产，特别是校名的作用和价值缺乏认识，造成校名资产一再流失，侵害校名权的事件屡有发生。如创建合资实业时，无偿使用校名；兴办校产实体时，未将校名进行评估作价；更有甚者，以学校名义从事科技创收活动，打着学校旗号开展经济工作，获得效益尽收个人囊中，很少考虑校名作为无形资产应有的回报。这种状态应该尽快扭转。

呵，"苏州医学院"，让我们大家都来珍惜它的名声，维护它的尊严，运用它的价值，挖掘它的底蕴，发展它的内涵吧！

（1995.5）

# 克鲁克斯的悲哀

在深入揭批李洪志及其"法轮功"的过程中，我们会惊奇地发现，在受骗上当的几百万人中，不仅有工人、农民、学生、一般干部，也不乏离退休的老干部（有的甚至是担任过较高职务的离休干部）、大学生、研究生、高级知识分子、老工程师、科学家乃至于某市党校副校长、某名校哲学博士生导师。甚至，某省社会科学院的一位研究员还充当李洪志的吹鼓手，写了一篇论文：《"法轮功"功理——超常的科学》，这看上去似乎不可思议。

一些搞哲学科学的人怎么会陷入迷信邪说的泥淖之中呢？但如果我们认真研究一下科学发展史，不难发现，古今中外不乏这样的事例。其中，克鲁克斯就是比较典型的一个。

W．克鲁克斯（1832—1919年）是英国有成就的化学家和物理学家。早在1861年，他在研究硫酸厂废渣的光谱时，就观察到一条嫩绿色的新谱带，经过锲而不舍的努力，终于发现了一个新的元素，遂命名为铊（Thallium），拉丁文即"嫩绿色"的意思，是年29岁，由此声名鹊起。后来，他致力于真空中放电现象的研究，并研制成功以他名字命名的放电管——克鲁克斯管，它在近代物理学的研究中发挥了重要的作用，许多重大的发现如1895年德国物理学家伦琴发现X射线，1896年法国科学家贝克勒尔发现铀的放射性，都与克鲁克斯管有关。此外，他还发明了辐射计、闪烁镜等很有用的实验仪器。

就是这样一位在科学上很有建树的科学家，从1871年开始，却研究起当时很时髦的降神术来了，就此陷入迷信的深坑不能自拔。一次，他看了一个名叫库克的年轻女郎的降神表演，佩服得五体投地，不仅大加赞扬，而且还全身心地投入到降神术的研究之中。为了从科学上证实降神的真实性，他煞有介事地用了许多物理仪器。此后，他和库克小姐打得火热，经常与她鬼混在一起，配合她做表演和试验。库克小姐当然也十分感激克鲁克斯的大力支持和充分信任，特别是克鲁克斯用"科学"的手段为她的表演鼓噪、张目。此时的克鲁克斯完全投入了神灵小姐的怀抱，彻底丧失了科学家应有的怀疑和批判的清醒头脑，对库克小姐百般信赖，对神灵的"奇迹"深信不疑，心甘情愿地充当江湖骗子的吹鼓手和辩护士。唯神论者称："神灵可以在三度空间之外的第四度空间创造奇迹"，克鲁克斯就随声附和说："第四度空间的存在，在科学上是不容置疑的。"唯神论者说："神灵可以在第四度空间使桌子、椅子自己移动"，克鲁克斯就帮腔说："不错，我已经用实验仪器测出了桌子和椅子在移至第四空间时的重量损失。"无神论者揭露道："降神术是一种骗局！"克鲁克斯就摆出科学家的架势，捶胸顿足地保证："那是真的！我不但亲身体验过，而且还从科学上作了证明！"至此，克鲁克斯完全堕落成为降神术和唯神论者的帮凶。

克鲁克斯的失足令人扼腕叹息，其教训是发人深省的，它告诫我们，科学家树立正确的世界观、人生观是多么重要。正如恩格斯所指出的那样：不要说一般人，甚至自然科学家，如果蔑视唯物辩证法，就可能陷入最荒唐的迷信中，陷入现代降神术中去了。因此，我们科技工作者只有牢固树立唯物史观和辩证法，才能彻底摆脱愚昧，战胜迷信，永葆科学的尊严。

另外，从一些科学家被迷信、邪教所惑、受骗上当的事例中，还提醒我们，从个体层面上来看，任何一个科学家都不可能是万事通，都有自己专业和知识的局限性，特别是当今世界，专业越分越细，而科技发展越来越快，新的科技信息越来越多，面对这种新形势，科学家也有科普的必要，而且不仅是普及科技知识，更重要的是弘扬科学精神，传播科学思想，倡导科学方法，才能在与迷信、邪教的斗争中立于不败之地。

（1999.8）

# 赞"烛缸"精神与"我不及"精神

## 阮长耿的"烛缸"精神

1981年，阮长耿获得了法国国家博士学位，谢绝国外的高薪聘任和多方挽留，毅然返回祖国，在苏州医学院创办了我国第一个血栓与止血研究室。但创业的艰辛却是他在国外所料不及的。他想采用先进的单克隆抗体技术开展对血小板功能的研究，这是具有国际水平的高科技研究课题，但当时他们连研制单克隆抗体最起码的二氧化碳培养箱都没有，怎么办？是坐等条件吗？是放弃高起点的科学设想吗？阮长耿的回答是：不！他带领科研小组，精心构思，巧妙地自制土设备"烛缸"温箱代替二氧化碳培养箱，即在一般温箱（控制温度）里放上玻璃缸，点燃蜡烛，再套上塑料袋，待蜡烛熄灭，二氧化碳的浓度正好适合于细胞培养。他们硬是在这样简陋的条件下研制出国际上第一株抗人血小板单克隆抗体，并用于血小板的研究，取得了突破性进展。后来，包括阮长耿的导师在内的法国专家访问苏州，参观了阮长耿的研究室，对他们因陋就简创造的奇迹惊讶不已，赞不绝口。

今非昔比。现在阮教授的研究室条件大为改观，仅进口的二氧化碳培养箱就有好几台，还有流式细胞仪、高效液相色谱等价值几百万元的先进设备。但阮教授仍念念不忘"烛缸"，经常用这种"烛缸"精神教育他的研究生和青年教师，这是很有道理的。因为"烛缸"精神就是自力更生、艰苦奋斗的拼搏精神，是"没有条件创造条件也要上"的进取精神。它是邓小平"解放思想，实事求是"思想路线在科技工作中的生动体现，它反映了阮长耿既敢想敢干、不畏艰难的英雄气概，又尊重科学、实干巧干，创造性地攻克难关的战斗风貌。"烛缸"精神还是"抓住机遇而不可丧失机遇"的智慧闪光。当今科学研究的竞争异常激烈而又残酷，只有第一，没有第二。如果你不能只争朝夕，捷足先登，就会坐失良机，居人之后，科研成果的优先权就会失之交臂，胜券旁落。这就是"烛缸"精神的深刻内涵。

## 阮长耿的"我不及"精神

阮长耿教授在给研究生的一次讲话中曾语重心长地说："一个人能力是有限的，要想在科技工作中干出一番成就来，就必须注重协作，团结同志，虚心向他人学习。吴庆宇博士虽是我的学生，但现在在分子生物学领域里我不及他；李佩霞技师虽无大学文凭，但在细胞融合技术上我不及她……"短短一席话朴素无华，却语惊四座。

"我不及"三个字，充分反映了阮长耿实事求是的科学精神和虚怀若谷的思想境界。阮教授是国内外都有一定影响的知名专家，他能公开承认自己不如学生和下属，这正是他的高明之处，是他具有远见卓识和博大胸怀的集中体现。

当代科学技术迅猛发展，出现了高度分化又高度综合的趋势，各门学科之间相互交织、渗透、融合，形成形形色色、纷繁复杂的知识体系和研究范畴。"有所长必有所短，有所明必有所蔽"。当今世界不存在全能的专家，靠单枪匹马攻克不了科学难关。"图大事者谨于微，知不足者方多识"。有出息的科学家是彻底的唯物主义者，应尊重客观事实，贵有自知之明；勇于不耻下问，甘当"小学生"；善于博采众长，兼收并蓄；长于依靠群众，团结同志。可以断言，阮长耿之所以能在短短的几年时间里创办了国内外该领域的第一流实验室，先后在国内外发表了上百篇高质量的论文，连年获得部省级和国家级科技进步奖20余项，取得了骄人的学术成就，是与他的"我不及"精神密切相关的。

（1999.9）

# 议创新教育

## ——《大学生创新教育读本》序

21世纪，随着信息技术的飞速发展和高新科技的全面推进，世界正在发生广泛而又深刻的变化，其中最具影响力的变化就是知识经济正在悄然来临。这对我们来说，既是一次难得的机遇，又是一次严峻的挑战。

江泽民同志指出："要迎接科学技术突飞猛进和知识经济迅速兴起的挑战，最重要的是坚持创新。"他还强调："创新是一个民族进步的灵魂，是一个国家兴旺发达的不竭动力。没有科技创新，总是步人后尘，经济就只能受制于人，更不能缩短差距。"江泽民的论述含义非常深刻，他指出了中华民族生存和发展的根本出路在于创新，特别是在于科技创新。他的这一科学论断是建立在近年来对国际国内形势发展的精辟分析和对世纪之交发展规律的准确把握基础之上的，它已为近年来国际国内经历的一些事件所证实。

我国是一个发展中的国家，人口众多，资源有限，经济和科技都比较落后，劳动力素质也比较低下。在这种条件下，我们要参与国际竞争，要保住"球籍"，要自立于世界民族之林，靠什么？其中重要的一条，就是靠创新。创新是知识经济时代的根本特征，是支撑一个民族的脊梁和灵魂。不搞创新，就不能充分发挥科学技术作为第一生产力的革命作用，就不能改变我国落后的面貌，变被动为主动，摆脱受制于人的困境；不搞创新，就不能赢得时间，走上快速发展的道路，就不能提高我国经济发展的整体素质，从低水平竞争的圈子里跨越出来，实现经济发展从量的扩张到质的飞跃；只有通过创新，才能变落后的现状为"后发展优势"，实现常规发展阶段的超越，不断缩小与发达国家的差距，后来居上；只有创新，才能在激烈的竞争中抢占科技发展制高点，争得一席之地，以崭新的姿态迎接知识经济时代的挑战。

创新的关键是科技创新，科技创新的关键是具有创新能力的高层次优秀人才。这是摆在我国高等教育面前的一项十分重要而又紧迫的任务。邓小平同志曾尖锐地指出："我们最大的失误在教育。"（《邓小平文选》第3卷，第327页）这既包括德育，也包括智育。认真考察、分析一下中国当前的教育，确实存在十分突出的问题，主要表现在：重教有余，重学不足；灌输有余，启发不足；知识传授有余，能力培养不足；复制能力培养有余，创新能力培养不足。这是值得我们今天深省的。

新的时代呼唤新的教育。为了适应当前国家现代化建设的实际和未来知识经济对人才素质的需求，强调素质教育、重视培养创新人才已成共识。21世纪的中国教育，尤其是高等教育，将着眼于人才全面、持续的发展和教育战略的调整。从学科分布、素质结构，到教育内容、考核方法，都将进行革新，要摆脱旧模式的束缚，培养更多具有个性化、创造性和独立思考能力的人才。高等学校是知识创新的重要场所，是国家创新体系的重要组成部分。建立适应未来知识经济时代需求的教育体系，形成一批新学科和新知识的生长点，以发挥高校在知识生产、知识创新、知识应用和知识传播中不可替代的作用。按照这样的指导思想，我们要对现行的教学范式和教学行为进行彻底的改造，把创新能力的培养摆在首位。

培养高层次人才的创新能力应该包括哪些内容，是一个值得认真、深入研讨的问题。我认为有以下几点值得注意。

首先，要树立强烈的创新意识和创新观念。创新的核心在于"新"。因循守旧，重复前人的工作，新从何来？当今国际和国内的科技竞争，真可谓千帆竞发、百舸争流，竞争和较量是异常激烈而又十分残酷的。科技成果只有第一，没有第二。如果你没有强烈的创新意识和创新观念，不能只争朝夕，捷足先登，就会坐失良机，居人之后。

其次，要具有很强的创新勇气和创新动力。创新的关键在于"创"。要敢于想，敢于闯，敢于干，才能开辟新领域，创出新天地。如果畏首畏尾，裹足不前，是不可能实现创新的。创新的勇气来源于创新的动力，而这一动力又来源于高度的事业心和责任感。一个对事业缺乏热情的人，是不可能具有创新意识和创新精神的，也就不可能抓住机遇，开拓进取，实现"有所发现，有所发明，有所创造，有所前进"。

再次，要掌握创新本领和创新方法。这是实现创新的基础。要不断学习新知识，扩大知识面，保持持续发展的后劲。当今科学技术的迅速发展，出现了高度分化又高度综合的趋势，各门学科之间的相互交织、渗透、融合，形成了形形色色、纷繁复杂的知识体系和技术方法。因此，不仅要学习本专业和相关专业的知识和技能，还要适当学习人文科学知识，培养创造性思维的能力。知识面狭窄和知识内容陈旧，就无法跟上知识经济时代的步伐，也就不能适应创新的需要。

第四，要具有良好的创新素养和创新品格。这是实现创新的重要保证。人品和科学业绩是密切相关的。要想创新，就必须具有爱岗敬业、无私奉献的精神，取长补短、团结协作的精神，自力更生、艰苦奋斗的精神，百折不挠、勇往直前的精神，一丝不苟、严肃认真的精神，谦虚谨慎、戒骄戒躁的精神。这已为无数古今中外在科学领域中做出巨大贡献的科学家所证实。正如爱因斯坦在悼念居里夫人的演讲词中所说的那样："第一流的人物对于时代和历史进程的意义，在道德方面比单纯的才智成就方面要大得多。即使是后者，它取决于品格的程度也远超过通常所认识的那样。"

当前，大家都在强调创新，但泛泛议论、空喊口号者多，真正付诸行动、落到实处者少。现在，刘丹、王震元等同志广泛收集有关创新教育的资料，认真研读，去粗取精，博采众长，结合大学生的实际，编写了这本《大学生创新教育读本》（以下简称《读本》），把创新教育作为一门课程，引进课堂，做了一件大好事。他们求真务实的精神，探索创新的勇气，令人敬佩。尽管《读本》还不很完善，有些地方还有待于进一步探讨，但《读本》的出版对推动大学生创新教育无疑将具有重要意义和作用的。有感于此，也因作者再三盛邀，推辞不过，写下一些粗浅的看法，是为序。

（2004.3）

# 从"水变油"的骗局中应该吸取哪些教训

从1983年起，一个叫王洪成的骗子到处鼓吹水变油的"发明"，四处表演水变油的把戏，一时间甚嚣尘上，一些媒体也大势鼓噪，对王洪成大加吹捧，说"这是中国的第五大发明"，"王洪成是伟大的发明家"，"王洪成的发明无论用什么溢美之词都不过分"，等等。这个骗局前后闹了十几年。其时间延续之长、受骗上当人数之多是历史上所罕见的。受骗人中还不乏专家、教授、企业家和高级领导干部。那么，我们不禁要问：为什么会有那么多的人上当受骗呢？当然原因是多方面的，但归纳起来，主要有三，即三个"缺乏"。

## 缺乏科学知识

水能不能变成油？只要具有中学文化水平、学过化学知识的人都可以毫不犹豫地回答：不可能。因为水是由氢和氧两种元素所组成，而油是由碳和氢两种元素所组成，两者组成不同。石油产品燃烧，其中的碳和氢与氧化合生成二氧化碳和水，水和二氧化碳一样，都是燃烧后的最终产物，怎么可能再燃烧？因此水和二氧化碳是很好的灭火物质。当然，水经过电解产生氢和氧，氢可以燃烧，但电解制氢要消耗大量能量，通过这种途径来实现燃烧根本不经济，因此也不可取，倒贴账的买卖只有傻子才会干。

但骗子王洪成却说：水能变油，而且到处表演这种水变油的戏法。他把一滴神奇的药剂加到水中后，水就能像油一样燃烧了！"眼见为实"，很多人就信以为真，还真吸引了数以百计的单位和企业向王洪成投入了巨资，购买他的神奇药方，以便使水变油的工艺投入生产，得到超乎想象的高额回报，发大财。结果是竹篮子打水一场空，赔了夫人又折兵。原来王洪成搞的是一个伪科学、假技术的大骗局，是一场变魔术的拙劣表演。

全国有名的伪科学斗士郭正谊教授曾著文专门揭露王洪成的所谓"点水成油"的把戏有以下几种招数：

一是在水中投入电石（碳化钙）粉末，电石遇水立即反应生成可燃的乙炔，这实际上就是气焊可燃气体的来源。

二是在水中投入四氢化锂铝，与水反应也能产生氢气，也可点燃。而且，王洪成确实曾到中科院化学所试剂库中偷拿过一瓶四氢化锂铝，这就是他拿来到处唬人的神秘灰色粉末。

三是直接往水中滴几滴油，油浮在水面上，一点就着，非常简单，却也能骗一些人。

四是采用变魔术的手法，趁人不备，将水调换成油。

当然，还有其他方法，这里不再一一列举。

王洪成的另一个骗局就是他发明的所谓"膨化燃料"，其实就是把石油制品与水掺在一起再加一些肥皂一类的物质，把油和水搅成乳化液，用作燃料。这早就被美国发明大王爱迪生试验过，由于它并不省油，而且腐蚀性极大，汽车开不了几百公里，引擎就会报废，早已被否决了。但王洪成却把它当成新的发明创造，打出所谓"新型膨化剂"的旗号，加上各种变戏法式的表演和各种伪证，使不少单位上当，王洪成大发其财，而这些单位惨遭损失。最典型的是哈尔滨公交系统在67路公共汽车全部用上了这种"王氏燃料"，还由黑龙江省副省长和哈尔滨市副市长隆重剪彩，结果很快十几辆汽车的发动机因腐蚀全部报废，使公交公司蒙受了巨大损失。

那么，为什么有那么多的人未能识破他的这些骗人招数呢？

## 缺乏科学方法

俗话说："耳听为虚，眼见为实"。但这不是严格意义上的科学方法。我们还是先来看一看郭正谊教授对社会上流传很广的一盘王洪成水变油表演全过程的录像带所作的精彩剖析吧。

这场表演是由哈尔滨市一位公安局副局长率领他的属下于"严密的监控"下在王洪成的家中进行的：

这位副局长在王家厨房里亲自把自来水灌在大塑料桶中约八分满，然后提回到王家的客厅里。王洪成拿来一只空玻璃杯，由塑料桶中倒出大半杯水来交给这位副局长拿在左手里，并让他尝了一口。然后王洪成向桶中滴了几滴药液，过了一会又往桶里加了另一种药液，这时桶中的水逐渐变成浅红色。接着，王洪成由架子上拿来一只开口的易拉罐（王并没有倒过罐子来证明是空的），由桶中向罐里倒些水，然后就把这个易拉罐交到了这位副局长的右手中（这时这位副局长的两手都用上了），请他到厨房去试验，属下们也都跟到了厨房一起看王表演（而那只塑料桶就被丢在客厅里没人照看了！）。果然玻璃杯中的水点不着，而易拉罐中的液体点着了，大家热烈鼓掌祝贺试验成功。这时王洪成的妻子王麒麟送来装有浅红色液体的塑料桶，副局长接过了桶走下楼去试验开汽车，于是"中国第五大发明"的鉴定就算完成了！

在这盘录像带的解说词中是这样说的：录像机的镜头始终没有离开过公安局副局长（理应是镜头始终不要离开那桶水！）。还说：这次伟大的试验是在王洪成的妻子密切配合下

097

完成的（这倒是句真话！因为正是王麒麟把那桶水换成了一桶油，如果我们仔细观察，就会发现前后两个桶中所装液体的体积是不一样的，而那个易拉罐中早就预先装了一点油，当然能点燃了）。

王洪成这种弄虚作假的表演作了无数次，有的因欺骗手法太露骨被当场戳穿，可惜没有被充分揭露；有的比较隐蔽，蒙混过关，却被大肆渲染，流毒甚广。例如，有一个电视纪录片《盘古开天惊世篇——中国王洪成》就曾大肆吹嘘："在众目睽睽之下，王洪成玩了一个人类历史上最大、最神奇、最令人震惊的科学游戏。在一个能容纳11吨水的水泥池里，国家有关部门的权威专家们，亲自将水注入投进了洪成燃料的水池，经过搅拌，装进盆，再一盆盆端到广场上。洪成燃料一经点燃，火焰腾起，点水成油的神话瞬间变现现实。"实际上王洪成事先在水泥池下面暗中接了一条输油管道和阀门，偷偷往池中输油，油浮在水池上面，因此实际盆子里装的是油，当然可以点燃啰！

这里有一个如何检验新的创造发明的问题。

任何创造发明，它是否真实、科学，就是看它是否能经得起实践检验。这种检验往往是要通过国家的专门机构组织由这一行业的若干专家组成的专门小组来进行科学鉴定。而且，这种科学鉴定是按专家小组事先制定的鉴定方案进行的，包括现场测试、实验室分析、对比试验、重复试验等多种方法。通常情况下，当事人要尽量回避，以保证鉴定的科学性、严密性、公正性。怎么可以由当事人按自己事先设计的方法以公开表演的方式来代替科学鉴定呢？过去那种"耳朵认字表演""气功取物表演"之类弄假做假、欺骗观众的例子还少吗？世界著名的科学斗士、美国民间反伪科学和反邪教专家詹姆斯·兰迪曾以魔术师的身份揭露那些以魔术手法来行骗的伎俩。"实践是检验真理的唯一标准"。一切发明创造必须经过实践的检验，才能证明它的真实性。杨振宁、李政道的"宇称不守恒定律"再新奇，只有通过吴健雄的实验证明，才得到承认；爱因斯坦的"狭义相对论"和"广义相对论"再奥妙，也只有通过后来的验证，才得到广泛的认同。诺贝尔奖有一条明确规定：未经实践证明的成果不予授奖。"眼见为实"是在科技不发达的条件下形成的一条经验，不是什么真理。因为人眼的功能有很大的局限性，看到的可能会是表象、假象和幻象，这是不言而喻的。科技高度发达的今天，科学早就超越了肉眼的限制，演进为现代的实验法、观察法、调查法等科学方法。人们借助于仪器设备大大延伸了人的感觉器官，大大拓展了观察的视野，提高了检测的灵敏度和精确性，小至分子、原子，大至宇宙太空，快至瞬息万变，长至累月经年，都可以如实、准确、连续地对科学事件进行观察、分析、计算。时至今日，仍不采用科技的手段来做科学鉴定，就难免上当受骗。

　　王洪成是深知科学鉴定的厉害的。因此，他总是企图以热闹的表演来代替科学鉴定，想方设法逃避科学鉴定或拖延科学鉴定，甚至采用伪造科学鉴定文件的卑劣手段来欺骗舆论，蒙混过关。王洪成就曾趁拜访之机从中科院专利管理处偷了一份中国科学院空白信笺，用剪贴和复印的办法伪造了一份中科院发的《王洪成发明成果证明》文件，招摇过市，以骗取人们的信任。他还伪造了一份中国科学技术协会管理中心科技部的文件：《关于"大力推广应用水基膨化燃料"的决定》，招摇撞骗，以售其奸。

### 缺乏科学精神

王洪成的骗局早就引起了正直科学家们的愤慨。1995年全国政协八届三次会议上，41位科界的政协委员递交了一份关于认真查处水变油事件的提案。正当王洪成无法逃脱其诈骗罪行的惩罚时，竟然由东北某高校校长出面组织搞了一份所谓的水变油《考察与见证报告》，并上书中央领导同志，大量复印，到处散发，成为王洪成的救命稻草。而该校组织的水变油鉴定会竟然还是由多所高校的博士生导师参加的。我们不禁要问：这些博士生导师怎么也会相信水变油的谎言呢？

如果说，对打着科学技术旗号的闹剧，一般老百姓上当受骗情有可原的话，那么在像水变油这样的伪科学骗局中，有那么多专家、学者甚至是科学家、高层领导干部上当受骗，就值得深思了。

一种情况是，有些鉴定单位不按严格规定取样或收受样品，只要交费，我就给你做分析，至于你送的样品是什么随你说，我不管，这是不符合技术鉴定规定和职业道德的，使王洪成钻了空子；一种情况是，有的企业家、领导干部心态浮躁，急于求成，看到"水变油"可图大利，不管三七二十一，抓住不放，忘乎所以，使王洪成有机可乘；一种情况是，"吃了人家的嘴短，拿了人家的手短"，自己并非真正的专家，收了人家好处，只好到场作秀，帮腔说好，受人利用，或眼开眼闭，随声附和，违背科学良心；还有一种情况是，本来就是王洪成一伙的，当然会跳出来说话，甚至有个别科技工作者还想方设法为水变油找理论根据，连常温核聚变的荒谬理论都用上了，为虎作伥，完全丧失了科技工作者的科学道德和良知！

（2004.9）

# 从海啸灾难中的"小天使"想到的

不仅成人掌握了科普知识，可以救人性命；即便是小孩子，也可运用科普知识拯救大人免于死难。被誉为"海滩小天使"的蒂莉就是其中的一个突出事例。

刚刚过去的2004年，是以一个巨大的灾难与我们人类作告别仪式的。2004年12月26日清晨7点左右，在印度尼西亚北部苏门答腊岛亚齐省的海域发生了里氏8.9级（中美两国测报为8.7级）的强烈地震，将整个苏门答腊岛向西南方向推移了100英尺，这是近百年来历史上最严重的地震之一。地震引发了海啸，搅起印度洋数以万亿吨计的海水，袭击了泰国南部，而后又席卷印度、孟加拉国、缅甸、马来西亚、斯里兰卡、马尔代夫等国，灾难甚至波及远在东非沿岸的索马里。地震和海啸夺走了25万多兄弟姐妹的生命，造成几十亿美元的经济损失，成为有史以来最大的海啸劫难。被海水无情冲刷的海岸线，无数的度假胜地和村庄变成了一片狼藉的沼泽，美丽的海滩也消失殆尽。一下子全球惊呆了！全世界的人民都沉浸在深深的悲哀之中。

但不幸中的万幸，是被英国媒体誉为"海滩小天使"的小姑娘蒂莉，她以自己的聪明才智在这场海啸灾难中拯救了上百个大人的生命，令世人惊叹和瞩目。

这位"英国"小姑娘年仅10岁。海啸发生的当时，她正在泰国著名的普吉岛海滩享受着美妙的阳光、金色的沙滩和奇

101

丽的海景。突然，蒂莉发现海水冒着气泡，潮水反常地退了下去，感觉有些不大对劲，这好像是发生海啸的征兆，她立即把自己的想法告诉了妈妈。就是因为蒂莉的一句警告，整个海滩和邻近饭店的人们在海啸潮水来到海岸线之前都及时撤离了，这一旅游海区没有一人伤亡。

这位可爱的"英国"小姑娘之所以会发出海啸灾难的警告，完全得益于她在学校里学到的有关海啸的知识。在蒂莉来泰国度假之前不久，她刚从地理课上听过老师讲解有关海啸的知识。难能可贵的是，她理论联系实际，学以致用，把学到的知识变成了自己的一种观察和判断事物的能力，在真正的海啸灾难来临之际，让知识发挥了作用。

这次印度洋惨痛的海啸灾难过后，全世界都在反思。"沧海横流更显生命之脆弱"，这是一位报社记者发出的感叹。近百年来，我们人类改造自然的能力被无限地夸大了，这次自然再一次教训了我们：人类在自然灾害面前显得多么无奈和渺小。环境专家认为，此次灾难的发生与人类活动不无关系。国际自然保护联盟的首席科学家丁·麦克尼利指出，人类在沿海大量修盖房屋以及对自然环境肆无忌惮的破坏，是这次灾害造成如此惨重损失的"罪魁祸首"。他解释说，从地质学的角度看，发生地震并引起海啸是自然界的正常现象，但一次海啸竟然造成25万人的死亡，就不能完全归咎于大自然的残酷了。珊瑚礁以及生长在海岸边浅水地带的红树林本来可大大消减海啸的冲击力和破坏力，不至于对陆地造成太大的破坏。然而，人们没有意识到保护珊瑚礁和红树林的重要性，相反，为了发展旅游，在海边盖起一幢幢宾馆、饭店，大量砍伐海边的红树林，人类的频繁活动导致了大片珊瑚的死亡，这些都为海啸的肆虐埋下了伏笔。

　　造成印度洋海啸死难严重的另一个重要原因是这些受灾国家没有建立有效的防灾预警机制。此次印度尼西亚苏门答腊岛发生地震时，就是因为通信联络的问题，使当地地震监测站搜集的有关数据无法直接传送到首都雅加达，贻误了报警时间。地震发生后15分钟，位于美国夏威夷爱娃（Ewa）海滩的"太平洋海啸报警中心"就探测到了地震信号，并发出公告，指出有可能发生海啸，但由于该中心是针对美国、澳大利亚等环太平洋国家的，与印度洋海域的国家没有建立正常联系渠道，受灾地区也没有官方的预警系统，这就再一次失去了发出海啸警告的机会。印度、斯里兰卡等国的地震部门也测到了地震信号，但由于麻痹、忽视以及一些不确定的因素，也没有作出预警报告。为此，许多国家的科学家和政要呼吁要尽快建立印度洋海啸预警系统和世界性的预警协作机制。受灾国家也在加大投入力度，尽快建设预警系统，重拾政治和科学的信心，希望在下一次灾难来临时，尽量减少损失。

　　同时，在这次灾难中人们也看到这样一些事实：一个在水上漂浮7天的幼儿得救了，一个在船底挣扎了9天的渔民生还了，一个为了孩子毅然扑向海啸掀起的巨浪中的母亲救了全家性命，一个10岁的女孩机敏地在海啸来到之前发出警告，使上百个大人免于死难……这一切都说明，在灾难面前生存智慧和防灾救灾的知识及技能多么重要！但我国过去对防灾救灾、医学急救等有关的科技知识，无论是在学校里的传授方面还是在全社会上的普及方面，都做得很不够。据了解，群众中真正懂得并能正确使用灭火器的人不多，懂得消防救火和安全逃生知识的人就更少。不少人在火灾中丧生是由于采取盲目、错误的行动（如贸然跳楼）造成的。我国心脑血管疾病的死亡率很高，其中有相当多的一部分人是由于发病当时没有采取正确的急救措施而贻误抢救最佳时机或直接导致病情加重而死亡的。

一位哲人说过："人类的记忆是人类生存的基本力量。"我们要充分记取这次海啸的惨重教训，牢固树立"科学技术知识是我们与一切灾害做斗争的有力武器"的信念，大力普及环境生态知识，坚定走可持续发展道路的信念；大力普及防灾救灾知识，提高应对各种突发事件的技能，增强生存毅力和生存智慧，做到未雨绸缪，防患于未然，这样才能把将来可能遇到的天灾和人祸造成的损失减少到最低限度。

（2005.1）

# 重忆 SARS 灾疫之痛

2003年春天在我国爆发的SARS灾疫已平息整整两年了。但这场看不见硝烟的"战争"给我们留下的印象是终生难忘的，给我们的教训是极其深刻的，有很多东西值得我们不断反思、记取。

## SARS妖魔悄然袭来

2002年11月16日，广东一名厨师得了一种神秘的肺炎到医院求治，被当作一般感冒进行治疗。当时没有人意识到一场灾难正悄然来临。这种病迅速蔓延开来，在不到两个月的时间里，广东就有300多人被感染，5人丧命。这就是后来被国际卫生组织（WHO）正式命名为急性重症呼吸综合征的烈性传染病，英文名为Severe Acute Respiratory Syndromes，简称SARS，俗称传染性非典型性肺炎（简称非典）。

2003年2月21日，一位来自广州的刘姓医学教授在香港京华国际酒店参加一场婚礼，他后来于3月4日死于非典。他在酒店活动过程中，曾与加拿大、新加坡以及香港等地的人接触，其中有一位陈姓的美籍华商从香港飞往越南河内，因SARS类似的症状住进一家法国医院，结果他传染了主要包括医务工作者在内的20余人，其中包括WHO驻越南的工作人员卡洛·乌尔巴尼博士，他就是第一个发现SARS暴发并报告WHO的医生。不久，陈姓商人及乌尔巴尼医生均死于SARS。

更为可怕的是，此时国人对SARS仍没有足够的认识和警觉，最典型的事例是华北地区首例输入性SARS患者徐某，她当年才27岁，山西太原人，有事需出差广东。出发前已听说广东有"非典"疫情，有些担心。其父母替她查阅了报纸和互联网，并打电话给在广州党报工作的熟人询问，得到的信息是"都是谣传，没那么严重"，"非典是肺炎中最轻的一种，没有致命危险"。2月18日，徐某姐弟2人去了广州，发现市民生活确实也没有什么异常。可5天后回到太原即发病，体温38.8℃，她到一家大医院求医，主动告诉医生自己从广州来，会不会是"非典"？医生竟笑她"大惊小怪"，结果当一般感冒治疗。徐某不放心，再到另一家医院复诊，结果仍是感冒。2月25日高烧到40℃，她到第3家大医院求治，诊断还是感冒！2月27日，徐的丈夫打电话到广州一家医院，得知"非典是衣原体感染"，迅即到医院检查，结果是"正常肺炎，一般不会传染。"2月28日，徐的丈夫当机立断，用救护车将她转送到他们认为国内最好的医院——中国人民解放军总医院（即301医院）求治，3月5日又转到有传染病专科的302医院。在此求医过程中，造成太原3名医护人员，北京301、302医院10多名医护人员和自己亲属多人感染，其父母双双死于SARS。

就是在这种情况下，SARS像原子核链式核裂变反应一样迅速蔓延开来，一下子肆虐了大半个中国，造成人们心里的极度恐慌。一时间流言四起，抢购成风。板蓝根、口罩等物资脱销，连油盐米面等一些生活日常用品也成了热销商品。

### 依靠科学降顽凶

2003年3月12日、15日、27日，WHO连续3次向全世界发出SARS警告，及时提出SARS的概念以及SARS疑似病例和可能病例的定义，发出与SARS相关的紧急旅行指南以及对到SARS疫情暴发国家和地区的旅客进行筛查的要求。

此时，我国党中央和国务院十分关注SARS疫情的发展，经过调查研究，采取断然措施，依靠科学决策，降伏SARS。2003年4月20日，在国务院新闻办公室举行的新闻发布会上，新任卫生部常务副部长高强主动宣布一个令人震惊的事实：北京市累计SARS病例339例，另有402例疑似病例，死亡18例。中国内地累计SARS病例1807例，死亡79例，并公开承认工作中有失误。当晚新华社发布消息，中共中央决定免去张文康卫生部党组书记的职务，孟学农北京市市长、市委副书记的职务。次日，国务院宣布取消"五一"长假，卫生部宣布将原来5天公布一次疫情改为每天1次。然后是国家旅游局紧急下令，不得组织去西部、农村和疫区旅游。此后全国防治SARS的情况为之一变。

这里，我们不能不提到解放军301医院退休外科医生、72岁的蒋彦永教授。2003年3月30日，他偶然间从军队系统的传染病医院302医院和309医院了解到，北京的SARS疫情相当严重，仅309医院SARS病人就近60例，已死亡6例，而此时卫生部部长张文康在中央电视台《焦点访谈》节目中却说北京SARS病人只有12例，死亡为3例！一贯耿直的他愤怒了：作为曾当过军医的卫生部部长怎能背弃做医生的基本原则说假话？他经过进一步调查之后，致函中央电视台和凤凰卫视，提供了自己了解的真相，并呼吁："希望你们也能努力为人类的生命和健康负责，用新闻工作者的正直呼声，参加到这一同SARS斗争的行列中来。"4月8日美国《时代》周刊记者闻讯赶来采访蒋彦永，他承认自己给电视台写过信。他说："自己之所以站出来说话，是因为不说实话，要死更多的人！"很快，《时代》周刊和其他一些海外重要报刊都相继报道了蒋彦永的署名信件。

107

4月10日卫生部副部长马晓伟在新闻发布会上仍称，北京SARS病人只有22例，死亡4例，蒋彦永越发感到形势严峻，直接给卫生部写信，正式提出：卫生部部长应该引咎辞职！他在信中严正指出："对人民健康、生命安全的事，来不得半点虚假、错误。"4月17日，中央明确作出反应，中共中央总书记胡锦涛在政治局会议上表示，任何人不得瞒报疫情。这就导致了卫生部部长张文康和北京市市长孟学农的免职。应该说，中央的科学决策与蒋彦永坚持实事求是、敢讲真话的科学精神是密切相关的，因此，蒋彦永此举非同寻常，正如后来国务院发展研究中心著名经济学家吴敬琏致电蒋彦永所说的那样："我想专门打个电话向你致敬！你为我们国家立了大功，为人民立了大功……这个事情从根本上来说，还是要从传媒体制、政务公开等制度上解决，需要改变过去的一些老做法。"这里所说的老做法，就是指以"从大局出发""维护党和国家的形象"等名义，隐瞒事实真相，搞所谓"外松内紧"那一套。在SARS肆虐的情况下，老百姓仍处在不知情的迷蒙之中，还搞这一套，非要出大乱子不可！试想一下，如果按张文康、马晓伟所公布的情况，北京旅游和人员流动仍然照旧，到"五一"旅游高峰时，国内外游人涌进北京，再把SARS病毒带到全国，带到全世界，后果不堪设想！4月20日中央采取断然举措的意义不仅在于与SARS作斗争的本身，而且对进一步推行问责制、政务公开等都是一个很大的促进。

战胜SARS要靠科学技术。由于SARS是一种新出现的烈性传染病，人们对它不了解，它怎么来的？怎么传播的？如何进行诊断和治疗？还一无所知，一时出现误诊和漏诊也在所难免。但由于我们开初时决策不当，贻误了战机，才酿成SARS

的大暴发。其实，SARS虽是新的疫种，但它也具有一般瘟疫的共性。人类自古以来，在5000多年的文明发展史中，与各种瘟疫如疟疾、黄热病、天花、霍乱、伤寒、鼠疫、流感等作过长期、反复的斗争，付出了血的代价，得到了惨痛的教训，积累了丰富的经验。对付瘟疫关键有三条：一是明确并控制致病源；二是切断传染途径；三是建立有效的诊治方法。通过SARS初期的经验与教训，我们很快搞清了SARS的传播途径主要是飞沫和接触传染，因此采取固定较好的专门医院收治病人，加强隔离措施及医护人员的防护；建立专门的发热门诊，迅速确定可疑患者，减少扩散机会；采取果断措施，控制疫区人口流动，建立流动人口体温监测制度，等等，很快就把疫情遏制住了。

对于SARS的致病源，通过国内外科学家的联合攻关，很快也就查明了：SARS的致病源是一种新型的冠状病毒，并测出了它的DNA基因序列，使治疗更有针对性。至于诊疗方法，开始时没有经验，走过一段弯路，但在以身试药、寻找良方的74岁军医姜素椿等一大批白衣战士的努力下，他们以解放思想、实事求是的精神和爱岗敬业、无私奉献的思想，很快就摸索出一套行之有效的治疗和护理的方法，大大提高了疗效，使我国SARS的死亡率仅为5.1%，成为国际上死亡率最低的国家之一，远低于WHO公布的平均10%的死亡率。应该说，这是我国医务工作者以其职业尊严、人道主义和专业技能创造的一个伟大的奇迹！

这里不能不提白衣战士的代表、呼吸病学专家、中国工程院院士钟南山。他是2003年1月21日接到广东省卫生厅的通知，开始了他的SARS之战的。他到中山市两家医院调查，马上以他广博的医学知识和多年的行医经验敏锐地觉察到这种原因不明的类似肺炎的怪病是一种值得关注的特殊传染病即非典型性肺炎，马上发出做好预防隔离工作的指示，同时立即向上级部门报告，并主动向卫生厅请缨："把最危重的病人往我们医院送！"面对一些医务人员的顾虑，他毫不犹豫地说："医院是战场，作为战士，我们不冲上去谁上去？"但SARS毕竟是一种十分凶险的新病种，要战胜它实属不易。钟院士夜以继日查阅文献，严密观察病人症状及其变化，细致进行分析研究，逐渐认定SARS是一种新的病毒引起的传染病。他们对症治疗，有了突破性进展。但此时从北京国家疾病预防控制中心传来消息，在广东送去的两例SARS死亡病例肺组织标本切片分析中，发现了典型的衣原体，权威专家的观点是SARS的病因是衣原体。在当天省卫生厅召开的紧急会议上，钟南山沉默良久，终于发了言，他以临床症候和治疗的实践否定了衣原体是SARS病因的论点，坚持病毒说。有人问他："你不怕判断失误会影响你院士的威望吗？"钟南山平静地说："科学只能实事求是，不能明哲保身，否则受害的将是患者。"在当时SARS元凶还不明朗的情况下，他坚持新型病毒说，有针对性地合理使用皮质激素、无创通气和中西医结合等综合治疗的方法，十分有效，明显提高了抢救的成功率，缩短了治疗周期，很快得到推广，他的病毒说后来也得到证实。当WHO的专家小组到广东考察SARS疫情时，盛赞钟南山的治疗工作，称这正是他们此行要寻找的。

## 以史为镜深刻反思

恩格斯曾经说过，痛定思痛，没有一种巨大的历史灾难不是以一种巨大的历史进步作为补偿的。纵观古今中外的历史，一个国家的富强，一个民族的觉醒，无不"受益于"各种各样的危机。从某种意义上讲，SARS是上帝在我国"四化"建设的关键时刻给我们的一个警示。2003年的SARS灾疫给我们的教训是惨痛的，我们应该把它变成一笔珍贵的精神财富。

教训之一是我们要对公共卫生突发事件保持高度的警觉，建立一套完善的公共卫生应急系统和机制。美国在这次SARS灾疫中，一直保持很低的发病率和零死亡记录，就是因为他们从"9·11"事件以及后来的"炭疽危机"中及时吸取教训，构筑了公共卫生防御网，当SARS袭来之时，他们能沉着应对。2003年3月12日WHO发出SARS预警信息后，美国疾病控制中心（CDC）两天内就启动了国家应急行动，8项具体应急措施随即到位，CDC网站每天24小时向媒体公布有关信息，24小时热线开通，随时回答公众的咨询。同时，有关SARS的流行病学、病因学和药物筛选研究齐头并进，紧张有序地开展起来。

近一二十年来，全世界面临着生存条件的不断变化，古老的传染病（如鼠疫、结核、白喉等）陆续复苏，新的传染病（如艾滋病、埃博拉出血热、马尔堡病等）不断产生，新的病毒不时出现。例如，艾滋病毒就可能起源于非洲丛林地区生活的一种长尾绿猴，当地土著居民大量捕捉这种绿猴，使人受到感染。埃博拉出血热也来自猴子。而且更为麻烦的是：病毒或细菌在外界环境变化的作用下，其基因会发生变异，使我们防不胜防。因此，我们必须清醒地认识到，传染病仍旧是威胁人类健康和生命安全的严重疾病，特别是在现代都市中，人口密集的环境非常有利于传染病的流行；现代交通的便利，又增加了传染病在世界范围内传播的机会和速度。可以肯定地说，人类今后碰到的新的疾病会越来越多。我们不要以为2003年SARS病魔被抑制住了就万事大吉了。SARS还可能卷土重来，因为它的传播源我们还没有完全掌握，而且它还会变化。此外，其他新的传染病也会突然暴发，我们必须警钟长鸣。对公众而言，一方面是支持国家建设公共卫生体系，另一方面更重要的是改变自己的一些不良的卫生习惯，改掉随地吐痰、乱扔垃圾、胡吃野味等陋习，养成科学文明的生活方式；积极锻炼身体，限酒戒烟，注意平衡饮食和心理卫生，提高机体的免疫功能；此外，还要学习预防传染病和应对突发性公共卫生事件的知识和能力，把它作为每个公民科学素养的重要组成部分。

教训之二是我们要敬畏自然，把建立人类与自然协调发展的新关系作为人类长久生存的新课题。尽管迄今为止我们对SARS病毒来自何方还没有明确的结论，但已经证实果子狸是SARS冠状病毒的重要载体。显然，果子狸携带SARS病毒也非始于2003年，那么果子狸身上的SARS病毒又来自何处？这个问题目前虽没有彻底搞清楚，但种种迹象表明，这次SARS肆虐与生态系统的破坏有关。环境生态专家们指出：丰富的自然资源和良好的生态环境是人类赖以生存的物质基础。但随着人类对自然资源和环境生态干预能力的增强，人类在追求经济利益和社会财富的同时，也极大地破坏了人类赖以生存的环境生态系统。过度的开发和掠夺式的资源利用，造成土地大规模退化，水资源严重污染，生物多样性下降，生物链破坏，使某些生物种群的天敌大量减少，必然导致另一些种群泛滥。由于人类活动范围的不断扩大，环境生态破坏的不断加剧，使一些生物群落（包括野生动物、微生物、细菌、病毒等）世代生存的栖息地遭到侵袭、骚扰，原来宁静、祥和、平衡的生存关系被打破，这必然助长瘟疫的滋生和发展。艾滋病病毒、埃博拉病毒就是这样被人们将它们从"潘多拉魔盒"中释放出来的，SARS

也与此有关。因此，"保护地球就是保护人类自己"。人类要想长久平安地生活在地球上，就必须学会和地球的环境以及其他物种保持一种和谐的关系。我们应清醒地认识到，经济的发展、自然资源的利用，归根到底是服务于人类的生存。因此，如何建立人类与环境生态协调发展的关系已成为人类长久生存的永恒主题，也是人类战胜包括SARS在内的一切瘟疫的重要法宝。美国著名科学作家皮特·布鲁克斯密斯在其荣获普利策奖的畅销书《未来的瘟疫》中写道："面对病毒，我们需要清醒地理解和认识人类与病毒的关系。在人类贪婪的行为下，法庭上的优胜方是病毒。它们是我们人类的掠食者。假如我们这些智人不去学会如何有理智地在地球村中生活，并同时为微生物提供一些生存机会的话，那么这场与病毒的大战中，胜利的一方将永远是病毒。"这段话是非常有见地的。

　　教训之三是在突发公共卫生事件面前，公众应该排除杂念，镇静面对，勇敢斗争，将危机变为转机。在第二次世界大战期间，美国总统罗斯福在对全体美国人民发表演讲时说过一句名言："我们唯一恐惧的就是恐惧本身。"用这句话来总结我们战胜SARS的经验和教训也是非常适用的。从我们与SARS病魔作斗争的历程来看，有两种态度是不可取的：一是在灾疫初期，由于对SARS的厉害不了解，麻痹大意，因此大大咧咧，不把它当成一回事，结果使SARS有机可乘，迅速发展，酿成灾难。二是当人们一旦看到SARS的凶险，有相当一部分人产生了恐惧心理，惊慌失措，风声鹤唳，谈病色变，这也不利防疫工作的正常进行。有的甚至违背规定，从疫区偷偷逃到非疫区避灾，这是很不道德、很不负责的做法。现代医学模式已由单一的生物医学模式转化为多元的生物—心理—社会—环境医学模式，它告诉我们，疾病不仅仅是生物体的疾病，而且与心理、社会和环境密切相关。在不良情绪、恐惧心理的长期作用下，人的免疫功能会下降，人的生理功能会出现紊乱，更容易罹患疾病。现实中已有很多事例表明，相当多的癌症病人不是死于癌症自身，而是死于精神不振。另外，过度恐慌不仅吓唬自己，也会影响别人的情绪，瓦解他人的斗志。心理恐慌的人还极易受谣言迷惑，受骗上当，我们一定要引以为戒。今后一旦遭遇突发事件，一定要以科学的态度直面现实，以积极的态度冷静应对，以勇敢的精神战胜灾难，并在斗争中不断发现规律，总结经验，磨砺意志，增长能力，做一个现代化的理智公民。

（2005.3）

# 从钱学森"冒叫一声"说开去

去年7月的一份《文摘周报》上转载了《新周刊》的一篇文章：《钱学森，你的伟大只欠一个道歉》，读后心里为之一震。今年6月又看到《中国剪报》上转载《文汇读书周刊》的文章：《原来你也是冒叫一声！》，以及《炎黄春秋》杂志2010年第5期的文章：《科学家与农民竞放卫星》，其中都较详细地介绍了钱学森在1958年"大跃进"时期写文章鼓吹粮食亩产超万斤的"科学计算"的情形，勾起了我对这段历史更加清晰的记忆。

1958年1月，广东汕头报告亩产晚稻3000斤，很快这个纪录被贵州金沙的报道打破。入夏之后，全国小麦"卫星"竞相升空。6月12日，《中国青年报》报道称，继河南遂平亩产2105斤后，又放出亩产3530斤的"卫星"。4天之后，该报刊发了钱学森的文章：《粮食亩产会有多少斤？》，钱写道：

"土地所能给人们的粮食碰顶了吗？科学的计算告诉人们，还远得很！……因为农业生产的最终极限决定于每年单位面积上的太阳光能，如果把这个光能换算成农产品，要比现在的丰产量高出很多。"

钱的"科学计算"根据是这样的：每年照到一亩土地上的太阳能的30%被植物利用，使$CO_2$和$H_2O$合成养料，其中1/5转化成粮食，则稻麦亩产"就不仅仅是现在的两千多斤或三千多斤，而是两千多斤的20多倍！"也即4万多斤。钱另一篇发表在

《知识就是力量》杂志上的文章《农业中的力学问题——亩产万斤不是问题》中再次作了计算，称"一年中落在一亩地上的阳光，一共折合约94万斤碳水化合物。如果植物利用太阳光的效率真的是百分之百，那么单位面积干物质年产量就该是这个数字，94万！"并进一步推算出每亩的粮食产量是3.9万斤。

钱学森的文章很快引起了毛泽东的注意，使他对粮食亩产上万斤确信无疑。到1958年10月，毛在参观中科院跃进成就展时，当面称赞钱说："你在那个时候敢于说4万斤的数字，不错啊！"钱答："我不懂农业，只是按照太阳能把它折中地计算了一下，至于如何达到这个数字，我也不知道，而且现在发现那个计算方法也有错误。"毛笑着说："原来你也是冒叫一声！"引得大家哈哈大笑。

客观地说，在当时刚刚经历反右派斗争的政治背景下，许多科学家响应党的号召，积极投身"大跃进"、"放卫星"的热潮之中，或出于自觉或出于无奈，说一些违背科学的话，干一些违背科学的事，是完全可以理解的。从钱学森发表的文章及后来与毛泽东的对话中，我们可得出三点结论：一是虽然钱的文章在前，亩产万斤卫星在后，但钱的"科学计算"对"万斤卫星"不可能承担直接责任，只能算是应景之言，因为当时"大跃进"、"放卫星"已成风气。当然不可否认的是它对一些人包括毛泽东等中央领导轻信亩产万斤的谎言还是起了一定的作用，因为他是威信很高的大科学家；二是钱的"科学计算"是很粗糙的，并非严谨的科学证明，有违钱的一贯作风；三是他当时已经认识到，并向毛泽东当面承认了自己计算的欠缺和错误，毛对此也委婉地作了批评（"原来你也是冒叫一声！"），同时也表明毛已经知道"放卫星"是"冒叫"的结果。

钱学森对此虽已认错，但未能公开检讨，确实多少有些遗憾。但历史上又有几个犯这类错误而公开检讨的呢？我很同意《道歉》一文作者的一个观点："尽管没有这一声道歉，钱学森的伟大人生并不会逊色一分毫。然而，有了这一声道歉，他却可以给所有的后辈增添一份我们渴望而缺失的财富"，即勇于自我反省、承认错误、改正错误的精神。

这里，有一个如何认识科学家、特别是伟大科学家的问题。在我国有一个很坏的传统，即所谓"为尊者讳"。在过去的科技史或科学家传记中，介绍科学家永远是讲他们如何勤奋好学，聪明过人，严谨认真，百折不挠，终成大业，从不介绍他们的任何缺点和不足，更是忌讳讲他们曾经犯过的错误。仿佛他们是一些不食人间烟火的完美"超人""圣人"乃至"怪人"，这就使他们徒有伟大的外表，空洞的赞词使他们变成了可敬而不可亲的人，无形中在科学家和人民大众之间隔开了一道鸿沟，使科学家的伟大失去了感动人的魅力和学习效仿的亲和力。

我一直认为，科学家特别是伟大的科学家确实是一群不平凡的人，因为他们为社会创造了奇迹；但另一方面，科学家又是平凡的人，因为他们和我们一样生活在社会里，有喜怒哀乐的情感，有柴米油盐的凡事，有恋爱婚姻生死病痛等问题。他们必然有缺点，也会犯错误。因此，我们要以一颗平常心去看待科学家，还其本来面目，这样才能正确认识和理解科学家，把他们看成是实实在在的人，可敬可亲的人，值得学习也完全可以效仿的人。

（2010.3）

# 从"张悟本现象"我们能悟出什么

　　最近一个时期，号称"养生专家第一人""京城最贵中医"的张悟本及其所宣扬的治疗各种疾病的妙方"吉祥三宝"（绿豆、长条茄子、萝卜）和畅销一时的大作《把吃出来的病吃回去》遭到了各大媒体的口诛笔伐，人人拍手叫好。但是，一个纺织厂的下岗工人为什么一下子变成红遍大江南北的"神医"？为什么养生保健的话题会如此火爆？为什么错误百出的养生保健书籍会受到人们的追捧？为什么有那么多人对并不高明的骗子会趋之若鹜、奉如神明？问题到底出在哪里？这引起了我——一个长期关注科普工作、从事科普写作者的深思。

　　**首先是养生保健行业失范，乱象丛生。**在我国当今出现养生保健热是一种客观需求的反映，一方面人们生活水平提高了，因而普遍对自身的健康问题更关注了；另一方面，我国人口老龄化发展速度很快，而且是"未富先老"，这个庞大的"银发一族"都有"以健康为中心"的理念，对养生保健的需求更为迫切，也有"用钞票换健康"的打算，但毕竟条件所限，更愿意接受简单易行、花费不多的养生方法；此外，我国医改滞后，看病难、看病贵的问题一下子还很难解决，对一般老百姓而言，希望通过养生的方法来防病健身。这三个方面对养生的需求蓄积了很高的势能，就像悬河的洪水一样，如果不能正确引导、疏解，一旦找到缺口，就会一泻千里、泛滥成灾。而这个缺口就被张悟本们的养生谬论打开了。什么《求医不如求己》、什么《有病不用上医院》、什么《把吃出来的病吃回去》……他们充分利用公众的客观需求和主观心理做足文章。由于我国公民科学素质和健康素质的总体比例均不高，前者仅为2.25*，后者也只有6.48%，在这种情况下那些似是而非的养生理论，那些听上去似有道理的养生秘诀，使受众很容易产生盲从、狂热乃至迷信。实际上这种"神医乱象"已经起起伏伏十几年了。1990年大名鼎鼎的"神医"胡万林，用芒硝做秘方治癌，红极一时，结果闹出了人命被投进了监狱。前几年又出了个刘太医，号称是金朝名医、明朝太医的后代，吹得神乎其神，结果也因非法行医受到法律制裁。现在"养生教父""健康教母""史上最智慧的健康养生专家"又纷纷出笼、粉墨登场，真可谓"江山代有'神医'出，各领风骚三五年"，把我国养生事业搅得个昏天黑地，老百姓深受其害。如果不从根子上解决养生事业的发展问题，今天张悟本倒了，用不了多久，还会有王悟本、李悟本冒出来，这是可以想见的。

　　其次是媒体失责，推波助澜。在近几年全民养生热中，电视台、电台几乎天天有专家讲养生，书店、书摊上摆满了养生保健书籍。据不完全统计，近两年这类图书就出版了6000余种。畅销书排行前十，养生书籍占其七八。由于这是一块大有油水的"肥肉"，书商、出版社、"大师"沆瀣一气，结成利益联盟，于是没有专业知识的人也敢写养生书，没有相关资质的出版社也敢出养生书。应有的专业门槛准入制取消了，原来的"三审制"砍掉了。在经济利益驱使下，他们大势炒作、作秀、作托，甚至将养生话题娱乐化，完全放弃了媒体应有的社

---

\*　注：我国第7次公民科学素质调查的结果。

会责任感和道德良知。一个工人出身的张悟本，他有何德何能在短短的时间里变成"养生专家第一人"，这完全是由站在他背后的团队精心策划炒作的结果。

再次是科普失语，阵地失守。在公众热切期盼养生保健知识的时候，我们的科普工作没有能做出快速、积极、有效的响应，而这个先机却被张悟本们抢过去了，科普错失了受众和阵地。张悟本们不仅对大众的需求反应敏捷，而且他们很会使用各种吸引大众的手段：一是利用脱口秀式的通俗语言，把似是而非的理论讲得头头是道；二是大打亲和牌，从"理解你""关心你"的角度推荐简单易行、省钱省事的"养生方法"，俘获人心，让你信服；三是标新立异，用雷人的话语吊人胃口；四是无知无畏、敢写敢讲、剑走偏锋，以此摄人心魄，抓人眼球。反观我们的科普主力军，那些真正的医学家、养生专家，由于本身工作忙，搞科普是业余性质，加之考核机制、体制等问题，科普不计工作量，不算成果，也有的专家视科普为小儿科，不屑一顾，因此搞科普的积极性不高，缺乏战斗力；其次，科普是一门学问，要搞好不容易，专家大多对公众的需求缺乏了解，对科普的表现手法缺乏研究，仍按照搞学术研究那一套去搞科普，严谨有余，生动不足，内容艰深，语言晦涩，缺乏通俗性、实用性、趣味性，不受欢迎；第三，许多专家缺乏对当今科普理念和意义的深层理解。科普与科研是科技创新的两个轮子，是相互联系又互相促进的，因此搞科研也离不开科普，特别是在科技发展呈现交叉性、渗透性、融合性、综合性趋势的今天，专家需要了解更多的科技信息，掌握更广泛的科技知识，因而专家也需要科普。从另一方面讲，专家的成长离不开社会的支持，因而有义务回馈社会。专家从事科研工作用的是纳税人的钱，就有责任向纳税人汇报你的工作，报告你的成果，就要做科普。这种科普理念我们还没有真正树立起来；第四，我们有的专家缺乏社会责任感和斗争性。当看到养生领域里张悟本们在大肆散布谬论、危害人民健康的时候，一个正直的科学家难道还能惶顾左右而听之任之吗？还能去计较个人得失而无动于衷吗？

最后是政府相关部门失察，监管乏力。在我国养生保健热已持续多年，但没有引起政府有关部门的高度重视，至今仍处于卫生工作的边缘状态。虽然我们国家也有健康教育中心之类的机构，也推行了"治未病"工程之类的项目，但力度不够，尚未形成气候。我国养生事业缺乏准入"门槛"，缺乏监管部门，缺乏相应法规，还处于"三不管"的真空地带。只有到出了危及人命的事件时才引起重视，出面管一管，但未从根本上解决问题，过些时候旧态复萌，周而复始。这已引起了人们的强烈不满和指责。

为此，我们建议：

第一，养生保健事业是一个关系国计民生的大事业，是广大群众有强力诉求的大事，也是一个有广阔市场前景的大产业，它还关系到我国医疗改革深入开展和更好地解决看病难、看病贵的大问题，必须将它列入我国经济社会发展的"十二五"规划之中，列入政府医药卫生事业的主要工作之中来统筹谋划和考虑，使养生保健事业能得到政府强有力的领导和监管，保证其健康、稳步发展。

第二，要对当前养生保健乱象进行整顿。主管媒体、出版、文化市场和医药卫生的领导部门要分别对违规违纪的现象进行查处，对不合格的养生出版物要坚决撤架，不合格的电视节目要坚决停播，对已散布的谬论要组织专家进行批驳，以正视听，消除流毒，并以此为契机，建立上述各主管领导部门的协调机制、必要的准入制度、专家评审制度和问责制度，进一步完善图书出版从选题、作者遴选到稿件审读等审查制度，严格把好关。

第三，政府和各有关业务主管部门要高度重视医学健康知识的普及和传播。一是要充分利用现有的专家资源，通过推荐、论证、审批，组织一支高水平的专家科普宣讲队伍和科普图书创作队伍，花精力和财力为他们搭建科普教育和传播平台。只靠专家业余各自为战是无法和张悟本们抗衡的。二是要建立激励科学家和广大科技工作者投身科普工作的体制和机制，充分调动和维护他们从事科普的积极性。三是充分利用各种媒体、特别是强势媒体的作用。要像央视科教频道推出易中天、于丹那样来打造医药保健知识讲座。只要选对专家，凭借公众对医药保健知识的渴望和医药保健知识本身的丰富有趣，是完全可实现的。各个地方电视台也可打造各具特色的养生节目，这样不仅能有效普及医药保健知识，丰富人民的文化生活，把过去被张悟本们夺取的观众吸引过来，还可以更广泛、深入地消除张悟本们的流毒。

第四，要在提高公众科学素质和健康素质上狠下功夫。科学素质的核心是科技知识、科学方法、科学思想和科学精神，特别是后"三科"，它具有很强的教育功能和导向作用，一旦掌握了就会实现"授人以鱼"向"授人以渔"的转变。过去我们在科普特别是养生科普中只重视具体知识的传播而忽略了"后三科"的传播。其实，张悟本们的很多谬论，那些极端的言论、剑走偏锋的说辞、"包治百病"的提法，具有"后三科"素养的人一眼即可识破。因此，我们在科普特别是养生科普中要特别重视"后三科"的传播，尽快实现由"一科"向"四科"的转化。

第五，加强科普专业队伍的建设与人才培养。一个伟大的事业没有专业队伍是不能壮大和持久的。我国科普事业之所以发展迟缓，一个重要原因是缺乏科普专业队伍，后继乏人。科普是一门学问，它要求既要有深厚的专业科技知识，又要有丰富的人文科学知识。现在的科普队伍主要靠科技工作者、教育工作者和媒体工作者，他们大多是兼职，且本身知识结构都存在偏颇，很难适应当今科普事业发展的需求。因此，要着力构建文理知识交叉复合型的科普队伍，高校也应该设置相应的专业，培养从事科普的专业人才。

（2010.5）

# 世博行杂感

近日与夫人赴沪参观世博会，事先也做了一些功课，还根据我的上海同学介绍他们参观的体验和了解的情况，制定了一个粗略的参观方案。

我们是早上8：30之前赶到浦东世博园8号门的，排在照顾残疾人和70岁以上老人的绿色通道的最前面。9点开园，我们算是第一批入园的，但赶到德国馆前，已是人满为患。只好放弃原来最想看德国馆的计划，调整为"哪里有对70岁以上老人照顾的绿色通道就参观哪里"的方针，看了法国馆、英国馆、巴西馆、加拿大馆、俄国馆等七八个场馆，就已到了中午。找了个地方坐下休息，后又参观了中南美洲联合馆、古巴馆等场馆，就到了下午2：30了。于心不甘，又回过头来到德国馆，只见仍旧里三层外三层排着长队，问工作人员要排多长时间，说是仍需3个小时，只好彻底放弃。此时夫人已累得有点走不动了，加之几个小时的折腾，大大降低了参观的兴趣，于是商定她坐着休息，我独自去参观，又看了希腊、瑞典和土耳其3个馆。至此，我也感到十分疲劳。再与夫人商议，决定放弃继续参观和观看夜景的计划，下午4点多就乘车回宾馆休息了。

坐在回程的世博专车上，大家都在叹苦经，抱怨人多拥挤，排队辛苦，收获不大，甚至有人提出"花这样的代价来参观是否值得"的疑问，发出"不来参观是遗憾，参观完了仍遗憾"的感叹，这引起了我的思考。

124

老实说，我是抱着很大期望来参观世博会的。我充分利用了照顾老年人的优势，比较顺利地参观了十来个场馆，还是有不少收获的，特别是法国、英国、意大利、加拿大、俄罗斯等场馆都给我留下了深刻印象，但总觉得离我的预期仍有不小的距离，感到有点失望，有点无奈，还有点不甘。

上海世博会是世博会159年历史上规模最大、参展国家和国际机构最多的一次世博会，其主题是"城市，让生活更美好"，这是一个契合当今世界发展趋势和公众诉求的重大命题。通过上海世博会，世界各国可以一同勾画未来城市生活的新景象，一起思考人类发展的新路径。世博会的历程是一部反映人类不断走向文明的历史，许多重大发明如蒸汽机、电灯电话、汽车、飞机、电视、磁悬浮列车、机器人、航天器……都是通过世博会向全球传播的，它深刻地改变着人类的生产和生活方式。因此，我是抱着"感受文化创意，体验科技进步，探求发展理念"的愿望奔赴世博会的。但由于人满为患，参观维艰，只好走马观花，浮光掠影，无法细细地去体味各国文化的博大精深，去领略科技创新的重大价值，去发掘发展新理念的深层含义。这虽与展情不明、计划不周、安排欠佳有关，但主要还是人多惹的祸。上海世博会预期参观人数为创纪录的7000万，平均每天近40万。这样密集的参观者，其结果只能是到处拥挤，到处排着长长的队伍，参观的辛劳骤然放大，参观的兴趣迅速消减，参观的效果大为下降，这一切一旦超出人们忍耐的限度，世博会的认可度和满意度就会大打折扣。这是追求"数量模式"带来的后果。

为此建议：

（1）根据一个多月来世博会运行的实际情况和调查征求

参观者的意见，重新修订世博会预定参观人数和确定每天参观的适宜人数，减少人满为患带来的负面影响。

（2）充分利用"网上世博"的优势，吸引更多的人通过网上看世博，减轻实地参观的压力。

（3）更精细地组织观众参观世博会，随时根据参观人流的密集程度与流向，加大疏导力度，使参观人流和流向尽量趋于合理与平衡，减少排队和拥堵。

（4）做好世博会的信息发布和参观的指导工作，特别是对盲目来参观的观众，及时帮助他们制定最佳的参观方案和路线，使他们能花尽量少的代价得到更多收获，提高对世博会的认可度和参观的满意度。

（2010.6）

# 反思谣"盐"事件

　　3月17日早上一上班，同办公室的老倪告诉我，现在许多商店都在排队抢购食盐，说是由于日本福岛核电站放射性物质泄漏引起恐慌，有人5包、10包甚至整箱整箱的买，有的商店食盐已经脱销，也有不法商人趁机哄抬盐价，1元多一袋的盐涨到3元5元乃至7元，我听了大惑不解，甚至还不太相信，中午下班就特意弯到我办公地点附近的十全街万康南货店去一探究竟。到那里一看，果然店门前排起了200多人的队伍。我随意问了几个人："为什么排队"，有说"日本电站核爆炸啦"，有说"碘盐可防核辐射"，甚至有的人说"不知道，看着别人排队也就排了，反正跟着大伙儿不吃亏"。这不禁使我想起作家赵丽宏在一篇名为《轧闹猛》的文章中讲述的真人真事：有一个人在上海的马路上走着，突然鼻子流血的老毛病犯了，于是他赶紧站立不动，抬头望天，以利止血。*几分钟过后，血止住了，他低下头来一看，哇！在他四周围了一大帮人，都在仰望天空。原来过路人以为他在看天上有啥东西，就跟着停下来一道看。他还特意问了一个老头儿："你在看什么？"老头儿回答说："我也不知道，大家都在看，天上总有一点名堂吧！"但是，这次抢购食盐的风潮却并非"轧闹猛"那么简单。

　　首先，这起波及全国许多省市的抢购食盐事件，是由谣言

127

———————————————

\*　注：实际上用此法止血是错误的，并不可取。

引起的。据媒体报道，3月15日很多人收到了这样一条短信：BBC新闻台最新消息，日本政府证实，因第二波地震而波及的福岛核电站辐射外泄抢救失败，放射性污染已开始蔓延至亚洲地区，预计明日下午4点抵达菲律宾。一时间传言四起，什么"日本核电事故泄露的放射性正在向中国扩散"啦，什么"我国海水污染，殃及海盐"啦，什么"碘盐可有效抵御核辐射"啦……这些传言立即引发了人们对"核"的担忧和恐慌，于是人们纷纷抢购碘片、碘盐、海带、紫菜、食盐等商品，造成了这次非理性抢购风潮。

谣言之所以惑众，引发事件，必须有两个基本条件：一是事关重大，人人关注；二是信息模糊，公众迷惑。因此，制止谣言最有力的武器就是信息透明、公开。应对这次谣"盐"事件，政府采取了紧急得力的措施，一方面加紧组织食盐的生产、调运和供应，严厉打击哄抬盐价的不法商人；另一方面，高强度、大范围地利用各种媒体报道"3·11"日本地震以及引发福岛核电站事故的真实信息，做到透明、公开，让老百姓及时了解事实真相；此外，还组织有关核能、辐射防护和放射医学的权威专家解读核电站放射性泄漏的具体情况和危害程度，普及核辐射及其防护知识，很快使谣"盐"事件平息下来。

从这次谣"盐"事件，我们可以发现，网络和短信起了很坏的作用。网络和短信确有快捷、丰富、自由、多元的优点，但也有太过随意、不负责任、鱼龙混杂、真伪难辨的弊端，使谣"言"迅速传播、兴风作浪，心理恐慌迅速传染、蔓延、放大。这是值得我们深刻反省的。

我还发现另一个值得注意的问题：在福岛核电站发生核泄漏之后，我国就及时报道了有关情况，播放核专家的电视访谈节目，但未能有效遏制谣"盐"事件的发生，这是为什么？我考虑可能有两个方面的问题：一是信息公开的权威性、时效性、密集性存在问题。日本核电事故刚发生时，日方对事故严重的程度估计不足，信息公开的程度也不够，致使我国刚开始时信息传播的权威性、时效性、密集性都有欠缺，给谣言的滋生和传播留下了时机和空间。另一方面，由于这些年来党风不正引起社会风气败坏，公众无论是对专家还是媒体的信任度大幅度下降，也影响了信息的权威性和有效性，这就使"宁可信其有，不可信其无"的心理效应有机可乘，发挥作用。谣言传播的一个制胜法宝就是心理战，让不了解真相的人们在懵懵懂懂、犹犹豫豫、无所适从之中受骗上当，这也是值得我们反思的。二是我国公众的科学素质欠缺。就这次谣"盐"事件而言，反映了我国公众对核电、核事故和辐射防护知识的缺乏，分不清核弹爆炸和核电站氢气爆炸的区别，分不清苏联切尔诺贝利核电事故与这次日本福岛核电事故性质的区别，不了解核事故放射性外泄迁移播散的原理与规律，不了解碘盐补碘与碘片防治放射性碘–131辐射损伤的区别，很多人都是一知半解，听风就是雨，轻信谣言，跟风盲从，受骗上当。这一方面是我们过去普及核电相关的知识不够；另一方面，确实反映了我国公众科学素质普遍偏低。据中国科协公布的我国第8次公民科学素质调查的结果显示，2010年我国具备基本科学素质的公民比例仅为3.27%，而日本的这个比例早就在10%以上了，这也是日本本土为什么没有发生抢购碘片、碘盐、海带、紫菜等相关商品的一个重要原因。更重要的是还反映了我国公众科学素质欠缺的关键是缺乏科学精神、科学思想和科学方法，因而失去了对谣"盐"的科学判断能力。只要稍有常识就会知道，外泄在低空的放射性尘埃主要沉降在就近地区，进入高空甚至平流层的放射性尘埃才会随大气环流播散到更远的地方乃至环球迁移。"3·11"事件当时日本地区的风向都是西北或西南，放射性尘埃怎么能逆风千公里飘逸到中国来呢？至于碘盐中的碘含量很低，用于补碘是一个长时间的慢过程，怎么能用于应急情况下服碘，让甲状腺碘处于饱和，以减少和排除放射性碘的吸收呢？至于一般食盐、海带、紫菜可防核辐射更是无稽之谈！

这又使我回忆起"文革"期间，我在酒泉原子能基地工作时的事，当时鼓吹"一不怕苦，二不怕死"的精神到了极致，许多工人包括一部分技术人员只讲"精神"，不讲科学，以污染放射性为荣，对防护措施不以为然，接受不必要的过量辐射，以显不怕死的"英雄"气概。斗转星移，时至今日，许多人又从谈"核"色变发展到闻"核"丧胆，过于谨小慎微，失去理智，似乎又只讲"科学"，不讲精神。两者看上去似乎翻了个个儿，完全相反，但究其原因确实十分相似，都是缺乏科学知识，特别是缺乏科学精神、科学思想和科学方法，前者的只讲"精神"其实是不讲科学的伪精神，后者的只讲"科学"其实是缺失科学精神的伪科学。我认为，在突发事件面前，首先要沉着冷静，用科学精神、科学思想和科学方法来武装头脑，思考问题，才能冷静分析，明辨是非，从容应对，采取最佳举措，以最小的代价获取最大的效益，把突发事件的损害降至最低限度。

（2011.3）

# 第四辑
# 科学随笔

## 【选编者按语】

　　科学随笔是一种涉及科学技术方方面面的科学散文，它形式多样，不拘一格，夹叙夹议，随兴表达，借以叙事抒情，评事论理，倾诉感悟，意味隽永。

　　强亦忠教授认为，运用科学随笔来普及"四科"，特别是"后三科"即科学方法、科学思想和科学精神是最合适不过的了。因此，在他科普作品的后期，致力于"后三科"的普及，写了大量的科学随笔，并汇总到《比科学知识更珍贵》一书之中，正式出版。如有歌颂与强教授所学专业有关的放射化学创始人、因艰辛探索放射性元素而两度获得了诺贝尔奖的伟大女科学家居里夫人的《"放射"辉煌，美丽永恒》*；有赞扬强教授母校清华大学水利系教授黄万里坚持科学精神，实事求是，特别是在孤立的情况下坚守科学理性，不屈不挠，不怕打压的动人事迹的《坚持科学，孤立无悔》；有评析"李约瑟难题"

131

的《中国近代科学何以落后》；有阐释苏州科技文化的《苏州籍两院院士何其多》；有介绍科学发现生动故事的《DNA双螺旋结构：生命的赞歌》；有讲述辩证思维方法的《量至微时令人惊》，等等。从中可以看出强教授科普作品的广度和深度。

　　*注：依据本文内容强教授又创作了题目相同的科学诗歌（见第5辑），因此本辑不再收入此文，以免重复。

# 贝克勒尔的可贵之处

## ——发现放射性100周年有感

19世纪末的科学舞台好戏不断，伟大的科学发现接二连三。1895年12月28日伦琴宣布发现了X射线，而后不到5个月，1896年5月18日法国物理学家贝克勒尔在法国科学院报告他发现了元素铀的放射性。这两宗发现如石破惊天，震撼了世界，为人类探索原子的奥妙打开了大门，开辟了世界科学史的新纪元。

1896年1月20日，法国科学院举办了关于伦琴发现X射线的报告会，贝克勒尔（1852—1908年）是众多听众中的一个。伦琴在利用阴极射线管产生X射线的同时也产生荧光，这一现象使原本对荧光颇有研究的贝克勒尔立即对荧光与神奇的X射线之间的关系产生了浓厚的兴趣。他在1890年曾研制出一种铀和钾的复盐，发现它在阳光紫外线的激发下会产生荧光。那么，铀盐在阳光照射下，在产生荧光的同时，是否也会产生X射线呢？这一设想使他激动不已，马上对铀盐进行了一系列新的实验。他把照相底片用黑纸包好，再在黑纸外面放上铀盐，然后置于阳光下暴晒，看底片是否感光，实验结果使他喜出望外，底片果然感光了！他又重新设计实验，把某些打了孔的金属片或硬币放在铀盐与底片之间，结果底片上清晰地印下了金属片或硬币的影像，这更进一步证实了他的假设。于是，1896年2月

24日，贝克勒尔兴冲冲地在法国科学院作了题为《荧光中发生的射线》的科学报告，宣称铀盐在日光照射下能发射出一种类似X射线的射线，它能穿透黑纸、玻璃等物质，使底片感光。他的报告立即引起了轰动。

但是，一个偶然事件使他对上述结论产生了怀疑。一次他在实验中遇到了连续几天的阴雨天气，但发现未经阳光照射的底片仍有强烈的感光。他锲而不舍地反复探究，终于揭示了铀盐使底片感光与阳光和荧光无关，仅与铀元素有关，是铀本身在不断地放出一种带有电荷的新射线，它的性质与X射线大不相同。

贝克勒尔尽管最初的设想是混沌模糊的，甚至是完全错误的，但可贵的是他有严谨的科学态度，能坚持不懈探索，尊重事实，并通过科学分析不断修正错误的假设，终于完成了"元素铀具有放射性"这一伟大发现，拉开了原子核科学发展的序幕。1898年居里夫人发现了钍的放射性，接着居里夫妇二人又发现了放射性元素钋和镭。1903年贝克勒尔和居里夫妇三人一起获得诺贝尔物理学奖。

此后的一个短时间内，居里夫妇及其他一些核物理和放射化学家很快相继发现了铀系和钍系的一系列放射性元素，揭示了放射性衰变的基本规律和核辐射的来源及其本质。一个世纪以来，放射性核素和辐射已被广泛应用于工业、农业、国防和医学，被用来探索生命现象中的重大问题，用来诊断和治疗疾病，为造福人类做出了巨大的贡献。

（1998.11）

# "拯救地球就是拯救未来"

　　"拯救地球就是拯救未来"，这1999年世界环境日的主题。这个主题是26年来世界环境日的主题不断演绎、深化、推进的结果。

　　1972年6月5日，联合国在瑞典首都斯德哥尔摩召开了"人类环境会议"。会上，113个国家和国际机构的1300多名代表聚集一堂，共同讨论如何保护和改善日益恶化的世界环境，并通过了划时代的历史文献——《人类环境宣言》，郑重申明：人类有权享有良好的环境，也有责任为了子孙后代保护和改善环境。各国有责任确保不损害其他国的环境，环境政策应增进发展中国家的发展潜力。为了落实这次会议的精神，联合国于同年10月决定设立联合国环境规划署，同时确定每年6月5日为"世界环境日"，要求各国在这一天开展各种活动，提醒公众注意全球的环境状况以及人类活动可能对环境造成的危害，宣传环境保护的重要性。环境规划署每年还确定一个世界环境日的主题，并在这一天公布《世界环境现状年度报告》，同时表彰为环境保护做出突出贡献的"全球500佳"。

　　1974年第一个世界环境日的主题是"只有一个地球"，以后各年的主题分别是："人类居住"（1975年）；"水：生命的重要源泉"（1976年）；"关注臭氧层破坏、水土流失、土壤退化和滥伐森林"（1977年）；"没有破坏的发展"（1978年）；"为了儿童的未来——没有破坏的发展"（1979年）；

135

"新的10年，新的挑战——没有破坏的发展"（1980年）；
"保护地下水和人类食物链，防止有毒化学品污染"（1981年）；"纪念斯德哥尔摩人类环境会议10周年——提高环境意识"（1982年）；"管理和处置有害废弃物、防止酸雨破坏和提高能源利用率"（1983年）；"沙漠化"（1984年）；"青年、人口、环境"（1985年）；"环境与和平"（1986年）；"环境与居住"（1987年）；"保护环境、持续发展、公众参与"（1988年）；"警惕，全球变暖"（1989年）；"儿童与环境"（1990年）；"气候变化——需要全球合作"（1991年）；"只有一个地球——关心与共享"（1992年）；"贫穷与环境——摆脱恶性循环"（1993年）；"一个地球，一个家庭"（1994年）；"各国人民联合起来，创造更加美好的世界"（1995年）；"我们的地球、居住地、家园"（1996年）；"为了地球上的生命"（1997年）；"为了地球上的生命——拯救我们的海洋"（1998年）。

从上述26个世界环境日的主题可以看出，它们各自独立而又密切相关，环环紧扣而又不断发展，反映了人类环境保护意识不断变化、演进的脉络。

今年是20世纪的最后一年，21世纪，我们将面临环境与发展的巨大挑战，人口压力的增长，自然资源的超常利用和过度开发，生态环境的急剧恶化，工业化的迅速推进，区域不平衡的日趋加剧……这一切会引发一系列的问题发生：生态环境失衡，经济发展失控，社会运行失序，公众心理失调，人类赖以生活的家园——地球将会受到严重威胁。今天，无论是全球污染的加剧、臭氧层的破坏、气候的变暖、物种的锐减，还是土地的退化、土壤的剥蚀、荒漠化的发展、水资源的短缺，都已成为跨越地域、跨越国界的全球性难题。世纪之交，我们处于一个十分关键的时刻，拯救地球，保护环境，着眼当今，关照未来，应当成为我们每一个人的庄严责任。

世界经济发展的进程显示这样一个现象：当一个国家和地区的人均GNP处于500～3000美元的发展阶段时，往往对应着人口、资源、环境等瓶颈约束最为严重的时期，也往往是生态环境遭到破坏最为严重的时期。我国苏南地区改革开放已有20年，正是处于这样的时期，其经济建设基本上走的是粗放型的发展道路，以牺牲环境为代价，高消耗、高污染、低效率，使得城市陷入严重污染之中，水的质量急剧下降，并且污染逐步向农村蔓延。近几年来虽已有一定改进，环境保护得到重视和加强，但仍未彻底摆脱"局部改善，整体恶化"的局面。事实教育了我们：生态环境是十分脆弱的，人类活动一旦超过了一定限度，生态环境就会遭到破坏，就会危及社会经济发展和人民生活的正常进行，人类社会就会受到惩罚。因此，人类活动一定要自觉、自控、自律，既要向自然索取，也要向自然回馈，既要遵循效益规则，又要遵守道德规范，达到人与自然和谐统一。再也不能做愧对祖先、有负子孙的事了。

（1999.5）

# 量至微时令人惊

一般人都知道放射性对人体有害，因此对它有一种恐惧感和神秘感。有些人甚至一提放射性就害怕异常，到了"谈核色变"的程度。这实际上是对放射性不了解造成的。

事物总是一分为二的。放射性既有有害的一面，也有有益的一面。"放疗"就是利用辐射能杀死癌细胞来治疗癌症的，它仍然是目前治疗癌症最常用的方法之一，对此大家可能都有所了解。放射性药物注入人体，可通过放射性显像来诊断疾病，通过射线杀伤来治疗疾病，可能知道的人还不太多。至于说，低剂量辐射对人体有益，恐怕就没有多少人知道了。

## 一个令人惊诧的科学现象

20世纪80年代以来，许多实验证明，低剂量辐射可刺激某些细胞的功能，如促进细胞增殖和修复，增强免疫能力和调节激素平衡等，因而使机体的自然防御能力得到提高，科学家就称这种现象为低剂量辐射刺激效应，也称兴奋效应。

初看起来，这种现象似乎令人匪夷所思，但实际上低剂量刺激效应不仅是辐射，也是许多物理、化学和生物有害因子的一种共同现象。在医学领域，早就发现一些物质甚至是毒物，如酒精、咖啡因、尼古丁、砒霜、蛇毒等，超过一定剂量时有害，甚至可致人于死命，但微量时却表现为有益的作用，可用于治病。一些微量元素如铁、锌、硒、氟等以及维生素也是这样，低剂量摄入时对人体有益，甚至是必需的，但高剂量时则有害。在药理学上，过去把这种现象称为"逆向作用"，近些年来称为"homes效应"，也即低剂量刺激效应。例如硒，每天摄入量小于50微克会引起硒缺乏症；在50～200微克时，对人体有益；超过200微克时，就会引起中毒；超1000微克可能致人死命。这又是一个量变引起质变的典型例子。

### 实验的发现

早在1895年伦琴发现X射线之初，就有人用X射线照射来促进种子的发芽生长和作物的增产。后来，人们用低剂量辐射处理蓝藻，发现蓝藻的生长加快，某些酶的活性增强和抗氧化作用提高。辐射还可以使苍蝇、黄蜂、蛀虫和甲虫的寿命延长。

到20世纪三四十年代，已经有人用低剂量辐射对哺乳动物的作用开展了大量的研究工作，发现了低剂量刺激效应的存在，但由于当时认识的不一致，以及后来西方鼓吹"核恐怖"，这一研究工作一度被冷落下来。

到20世纪80年代初，以美国Luchey博士为代表的科学家对低剂量辐射效应重新作了系统的研究，提出了许多新的例证和见解，引起了包括我国在内的世界各国科学家的极大兴趣，很快成为放射生物学和医学的研究热点，并多次召开国际研讨会，其中1993年的国际研讨会就是在中国长春召开的。

从动物实验的结果来看，低剂量辐射对大多数机体的生物功能是有益的，可使生长率、记忆力、免疫功能、生殖功能、平均寿命等提高，可使癌症死亡率、心血管和呼吸系统疾病的死亡率、新生儿死亡率和不育症发病率等有所降低。这是因为，低剂量辐射可以激活细胞修复系统，提高免疫力以及增强机体其他一些生理功能所致。

实验研究还发现，低剂量辐射在引起刺激效应的同时，会使随后的高剂量照射的损伤作用明显减轻，即有预防高剂量辐射损伤的作用。这是由于低剂量照射对高剂量辐射致DNA损伤、致突变和致染色体畸形产生了适应性反应。这一发现已被日本的医学家用于临床。他们在用高剂量放疗恶性淋巴瘤时，先用低剂量照射一个星期，可明显减轻放疗时的副反应，获得了良好的治疗效果。

### 科学的证明

现在，从不同类型低剂量受照人群辐射流行性病学的调查结果证明，确实存在低剂量辐射刺激效应。

有研究资料表明，美国从1944年至1984年这40年间，年度总癌症死亡率增加了149%，但在同样的40年中，美国最早的核研究基地——橡树岭国家实验室的5868名受照剂量小于0.1希伏的核工作人员中，其癌症死亡率仅为非受照人群的50%。对美军中曾参加过大气原子弹爆炸试验的4.6万名军事观测人员做了调查，其中受照剂量为0.1～0.3希伏的6695名观察人员的癌症死亡率仅为对照人群的70%。还对美国3个核武器生产工厂的工作人员做了流行病学调查，低剂量受照人员的癌症死亡率只有对照人群的59.8%。这都证明低剂量辐射降低了癌症死亡率。

出乎人们意料的是，日本广岛、长崎原子弹爆炸幸存者却成了研究低剂量刺激效应的最佳人群。因为这8.6万幸存者中90%的人属低剂量受照者（受照剂量小于0.5希伏）。调查结果表明，受照剂量在0.01～0.02希伏的幸存者，其癌症死亡率也低于对照人群。

中国科学家对我国广东天然辐射高本底地区（其辐射剂量比一般高2～3倍）7万余人作了长达20多年的大规模跟踪调查，结果表明：当地居民的癌症死亡率不仅不比一般地区高，相反还略低于对照人群。

另一个有趣的例证是大约有5000名台湾某地的居民住在使用被钴–60放射性污染的钢筋建造的1360幢房屋中，其受照射量为0.023希伏，但他们的癌症死亡率仅为预计值的3%。

总之，这些低剂量辐射流行病学的调查结果都显示了癌症死亡率的降低，从而进一步支持了低剂量辐射具有刺激效应的科学论断。

## 达到共识尚需时日

实际上，地球形成之初就存着放射性物质和天外辐射，而且其放射性强度比现在要高，地球上的生命就是在放射性辐射的作用下孕育、生长、演变、进化的。如果地球上没有放射性辐射存在，就很难想象生命万物将是怎样的形态。因此，地球现有的以千万计的生物，包括人类在内，对放射性辐射具有潜在的适应能力和刺激效应是不足为怪、完全可以理解的。但是，低剂量辐射刺激效应毕竟与原来的辐射损伤无阈值理论大相径庭，后者认为无论剂量大小，辐射都会对机体造成损伤，只是损伤程度轻重不同而已。目前，一切辐射防护的原则和政策都是根据这种理论制定的。因此，要彻底改变这种看法，尚需假以时日，这不仅是因为一种新的理论的创立，开始总是智仁互见，分歧很大，有一个不断争论方能达到共识的较长过程；而且，还因为一般人都希望辐射防护政策偏保守为好，这样可减少核事业的风险。因此，对低剂量辐射刺激效应的研究和评价，还需进一步发展完善和深化。

141

（2003.3）

# 多利之死，克隆之思

克隆技术在20世纪末取得突破，这可以说是有史以来最令人震惊、最受人关注也最引起争议的科学事件之一。那么，我们应该如何认识克隆技术呢？就让我们从克隆羊多利之死说起吧！

克隆羊多利是因肺部感染而于2003年2月14日这个西方人的情人节与世长逝的。由于本人的工作与医学和生物技术有关，一直对多利比较关注，因而对她的"中年早逝"（多利已活到羊的中年）也就更加感到遗憾和惋惜。

这头以著名乡村女歌手多莉·帕顿的名字命名的克隆羊注定是个超级大明星。1997年2月下旬，世界权威学术期刊《自然》与各大新闻媒体几乎同时报道了克隆羊多利的诞生，立刻在全世界掀起了轩然大波，令世人震惊：有的人惊喜，有的人惊叹，有的人惊诧，有的人惊恐。上至各国政要，下至黎民百姓，众说纷纭，莫衷一是。因为多利是一只用成年羊的体细胞复制出来的绵羊，它完全打破了动物必须经过精卵细胞杂交才能繁衍后代的自然规律和传统观念，从而使《西游记》中孙悟空拔一撮毛就可变出许多小猴子的神话得以实现，使"无心插柳柳成荫"这种植物无性繁殖的方式在动物身上也能适用。这太令人匪夷所思了。因此，克隆羊的诞生是生命科学和生物技术革命的重大突破，从此人类可以利用克隆技术逐步解开一系列生命科学的难题和奥秘；可以把它作为动物繁殖的新方法，如通过遗传操作对动物进行改造，以获得具有生长快、抗疾病或能分泌重要药物等特异性能的转基因动物，引发畜牧业的革命，还可以用于拯救濒危动物，复制人类器官和组织，用于医学移植，挽救人类生命。当然，也有人对克隆动物提出非议和质疑，认为如果克隆技术任其发展，将来克隆出许多异种怪胎，甚至克隆出"希特勒"之类的奸枭怎么办？克隆人还会引起复杂的伦理问题，会威胁人类的多样性和自然进化。总之，克隆技术是点燃了生物技术革命的普罗米修斯圣火，还是打开了潘多拉魔盒？多年来，围绕多利的争论一直没有停止过。

回顾这些年的历程，人们可以发现，一方面克隆动物的技术有了很大改进，克隆鼠、兔、猫、羊、猪、牛和猴等动物相继诞生，成功率明显提高；另一方面，人们对克隆动物的认识也大大深化。

首先，人们对克隆出希特勒、本·拉登之类奸枭的忧虑已基本消除，当然也明白了克隆出爱因斯坦、乔丹那样的人类精英只是一种痴语妄说。因为克隆技术只能复制动物的生物属性即动物的基因特征，而不能复制人的社会属性即人的思想、性格等。

人的社会属性主要是由后天的教育培养、个人努力及社会环境因素决定的。克隆出一个希特勒长得虽像希特勒，但不具备后天的成长条件是绝对产生不出纳粹领袖来的。许多双胞胎由同一个受精卵分裂成两个部分且在同一母体中孕育而成，其后来都可能性格大相径庭，甚至走上完全不同的人生道路就是明证。总之，克隆技术无论怎么发展，也只能克隆人的肉体，而不能克隆人的灵魂。

其次，人们对克隆人的伦理问题也逐渐由模糊变得清晰起

143

来。我们现在都知道，克隆羊多利有3个母亲：第一个是提供体细胞核的绵羊，称之为"遗传母亲"；第二个是提供吸出了细胞核并注入体细胞核的卵细胞的黑山羊，其间还有一道激活注入的细胞核形成胚胎的程序，因此可称之为"成胚母亲"；第三个是为上述形成胚胎的卵细胞提供子宫的母羊，直至分娩，因此可称之为"孕育母亲"。克隆其他哺乳动物和人也大体如此。这就给克隆人亲缘关系的认定带来了复杂性，产生新的伦理问题。但实际上，随着精子库、试管婴儿、借腹（子宫）生子等人工生育技术的发展和实际应用的不断推广，类似的伦理问题早已产生。据报道，自1978年9月英国第一例"试管婴儿"路易丝·布朗诞生以来，试管婴儿已逾50万例，但并未发生伦理"大地震"。从科学的角度看，对克隆人的亲缘关系的认定不会比试管婴儿复杂多少；从法律的角度看，对克隆人的亲缘关系的认定也不会比领养关系困难多少，只要认真研究，加以规范，也不会发生什么伦理上的"大混乱"。

至于克隆人是否会使人类的多样性和进化遭到威胁？似乎也不必过虑，因为对"克隆人应持慎重态度"在当今世界已成共识。许多国家都已明确表示反对克隆人的立场，有的国家还制定了禁止克隆人的法律或法规。有关克隆人的国际性协议一直存在争议，特别是在禁止生殖性克隆的基础上是否允许治疗性克隆还存在很大分歧，一时尚难统一。2005年2月18日，联合国法律委员会终于就《联合国关于人的克隆宣言》进行了讨论和表决，结果以71票赞成、35票反对、43票弃权获得通过。《宣言》要求联合国所有成员国禁止任何形式的违反人类尊严和保护人的生命原则的克隆人，这就意味着不管是生殖性克隆还是治疗性克隆，均在被禁之列，这使"克隆"再次成为人们争执的热点，引发诸多波澜。但实际上生殖性克隆和治疗性克隆是两种不同的范畴。顾名思义，生殖性克隆是以克隆出一个完整的人类个体为目的而进行的克隆。治疗性克隆，则是以治病救人为目的而进行的克隆。目前的分歧主要在于是否能严格区分和限定这两种克隆。一些人认为两者之间界线模糊，难以实行有效控制，因此一反了之，这主要反映了美国官方的观点，因为在美国国内反对克隆的主要是保守的宗教团体、反堕胎团体等，他们是布什连任的忠实选民，因此美国政府不愿失去选民的支持，很难改变反对治疗性克隆的立场。实际上目的性是伦理学判断的重要指标，由此可将治疗性克隆与生殖性克隆严格区分开来。治疗性克隆就是从需要治疗的患者身上提取细胞，通过前面所述的克隆技术操作，形成早期胚胎，然后从中提取胚胎干细胞，使其增殖发育成所需的各种组织器官，用于损伤的组织器官的替换或修补，达到治疗目的，拯救千百万重大疾病患者的生命，这将是医学上的一场革命，是人类健康得到更大保障的福音，前途无量。只要将胚胎控制在尚未具备人形的14天之内，连堕胎都算不上，与伦理有何相干？难道能救千百万人的生命倒反而不合伦理？只要我们加强对治疗性克隆研究的管理和控制，在确保人类尊严和国际公认的生命伦理原则不受损害的前提下，支持进行治疗性克隆的研究，才是真正理性的态度。正是出于这样的考虑，我国代表在对《宣言》的投票中，与比利时、英国、瑞典、日本、新加坡等35国一起投了反对票，并宣布不受该《宣言》约束，将继续支持治疗性克隆的研究。

　　不管怎样，当今世界无论是以各国政要为代表的官方，还是以科学家为代表的民间，主流社会是反对生殖性克隆人的。

因此，克隆人不可能成为一种生育的普遍方式。退一步讲，即使将来对此有所松动，也只是限制在研究领域以及在正常生育方法不能实现的情况下采取的生育补救手段，不可能大量出现克隆人，因而也就不会对人类的多样性和进化造成威胁。尽管现在有个别科学狂人，包括法国的克隆组织雷利安运动协会都宣称他们在进行克隆人的试验。美国科学家扎沃斯在国会作证说，全世界有5个机构在开展克隆人的试验。法国科学家布瓦瑟利耶在2002年12月26日好莱坞举行的新闻发布会上宣布克隆女婴"夏娃"已经诞生。意大利生殖学家安蒂诺里也称第二个克隆人已于2003年1月出世。但至今还没有确切的证据证明克隆人的存在。实际上，悄悄地在进行克隆人研究的机构远不止5个。这是因为，一方面克隆人在医学上确实存在重要的价值，可带来巨大的经济和社会效益；另一方面，科学家强烈的好奇心以及争强好胜的思想也使他们去进行克隆人的研究。如果说克隆技术是潘多拉魔盒的话，事实上早在8年前多利诞生之时就已经打开了。因为克隆羊能够成功，克隆人只是迟早的事情，问题的关键是我们应该采取怎样谨慎的科学态度和限制在怎样的法律和伦理允许的范围之内。

8年前人们担忧克隆动物可能存在缺陷，现在已经得到证实。美国华裔科学家杨向中领导的研究小组发现，克隆动物容易夭折。他们培养的9头克隆母牛有5头早死，其原因是克隆母牛的X染色体基因不能正常表达，其多种器官存在不同程度的基因表达紊乱，而活下来的4头克隆牛则基因表达正常。

有的科学家提出，克隆动物的早衰与所取体细胞的动物年龄有关，认为生命的长短仅取决于染色体分裂的次数，克隆技术无法让细胞"返老还童"。多利的体细胞取自一头6岁的绵羊，因此多利活到6岁多就出现衰老而最终导致死亡似乎也在情理之中，因为羊的寿命一般在12岁左右。但杨向中的另一组研究结果与这一说法有悖。他们用相当于人80多岁的老年母牛的体细胞培育出克隆母牛，后来这几头克隆母牛通过自然有性繁殖产下了第二代正常的牛犊，这使克隆动物生理年龄不能逆转的说法遭到了质疑。总之，多利之死使人们对克隆动物的安全性产生了新的疑问。多利出现关节炎、肺部感染等衰老症状是偶然现象还是克隆动物必然会出现的结果，现在还难下断语。但有一点是肯定的，那就是克隆技术尚不成熟，我们对克隆动物的认识也不完善。因此，对克隆技术的推广应用必须持特别谨慎的态度，对多利死亡之谜也应加紧研究，尽快破解。

多利之死是不幸的，因为她是世界上第一头克隆动物，她的早亡肯定与克隆技术的不完备有关。多利之死又是幸运的，因为她的死引起了全世界的关注和哀思，还因为抚育她的科学家对她采用了安乐死的方式，这体现了人类给予她人道主义的关爱，多少给了关注她的人以慰藉。

（2003.4）

# DNA双螺旋结构：生命的赞歌

　　1953年4月25日，在英国剑桥大学卡文迪实验室工作的美国遗传学家沃森（1928—　）和英国物理学家克里克（1916—　）合写的论文《核酸的分子结构——脱氧核糖核酸的结构模型》刊登于世界著名的学术期刊《Nature》（自然）上，向世人公布了他们的DNA双螺旋结构的假说。一石激起千层浪。这篇千把字的简短论文向人们揭示了生命遗传的奥秘，引发了生物学的一场革命，因而被誉为是生物学中可与达尔文的进化论和孟德尔的遗传定律相媲美的伟大发现，也是20世纪可与相对论和原子核裂变反应比肩的重大突破。50多年来，它一直是牵引着生命科学不断发展的强大力量。

## 完美之论

　　DNA（脱氧核糖核酸）的双螺旋分子结构是完美的科学理论，它以"简洁美"而成为现代生物学的标志。DNA有4种类型，即腺嘌呤脱氧核糖核苷酸、鸟嘌呤脱氧核糖核苷酸、胸腺嘧啶脱氧核糖核苷酸和胞嘧啶脱氧核糖核苷酸，它们都是由磷酸、脱氧核糖和碱基三个部分组成，它们的区别就在于碱基不同，即分别含有腺嘌呤（A）、鸟嘌呤（G）、胸腺嘧啶（T）和胞嘧啶（C）。DNA双螺旋分子结构揭示，DNA就像是螺旋形的楼梯，磷酸和糖基交叉排列为双链，组成楼梯外侧的两边；4种碱基互相配对，组成一级级楼梯的踏板。一旦其中一条链（一侧的边）上的碱基序列确定下来，那么另一条链上的碱基也就随之确定，形成非常紧凑稳固的双螺旋结构。然而，链条上碱基的序列可以变幻无穷，即任何一个踏板上的4种碱基在A、G、T、C的顺序上可以有不同的排列，从而决定DNA的不同遗传特性。假如这个DNA由10个核苷酸组成，亦即有10个踏板，那么4种碱基就可以有$4×4×4×……×4$（10个4相乘，即$4^{10}$）也就是125万多种不同排法。而一般DNA分子远不止10个核苷酸。就拿小小的细菌来说，一般也有上亿个核苷酸，那么碱基的不同排列方法就是4要乘上亿次，那该是多么大的一个天文数字啊！所以组成生命的大千世界才会如此光怪离奇，绚丽多姿。这就很好地解释了地球上为什么有那么多物种，而且每个物种的每一个个体又都不完全相同。世界上没有两片相同的树叶，没有两个完全相同的人。因此，DNA双螺旋结构完满地解释了生命世界的统一性和多样性，从中可以探究生命世界的规律。这是一曲多么奇妙的生命之歌啊！

### 天作之合

沃森和克里克是科技发展史上的一对幸运儿。他们仅用了18个月就解决了DNA分子结构这样一个当时的世界难题。是年沃森仅25岁，克里克也才37岁。

沃森从小聪颖好学，15岁即入芝加哥大学学习动物学。毕业时看到了量子力学大师薛定谔（1887—1961年）的《生命是什么？》一书，就被深深吸引，决心探寻生命的奥秘。19岁进入印第安纳大学师从卢里亚教授，以研究X射线对噬菌体的作用而顺利获得遗传学博士学位。1951年春，一个偶然的机会，沃森代替导师参加一个在意大利那不勒斯召开的生物大分子结构学术会议，受伦敦皇家学院晶体学家威尔金斯（1916—　）做的关于DNA X射线衍射的研究报告所启发，认准了X射线衍射法是一把可以打开生命奥秘的钥匙。于是，通过一番努力，终于来到剑桥大学卡文迪什实验室，从事蛋白质和多肽晶体结构的研究。在这里，他碰到了克里克。

克里克比沃森年长10多岁，1937年就毕业于伦敦大学物理系，因第二次世界大战而中断了博士学业。战后他也受到薛定谔《生命是什么？》一书的影响，决心改行，到了卡文迪什实验室，在佩鲁兹教授的指导下，从事多肽和蛋白质的X射线衍射分析的研究，继续攻读博士学位。沃森是一位在遗传学上很有造诣的青年学者，寡言少语，有一股闯劲。而克里克则对X射线结晶学十分了解，性格外向，阅历丰富。他们又都对DNA结构与生物学功能的关系有浓厚的兴趣。这种志向上的一致，学术上的互补和性格上的默契，可谓天作之合。于是现代生物学发展史上最高成效的合作就这样开始了。

但他们的研究并非一帆风顺。由于没有自己的实验室，他们就利用别人的分析数据，开始做DNA分子模型的研究。首先，他们采用当时多数科学家关于DNA结构是螺旋型的猜测搭建分子模型，但是DNA分子是单链、双链还是三链？颇费心力。经过一番周折，好不容易建立了一个三螺旋模型，但在征求同行专家意见时受到了批评和质疑，与实验结果也不相符，使他们一下子陷入了困境。屋漏偏遭连阴雨。这时，沃森的奖学金被中断，克里克因不认真做他原来的博士论文，被指摘为不务正业而受到校方批评，导师也严令他放弃DNA结构的研究，加劲做原定的博士课题。但他们并未因这一连串的打击而退缩，相反他们从别的研究小组的报道中受到启发和鼓舞，看到了胜利的曙光，也感受到竞争的激烈和时间的紧迫。于是他们迎难而上，加快研究步伐，终于在1953年2月28日提出了DNA

的双螺旋分子结构，并立即整理成文，投寄《Nature》杂志发表，争得了创新的先机。9年之后，他们获得了诺贝尔奖。

## 成功之道

沃森和克里克这两个年轻人之所以在DNA分子结构研究的激烈竞争中脱颖而出，除了他们自身的努力和卓有成效的合作之外，还在于他们把握了科学研究的成功之道。

科学研究的首要问题是选题。课题选得准确与否，它决定了科研进展的快慢，成果水平的高低乃至于最终的成败。20世纪50年代以前，生物学界普遍认为蛋白质是决定遗传基因的主要物质，因此许多科学家包括一些世界知名的权威，都投身于蛋白质分子结构的研究。但沃森和克里克不迷信权威，敢于向传统观念挑战。他们从前人的研究中敏锐地看到NDA在遗传中的重要作用。他们认为："蛋白质并不是真正解开生命之谜的罗塞达石碑。相反DNA却能提供一把钥匙。使用这把钥匙，我们就能找出基因是如何决定生物性状的。"他们坚信DNA结构的研究"称得上是自达尔文进化论发表以来在生物学领域内最轰动的事件。"因此，他们才会在众说纷纭之中不改初衷，在混沌不清的表象面前不迷失方向，在困难曲折中毫不退缩，使他们的研究一下子跨越到了世界生物学研究的最前沿，为他们取得重大突破奠定了基础。

151

科学研究要确保成功，还必须有好的可靠的方法。沃森他们在研究工作中，非常注意科学方法。首先，他们善于博采众长，注意收集各种有关信息，从中汲取营养。当时，他们同几个研究小组建立了密切的学术交流关系，经常请同行专家来讨论问题，征求意见。他们很好地分析了当时信息学派、结构学派和生化学派对DNA结构研究的成果，综合各家之长，为我所用。例如，威尔金斯和弗兰克林（1920—1958年）小组在X射线衍射结晶学的研究方面处于世界前列，特别是弗兰克林，她已经得到了DNA最清晰的X射线结晶衍射图，可以说是完成了DNA结构的大部分工作。这张图给沃森他们以极大的启发，但是弗兰克林和威尔金斯对运用构建分子模型的方法来阐释生物遗传功能不感兴趣，因此，尽管他们在专业造诣上比沃森和克里克高，但视野的局限使他们最终未能捅破这层窗户纸。所幸的是威尔金斯最后还是与沃森与克里克一起荣获了诺贝尔奖，而弗兰克林则因英年早逝而与诺贝尔奖失之交臂，令人惋惜。还有美国著名的化学键权威、诺贝尔奖获得者鲍林，他的研究小组从化学键的角度用搭建分子模型的方法解决了DNA分子结构中的不少难题，但由于缺乏X射线衍射的经验，也不了解这方面的最新成果，仅建立了三螺旋模型，还未来得及进一步修正，就被沃森他们捷足先登了。沃森和克里克由于与弗兰克林等人经常讨论问题，最先看到她的那张X射线衍射图，又充分运用了鲍林那形象、便捷的搭建分子模型的方法，还从数学家和生物化学家那里请教了嘌呤和嘧啶基因之间吸引力的计算和配对的概念，终于建立了一个完美的DNA双螺旋分子结构模型。他们正如牛顿所说的那样，"站在巨人的肩膀上"，去摘取了桂冠。

（2003. 5）

# 苏州籍两院院士何其多

俗话说："上有天堂，下有苏杭"。苏州不仅向来以物产丰富、气候宜人、风景秀丽而闻名于世，而且一直以人文荟萃、名流辈出、才俊云集而为人赞叹。

苏州大学科学技术史专家张橙华教授长期以来对古代吴地的科技成就和科技文化作了系统、深入的研究，其中包括对中国科学院院士和中国工程院院士的籍贯作了专题探讨，从中发现了一些令人感兴趣的现象。

首先是从苏州走出去的科学大家非常多，他们之中有登上诺贝尔奖领奖台的诺贝尔奖得主李政道和朱棣文，有"两弹一星"的元勋王淦昌和王大珩，有为杨振宁和李政道的宇称不守恒定律作了实验验证的杰出女物理学家吴健雄，有世界级建筑大师贝聿铭等，他们都是中国科学院和中国工程院两院院士。根据张澄华教授对2000年为止的资料统计，在全国两院院士中，华东籍的院士占60.8%，雄居榜首，其中江苏籍的院士占20.8%，超过1/5，列各省（市）之冠，而苏州籍（大市范围）的院士又在江苏籍院士中首屈一指，占27.3%，有83位（2002年又增加6位，达89位），与上海籍院士相当（84位），若按人口比例计算，由于上海人口远远超过苏州，因此苏州籍的院士密度要远高于上海，堪称全国之最。苏州被誉为"院士之乡"是当之无愧的。

有人还追溯了历史，对我国历代的科技专家也作了研究。

根据国内权威著作《中国大百科全书》统计，各个分册中专门列条目作介绍的历代科技专家有2677人，其中长江三角洲出的专家人数总计达903名，占全国的1/3多，而苏州以102人高居首位。如水利学家郏亶，天文学家王锡阐、朱文鑫，建筑大师蒯祥，造园家计成等。此外，沈括虽祖籍浙江，但他随母转入吴县，在此读书，他的《梦溪笔谈》可谓世界古代科学名著，被李约瑟誉为"中国科技史上的坐标"，其中有不少内容与苏州的科技事件有关。因此，称苏州为科技专家之乡也名副其实。

但苏州在历史上更有名的是"状元之乡"。有人对明清两代的状元作了统计，明代状元90名，清代状元112名。在合计202名状元之中，江苏约占1/3，而苏州地区状元竟有35名之多，占全国的比例高达17%，可谓独占鳌头。当然，对科举制度的状元到底意味着什么，可能会有不同看法。科举制度之始，由于它打破世袭制的束缚，对选拔人才是一大进步，也确实从平民中选出了一批杰出的才俊，为社会的进步作出了一定贡献。后来，科举制度陷入考八股文的泥坑，逐渐走向了反面，成为摧残人才的桎梏。但不管怎么说，通过科举的各级考试，脱颖而出的佼佼者大多是勤奋攻读的饱学之士，其中仍不乏优秀的人才。

由此看来，苏州籍两院院士多，是有其历史渊源的，它与历代科技专家多、状元多是一脉相承的。当然，院士的情况与以往历代的专家和状元有所不同。因为到了现代，教育事业有了很大的发展和变化，院士的成长之路不完全囿于家乡一地，他们很可能到外乡求学和工作，他们成功的原因更为复杂。即便如此，苏州籍两院院士的绝大多数，其幼年、少年乃至青年时代都是在苏州度过的。这一时期，家庭的影响，学校的教育，社会的耳濡目染，对他们基础知识的构建，科学兴趣的培植，人生观的形成都是十分重要的。因此，苏州籍两院院士多不是一种偶然，其中必然有其深刻的社会、历史的根源。那么，到底为什么苏州籍两院院士会如此之多呢？尽管目前仍众说纷纭，莫衷一是，但归纳起来，要有以下几点原因：

一是苏州地区物华天宝，经济发达，生活相对比较富足、安定，人们崇文重教，逐渐形成了一种崇尚文化的风气，营造了一种尊重读书人的环境。所谓"仓廪实而知礼节，衣食足则知荣辱"，读书时尚的形成，文人墨客的聚集，士大夫的增多，推动了吴地的社会结构和民俗风气的演进，使吴地具有较高的文化素养，性格中多温文儒雅、精巧细微和耐心坚韧的品性，这种具有水乡文化色彩的吴文化的浸润和熏陶对从事科学研究而言是一种非常重要的素质。正如从小家住狮子林、拙政园附近的中国工程院院士张钟华所说："我一想起苏州园林来，就有一种非常美好的回忆，对我以后从事科研工作有一个很好的影响。它设计得非常精巧，什么都给你挡着，进去一下，走几步，又出现一个景，又几步，好像跟你刚才没有关系，怎么又出来一个景，所谓景随步移。这使我认识到一个客观的事物，它是非常多样的，它往往有很多很多面，你看过去仅仅一面，你走几步，换一个角度，会出现另外一个完全不同的方面。这个对我印象很深，我觉得对我世界观的形成有一定的好处。"

二是苏州地区文化教育事业一直比较发达，向有尊师重教的传统。范仲淹自1035年在苏州创办府学，开了全国郡学之先，他在《苏郡儒学兴修记》中写道："吾苏也，郡甲天下之郡，学甲天下之学，人才甲天下之人才，伟哉！"苏州地区由于小城镇众多，经济比较发达，兴学积极性高，因此历史上书院学堂、义塾私塾数量之众可谓全国之最，且办学质量高，这一传统一直延续至今。苏州地区兴教办学之风盛行，名校名师层出不穷，如在苏州府学旧址办起来的苏州中学已有百年历史，是一所享誉国内的著名中学，罗振玉、王国维、吕叔湘、颜文梁、钱穆、胡庸焕等知名学者曾先后在该校任教。由该校毕业的学生中，两院院士有30多名，这在全国中学里是极为罕见的。苏州地区还有几所中学也都有很高的办学质量，从这些学校中也走出一批两院院士。如苏州市一中、三中、四中、六中、十中的毕业生中也各有多名两院院士。百年老校东吴大学，现更名为苏州大学，也出了30多名两院院士。无论中学还是大学，培养的院士中有不少是外地学子。据不完全统计，苏州外地学子的两院院士也有近40人。崇文重教的风气还表现在家庭学风浓厚，苏州籍两院院士中有多例家族亲属院士，如冯康、冯端、王守武、王守觉和殷元文、殷震（兄弟），唐孝炎、唐孝威（堂兄妹），时钧、时铭显（叔侄）。很多院士出身书香门第，如顾诵芬（顾廷龙之子），顾翼东（王同愈之甥），吴传钧、吴仲华（状元之后），宋鸿钊（宋德宜后代），王守武兄弟（王鏊后代），唐孝炎兄妹（唐文治后代）等。

　　三是苏州地区自古以来就有讲究实学，重视科技的优良传统。如以干将莫邪铸剑为代表的冶炼技术，以伍子胥修筑苏州古城为代表的城建技术，六朝以降致力于控制水患的水利技术，以温病学派为代表的中华医术，以丝绸为代表的纺织技术，以苏绣为代表的工艺美术，以及水稻栽培技术、印刷出版技术等。宋应星在《天工开物》中说："良玉虽集京师，工巧

则推苏郡"。明人笔记里记载："吴制服而华，以为非是弗文
焉；吴制器而美，以为非是弗珍焉。四方重吴服，而吴益工于
服；四方贵吴器，而吴益工于器"。就是在这种氛围下，吴地
的能工巧匠大批涌现，吴地的科学技术不断发展。到近代，又
兴起光学手工业、钟表手工业等，苏州成为全国吸收西洋科学
技术最多且最成功的地区之一。

四是包容外来先进文化和吸纳外来人才的传统。苏州从来
就不是一个封闭保守的地方，它一直对外界保持开放的姿态。
古代吴国就是来自黄河流域的泰伯、仲雍建立的。因此，吴国
一开始就吸收了中原的先进文化。此后，伍子胥从楚国来，申
公从晋国来，孙武从齐国来，在他们的辅助下，吴国才逐渐强
盛，称霸一方。苏州沧浪亭内的"五百名贤祠"中镌刻着从春
秋以来的594位苏州名贤的头像和简历，其中80%以上是外来
人，由此可见吴地文化的包容性和开放性。明清以降，地处长
江三角洲的苏州，又成了中国传统文化与海外文化交流的前
沿，成为吸收西方先进文化和科技的先驱。苏州洋炮局是全国
第一个用近代机器生产的工厂。苏州在兴办近代工业，翻译科
技书籍，派遣留洋学生等方面都领先于全国。几千年来，苏州
地区在保留自己特色的基础上，不断汇集、融合国内其他地区
和海外文化的优点，创造出一种具有鲜明地域特色又博采众长
的吴文化个性，它最能吸纳、消融外来文化，又保持自己独特
的品性，这种多元的文化基因对培养高层次的科技人才是非常
适宜的。

中国科学院和中国工程院两院院士是我国科学研究和工程
技术领域中优秀人才的杰出代表，是中华民族的精英。苏州籍
的两院院士多，这从一个侧面反映了苏州作为历史文化名城的

文教昌明、人杰地灵，是苏州的骄傲，值得自豪，但也有不足之处：一是1949年以后从苏州走出去的两院院士不多。无论是从苏州大学还是从苏州中学走出来的两院院士绝大多数都是1949年前的学生；二是在苏州本地工作的苏州籍两院院士一个也没有。其中原因是多方面的，但至少说明苏州目前在全国还不是一个科技大市，更不是科技强市，这与我市经济强市的地位极不相称。苏州现在提出要建设成为一个国际新兴科技城市，就需要培养一大批科技精英，包括两院院士这样层次的人才。为此，就必须加大"科教兴市"的力度，包括建设学习型城市，加强科技教育和科普工作，提高公众的科学素养，让苏州培养出更多的两院院士，使苏州"院士之乡"的美名发扬光大。

（2004.5）

# 与诺贝尔奖擦肩而过的人

到目前为止，获得诺贝尔奖的华人已有6位，他们是杨振宁、李政道、丁肇中、李远哲、朱棣文、崔琦，都是华裔美籍科学家。人们在议论中提到，还有一些中国科学家，他们的研究成果也很杰出，但与诺贝尔奖擦肩而过，令人惋惜，其中就有我们苏州籍著名核物理学家王淦昌（1907—1998年）。

## 科学报国

王淦昌1907年5月出生于苏州市常熟支塘镇的枫塘湾，这是一个只有十几户人家的水乡小村，父亲以中医为业，勤勤恳恳行医，经常外出为周围村镇的百姓看病，忙忙碌碌，家境尚可。可是好景不长，小淦昌出生后不到4年，父亲不幸病逝，他就由母亲和外婆照料。6岁读私塾，8岁就到十多里外的太仓县沙溪镇一所新式洋学堂上学，从此开始了他勤奋学习的生涯。王淦昌聪明好学，尤爱数学，成绩一直十分优秀。1925年他以优异成绩考取了清华大学。这是由原来的留学预备学校转为大学后正式招的第一届学生。当时清华大学集中了一大批名师，教普通物理的教师都是我国物理学的大师，如叶企孙教授、吴有训教授、萨本栋教授。就此，王淦昌喜欢上了物理学。

一次，吴有训教授在课堂上主持了一次测验，出的题目是：当一个光子射到一个静止的电子上被散射到另一个方向时，它们的能量将发生怎样的变化？最快做出正确答案的就是王淦昌，得到了吴有训教授的连声夸奖。吴教授接着告诉大

159

家：这种散射就是"康普顿效应"，康普顿因此而获得1927年的诺贝尔物理学奖。吴教授在美国留学时就曾与康普顿一起就这个问题做了一系列实验研究，验证了这一效应，因此通常物理学教科书上就称此效应为"康普顿–吴有训效应"，但吴教授本人总是谦虚地谢绝这种称法。那时，吴教授刚从美国留学回来，开了一门课叫《近代物理》，把汤姆逊的气体放电研究、卢瑟福的粒子散射实验等一系列国际前沿的研究成果讲给学生听，一下子把王淦昌带进了一个崭新的物理王国。王淦昌暗下决心：一定要通过自己的实验研究，去探索物理的未知世界。1929年，王淦昌在吴教授的指导下，克服仪器设备和观测数据的重重困难，完成了清华大学学生第一篇用科学实验方法做的毕业论文《北京上空大气层的放射性》，这也是我国有关空气放射性的第一篇论文。就此，王淦昌与实验核物理结下了不解之缘。

1930年，王淦昌考取江苏省的官费留学，奔赴德国柏林大学，师从著名核物理学家迈特纳（1878—1968年）攻读博士学位。当时柏林大学是世界科学研究的一个中心。他如饥似渴、废寝忘食地学习，开展实验研究，3年内完成了《关于镭E连续β射线谱的上限》《γ射线的内光电效应》和博士论文《钍B+C+C″的β谱》，并顺利通过了博士学位论文的答辩。这3篇论文分别发表在德国著名杂志《物理学》和《科学》上。著名核物理学家、诺贝尔奖得主费米在建立β衰变理论时，就参考了王淦昌论文中的测量数据。

到柏林后的第2年，发生了日本侵占我国东北的"9·18"事变。王淦昌此时更加眷恋灾难深重的祖国和亲人，已很难安下心来读书和研究，一心想着尽快回到祖国。当时有人劝他说：“科学是没有国界的，中国很落后，没有你需要的科研条件，何必回去呢？”他坚定地回答说：“科学虽然没有国界，但是科学家是有祖国的。现在祖国正在遭受苦难，我要回到祖国去，为她服务。”王淦昌博士论文答辩通过后不久，就回到了灾难深重的祖国。

## 创造奇迹

还是在王淦昌刚到柏林大学的1930年，他在一次学术讨论会上听到两位师兄（也是梅特纳教授的学生）用α粒子轰击铍的原子核时产生了穿透力很强的射线，他们用计数器测量的结果，把它解释为γ射线。可王淦昌认为，γ射线的穿透力不可能这么强，他提出用云雾室做探测器来做这个实验，可能会弄清这种穿透力很强的射线的本质。但两次提议导师迈特纳都没有采纳。1931年，居里夫人的女儿及女婿约里奥·居里夫妇也研究了这个穿透力很强的射线，根据他们电离室的实验结果，也认为是γ射线。英国卡文迪许实验室的查德威克（1891—1974年）得到消息，抓住机会，先后用计数器、电离室和云雾室3种探测方法做了同样的试验，证明这种穿透力很强的射线是中子。查德威克因此获得1935年的诺贝尔物理学奖。后来梅特纳教授也很后悔没有采纳王淦昌的建议，使这一获诺贝尔奖的重大发现擦肩而过。这给王淦昌一个很大的教训：一定要敢于思考问题，敢于坚持自己的主张，抓紧时机实现创新。

1934年，27岁的王淦昌满怀报国的壮志回到祖国，先在山东大学，后到浙江大学任教，不久抗战爆发，学校一再迁移，居无定所。但即便如此，王淦昌仍放不下他的研究工作。由于条件所限，实验研究没法开展，他就看文献做归纳、分析工作，开展理论研究。早在1930年泡利（1900—1958年）就提出了中微子的假说，费米也从理论上肯定中微子的存在，但由于中微子很特殊，实验上一直未能找到中微子的踪迹。于是，王淦昌就抓住这个难题，进行反复思考，终于巧妙地设计了一个探测中微子的实验。论文《关于探测中微子的建议》很快于1941年1月在美国《物理评论》上发表。几个月后，美国物理学家阿伦就按王淦昌的建议开展了实验，证实了中微子的存在，这是人类认识微观世界的又一个里程碑。事后，王淦昌仍感到十分遗憾，因为自己设计的实验由于条件所限自己没有能完成，而是由外国人完成的，太可惜了。什么时候自己能实现科学上的重大突破呢？这一愿望终于在20年后的1960年得以实现。

1956年，王淦昌作为新中国的代表，到当时苏联的杜布纳社会主义国家联合原子核研究所工作，任研究员，后任副所长，开展加速器基本粒子的研究。根据当时世界上美国和西欧加速器的现状，王淦昌提议把研究重点放在反西格马负超子上。经过几年的努力，他们获得了10万余张加速器核反应事件的照片。在王淦昌的指导下，一张张地对照片进行扫描、分析，以便从中发现有价值的信息。这是一件非常具体、琐碎、细微的工作，稍一疏忽，有价值的信息就可能被漏掉。功夫不负有心人，经过4万张照片的扫描研究，终于发现了一个反超子事例。1959年9月，他领导的以中国物理学家为骨干的小组在国际高能物理会议上正式宣布发现了"反西格马负超子"，这是实验上第一次发现的荷电反超子，它丰富了人们对反粒子的认识，填补了粒子–反粒子的一个重要空白，进一步证明了理论上关于任何粒子都存在反粒子的假说，是一项国际公认的重大科学成果。

　　此后，王淦昌隐名埋姓17年，从事原子弹、氢弹的研究。当时，他已是50多岁富有成就的科学家了，但他和大家一样，在海拔3000多米的戈壁滩上，餐风沙，沐烈日，冒严寒，咽温吞水，吃夹生饭。时值困难时期，供应十分紧张，但他毫无怨言，始终坚守在核武器研制的第一线。1964年10月16日，我国第一颗原子弹爆炸成功，接着仅用了2年零8个月，于1967年6月17日，第一颗氢弹又爆炸成功！其速度之快远远超过美、苏、英、法，使世界震惊。王淦昌是"两弹一星"元勋的杰出代表。

　　早在20世纪60年代初，王淦昌就已开展可控核聚变的研究。核聚变是用氢同位素的原子核的聚变反应来释放核能，它比铀核裂变释放的能量多4倍，是人类解决能源的最终途径之一。王淦昌于1964年独立于苏联科学家巴索夫提出了激光惯性约束核聚变的原理。后来，在他的指导和促进下，我国激光核聚变始终处于国际先进行列。

### 大家风范

　　王淦昌不仅有江南水乡男子聪颖、精细的一面，也有江南水乡男子坚毅、仁爱的一面。

　　抗战时期，王淦昌任浙江大学教授，以一人并不宽裕的薪金，养活一家七口，生活的拮据可想而知。但他却毫不犹豫地把仅有的一点积蓄和结婚时保留下来的几件金银首饰，全部作了抗日捐款。1947年，他因对探测中微子所作的贡献获得了一笔1000美元的奖金，他分送给了经济困难的教师、同事和学生。1960年，正值3年灾害时期，他在苏联杜布纳工作，把省吃俭用积攒的14000卢布交给我国驻苏大使馆，要求转交给国家。当使馆工作人员劝阻时，他说："游子在外，给父母捎上

163

家用钱理所当然。现在国家遭到困难，我难道不应该尽点心意吗？"他不仅做好自己的研究工作，还时时关注国家的发展，多次上书中央，提出自己的意见和建议。最有影响的有两次：一次是1978年，他与4位专家联名上书中央，建议我国发展核电事业。在他们的呼吁下，我国秦山、大亚湾等核电站相继建设、投产；另一次是1986年3月，他与另外3位院士给邓小平同志写信，建议发展我国的高科技，后经邓小平批示，产生了推动我国高科技发展的"863"计划。仅上述几例，就足见王淦昌对祖国和人民怀有一颗多么炽热的心！

"文化大革命"时，尽管王淦昌作为核事业的核心科学家，列为国家的"保护对象"，也未能幸免于难，受到了严重冲击。他作为一线工程的技术负责人，每天到洞里检查工作，一次发现放射性氡气含量高，便提出加强防护的要求，结果被"无产阶级司令部"勒令接受批斗，罪名两条：一是活命哲学，二是扰乱军心。每天坚持到洞里工作的王淦昌成了怕死鬼，不敢到洞里去的批判者倒成了革命者，大家心里不服。有人为王淦昌说话，立即被抓起来，勒令交代与王淦昌的关系。但王淦昌不管他们这一套，仍坚持自己的意见。王淦昌还大胆提出主张，把"每周4天搞运动、2天搞业务"的安排倒过来，有人批判他是"用生产压革命"，他却坚持说："革命口号再响，还得看行动，不搞业务怎么行？"在1975年批判邓小平"右倾翻案风"的日子里，王淦昌从不发言，也不跟着喊口号，他说："我觉得邓小平没有错，叫我喊'打倒邓小平'我喊不出来。"有人说王淦昌太"书呆子"气了，然而这是多么可贵的一种"书卷"气啊！它表现了一种品格，一种风骨，一种境界，其精神实质就是坚持真理，实事求是。

1976年1月8日，敬爱的周总理逝世，举国哀痛。王淦昌得知消息时，跌坐在沙发里长时间站不起来，他喃喃地说："总理去世了，怎么办？怎么办？……那天总理问我3个问题，我当时只回答了两个，还有一个本想以后再告诉他，可他却走了，怎么办？……"清明节前夕，为了纪念周总理，王淦昌同几位出差来京的同事一起，抬着花圈，从六部口步行到天安门广场，恭恭敬敬地把花圈安放在人民英雄纪念碑前，以表达对周总理的哀思。后来，上面追查天安门事件，王淦昌成了受审对象，追问他"是受谁的指使？"他毅然提起笔来作答："花圈，是我自己要送的；目的，是为了悼念敬爱的周总理！"

王淦昌是中国科学院的资深院士，当过核工业部的副部长以及各种科技工作的高级领导职务，还多次获得国际上的殊荣和奖励，但他始终淡泊名利。王淦昌一直住在北京木樨地一套普通的干部标准房里，和老伴厮守在一起。他是14岁时，由家里作主与大他4岁、没有什么文化的农村女子结婚的，一直相敬如宾，恩爱有加，幸福地走过了近80年的婚姻历程。王淦昌对夫人为他和这个家的一生操劳心存感激。在他亲自为儿童撰写的"大科学家讲的小故事"——《无尽的追问》一书中，还专门写了一篇《有她一份功劳》，以表达他对夫人吴月琴女士的敬意。

165

（2004.6）

# 科普改变了法拉第的命运

　　科学普及和提高公众的科学素质，其意义是多方面的，不仅在于能识破迷信等伪科学的本质，避免受骗上当，还在于用科学知识、思想和方法武装头脑可改变一个人的命运。英国伟大的实验物理学家法拉第就是一个经典的明证。

　　法拉第（1791—1867年）是英国著名的物理学家、化学家，一生作出了很多重大的发现和发明创造：1821年提出利用磁场产生电流的发电机原理，并制造了世界上第一台发电机模型，这是电学史上一个伟大里程碑式的创举；1825年首次实现氯气的液化，并发现了芳香族有机化合物苯和不饱和碳氢化合物丁烯；1833年提出了电解定律即称为法拉第电解定理，建立了电离常数，即称为法拉第常数；1837年建立了电磁理论；1845年发现了磁光效应（即称为法拉第磁光效应）和抗磁物质，著有《化学实验操作指南》《电学的实验研究》《蜡烛的故事》等著作。爱因斯坦曾高度评价法拉第的科学成就，说法拉第及其伟大的接班人麦克斯韦是继牛顿之后，在物理学界成就了最伟大的突破。英国前首相撒切尔夫人也对法拉第推崇备至，称"他是名垂青史的人物，是许多伟人的典范，他的背景平凡：父亲是铁匠，而自己没有受到什么教育，但天资聪颖。我佩服他的科学发现，对他的研究方式赞叹不已——如你们所知，包括实验、证明及想象力。我钦佩他对研究主题的浑然忘我，以及对目标的专心一意。"

　　法拉第于1791年9月22日出生在英国萨里郡纽因顿镇一个贫苦的铁匠家庭。1795年全家搬到伦敦郊区，住在一家马车旅馆的马厩里，生活十分穷困。法拉第只上了两年小学就辍学了，13岁在一家书店自设的装订工场当学徒，使他有机会接触书和报纸，开始了自学。起初，他读的都是莎士比亚的剧本和儿童故事等文艺类的书籍。一天晚上，他第一次读到一本书名叫《化学对话》的关于自然科学方面的科普书籍，立刻被奇异的科学世界所吸引，爱不释手，一连几天都在读这本书。他还追根究底思考书中的问题。为了验证书中讲的是否真实，法拉第开始把自己的卧室兼书房布置成一个简易的实验室，自己动手制作简单的实验装置。当他用实验证明书中所说的是真的时，他兴奋、激动、快活，好像是他第一个发现了这些真理似的。《化学对话》这本书给他留下了极其美好和深刻的印象，在他心中埋下了献身科学的种子。

　　1812年2月，一位叫丹斯的书店老主顾、英国皇家学会会员看到法拉第勤奋好学，就送给他4张皇家学会举办科普讲座的入场券，法拉第高兴极了。原来这几场讲座的主讲人恰巧是大名鼎鼎的科学家戴维，他的科学演讲十分精彩，紧紧抓住了法拉第的心。法拉第不仅把每次讲座的内容详详细细地记下来，回家后认真誊清，配上插图，最后还用他的手艺包上漂亮的皮封面，装订成册。这时的法拉第更坚定了叩开科学殿堂大门的决心。他在朋友的鼓励下，于1812年底给戴维写了一封言恳词切的信，希望能得到他的帮助，以便实现自己献身科学的理想，并附上了装订得十分精美的听课笔记，以作自荐的证明。

　　戴维（1778—1829年），英国著名化学家、电化学家和农业化学的创始人，他用化学电解法分离出钾、钠、钙、锶、钡和镁等一系列金属性质非常活泼的金属，在氯、碘等非金属卤族元素的研究方面也取得了突破，还证实了金刚石和木炭的组成是相同的，发明了矿用安全灯，发现了铂的催化作用，著有《化学哲学原理》《农业化学原理》等著作，科学成就卓著，因而被选为英国皇家学会主席。同是学徒出身的他，也许因为法拉第的经历与自己少年时代有很多相同之处，因此他接到法拉第的求职信后，不仅同意与他见面，并最终推荐他当了皇家协会实验室的助理，法拉第高兴极了。虽然这只是一个洗洗瓶子之类的打杂工作，但这却是法拉第命运转折的开始。在戴维的帮助下，法拉第凭借自己锲而不舍的钻研精神和杰出的实验才能，做出了一系列惊人的成就，1824年即当选为英国皇家学会会员，1825年担任皇家学会实验室主任，1827年被聘为教授，他一步步地实现了由平凡位卑的学徒工到闻名遐迩的科学家的转变。尽管戴维与法拉第之间也曾出现过一些不和，但法拉第的成长，戴维功不可没。1829年4月，年迈体衰、疾病缠身的戴维在日内瓦接受一位记者的采访，记者问他："您一生中最伟大的发现是什么？"出乎记者意料的是这位一生中成果丰硕的大科学家绝口不提他的任何一项重大发现，却以充满自豪的口吻说："我最大的发现是一个人——迈克尔·法拉第！"此后不久，戴维就与世长辞了。当法拉第得知戴维去世的消息时，深为悲痛。因为他深深地知道：没有戴维的科学讲座和此后的帮助，就没有他法拉第的今天。

　　由于法拉第得益于科学普及的恩泽，因此他成名之后也非常重视科普，他的奇特经历使他认识到，一个科学家或大学教授，他们承担科学普及的责任实际上比科学家所能成就的一切都更加意义非凡。因此，他从1826年起，不仅继续在英国皇家学会的大礼堂里面向青少年举办科学讲座，而且精心准备他的演讲，还用有趣的实验来演示科学的奥秘。例如，他关于蜡烛的著名演讲就是以蜡烛的燃烧作用来探索有关化学和物理等不同现象和事物的，就像把你带进了一个科学博物馆一样，讲得形象生动，给听众留下了深刻的印象。他的科普名著《蜡烛的故事》就是根据他给青少年朋友讲座的讲稿整理而成的，至今读来仍是那么引人入胜。所以法拉第也被世人誉为科普的先驱。他对科学普及的伟大遗产同他对科学本身的贡献一样重要，这是无可置疑的。

由于法拉第以很低的文化水平最终做出了很高的科学贡献，他很感自豪，他以自己的努力向人们证明：科学的殿堂照样为像他这样没有机会接受高等教育的孩子敞开。法拉第一生获得的荣誉和头衔多达97个，但他仍保持一颗平常心，十分谦逊，淡泊名利。他拒绝了维多利亚女皇封给他爵士爵位，拒绝了伦敦大学校长的职务，他还两次拒绝了人们要他当皇家学会主席的提议。这种谦和平实的心态正是他由卑微走向伟岸直至终身的重要保障。法拉第曾对他的科学工作做过认真、全面的总结，道出了他成功的秘诀："科学家必须善于倾听各种不同的意见，但又必须自己做出判断。科学家不应从表面现象出发采取偏颇的立场。他不应有先入为主的假说，他不应属于任何学派，不崇拜任何权威。他不应是个人的崇拜者，而应该是事物的崇拜者。真理的探求应该是他唯一的目标。如果这些品质之上再加上刻苦勤奋精神，他就有可能揭开科学殿堂的奥秘。"这种实事求是和勇于探索的精神永远是我们效仿的榜样。

169

（2004.7）

# 李约瑟难题：中国近代科学何以落后

　　英国皇家学会会员，中国科学院外籍院士，著名科学技术史家李约瑟博士（1900—1995年）是一位研究中国古代科技史的大家，他的7卷几十册皇皇巨著《中国科学技术史》凝聚了他毕生的精力，洋洋洒洒千万言，详尽地描述了我国古代科学技术发展的轨迹和辉煌，在世界上产生了很大影响，让我们中国人既感到自豪，又感到汗颜。李约瑟博士还提出了一个世界级的难题：中国古代有杰出的科学成就，何以近代科学崛起于西方而非中国？引起了全世界科学技术史界乃至于科技界和哲学界的浓厚兴趣，各家之说五彩缤纷，争议异常激烈，时过半个世纪，至今尚无统一的说法。不过这场争论涉及的面非常广泛，其意义十分重大而又深刻，对我国科技的发展和"四化"建设都很重要，作为一般公众也应该对此有所了解。

## 我国古代科技曾经辉煌

　　作为世界文明古国之一，我国古代科技成就可谓光辉灿烂，令人惊叹。除了指南针、火药、造纸和活字印刷术被世界公认的四大发明外，还有许多发明对人类的进步也起了极其重要的作用，如中医中药、十进位制、赤道坐标系、雕版印刷术等被誉为"新四大发明"，可与老四大发明媲美。此外，像瓷器、丝绸、金属冶铸、深耕细作等影响世界科技发展的中国古代创造发明还可列举许多。有一位美国的科学家罗伯特·K·G·坦普尔在认真研究了李约瑟的《中国科学技术史》的基础上，进行了提炼，于1986年写了一本书——《中国：发明与发现的国度》，列举了我国居世界第一的100项发明创造使西方受惠，并强调指出："现代社会赖以建立的基本发明创造，可能有一半以上来自中国。"更为可贵的是，我国古代在自然科学方面，如数学、天文学、物理、化学、地学、生物学、医学、药学、农学等领域，有许多成就领先于西方几百年甚至上千年。

此外，我国古代还出了不少科技著作，其中有些对世界科学技术的发展产生过影响。例如，成书于战国时期名为《夏小正》的著作，可算是我国的第一本科学专著，也是目前世界上最早的物候学专著。公元前四世纪出现的《墨经》，记载了世界上最早的物理学基本理论，如书中对力的定义："力，形之所奋也"（力是改变物体运动状态的作用）；书中设计的"小孔成像"是世界上最早的光学实验。书中提出的浮力原理，比著名的阿基米德浮力定律还早一个世纪呢！战国时期还出现了医学专著《黄帝内经》，这是世界上最早的医学专著之一。西汉时期出现的农业技术专著《氾胜之书》，记载了"存优汰劣"人工育种的穗选法。公元一世纪的《九章算术》，系统总结了我国在战国、秦、汉时期的数学成就，共列了246个数学问题及解法。其中，负数的概念和正负数加减法则在世界上是记载最早的。关于一次方程组的求解比西方早1500年。宋代全才科学家沈括（1031—1095年）的《梦溪笔谈》，记载了地磁偏角的发现，流水浸蚀和海陆变迁的原理等许多科技内容，都早于西方数百年。明代杰出医药学家李时珍（1518—1593年）的《本草纲目》，是一部190万字的世界科学巨著，载入药方11096个，绘图1110幅，自1647年起，先后译成日、英、德、俄、拉丁等文字。该书不仅中药学内容之丰富堪称世界之最，而且对植物进行分类，其方法比国外早200余年。明代杰出的科学家宋应星（1586—1641年）的《天工开物》，是一本被国际上誉为"中国技术"的百科全书，很快译成日、英、法等多种文字，传遍世界。

### 冷静看待我国古代的科技成就

我国古代的科技成就确实有它辉煌的一面，但也存在严重的缺陷。

我们平时讲科学技术，是科学和技术的合称，它们是既有联系又有区别的两个概念。科学是反映包括自然界、社会和思维在内的客观世界的本质联系及其运动规律并经过实践检验和逻辑论证的知识体系。简而言之，科学是探索未知世界、揭示客观世界规律的知识体系。技术是指人类利用已知的科学知识和经验改造客观世界、从事生产活动和科学实验的手段和方法，它主要指生产技术和工程技术。把科学和技术的含义搞清了，再来分析我国古代科学成就的缺陷就比较简单了。

首先，我国古代科技成就明显地反映在偏重实用技术方面。如我国的四大发明，如酿酒、陶瓷、冶炼、纺染等许多技术领域，都曾处于世界领先地位，但在基础科学和基本理论方面的建树却寥寥无几。我国历史上炼丹术曾极为盛行，但没有形成系统化的化学科学。我国曾有勾股弦定律（见于公元前一世纪的《周髀算经》）、圆周率（祖冲之，429—500年）、杨辉法则（约13世纪）等零星的理论发现。即便是集成我国古代数学之大成的《算经十书》，它是包括上面提到的《九章算术》和《周髀算经》在内的十部古代算术经典，是唐代国子监算学馆规定的教本，其最高水准大概要算是多元一次联立方程的求解等内容了。古希腊的经典数学著作《几何原本》（15卷）大约成书于公元前3世纪，这相当于我国的春秋战国时期孟子生活的年代。时过近两千年，直到1606年才由徐光启与意大利人利玛窦合作翻译了15卷中的前6卷。又过了250年才补译了其余的9卷，也就是说，在近两千年的漫长岁月中，我国完全不懂得欧几里得的几何学，只掌握一些十分粗浅的数学知识。现代中学教育中的几何学、代数、三角学、物理学、化学等的定律、公式、理论，几乎都是西方科学家的研究成果，而我们这个号称有五千年历史的文明古国几乎交了白卷。

当然，也不是说我国古代的科技成就中绝对没有科学方面的建树，只是相对于技术成就，科学成就要少得多、小得多、水平低得多。李约瑟的研究也向世人表明，中国古代不是没有科学，但他认为中国古代科学不是理性的科学，而是经验性的准科学或称前科学。的确，在中国古代的自然科学中，很难找到完整的科学体系和重大的科学理论就是明证。此外，中国古代的科技活动是零散的，个人化的，这也是中国古代科技的一大缺欠，它导致了中国古代科技的发展未能大规模地走向社会化和制度化。

### 近现代中国科学技术何以落后？

对这个问题的回答有各种不同的见解，见仁见智，莫衷一是。早在80多年前的1922年，哲学家冯友兰就认为：“中国落后，在于她没有科学。”其后，对这个问题的探讨一直延续不断。去年9月3日，在北京人民大会堂举行的“2004文化高峰论坛”上，诺贝尔奖得主杨振宁教授做了一个《〈易经〉对中华文化的影响》的报告，尖锐地批评《易经》影响了中华文化中的思维方式，并断言这是近代科学没有在中国萌芽的重要原因之一，一时间引起了很大争议。但是，通过不同意见的讨论，我们还是可以大致归纳出以下几个中国科技近代落后的主要原因：

一是我国传统文化中"重文轻理""重术轻学"的倾向严重阻碍了科学技术的健康发展。"重文轻理"的弊端是显而易见的，我国古代流传下来的书籍大都是文史方面的，少有科学技术著作就是明证。究其原因，可从古代中西方哲学上存在的差异找到根源。古希腊及西方其他各国的哲学家大都精通自然科学，他们对观察和思考自然怀有浓厚兴趣，并从中引出有哲理的内涵，因此可以说，古代西方哲学是一种典型的"自然科学"。至今，西方还常把自然科学的博士冠以"哲学博士"的头衔，从中即可看出西方自然科学与哲学是紧密联系的。而中国古代哲学以儒学为代表，注重政治理论，轻视自然科学，当时的哲学家都与高层统治者保持密切联系，或为君主的谋士和说客，他们的著述中都表现出强烈的政治兴趣和议政色彩。他们重政治谋略，重道德修养，是一种"社会哲学""处世哲学"，当然也就轻视自然科学。特别是实行科举制度后，中国的知识分子和优秀人才，都集中在读经书、走仕途这条道路上，更视科学技术为奇学淫技、雕虫小技。至于"重术轻学"即重实用技术，轻科学研究，这在前面的叙述中已经作了论述，正是这种"重术轻学"的倾向，导致了我国古代虽有极为丰富的各种实用技术，但鲜有科学理论的创建。这就阻碍了我国古代科学向近代科学发展。正如李约瑟所言："作为一个整体的近代科学没有发生在中国而发生在西方，有两个基本原因：第一，在哲学思想上，中国哲人并不具备作为西方科学开端所具有的自然观。第二，在中国中世纪的一些发现，纯粹是实用的，并总是停留在经验阶段。"他还指出："中国有许多技术发现，但这不是近代科学，也不是理论科学，而是经验科学"（文中重点符号为李约瑟所加）。这就是我国虽早在殷商时代就有彗星的记载，在公元前的鲁文公时代就有过哈雷彗星的记录，我国古代建造了那么多精确的观天仪器，编制了90余种历书，但我国却无人探讨彗星的运行周期、行星的运行规律以及宇宙起源等问题的原因所在了。这种"重术轻学"的传统至今仍在影响我国科学的发展，这表现在：对基础科研的投入过少，要求科研急功近利，衡量科研成果注重实用价值，评价科研强求经济效益，重论文数量、轻论文质量等。

　　二是我国传统的思维模式与西方有很大不同。西方从古希腊开始就运用严密的逻辑思维和科学方法，对科学现象、科学规律和理论的表达十分具体、清晰、精确。从古希腊哲学家亚里士多德（公元前384—前322年）的《工具论》，英国近代实证科学鼻祖培根（1561—1626年）的《新工具》，法国数学家笛卡尔（1596—1650年）的《方法论》，到德国哲学家黑格尔（1770—1837年）的《逻辑学》，他们有良好的方法学传统。而中国则多为直观的形象思维，笼统、简略、模糊地表述事物的规律或理论，且带着某些故弄玄虚的神秘色彩，始终没有形成完整的科学方法学，更没有形成近代的科学实验方法。所以，爱因斯坦指出："西方科学的发展是以两个伟大的成就为基础，那就是希腊哲学家发明的形式逻辑（在欧几里得几何学中）以及（在文艺复兴时期）发现通过系统的实验可能找出因果关系。在我看来，中国贤哲没有走这两步，那是用不着惊奇的。"中国近代科学的落后与我国古代传统文化中自然哲学方法的缺位也是紧密相关的。

175

三是中国传统的教育观念上只注重知识传授，不重视质疑精神和创新能力的培养。西方科学有着良好的"求异"传统。特别是文艺复兴以来，他们倡导个性解放，这就培养了他们思维奔放、大胆怀疑的性格，滋养了他们富于想象、刻意求新的胆识，甚至为了科学真理而不惜献出自己的一切乃至于生命，如哥白尼、伽利略、布鲁诺等。古希腊哲学家亚里士多德有一句名言："吾爱吾师，吾更爱真理"，就是这种科学精神的写照。但中国古代的教育传统是重视思想上的"齐一"和"和合"，要求人们重圣贤，守古训，师道尊严，以圣人言论作为判断是非的唯一标准，还有"三纲五常"那一套，什么"君令臣死臣不得不死，父要子亡子不得不亡"，等等。在这种封建思想、孔孟之道的大一统式的思想控制之下，严重地抑制了人们思维的个性化，扼杀了人的独立性、创造性和批判精神。不敢越雷池于一步，不敢大胆追求求异思维，不敢为天下之先，遵循中庸之道，习惯于求稳保守，明哲保身。"木秀于林，风必摧之"，"枪打出头鸟"之类的谚语，充分反映了那个时代的风尚，这正是科学发现之大忌。这种传统至今仍然影响着人们的思想。特别是极"左"思潮长期统治我国的思想战线，人们以做"党的驯服工具"为信条，不敢提出不同的看法。一本介绍中科院院士杰出成就的书——《中国院士》，报道的几十人中几乎无一例外地遭到"反右"和"文革"的浩劫。科学家们长期生活在胆战心惊之中，还奢谈什么发明创造？

笔者曾在《素质教育在美国——留美博士眼中的中美教育》（黄全愈著）一书中看到了中西方教育的差异。书中讲了两个故事给笔者留下了深刻印象：一则说的是作者的儿子从小在中国跟老师学画画，通常是老师画一样东西让孩子跟着画，给予指点，并以是否画得像为评判标准。到了美国，同样学画画，老师只出一个题目，由学生自由想象、发挥，"八仙过海各显神通"，小孩子个个兴趣盎然。而这个中国孩子失去了"依葫芦画瓢"的"样板"，竟无所适从，不知如何画了，感到没有意思，甚至不想再学画画了。另一则说这个中国孩子参加小学生校际足球比赛，结果要以罚点球决胜负。中国孩子自恃点球技术好，罚点球非他莫属，在一旁踌躇满志，一声不吭，等着教练点将。结果教练没有点他，最终他们输了。这个孩子及其家长很不理解，询问之下，教练说出了原委：我不能派一个没有强烈上场欲望的人去罚点球。你没有欲望，就表明你缺乏自信，很难相信你能干好这件事。这两个例子充分说明美国的教育是鼓励学生自由创造，标新立异，鼓励学生勇于表达自己的意愿，个性张扬，中国则相反。

更有讽刺意味的是刘燕敏于2004年写的一篇文章《25年前的预言》中的一段话：

1979年6月，中国曾派了一个访问团去美国考察初级教育，回国后写了一份3万字的报告，其中有这样一段文字：美国学生无论品德优劣、能力高低，无不趾高气扬，踌躇满志，大有"我因我之为我而不同凡响"的意味。小学二年级的学生大字不识一斗，加减法还在掰着手指头，就整天奢谈发明创造。在他们眼里，让地球掉个个儿好像都易如反掌。重"音体美"，而轻"数理化"，无论是公立还是私立学校，音体美活动无不如火如荼，而数理化则乏人问津。课堂几乎处于失控状态，学生或挤眉弄眼，或谈天说地……

中国访问团的结论：美国的基础教育已经病入膏肓。可以预言，再过20年，中国的科技和文化必将赶上并超过这个所谓的超级大国。

作为互访，同一年，美国也派了一个考察团来中国。他们在看了北京、上海、西安的几所学校后也写了一份报告，在见闻录部分也有一段文字：

中国的小学生在上课时喜欢把手放在胸前，除非老师发问举起右手，否则轻易不改变；幼儿园的学生则喜欢把胳臂放在身后，室外活动除外。中国的学生喜欢早起，7点前在中国的大街上见到最多的是学生，并且他们喜欢边走边吃早点。中国学生有一种叫"家庭作业"的课余劳作，据一位中国教师的解释，它是"学校作业在家庭中的延续"。中国把考试分数最高的学生称为学习最优秀的学生，他们在学期结束时，一般会得到一张证书，其他人则没有。

美国访问团的结论：中国的学生是世界上最勤奋的，也是世界上起得最早、睡得最晚的人。他们的学习成绩与任何一个国家同年级学生比较都是最好的。可以预测，再用20年时间，中国在科技和文化方面，必将把美国远远甩在后面。

26年过去了，美国的基础教育并未"病入膏肓"，中国不仅没有把美国远远甩在后面，相反中美科学技术的差距还在继续拉大。中美两个代表团的预言都错了！但他们的报告倒是客观、真实地反映了中美教育思想的强烈反差。我们是否从中也可以悟出我国科技何以落后，包括至今中国本土仍没有出诺贝尔奖得主的一些道理来呢？

（2004.10）

# 坚守科学，孤独无悔

最近，山西学者赵诚花了两年时间，推出了一部传记力作——《长河孤旅：黄万里90年人生沧桑》。该书再现了被人们誉为"中国水利界一个非常伟大的马寅初式的悲剧人物"黄万里的一生，读来不仅令人震撼，也引人深省，使人们看到在他身上将科学精神和科学理性凸现得多么鲜明！而这恰恰是我们长期缺失的东西，因而显得弥足珍贵。

## 立志治黄

黄万里（1911—2001年）是著名水利专家，清华大学教授，为我国著名民主人士黄炎培的第三个儿子。原来他是学铁路桥梁工程的，由于1933年黄河泛滥，多处决口，造成了生命财产的惨重损失，便立下"治理黄河"的志向，出国改学水利，在美国伊利诺斯州立大学攻读博士学位。1937年学成归来，就此与黄河结下了不解之缘。1947年他就当上了甘肃省水利局局长，黄河水利委员会委员。中华人民共和国成立后到清华大学任教，仍参加黄河水利委员会，为治理黄河、为三门峡水电工程的建设倾注了大量心血。

黄河是中国的母亲河，它流经土质疏松的西北黄土高原，挟带着大量泥沙，在下游冲积成一片25万平方千米的平川。这种造陆功能对缺少平原田地的中国先民而言是天赐福土，因此黄河是一条利河。另一方面，由于黄河泥沙含量大，逐渐淤积，抬高河床，不断造成决口和改道，给下游人民的生命财产造成重大损失，所以黄河又被人们视为害河。中华人民共和国成立后，人民政府一心想治好黄河，造福人民，但黄河该如何治，其症结在哪里，长期存在严重的分歧和偏颇。

1952年，我国向苏联聘请专家帮助制定黄河治理规划，遗憾的是请来的专家均为水利工程专家，他们长于水坝业务，而对整个河流的治理并不擅长。经过9个来月的调研，于1954年10月完成的《黄河综合利用规划技术经济报告》并不是一个完善的报告，但马上就成为我国政府的决策，即邓子恢副总理在1955年7月向全国人大提出的《关于根治黄河水害和开发黄河水利的综合规划的报告》，其中一期工程包括三门峡、刘家峡及支流水库、灌渠等，预算共计53.24亿元，计划淹没耕地200万亩，移民60万。最后，全国人大通过了这个规划。

在这之前，由周总理亲自主持的关于黄河规划的第一次讨论会上，在左的"一边倒"的方针指导下，许多专家对规划交口称赞，但黄万里却一个人站出来反对。他从黄河的实际出发，分析了它的利弊两个方面，当着周总理的面力排众议，他说："你们说'圣人出，黄河清'，我认为黄河不能清。黄河清，不是功，而是罪……黄河泥沙量世界第一，但它造的陆地也是最大的。"他不仅多次在会上据理力争，后又认真研究、思考，于1956年5月向黄河流域规划委员会递交了《对于黄河三门峡水库现行规划方案的意见》。《意见》指出："4000年的治河经验使得中国先贤在千年以前就在世界上最早归纳出4种防洪方法，即沟洫或拦河蓄水，堤工堵水，束水浚深治河和缺口疏水。"另外，近40年来，中外学者又积累了不少经验。因此，认为有了坝就可以解决下游防洪问题是不妥当的。他还指出：水土保持只能减少含沙量，但黄河淤积仍会发生。认为水土保持后黄河水会变清是歪曲客观规律的。相反，出库的清水将产生可怖的急速冲刷作用，防止它要费很大的力量。他最后说："有坝万事足，无泥一河清"的设计思想会造成严重后果。三门峡筑坝后，下游的洪水危害将移至上游，出库清水将危害下游堤防。他特别提出了三门峡大坝一定要有刷沙出库措施的建议，为日后泥沙大量淤积预先做准备。

## 坚守孤独

在1957年三门峡工程即将上马的一次专题讨论会上，黄万里再一次旗帜鲜明地反对在三门峡建大坝。他认为，从坝址的牢固性角度看，三门峡是最好的地址，但从整条河流来看，却是一个最不适宜的建坝地段。因为这里建起一座高坝，水流在库区放缓，泥沙淤积，渭河入黄河的堑口抬高，这样一来对关中平原必将形成威胁，甚至会延伸到西安。

在三门峡工程的方案讨论会上，有大多数人拥护的高坝派，有少数人支持的低坝派，仍然只有黄万里一人是"反对派"。高坝派主张立即建高达360米的高坝，抬高蓄水线，扩大库容，拦洪蓄沙，清水出库。低坝派主张拦洪排沙，降低蓄水线，减少库容，保护耕地。只有黄万里一人坚持反对在三门峡建坝，孤身舌战，进一步阐述了他上书《意见》中的理由。他认为，在三门峡建坝将破坏河水的自然运行，即使水土保持生效，支流的冲刷作用仍不可避免，最终将泥沙淤积于水库上游边缘附近，必将抬高那里的洪水水位，原来下游的洪水灾害必将移至上游。同时在坝的下游，出库的清水又使下游的防护发生困难。正确的做法应是采用水土保持尽量减少泥土流失，而对已流入河槽的泥沙应该使之继续随水流下去，人为地截留在库内的设计思想不仅是错误的，而且是有害的。在支流修拦水坝，企图改变客观规律的措施也是不正确的。他还建议，如果一定要在三门峡建坝，应在坝底留出容量相当大的泄水洞，以备日后冲沙出库。7天的讨论，由于大多数人都同意苏联专家的设计，只有黄万里一人反对，未能挡住建坝的决策，但对黄万里退而求之预留泄水洞的意见，却获得全体专家赞同。可是到了具体施工时，苏联专家仍坚持原设计，还是把6个底孔全部堵死了，拒绝采纳黄万里的最后建议。

1957年反右时，黄万里竟然因反对苏联专家的错误意见，反对在三门峡建大坝的错误决策而获罪，遭到了严厉的批判和围攻，最终被打成右派。本来属于科学方面的争论，却被人为地无限上纲到政治立场，以致成了万劫不复的罪名。难能可贵的是，黄万里没有被政治高压政策所吓倒，没有被孤立压垮，一直坚持自己的看法，决不认错，始终没有放弃科学理性和科学精神，没有放弃作为科学家的真知和良心。

### 历史作证

历史是公证的，时间毫不留情地验证了一切，实事说明黄万里是正确的。

三门峡大坝于1960年建成，40多年来，黄河流域水土保持日益恶化，下游河水迅速减少，从1972年开始，黄河开始断流。20世纪90年代每年断流平均超过100天，1997年达222天。正如黄万里所预料的那样，三门峡水库建成后不到两年，水库淤积十分严重，渭河河口淤积高度达到4米，西安面临洪水威胁。早在1958年，由于陕西省反应强烈，周恩来主持召开了三门峡水库现场会，决定为保西安，将大坝的实际施工高度降低10米，定为350米，而实际运行时，拦洪水位未超过335米，没有超过低坝派主张的高度。但水库上游淤积仍很严重，陕西水患没有解决，一有水情，渭河流域就告急。2003年陕西仅发生三五年一遇的小洪水，所造成的后果却相当于50年一遇的大洪灾，全省1080万亩农作物受损，225万亩绝收，受灾人口达515万人，直接经济损失高达82.9亿！

三门峡工程预算总投资为13亿，而建成时的工程总决算实际耗资超过40亿，相当于40座武汉长江大桥的造价，这在20世纪五六十年代无疑是个天文数字。特别对于时值3年困难时期的中国人来说，是勒紧裤腰带来支援三门峡大坝建设的。当时，要用2袋小麦换1袋水泥，1吨猪肉换1吨钢筋。40亿元相当于800亿斤粮食，如果这些粮食用来救济灾民，将会有多少人免于饿死！而现在却用来建造了一个决策错误的大坝。三门峡水电站原定装机容量为110万千瓦，后因蓄水水位降低，装机容量大幅度削减，而实际发电量不足40万千瓦，仅及原设计的三分之一，而工程总投资却是原来的3倍多。投资的经济效益如何计算？仅为了打开施工时被堵上的6个大泄水洞，每个就又花了1000万元。正如一位曾参与三门峡工程技术工作的著名教授在《自述》中坦言的那样："我参加了疏导流廊道的封堵，造成水库淤积，危及关中平原，必须重新打开疏导流廊道，增建冲沙泄洪隧洞，减少水电装机容量，为此深感内疚。看来要坚持正确意见还是很不容易的。"

历史已经翻过去了，但教训不可轻易忘记。我们不仅要看到科学决策多么重要，认真听取不同意见，特别是反对意见多么必要。我们还要看到，从黄万里教授身上所体现的知识分子的良知多么可贵，坚持科学精神特别是在孤立的情况下坚持科学理性多么珍贵。"高山仰止，景行行止，虽不能至，心向往之。"我们都应该努力向黄万里教授学习，让三门峡和黄万里这两种悲剧不再重演。

（2004.12）

# 第五辑
# 科学诗歌

## 【选编者按语】

科学诗歌是将科学内容与诗歌的形式相结合的一种文体，即它采用诗歌的形式，用形象化的语言来传播科学知识，揭示科学奥秘，或借科学题材传播科学方法、科学思想、科学精神，阐发哲理，抒发情感；它想象丰富，意境优美，情理交融，具有诗歌的内在节奏和韵味，这种独特的作品样式就是科学诗歌。科学诗歌有狭义和广义两类，狭义者是指以普及科学知识，或描述科学家及人类的科学活动，阐述科学道理为主的诗歌；广义者是指借科学题材传播科学方法、科学思想、科学精神，阐发哲理，抒发情感的诗歌。

强亦忠教授青少年时代就喜欢文学，尤爱诗歌，从初中到高中，作文比赛屡屡获奖，其中初高中各有一次以诗歌作品而获奖。高中时，他还在班里组织了一个"野草文学社"，主持出《野草》壁报，时常刊登他的诗歌习作。到了大学，他又与同宿舍的四位室友组织了一个"红五星诗社"，编发《红五星诗刊》壁报。走上工作岗位后，他仍继续写诗，曾以广大职工为我国第一颗原子弹爆炸实验而安于戈壁、艰苦创业为内容，创作了诗歌大联唱《我爱戈壁滩》；以核燃料后处理工厂工人英勇抢救事故而致残的英雄事迹为内容，创作了朗诵诗《钢筋铁骨梁中衡》；以广大工人把车间当战场、忘我劳动的豪迈精神为内容，创作了歌词《咱是毛主席的操作工》等，演出后受到广大职工的欢迎，有的还获了奖。可惜因为时间久远，大都未能保存资料，这里仅找到《咱是毛主席的操作工》等3篇作品呈现给大家。后来随着年龄的增长，激情的消退，就基本不写诗了，但凡逢重大节庆，有时仍会用诗歌来表达心情，只是并没有专注于写科学诗歌。

　　这里选入的10篇诗歌，其中3篇是年轻时的旧作，2篇是1980年的作品，其余5篇都是强教授进入2010年以后创作的科学诗歌。强教授说，他虽从小就喜欢诗歌，但对诗歌的写作理论并未用心学习与研究，只是随兴涂鸦而已，特别是对科学诗歌的创作虽有愿望，但缺乏理论指导与实践。现在入选的这10首诗歌，其内容与科学技术、科学家或科技事件有些关联，大多没有正式发表，只能算是科学诗歌的习作，写得很直白，缺少诗歌的韵味，实属难登大雅之堂的草根诗。这究竟是强教授的自谦还是实情，让读者来评说吧！

# 每天，当我走进车间的厂房

每天，当我走进车间的厂房，
我的心就在剧烈跳荡，
我又将开始新的一天的战斗，
这车间，就是我的战场。
我更衣、戴帽、换鞋，
佩戴全副武装，
挺起胸，迈大步，
奔赴我的哨岗。

车间里阵阵暖风迎面袭来，
吹得我浑身火热腾腾，
　　斗志昂扬；
车间里各种声音传进耳朵，
像一曲激动人心的美妙乐章，
一切都在向我发出召唤：
战斗吧！
这儿是英雄用武的地方。

我站在操作台前，
像战士进入战壕，
两眼直盯住阵地的前方；

我细致地来回检查，
像边防军巡回在防线，
注视着任何细微的情况。
开阀门的时候，我在想：
那急湍的流体会带着生产指标
　　　　的红色箭头
飞快地向上，向上；
按电钮的时候，我在想：
那飞转的马达会推动祖国的列车
　　　加速走向繁荣富强；
打扫卫生的时候，我在想：
这和消灭敌人一样
　　　要干净彻底，毫不留情；
填写记录报表的时候，我在想：
　　　那每个数字就是一颗子弹
必须准确地射中敌人的
　　　心脏。


早上，汽车送我去上班，
那飞转的车轮象征着历史前进
　　　的脚步不可阻挡；
晚上，汽车送我回家，
那呜呜的车鸣声像是一曲胜利
　　　的凯歌在祝贺我们今天又
打了一个大胜仗。

这儿的生活艰苦吗？

不！革命者应该挺身战斗在

最艰苦的地方；

我的工作平凡吗？

不！亲爱的党把最重大的担子搁在

我的肩上。


世界上最伟大的事业，我们干；

世界上最雄壮的歌曲，马达唱；

世界上最美丽的诗句，车刀写；

世界上最芬芳的气味，油泥香。


我们——中国的工人阶级

永远忠于毛主席，

紧跟共产党。

我们能呼风唤雨、移山填海，

我们要在中国、在全球创造

人间的天堂！

（1964.12）

# 咱是毛主席的操作工

咱是毛主席的操作工，
毛主席的教导记心中。
满腔热血浑身胆，
革命路上打冲锋。
咱站在车间一跺脚，
泰山压顶扛得动，
千难万险踩脚下，
胜利捷报震长空。
咱在车间一声令，
机器听我来调动，
帮我擂响跃进鼓，
伴我高唱东方红。

咱是毛主席的操作工，
毛主席的教导记心中。
誓为核事业树雄心，
平凡岗位显神通。
咱为革命开阀门，
料液翻滚心潮涌，
站在厂房望全球，
世界风云装心中。

咱为革命按电钮，

马达飞转舞东风，

身居大漠干革命，

志在戈滩献终身。

（1969.8）

# 人造卫星飞上天

1970年4月24日晚，从电波中听到我国发射第一颗人造卫星成功的特大喜讯，欣喜若狂。参加庆祝游行归来，难以平静，草就一诗，以抒情怀。

人造卫星飞上天，
昂扬乐曲暖心田，
"东方红，太阳升"，
威武雄壮震宇寰。

人造卫星飞上天，
尖端科技谱新篇，
毛泽东思想得胜利，
七亿人民笑开颜。

人造卫星飞上天，
世界高峰勇登攀。
"自力更生"奇迹创，
"艰苦奋斗"凯歌传。

人造卫星飞上天，
鼓舞人心干劲添。

191

"抓革命，促生产"，
高歌猛进永向前。

人造卫星飞上天，
中国人民志更坚，
继续革命不停步，
祖国前程更灿烂。

（1970.4.24夜）

# 碰　撞

燧石与燧石碰撞，
会迸出点点火光；

可聚变原子核与核的碰撞，
会释放出巨大的能量；

思想与思想的碰撞，
会开出智慧的花朵；

心灵与心灵的碰撞，
会放射出爱的光芒。

（1983.6）

# 请为我们正名

我们的名字叫放射性，
恳请大家为我们正名。

过去，我们也有过美好的名声。
早在1898年法国科学家贝克勒尔
　　研究铀盐荧光现象时发现了我们。
这一划时代的伟大发现，
使全世界科学界感到无比震奋，
很快，人们就发现我们有杀灭
　　癌细胞的特殊本领。
于是，镭放射性治疗术曾风靡全球，
拯救了多少人的性命。

可现在，我们被蒙受了不白之冤，
我们的名誉严重受损，
有人把我们视为洪水猛兽，
有人说我们是恶魔、死神。
一提起我们，
他们就想起广岛、长崎几十万
　　被原子弹杀灭的生灵。
一说到我们，

他们就想到原子弹爆炸时那可怕的

　　蘑菇烟云。

这是多么大的误会啊！

这是多么片面的不公正！

其实，我们有无与伦比的优点，

我们有许多特殊的性能。

我们可以用于各种疾病的诊断和治疗，

还可以用于消毒和灭菌；

我们可以改变许多材料的性质，

使之更适合于人们的需要和应用；

我们可用于培育生物的优良品种，

使农作物具有防虫耐旱和增产的特性；

我们可以用于金属、机器的探伤，

还可以显示原子分子运动的行踪。

……

总之，我们在工农业、国防和科技领域中的应用

　　有着无比广阔的前景。


请不要再把我们妖魔化了，

我们的危害是完全可以防止和减轻。

只要采取科学的防护措施，

就可以做到让人们毫发无损！

让大家充分利用我们的优势吧！

我们可以成为"四化"建设的尖兵。


我们的名字叫放射性，

## 恳请大家为我们正名!

（1985. 10）

# 为牛顿发现万有引力而歌

中秋佳节我仰望茫茫夜空，
皎洁的月光似美女那银盘般面孔。
她绕着地球旋转，地球绕着太阳旋转，
这亘古不变的规律是那样的奇妙、严谨。

我知道，这是万有引力那无形之手在起作用，
让地球牵着月亮、太阳牵着地球情意绵浓。
我想起，万有引力探索之路的崎岖曲折，
我想起，科学发现历程的奥妙无穷。

那是370多年前在英国发生的事情，
是一桩苹果砸头引发科学发现的传闻。
难道这"苹果神话"果真是如此蹊跷？
难道这万有引力律就这样诡异诞生？

不，长达2000多年的科学发展史可以作证。
之前已有无数科学家哲学家一直在艰苦探寻：
为什么苹果会自上而下垂直落地，
却不会从树上飞向天空？

从古希腊的哲学家到伽利略、开普勒……

197

有多少人在探索的道路上艰苦跋涉、蹒跚而行。
牛顿只是其中的一员，
他花费了无数个日日夜夜在反复推演、论证。
这一次，他在苹果树下苦思冥想，陷入昏昏沉沉……

"呼"的一声，突然一个苹果砸在了地上，
一下子使牛顿从迷迷糊糊之中骤然顿悟、清醒；
为什么苹果不会斜着落下或飞向天空？
哦，那是地球引力对苹果的牵引！

这哪是上帝给牛顿送来"幸运女神"？
这哪是唾手可得的"灵机一动"？
这明明是长时间创新思维的火花结出的硕果，
这是站在前人肩膀上摘得的伟大成功！

不要去相信什么"苹果砸头"的科学神话吧！
成功只属于坚韧踏实的不懈攀登。
水滴石穿般地坚持终有回报，
机遇女神只眷顾有充分准备的人！

（2012.12牛顿诞辰370周年前夕）

# 我爱戈壁滩

## ——为我国原子弹试验成功50周年而作

我爱戈壁滩，
是因为
无边大漠孤烟直，
茫茫荒原落日圆？
是因为
干燥让人流鼻血，
狂风吹起砂打脸？

我爱戈壁滩，
是因为
望眼点点骆驼刺，
沙丘滚滚似浪翻？
是因为
白昼穿纱夜盖被，
围炉吃瓜分外甜？

不！
我爱戈壁滩，
是因为

那里有我青春的记忆；
是因为
那里镌刻着我对事业的奉献。

回想1963年，
苦读六载的清华园，
临近毕业表决心：
我愿祖国来挑选。

幸运听从党召唤，
奔赴核工业第一线。
打起背包就出发，
我来到玉门关外戈壁滩。
那里是
河西走廊原子城，
那时是
决战前夜关键点。
心中只有一个大目标：
誓死造出原子弹！

试验、失败、再试验，
争分夺秒大会战。
精益求精保质量，
"万无一失"严把关。

我们把车间当战场，

壮志凌云冲霄汉。
我们把困难当敌人，
个个冲锋齐争先。

难忘一九六四年，
十月十六那一天。
马兰戈壁一声响，
蘑菇烟云冲九天。

无线电波传捷报，
我国成功进行了核试验；
北京向全世界宣告：
中国人打破美苏的核垄断。

多少次潮起潮落的奋斗，
多少个日以继夜的期盼。
我们终于成功了！
这是七亿人民的共同心愿。
人们欢呼雀跃，热血沸腾，
激动的泪水淌满脸。

我骄傲
用青春写下值得自豪的一页；
我庆幸
成为这场伟大战斗的一员，
我兴奋

心潮澎湃起波澜；

我激动

按捺不住想高喊；

我放歌

思绪泉涌唱心曲：

我爱戈壁滩！*

（2014.10）

*注：笔者在酒泉原子能基地创作的诗歌大联唱《我爱戈壁滩》，反映原子能基地人们为了核事业，安心戈壁滩，艰苦创业，忘我奋斗的心路历程与情感，并亲自组织排练，担任领唱，获得地区群众会演创作和演出两个一等奖。

# 抗癌吟

一纸化验传恶讯，<sup></sup>（1）
癌症病魔已缠身。
恐惧哀叹有何用？
唯有奋起作斗争。
一战手术去病灶，
庆幸圆满很成功。
再战"介入"慎尝试，（2）
为求彻底灭残兵。
三战生物治疗术，
调动自身免疫军。（3）
再求中医调理法，
中华国宝来加盟。
积极心态最重要，
科学治疗是根本。
正确面对生与死，
乐观每天顺天命。（4）

（2015.7.14，76岁生日之夜）

注：（1）2013年12月16日化验结果显示：尿中肿瘤异常蛋白+++，已基本确定为癌症。后再做B超，发现膀胱中一个3cm×2cm的实体瘤。12月25日手术切除，病理分析确诊为浸润性高级别尿路上细胞皮癌。

（2）介入疗法是通过动脉血管输入化疗药物，以杀灭病灶附近血管中残存的癌细胞，对全身的毒副作用较小，但个体反应差异很大。我在征求多位专家意见的基础上，决定先试一次，结果副作用反应不明显，后又做了两次，完成一个疗程。

（3）生物免疫治疗法是将自身的血液抽出来，分离出免疫细胞，再进行扩增培养，然后回输到体内，以增强免疫功能，杀灭癌细胞。

（4）目前对癌症治疗尚无治愈的把握，特别是尿路上皮细胞癌极易复发。因此，只要是积极科学地去治疗，如果还不能幸免，那也要正确面对，乐观听命。

# 放射光辉，美丽永恒

## ——为居里夫人诞辰150周年而作

法籍波兰女科学家玛丽·居里夫人，
是世界上唯一两度荣膺诺贝尔奖的女性。
1903年获物理学奖，1911年再获化学奖，
她的科学成就值得世人永远铭记、歌颂。

1867年11月，她诞生在沙俄统治下的波兰，
从小她热爱学习，模样美丽，天资聪颖。
但由于家境贫寒，中学毕业就去当家庭教师，
她立志靠自己的奋斗去追求美好人生。

七年含辛茹苦积攒了一点留学的费用，
毅然奔赴法国巴黎去圆她的科学梦。
如饥似渴地学习，饥寒交迫的生活，
她仅用了三年时间就获得了物理和数学双学位的成功。

苦干三年，她接连发现了放射性元素钋和镭，
引起了全世界科学界的巨大轰动。
她还用"波兰"的拉丁文命名新元素钋，
以表达她对祖国的眷恋之情。

为了向世人证明镭的存在，
她作出了一个大胆而又睿智决定：
从8吨沥青铀矿渣中分离提取含量极少的镭，
一场艰苦的化学实验就在破败的木棚里进行

她既是科学家，又当操作工，
矿渣一锅锅地熬煮，料液需铁棍不停地搅动，
烟气、酸雾包围着她，寒冬酷暑煎熬着她，
经历4年无数次失败才得到了0.1克镭产品。

哦，这是多么艰辛的探索，
这是多么伟大的举动。
她创造了放射性元素分离纯化的方法，
建立了放射化学这门新的学问。

由于镭具有很强的放射性和穿透性，
镭在许多领域得到了广泛的应用。
它可以激发物质发光，可以消毒灭菌，
还可以用于治疗百病之王的癌症。

她毅然放弃可以成为亿万富婆的专利申请，
她坚定遵循一条原则：让科学造福人民。
她追求大众无私的崇高境界，
她甘愿为理想主义受一辈子清贫。

由于她长时间在艰难困苦中生活，
由于她成年累月接触放射性，
终因身体受到伤害，得了恶性贫血症，
不幸于1934年7月结束了67岁的生命。

居里夫人是一位伟大而又美丽的女性，
她的伟大不仅在于它杰出的科学贡献，
她的美丽也不仅在于她俊俏的外形，
她的伟大和美丽更在于她崇高的品德和圣洁的心灵！

（2017. 10）

# 铀的自述

我们是元素周期表中第92号元素，
我们家族中有15个姐妹弟兄。
人们把我们称为"放射性核素"，
因为我们具有不断放射神秘射线的性能。

在自然界里存在的只有弟兄三人，
按原子量的大小排定长幼身份：
老大铀-238，老二铀-235，老三铀-234，
其余12个姐妹都是由人工制造产生。

早在1786年我们就被德国科学家发现了，
但由于没有多大用途不被人们看重。
直到1898年发现我们具有放射性，
旋即引起了全世界的震动。

又过了40多年的1939年，
我们被揭示具有链式核裂变反应的本领。
这是一件具有里程碑意义的伟大发现，
由此推开了"原子能时代"的大门。

三兄弟中只有老二具有链式裂变反应的特性，
反应过程中会释放巨量的原子能。
1克铀-235相当于3吨燃煤，

用于发电，这就是原子能的和平利用。

但我们的本领最先被美国用于战争，
1945年8月，第一枚原子弹投在了日本。
广岛上空升起烈焰翻滚的蘑菇云，
城市被夷为平地，几十万人死于非命。

铀–235仅占天然铀的千分之七，
须经过纷繁复杂的分离才能得到他的浓缩品。
浓缩度超过3%，就可用于发电，
浓缩度超过90%，才可做原子弹的料芯。

老大铀–238没有链式核裂变的性能，
但他可以在核反应堆中获得重生。
他的原子核吃进1个中子，变成为钚–239，
这钚–239具有比铀–235更好的性能。

老大铀–238在天然铀中占了99.2%，
是老二铀–235的140倍还多几分。
可裂变核燃料核素就此大大增加，
这令世人多么振奋！

哦，你看我们这个家族是不是十分奥妙神奇？
难怪引来一代代科学家的不懈探寻。
因揭示我们的奥秘有多人获得诺贝尔奖，
因利用我们的神奇造福了亿万人民！

（2019. 1）

# 第六辑
# 科学游记

❧

## 【选编者按语】

科学游记，是用散文的形式，以轻松灵活的笔调，生动形象的描写，记述作者在旅行过程中的所见所闻，表达对大自然的认识和科学见解。

我们在选编这本文集的过程中，强亦忠教授告诉我们，他在1989年暑期参加医学院工会组织的千岛湖四日游，感慨良多，回来后即写了一篇游记，其主要是反映大自然的美和千岛湖地区的人文，属于科学游记，发表在院刊《苏医报》上。全文有5个小标题，即5个部分，由于苏医报篇幅有限，只刊登了3个部分。幸运的是强教授在翻箱倒柜找文稿的过程中，发现了这篇游记最初的原稿，虽然字迹潦草，有个别地方强教授自己都难以辨认。但他还是将此原稿整理并重新抄写出来，他自嘲是敝帚自珍，我们则感觉是弥足珍贵，难得的一篇科学游记，因此单独列辑，收入本文选之中。

# 千岛湖旅游琐记

1989年7月24日至27日，我随苏州医学院工会组织的旅游团去浙江千岛湖一游，虽然只有短短的四天时间，但兴致甚高，收获颇多，感触良多，这里略记一二。

## "半是存疑半是猜"

7月24日清晨四点半我们就从苏州出发了，经过八个半小时的长途跋涉，中午一点多钟来到了这次旅游的第一站——严子陵钓台。

严子陵钓台是屹立在富春江上的两座险峻的小石峰，这里山青水碧，绿树成荫，鸟啼蝉鸣，幽静宜人，使你顿觉心旷神怡，旅途的疲惫即刻烟消云散，心情立马畅快起来。

严子陵原是浙江余姚人，年轻时曾与刘秀是同学。刘秀称帝后，多次邀请他出来做官，都被他婉言谢绝。他长期隐居在风景秀丽的富春江畔，不趋炎附势，不贪图名利。"云山苍苍，江水泱泱，先生之风，山高水长"，北宋名臣范仲淹的诗句道出了人们对严子陵人品的敬仰和称颂。

在攀登严子陵钓台的中途，见到了刻有郭沫若1961年11月游钓台时题诗的碑石，大家驻足观赏并吟咏起来。其中"由来胜迹流传久，半是存疑半是猜"，两句引起了我的兴趣。这两句诗不仅对钓台胜景及其传说提出了中肯的看法，而且还道出了旅游心理学、旅游美学的真谛，成为我们整个千岛湖之行的无形"向导"。我真佩服旅游组织者把严子陵钓台作为这次旅

211

游行程的第一站的巧妙安排和用心所在。

## 奇江、奇雾、奇事

从严子陵钓台下来，登上游艇，溯江而上，畅游素有小三峡美誉的七里泷。从船上望去，但见近山叠翠，远山透绿，倒映江中，融入水里，如诗如画，美不胜收，可与漓江风景相媲美。弃舟登岸，寻访葫芦瀑布，只见山道曲折，怪石嶙峋，绿树古藤，涧水叮咚，瀑布直泻，水花飞溅，雾气氤氲，弥漫飘溢，令人陶醉，流连忘返，直到傍晚六点多才来到驻地白沙镇植园招待所。

吃过晚饭洗罢澡，感到仍然暑热难忍。于是，我们几个相约去逛驻地附近新安江边的江滨公园。

人刚靠近江边，就感到习习凉风扑面。待下到江堤，但见江上弥漫着浓浓的白雾，如云如絮，随着江水向下漂流，猛然间感到阵阵凉气袭来，沁人心脾，暑气顿消。在腾腾的雾气里传来阵阵人欢机喧之声，原来那是夜游艇上的马达和游客发出来的声音。江边一处处三五成群的妇女在捣衣浣衫，真有如临画境之感。

原来此处向西约五六公里就是新安江水电站大坝，水从几十米深的水库下面流出，温度常年保持在15～16℃之间。每当夏季气压低、湿度大时，就会在江边上形成这奇特的雾。

第二天傍晚，我们再度来到江滨公园，那股沁人心脾的凉意依旧，但江水颜色与昨日大不相同，只见江水南黄北碧，分成两半，泾渭分明，好不奇怪！一打听，原来昨夜大雨，上游一支流带来冲刷下来的泥沙，形成了黄水，沿着南岸流，而江滨公园这边即北岸的江水是由水库底部流出来的，仍旧清澈见底，水草游鱼历历在目。这就是形成"一江两色"奇观的原由所在。突然，我们看到一群青年在江滨公园这边的江水中劈波斩浪畅游呢！见此情景，同行中年近花甲的李教授一时技痒难忍，跃跃欲试，也想下水游一游。大家劝他，水太深，有危险！他却说，这么美好的江水不游岂不遗憾。我有冬泳的底子，不用担心！他竟然真的宽衣解带，跃入水中，游了起来，引来不少围观者的赞叹。李教授毕竟是位长者，胆大心细，只在离岸十来米远的近处游了两个来回就上岸了。我上前去摸了摸他的脊背，冰凉冰凉的，就问他冷吗？他摇摇头说，我北游过松花江，南游过珠江。西游过德国的易北河，今天我又游了这奇特的新安江，那自豪和满足溢于言表。这是勇敢者的自豪，征服者的满足。

### 做大自然的好伙伴

接连两天，我们放舟千岛湖。只见湖水碧绿，青山倒影，还有那一个个大小不一的岛屿洒落湖中，有的像盘龙，有的像卧虎，有的像匍匐的骆驼，有的像蹒跚的龟鳖……真是千姿百态，神采各异。那清新的空气，清澈的湖水，清秀的风景，清净的环境，没有一点噪音，没有一丝污染，再加上猴岛，鹿岛，蛇岛等丰富多彩的自然情趣，使我们这些久居城市的人们一下子领略到大自然的至美至善，领悟了人与自然和谐相处的惬意。

近代工业和科技发展以来，人们一味强调"征服自然"，"做大自然的主人"，结果人的物质贪恋和征服欲望过于强盛，使自然遭到了破坏和损毁，人类也必然受到大自然的惩罚和报复。现在人们慢慢觉醒了，开始倡导"热爱自然""尊重自然""养护自然""做大自然的好伙伴"。这就要求我们要经常地亲近大自然，接触大自然，投身到大自然的怀抱中去。

213

否则，人与自然接触太少，就会对大自然的美淡化起来，对大自然的重要性漠视起来，就会对大自然的认识产生偏狭和隔膜，对人与自然的关系就会产生疏离和冷漠。这次旅游对我们是一次很好的教育和警醒。

### 导游的启示

第四天，我们游览了灵栖三洞，三洞各具特色。灵泉洞以长取胜，清风洞以风见长，霭云洞则以云雾称奇。"石上生灵笋，泉中落异花"（唐人李频语）。移步换景，让人目不暇接。洞中那一个个鬼斧神工雕琢的熔岩造型，"金鸡独立""黄龙垂首""垂天罗帐""广寒月宫"……令人惊叹不已，真是移步换景，旖旎迷幻，魅力无穷。

更令人难忘的是霭云洞的导游小姐。她不仅善于抓住游客的心理讲解景观的特点，娓娓道来，以情动人，语言机敏，妙趣横生，而且她还在"导"字上狠下功夫。先尽量启发游人的想象力，让大家进行发散式的思考，提出各种不同的答案，然后再揭开谜底。这就使游客不是被动地听她讲解，而是主动地参与到她的讲解之中，最终心悦诚服地接受她"秀色可餐"的结论，而且确实让人品尝到"秀色"的个中三味。由于她讲解艺术的高超，游客不知不觉地就紧跟着她的喇叭往前走。这对我们作为教师的教学方法不是也很有启示作用吗？

### 旅游与公共关系

我们的旅游团共有四十余人，来自苏医两个系部、三个附属医院以及机关、后勤等不同单位，本来互相不甚了解，甚至互不相识。但通过这四天的旅游，大家互相关心，互相照顾，你口渴了，有人递过来茶水、饮料；你肚子饿了，有人送来面包、茶食，还有人拿来榨菜给你佐餐；你寂寞倦怠了，有人给你讲趣闻轶事，或开个玩笑助你解闷，逗你开心……很快彼此就熟悉热络起来。

　　我和萧老师过去也只是见面点头之交，互相并不了解，这次有幸同住一室，夜来无事，就海阔天空地畅聊起来。我们谈读书、写作，谈古典诗词、中外名著，谈心理学、美学，谈各自的经历、遭遇，谈国内外、院内外的人和事，不知不觉中增进了相互了解，结下了友谊。

　　难怪日本一些聪明的企业家热心于组织员工到郊外旅游，并亲自参加。原来这是感情投资和建立良好人际关系的有效措施，很值得我们效仿。

（1989. 8）

# 第七辑
# 科学小说

❧

## 【选编者按语】

所谓科学小说，是指以科学知识为内核，编写故事，塑造人物和表现主题而创作出来的小说。科学小说是现实科学的文学反映，有实实在在的科学知识，也包括科学家们正在研究的科学前沿，但是，它不是科幻小说，与科幻小说有很大不同。钱学森指出："科学小说是科普的好形式，因为它把一个科学问题通过人物和故事，变得使人们容易懂，喜欢看"。

中国科学小说较早的研究者和倡导者汪志为编写出版我国第一套科学小说集——《中国少儿科学小说选》系列，向强亦忠教授热情发出"务必赐稿"的邀请，盛情难却，强教授于1996年写了以中文活化分析破案为内容的第一篇也是至今唯一的一篇科学小说《冬夜的奇遇》，后入选该丛书第一册《窥天闯祸》之中，由天津教育出版于1997年正式出版。2010年又被海燕出版社选中，收入科学小说集《神秘的掘墓人》之中，受到好评。强教授本打算继续从事科学小说的创作，但由于后来他把业余时间的主要精力投入到科普理论研究和科技建议写作之中，再也无暇顾及难度大且费时的科学小说的创作，实属遗憾。

# 冬夜的奇遇

　　我是最不愿写作文了，总觉得没有做代数题、几何题来得痛快，几分钟、十几分钟就可以做完一道题。有时遇到难题，虽也有长时间思考的时候，可一旦做出来了，高兴得直想蹦高，真带劲！但写作文就不一样了，苦思冥想，憋上一两个小时，写出来的东西自己看着都不顺眼，心里别提有多窝囊了。我们的语文老师兼班主任警告我说，这是"偏食"，长期下去会"营养不良"的。他要求我每个月加一篇作文。今天是12月29日，星期天，作文不能再拖了。但是写什么好呢？想啊，想啊……脑海里突然浮现出三个星期前发生的一幕……

　　从市少年宫排练完节目出来，已是晚上九点半了。由于林玲和我是一个学校的，又同住在师范学院新村，因此我们俩结伴回家。

　　这一天正好是阴历大雪节气，但地处江南水乡的我市还不太冷，没有一丝风。我们俩东一句、西一句地随便聊着，沿着学院路由西向东走去，路上几乎看不到一个行人。突然，听见前面传来急促的汽车刹车声，接着是长长的一声撕心裂肺的惨叫。我抬头一看，只见七八十米外的十字路口模模糊糊有一个人和一辆自行车躺在地上，但已看不见汽车的踪影。

　　"不好！出事了！"我对林玲喊了一声，就以百米冲刺的速度向十字路口跑去。汽车发动机的声音从十字路口右边拐弯的园林路传了过来。等我跑到路口，只见远处一辆小汽车的影子，连尾灯都没有开，根本没法辨认车牌号码。"想溜？没那么便宜！"我嘟哝着。

"金鑫，你看这位阿姨快不行了！"林玲紧张地叫了起来。我回头一看，只见一位中年妇女倒在地上不省人事，头部和裤腿上都有血。

"你等在这儿拦车，我去打急救电话！"说完我就向路旁的公共电话亭跑去。我一面告诫自己"要冷静，不要慌！"一面乘着拨电话号码的时候，深深地吸了几口气。很快，急救站的电话打通了。我尽量简短、平稳地告诉对方在什么地方发生了车祸，伤员目前的危急状况，请他们赶快派救护车来。接着，我又给我哥哥所在的刑警大队打了一个电话。我记得他今天正好值夜班，可接电话的不是我哥哥。我简要地报告了车祸的情况，请他们立即派人来现场。

从电话亭里走出来，我才发现自己出了一身的汗。寒风乍起，我感到分外冷，竟然打起寒战来，双腿也软绵绵的，一点劲儿也没有。我赶紧拿起手绢来擦汗，并暗暗鼓励自己：要挺住！可不能在林玲面前丢脸！

"快来帮我一下！"林玲朝我喊了一声，我跑到她的身边，只见她正用自己的纱巾给受伤的阿姨包扎大腿。

"可能是大腿骨折！"林玲一面说着，一面示意我帮她一起包扎。等我们手忙脚乱地包扎好，正在埋怨救护车为什么还不来的时候，就听见一连串呜呜的鸣叫声由远及近向这边传来，救护车、警车几乎同时到达。从救护车上跳下两个人，抬着一副担架过来，熟练地把伤员抬到车上，和警车上下来的人打了招呼就把车开走了。这时，我才看清从警车上走下来的正是我哥哥和侦缉技术室的小王。他们简单地向我和林玲问了几句，就在现场仔细勘察起来。很快，车祸的经过就被他们推断出来了：从刹车后留下的车轮滑动痕迹来看，估计是一辆高速行驶的小汽车从学院路向园林路左边拐弯时，才发现园林路由南向北横穿马路的骑车人，慌忙中紧急刹车，可为时已晚，汽车撞倒了骑车人，肇事者停车后见没有行人，就开车逃之夭夭了。

为了能取得直接证据，小王又认真地检查起受害者的自行车来。他在被撞坏的自行车后轮挡泥板处，用纱布擦拭了几下，小心翼翼地装入塑料袋里。

"这就是你要找的罪证？"我好奇地问。

"对！肇事者跑不掉了！"小王自信地说。

警车很快就返回了刑警大队，我和林玲作为见证人也同车前往。等我们按要求把所见所闻让我哥哥做了笔录之后，想再找小王问问他破案的线索时，哥哥告诉我，他已到原子核研究所送样品去了，并劝我们俩早点回去睡觉，明天还要上课。我们只好悻悻而归。

第二天上课，我注意力一点也集中不起来。连最喜欢的数学课也是如此，脑子里净想着破案的事情。好不容易挨到下午放学，我拉着林玲就向刑警大队跑。见了小王的面，我迫不及待地问："案子破了吗？"

"破了！"

"哇，真快！怎么破的？"林玲问道。

"靠核侦探帮的忙。"

"核侦探？"我大惑不解。林玲和我缠住小王，非要他讲讲不行。于是，小王就把破案的内幕详详细细地告诉了我们：

"你们大概已经学过了，任何物质都是由不同的原子组成的，而原子又由原子核和核外电子所组成。当原子核受到中子或带电粒子的轰击时，它们之间会由于碰撞而发生核反应，生成放出不同种类和能量射线的新原子核，我们可用射线探测谱仪来进行测量，并根据射线的特征能量来确定原来物质所含有的原子，根据射线特征峰的高度来确定这种原子的含量。这就是被我们称为"核侦探的活化分析技术"。

汽车涂膜的不同颜色是由涂料中含有的不同元素决定的。在我擦拭自行车所收集到的样品里就有肇事汽车留在自行车上的涂膜细微附着物。我把样品送到原子核研究所，请他们放到带电粒子加速器下进行照射，然后在分辨率很高的锗-锂半导体伽马能谱仪上进行鉴定，结果谱仪打出了德国出口我国的蓝色奔驰车所特有的伽马谱图，再把谱仪的信号传入电脑，荧屏上立即显示出我们所在城市有这种涂膜的奔驰车的单位，一共有七家。我们立即与这些单位联系，了解到只有市柴油机厂的蓝色奔驰昨晚出了车。我们立即传讯司机，他很快就供认了昨晚酒后开车肇事的事实。就这样，一件无头案在十几个小时之内就侦破了。"

"哇，核侦探真灵！你再给我们讲讲这核侦探的奥秘好吗？"林玲恳切地说。

"好！我再给你们讲讲核侦探的由来和神奇之处。"小王也来了兴致，说："活化分析技术早在1936年就由匈牙利科学家赫维西建立起来了。20世纪50年代末开始引入侦破领域，但真正进入使用阶段是在高灵敏放射性探测器伽马谱仪和电脑得到广泛应用的80年代。现在，活化分析已成为技术高超的核侦探。因为它有许多优点：一是灵敏度高，能测出含量仅十亿分之一到一千亿分之一的超微量物质，因此只要很少一点点样品，如汽车涂膜擦痕的细微附着物，就可以进行分析鉴定；二是准确性好，国际上常用活化分析的结果作为其他分析方法的仲裁手段，以判断分析数据是否准确可靠；三是可同时进行多元素联合分析，一份样品可同时测出十几种甚至几十种元素，这有利于从有限的样品中获得更多的信息，并从细微的差别中确定罪证，因此被赞为核指纹；四是可进行非破坏性分析，样品化验后可完璧归赵，甚至可直接对活体进行分析。"

……

"小鑫，你在那儿干什么呢？"突然，妈妈的声音打断了我的回忆。

"写作文呢。"

"又写不出来了？"

"不，这回我考虑好了。"接着，我在作文本上果断地写下了题目：冬夜的奇遇。

（1996.10）

# 第八辑
# 科技建议

## 【选编者按语】

科技建议是指广大科技工作者根据自己所掌握的科技知识和实践经验，针对国家、地区或本单位本部门科技和生产领域中存在的问题，经过认真调研和思考，向有关部门提出的有科学依据、有经济、社会效益和有建设性意见的书面报告，因此又称为科学建议书。这是中国科协的一项传统工作，即要求科协所属的科技工作者积极提出科技建议，以改进生产和推动科技的发展。它是科技工作者为实现"四化"贡献聪明才智的重要渠道，也是为国家和有关部门、单位的领导科学决策充当参谋的一项光荣任务。中国科协早在1978年就创办了专门刊物《科技工作者建议》，其后许多省市也相继创办了这类刊物，或是在其机关刊物上选登优秀的科技建议，以作示范和引导广大科技工作者参与到科技建议活动中来，发挥了很好的作用。

强教授认为，随着科学技术的迅速发展，科技工作日益大众化，科技工作受到广大公众的广泛关注，并逐渐参与其中。

因此，今天科技建议不应仅限于科技工作者，应该扩大到广大公众。另一方面，国家于2002年颁布的《全民科学素质行动计划纲要》明确指出，公民具备科学素质应包括"四科"和"两能力"，这里的"四科"是指科学知识、科学方法、科学思想和科学精神；"两能力"是指公民具有一定的应用"四科"处理实际问题的能力和参与公共事务的能力。而科技建议是参与公共事务，特别是科学决策和科技创新的重要途径。从这个意义上说，把科技建议纳入科普工作范畴是有一定道理的。因此，我们接受了强教授的意见，把科技建议也纳入这本文选之中。

强教授很早就投身科技建议的实际行动之中。早在1964年我国第一次原子弹爆炸试验成功之后，核工业部为了总结核工业十年建设的经验，规划今后的发展，发动广大职工对核工业建设提意见和建议。强教授当时就积极响应，写出书面建议，交给上级部门，得到了时任酒泉基地领导周秩同志（后任核工业部副部长）的关注，并派办公室主任赵梓堂（后任秦山核电厂党委书记）前来了解情况，进一步听取意见。在我国大型核燃料工程建设和生产的过程中，他又多次提出科技革新建议，收到了良好的经济和社会效益。遗憾的是，这些建议文稿均未保存下来。调回苏州医学院后，他曾为核工业军转民的事业积极谋划。经过调查研究，写出《核医学在核工业战略转移中的地位》建议文本，后在核工业部《核经济研究通讯》杂志上刊登，对我校创办核医学专业起到了推动和促进作用。强教授近年来大力倡导科技建议，并身体力行，写出多篇很有价值的科技建议，为我们做出了榜样。这里入选的主要是他担任苏州市政协常委和全国政协委员期间所写的有关科技工作的提案和建议，其中有的获全国和苏州市政协优秀提案奖，有的在报刊上发表，获得广泛好评，这也许对大家有一定的启示作用，还可能成为这本文选的一大特点。

223

# 核医学在核工业战略转移中的地位

我国的核工业与苏、美等核大国一样，发端于军事应用，而后逐步转向民用。自1981年以来，核工业由军工型转变成军民结合型，其工作重点转移到为国民经济和人民生活服务上来，这为我国核工业的发展开辟了广阔的道路。核医学是核科技用于医学而创造出来的一门新学科，是核事业的重要组成部分。它直接关系到广大人民的身体健康和四化建设，是核工业战略转移的重要阵地。因此，为了促进核工业的发展，进一步搞好核工业的"两个服务"，就必须充分认识核医学在核工业战略转移中的地位，大力促进核医学的发展。

## 核医学——二十世纪的技术

核科技被广泛应用于医学是在第二次世界大战之后，随着核工业的发展而开始的。四十多年来，人们借助于反应堆生产出的各种人工放射性核素，使核医学得到了迅速的发展。正如国际原子能机构生命科学处处长M．Nofal等人在《国际原子能机构通报》中指出的那样："现在没有一种临床专业不是由于放射性核素而受益"，核医学已成为实现世界卫生组织所宣布的"到2000年所有的人都能享受到医疗保健"的目标所必不可少的"二十世纪的技术"。

由于核医学是一门边缘学科，对它的定义和范畴众说不一，尚无定论。现在学术界对核医学比较通用的说法是指非涉密的放射性物质在疾病的诊断、治疗和医学研究中的应用。也有不少学者认为核医学应该包括密封放射源在医学上的应用。从研究核医学与核工业的相互关系及发展战略这个角度来看，核医学的范畴以更广泛为宜。它应该包括放射性核素及放射线在临床医学和基础医学中的全部应用，其具体内容主要有四个方面：

（1）体内检查。它是将放射性药物引入体内，然后用各种显像仪器在体外进行显像，即脏器显像；或者用各种功能测定仪器在体外进行测量，即脏器功能测定，以观测放射性药物的分布和变化，再根据所获得的信息对疾病进行诊断。这是目前临床体内宏观检查最有效的一种手段，它几乎适用于人体所有脏器和组织系统，如心血管系统、骨骼系统、内分泌系统、消化系统、呼吸系统、神经系统等的检查和诊断。

（2）体外检查。它是从人体内取少量血、尿等样品，在体外分析其中生物活性物质，并与标准值相比较，据此来诊断疾病的。其方法有放射免疫分析法、放射受体分析法、放射酶标分析法等多种，这是目前临床检验最灵敏的一类超微量分析方法。例如，放射免疫分析法的灵敏度一般为 $10^{-9} \sim 10^{-12}$ 克，最高可达 $10^{-15}$ 克。

（3）放射治疗。它包括内照射治疗和外照射治疗。前者是将放射性药物引入体内，聚集于某一部位，利用其射线对病灶进行照射达到治疗目的，如I-131治疗甲状腺功能亢进等；后者是直接利用Co-60或医用加速器等放出的射线在体外对病灶部位进行照射来实现治疗的。放射治疗是目前癌症治疗最重要的方法。

（4）在医学研究中的应用。它是采用放射性核素示踪的方法对生理、生化、病理、微生物、寄生虫等基础医学以及预

225

防医学进行研究，即实验核医学。在近现代医学史上带根本性的进展，如遗传工程、放射免疫学、药物代谢动力学等新兴学科的最新成就都与实验核医学的理论与实践分不开。

总之，核医学的发展使核科技的应用深入到医学的各个领域，核医学已成为核科技的重要支柱。

### 核医学——核科技应用的先导

核科技在其发生和发展的过程中，常常首先在医学上得到应用，这已被许多事实所证实。

1895年12月德国物理学家伦琴把他对X射线的研究成果公布于世，美国在报道这一消息的第四天就有人开始将X射线用于医学诊断。从此，X射线诊断术得到了迅速的发展。1902年当居里夫人从铀矿渣中提取出纯镭盐之后，翌年法国人就利用镭射线来治疗癌症。1932年，查德威克发现了中子，时隔仅两年劳伦斯就做了关于中子生物效应的实验，随即有人利用中子对癌症进行治疗。1934年约里奥·居里夫妇第一次用人工的方法制备了放射性核素，第二年有人开始用这些核素进行生物学的研究，两年后就发表了用人工放射性核素治疗白血病的报道。

核工业的发展也有类似情况。四十年代末，美国实现核科技由军向民的战略转移，首先是在医学上获得的突破。1951年第一台自动扫描机研制成功，核医学就此蓬勃兴起，放射性核素在医学上的应用很快就居同位素应用的首位。

我国核科技的应用工作最早也是从医学战线开始的。1956年我国科学发展十二年远景规划把放射性同位素在医学科学上的应用列为国家的一项重点任务，同年就举办了有关的训练班，很快推动了我国核医学工作的开展。

核医学是社会进步的迫切要求，也是核科技发展的必然产物。由于核医学与广大人民的身体健康密切相关，因此当一项新的核科技诞生时，人们往往首先想到的是能否在医学上得到应用，让它尽快地造福于人类。此外，核医学属于核科技中的"轻"技术，它不需要很多的投资和很长的建设周期，因此容易实现由科技成果向技术和商品的转化。

由此可见，在我国核工业面临战略转移、经济体制改革进一步深化的今天，更自觉地把核医学作为核工业民用开发的先导是完全符合客观规律的。

### 核医学——核工业战略转移的重要阵地

核医学不仅是核工业民用开发的先导，而且是核工业战略转移的重要阵地，这是因为：

（1）核医学为我国核工业的发展开辟了广阔的新天地。我国核医学已有三十多年的发展历史，现已形成一定规模。目前，全国有556个医疗单位设立了核医学科，核医学从业人员近4000人，年诊治人数近400万人次。如果加上单纯开展放射免疫分析的单位，则全国开展核医学服务项目的单位近1000家，估计年就诊近1000万人次。但是，应该清醒地认识到，我国核医学的水平还相当的低。美国核医学的从业人员已超过11万，是我国的28倍；美国核医学的受检率达到了50%以上，我国核医学的受检率只有3%~4%；日本人口仅为我国的1/9，而拥有核医学的医疗单位却是我的2.3倍；现在全世界有γ照相机15000台，并每年以10%的速度更新和递增，按平均人口计，西欧27万人有1台，日本11万人有1台，我国近2000万人才有一台；欧美和日本拥有先进的正电子断层显像仪40多台，我国目前尚无一台。国外商品化的放免药盒上百种，我国仅40余种，日本1987年仅放免药盒的产值折合人民币达9亿元，是我国的100多倍，等等。这一方面说明我国核医学事业还很落后，任务十分艰巨；另一方面又说明我国的核医学大有发展余地，这是核工业军转民的广阔天地。

（2）核医学是社会效益和经济效益最明显的一种核科技。现在，核医学已成为防病治病的有力武器，它对保护人民大众身体健康，优生优育，延年益寿做出了巨大贡献，社会效益举世瞩目。当前，放射治疗承担着70%癌症患者的治疗任务，拯救了无数人的生命。

核医学是同位素与核辐射技术应用的主要行业，它具有投资少，见效快，收益大等特点，这可从如下的经济效益分析数据中得到引证。西方国家和经互会成员国1960—1985年在同位素与核辐射技术方面累计投资分别为77亿美元和50亿卢布，取得经济效益分别达460亿美元和250亿卢布，效益和成本之比平均为5~6倍，并逐年提高。西方国家效益和成本之比，1985年已高达14.5。在同位素与核辐射技术应用中，同位素仪器的经济效益最高，而核医学仪器在其中占有重要的地位。例如，各种断层显像仪器1983—1985年在世界市场的总销售额达40亿~60亿美元，每年以12%的速率增长。常规核医学仪器的年增长率也有9.2%。据美国1978年的统计，同位素核辐射技术的年盈利额达48亿美元，其中盈利最多的行业就是核医学。我国尚未见到这方面的全面统计数字。但一般说来，核医学仪器及核医学的各种检查、治疗都是有明显经济效益的，例如，据1987年我国10家生产单位的统计，放免药盒的产值为800万元，利润率在30%以上，使用药盒的单位估计也有近1000万的收益。

由于核医学具有显著的社会和经济效益，因此把核医学作为核工业战略转移的重要阵地，是一种实际而又明智的选择。

（3）核医学的发展可以给核工业带来新的生命力。实验核医学的方法，如放射性同位素标记、放射自显影、放射性核素动力学分析等广泛应用，对医学、生物学的发展产生了革命性的影响，使人类的视野进一步从细胞水平深入到分子、亚分子水平。人们可动态地研究机体和细胞内生物活性物质的代谢规律，考察生命活动中的细微过程，极大地丰富了人类对生命现象的认识。如今，生命科学所取得的成就中70%体现了核医学的贡献，特别是遗传工程、细胞工程等高技术更是离不开核医学的方法。例如，标记单克隆抗体技术，它把放射性核素测量的高灵敏性与免疫学的高特异性完美地结合在一起，在现代医学中正起着难以估量的作用。用这种"生物导弹"进行癌症的定位显像和定位治疗，将给癌症诊治带来突破性的进展。

用核技术的方法对祖国医学的各个方面，如阴阳学、针麻、中草药的药理和疗效等进行研究，有助于进一步挖掘祖国医学宝库，使之科学化、定量化、现代化。这对祖国医学的发扬光大、走向世界将发挥巨大的作用。

核工业要实现战略转移，谋求新的发展，就必须依赖于核科技的不断进步，而核医学是当前核科技中最活跃的一门学科，它正在酝酿着新的突破。因此，把核医学作为核工业战略转移的重要阵地，必将给核工业注进不断发展的活力，这是一种高瞻远瞩的战略。

229

（4）发展核医学是改变核科技的形象，清除群众核恐惧心理的有效途径。要实现核工业的战略转移，消除群众的核恐惧心理是十分重要的。而核医学可以起到其他方法难以企及的特殊作用。这是由于核医学与广大群众的身体健康密切相关，核医学的代价—利益分析一目了然。

当患者去医院看病时，他总是希望能尽快确诊和治疗他的病，而核医学常常能帮助他顺利达到这个目的。此时，他们都很容易接受核医学的诊治，从感情上大大淡化了对辐射的恐惧感和神秘感，从理智上也容易认清从核医学所得到的利益远远超过其辐射危害。因此大力推广核医学，使之家喻户晓，深入人心，让人们亲身尝到它的甜头，这对改变人们心目中核科技的形象具有巨大的说服力。我们以此为突破口，充分利用公众对核医学的亲切感，可大大加快全社会认识、理解、接受、欢迎核科技的进程，体验到核科技的威力。因此，在核工业战略转移中，把核医学作为重要阵地是一种适宜的策略。

（1988.3）

# 我国现行科技奖励制度亟待改革

　　我国现行的科技奖励制度是在十一届三中全会之后，随着改革开放而逐步建立和发展起来的，这是党和国家为实现四化而采取的一项重大决策。十几年来，它对调动广大科技工作者的积极性和创造性，对提高知识分子和科技人员的职业声望，对增强全民族的科技意识，发挥了重大作用，历史功绩有目共睹。但是，由于我国现行科技奖励制度出台时间较早，具有很大的时代局限性，加之在执行过程中出现不少新的情况和新的问题未能及时调整、修改、完善，积累至今，弊端很多，主要有以下几个方面：

　　一是现行科技奖励制度有浓重的计划经济色彩，运作的主体是政府，奖励范围过宽，每个奖项获奖人数过多，奖励金额偏低，使奖励失去了权威性，直接激励的功能大大降低。二是科技奖励直接与科技人员的职称、工资、住房等物质利益挂钩，成为调动科技人员积极性的主要手段，这就引发出各种不正常的现象。由于利益驱动，人们争相请奖，在奖项、奖次、排名等问题上斤斤计较，产生不少矛盾；要求新设奖种，扩大奖励对象的呼声日益高涨；由于破格晋升，特别是低学历者晋升高级职称必须要有省部级科技成果奖，因此造成不少不够条件的人也挤进请奖队伍，或与课题负责人争要奖项，争要名次，否则就闹情绪，影响工作，这已成为科研管理中一个头痛的问题。三是科技成果评价方法落后，评价标准不科学，造成

231

评奖工作中弄虚作假，走后门，互相吹捧，高价收买等等不正之风泛滥，评奖中的不正之风已成为科技战线一种严重的腐败现象。四是评奖手续繁杂、费时费力。全国和省、部、市、厅（局）、县，层层设奖，每个奖项要经过申报、鉴定、答辩、单位评审、行业评审、主管部门组织评审、领导评审等一系列手续；要填写各种表格，撰写总结报告，收集有关资料和证明材料，打印、复制等一系列文档工作，申请者要忙几个月，基层科技管理部门要忙大半年，这对科技工作的正常进行是一种干扰和冲击。

总之，现行科技奖励制度已到了非改不可的地步了。为此，我们建议：

（1）科技奖励要少而精。奖励越是少而精，越具有权威性和激励作用。建议政府设一种国家级的奖励，奖励数目也压缩到各个一级学科每年只奖1～3人。要逐步与国际科技奖励的做法接轨。

（2）科技奖励要准确定位。科技奖励应以在基础研究和应用基础研究领域做出具有国际水平的重大创新成果为对象。至于科技发明、应用研究和科技开发的优秀成果，应该让市场来检验和评价它们水平的高低优劣，其奖励自然也体现在产业化的程度上，不属国家科技奖励范围。应取消科技奖励与科技人员晋升、工资、分房等物质利益直接挂钩的各种政策和法规。

（3）要改变过去那种层层申报、层层评审的做法，拟由权威科技信息研究机构事先通过科技信息研究，国内外文献检索结果及引文次数等手段对每个学科领域中的优秀成果进行评估、初选；由中国科学院和中国工程院院士按不同学科领域进行通讯投票确定提名；再由两院组成的最高评委会进行终审，确定最终获奖名单。

（4）要在过去"专家评议"的基础上，引进科学计量指标，建立科研成果量化评价体系，使科技成果评价更科学、公正。

（5）鼓励民间科技奖励基金的建立，但国家科技部要通过立法进行宏观管理，确保其运作科学化、规范化、合理化，不要走现行国家科技奖励制度的老路。

（1999. 3）

233

# 痛下决心，科学决策，让苏州河水尽快变清变美

苏州之美在于水。水是苏州古城美的符号，活的灵魂。苏州因水秀而地灵，因水秀地灵而人文荟萃，才孕育了博大精深的文化内涵和底蕴，才获得了"水国之胜，当天下第一"（范成大语）和"人间天堂"的美誉，成为苏州经济和社会发展最为宝贵且无可替代的物质和精神财富。

但是，随着苏州市近20年来经济的高速增长，城区的迅猛扩展，河水被严重污染，失去了原有的美丽。虽经多方治理，然而成效不显。相反，其负面效应还在起着"放大"和"共振"的作用，在抵消和腐蚀着这些年来我市物质和精神文明建设的积极成果，现在已到了影响市民生活环境和生存安全、城市形象和投资环境、旅游声誉和名城声望的地步，已成为我市做大、做强、做优、做美的突出制约因素和实施新一轮城市总体规划的焦点、难点问题，也是我们有愧于"全国卫生城市"和"全国环境保护模范城市"的光荣称号。因此我们认为，尽管近年来对这个问题市政府已多次开展讨论，提出整改方案，但仍有必要在这次会议上提出我们的一些看法和建议。

近五年来，市委市政府在城区河水的治理上是下了一番功夫的。不仅成立了水环境治理指挥部，提出了一整套综合治理的方案，而且在污染企业的搬迁，工业污水的达标排放，生活污水的截留和处理，河道的疏浚、硬化和整修等方面都投入了

很大人力和财力，可谓成绩不小。但城区河水治理是一个庞大的系统工程，目前存在的问题仍很严重，一个十分直观的现象就是河水黑臭状况没有改观。我们在这次调查中发现，甚至是数九寒天，作为主干河道的干将河仍处于严重厌氧状态，不断冒着气泡，由此可见一斑。目前，城区河水主要存在三个方面的问题：

（1）生活下水和工业废水的污染仍很严重，尤以前者为甚。现在我市城区污水产生量为每天17万吨，而污水处理能力仅为每天5.75万吨，大部分生活污水未经处理就直接排入河道。许多居民小区，特别是不少处于城区水系上游的新村如新庄、虎丘、山塘、留园、航西、胥江、石路等新村，生活下水没有截留。据不完全统计，沿河排水口达1.2万只。加之不少沿河居民擅自增设排水口，将生活污水直接排入河道。尤其是沿河成百上千家大小餐饮店将大量含油和洗涤剂的污水直接排入河道，这是造成十全河、西北街河、学士河等河道严重污染的重要原因。还要指出的是，城区300多处公厕和不少新村卫生间的下水只通过简易化粪池便就近入河，严重污染河水。另外，城区工业废水的处理率虽已达到99%以上，但绝大多数为一般性处理，效果较差，另外还有"回潮"现象，因此仍是河水的一个污染源。

（2）城区河道补水量锐减，水流缓慢，河水不活。原来城区河水主要靠大运河补水。20世纪70年代中期，望亭电厂从大运河抽取43立方米/秒的水作冷却水，使大运河水量减少，入城的水也相应减少。20世纪90年代初，大运河苏州段改造，不再经过护城河而直接南下，使进城水量又减少40%以上，而作为补水措施的引水工程又因迟迟没有上马。此外，本应以4立方米/秒流量作冲洗的水也得不到保证，加之城区河道闸门甚多，管理不活，闭多开少，使河水几成死水。这几年经过整修，河床又都硬化或半硬化，自净能力几乎损失殆尽，这必然造成河水黑臭的加剧。

（3）河道狭窄，河床淤积严重。这些年来，市区河道、河岸被挤占的现象时有发生。一些施工单位沿河随意搭建和堆放建筑材料，向河道倾倒建筑垃圾。一些沿河居民卫生习惯和环境意识差，加上从事拾荒和垃圾业的船民，都把河道当作"天然垃圾箱"，随便将垃圾、杂物、粪便排入河中，使河道以每年10～15厘米的速度淤积，并致使河面满是污秽的漂浮物，不堪入目，严重影响景观。

有人形容城区河水像是美丽少女脸上的道道污垢，看到这种情形，市民避之不及，游人掩鼻而去，哪里还有些许流连忘返的心思、讴歌赞美的热情？这已成为中外游客意见最大的问题，也是广大市民反映最强烈的问题。

在调查研究过程中，不少人对造成目前城区河水这种局面的原因作了深入分析。归纳起来，主要有三条：

（1）认识滞后，行动迟缓。客观地说，各级领导和有关部门对治水不可谓不重视，但没有摆到应有的高度和突出的位置，对其紧迫性估计不足，具体表现在：一是治水的决心滞后于城建发展的速度；二是治水的措施滞后于河水污染的程度和变化；三是生活污水处理滞后于工业污水的处理；四是截污设施建设、配套和运行滞后于街区改造的进程。

（2）决策失当，成效不显。首先是缺乏科学性和前瞻性的建设规划，未能充分估计到水污染加剧和成因的转化，致使生活污水长期处于失控状态。其次是在执行"疏、截、治、引、管"综合治理方针上有偏颇，大量精力和财力放在河道的整治、疏浚、清淤、护坡、清障等工程上，而对"截、治、引"这些起决定性作用的治本措施抓得不紧、不狠、不力，因此成效不显。第三是已上马的截污工程不配套，不能尽快地充分发挥作用，有的甚至因长期搁置，已出现损坏、堵塞等现象。第四是大引水工程几经周折，举棋不定，延误时机。此外，河床硬化使自净功能丧失，此举是否恰当也值得商榷。

（3）政出多门，管理不力。现在，涉及河水管理的职能部门包括市、区两级多达20来个，仅市级就有市政公用局（河道行政主管部门）和河道管理处（具体职能部门），建委（市区水环境整治），环境管理委员会（督促条、块河道管理和河面保洁），水利局（规划整治水利相关河道工程），水环境治理指挥部（组织市区河道治理，实施引水工程，截污处理工程和河道疏浚），城区防汛指挥部（调度泵站排水和河道换水）等7个，管理多头，职责不清，体制不顺，人力分散，缺乏权威，出现管花钱做工程的不管运行，管运行的又缺少资金；重建设，轻管理；相互交叉、相互牵制、相互扯皮，谁都管而谁都不承担最终责任等现象。

总之，治水的问题可以折射出我们城市的管理水平，对环境的认识水平，以及相关部门的素质和责任心等方面存在的差距，也反映了我市精神文明建设、市民精神风貌和基本素质等方面存在的问题。

针对上述城区河水存在的问题，我们提出如下建议：

（1）提高认识，认真反思，把治水摆在我市建设和发展的突出位置。首先，要统一思想，特别是各级领导干部的思想，认真总结这些年来治水正反两个方面的经验和教训，充分

237

认识水的特殊地位，把水列为我市的第一保护对象，把治水工程作为我市的头号实事工程，把尽快恢复水城风貌作为全市人民的最大心愿。其次，要痛下决心，科学决策，狠抓治本，采取果断措施，加大投入力度，加快治理进程。要像中央抓太湖"零点行动"那样抓河水治理，要像过去抓工业废水达标排放那样抓生活污水的治理，制定进度，限期达标。建议提出"让城区河水三年变清，五年变美，实现通航游览"的奋斗目标。

（2）加强调查研究，制定治水规划。要调查研究生活污水和工业污水的排放现状，彻底清理所有排放口，搞清污水截流、处理的情况，再结合我市做大、做强、做优、做美的"十五"规划，实施新一轮城市总体规划和古城保护规划，结合贯彻国务院"关于加强城市供水、节水和水污染防治的通知"精神，专门制定一个"苏州市'十五'水环境治理规划"，协调好城区建设、改造与水环境保护之间的关系，确保治水的科学性、前瞻性和具体措施的顺利实施。

（3）以"截"为基础，以"治"为根本，以"管"为核心，重新调整治水的战略和策略，提高治水的效能。市委市府提出的"疏、截、治、引、管"综合治理方针是一个比较全面的科学的方针。但经过5年的实践，应对"五字方针"作更深入的理解和诠释，对它们之间的相互关系要作一些调整。要以"截"为基础，以"治"为根本，以"引"（以"引"促"流"）为关键，以"管"为核心，以"疏"为保障，加大"截""治""引"的力度，促进其进程。当前，应该把现有90千米的截污管道尽快联网，引入污水处理厂，使其发挥作用；要研究利用东园西区污水处理能力的可能性，使城区污水适当分流；要加快新建两个污水处理厂的进程，并围绕这两个厂搞好截污工程配套，使其同时建成，发挥效益；要建立河道水质与河网自动监控系统，实现城区河道水量自动调配；要尽量从上游到下游，一片一片地截污，一片一片地治理，发挥最佳效能。要尽快确定引水工程方案，尽快付诸实施。在未完成引水工程之前，要最大限度地发挥泵水冲洗的作用，最大限度地开启闸门，使水最大限度地流起来。

（4）改革机制，理顺关系，统一扎口，加强管理。鉴于河水对我市的特殊性，建议成立一个统管大市区河道和水环境建设、治理和监管的机构——水务局，集规划、防汛、建设、保洁、管理、监督和执法等职能于一体，成为一个权威机构，全面实施"疏、截、治、引、管"的综合治理方针，并对治水问题负全责。至于与其他管理部门相关联的事情可通过市水环境治理指挥部来协调。要使治水工作更有效，强化管理是张王牌。要改变过去突击式管理为制度式管理，问题式管理为监控式管理，经验式管理为科学式管理，重点式管理为系统式管理，全面提升管理水平。

（5）依法治水，加大立法、执法的力度。除了认真、严格执行国家有关法律、法规外，我们应根据我市的特点和统一加强管理的需要，制定一个统一的水环境地方性法规，并严格执行，奖惩分明，使其具有警示和威慑作用。要像建立治安体系那样建立水环境执法体系，加强舆论监督，确保依法治水的贯彻执行。

（6）在治理的同时，要把城区河水作为重要的旅游资源，大力进行开发。苏州是享誉海内外的历史文化名城，她有2500多年的历史。最能体现这一古老历史的唯有"水陆平行，河街相邻"双棋盘格局的古城遗迹，最能代表吴文化人与自然完美结合的首推"小桥、流水、人家"的江南风情，这是苏州宝贵的旅游资源，应纳入苏州大旅游发展规划之中，大力开发、充分利用、妥善保护，使之成为苏州旅游的新热点，成为市民休闲娱乐的好去处，成为展现水城神韵的一道亮丽的风景线，重展水文化的神韵和风采。

（7）未雨绸缪，尽快将苏州建设成为节水型城市。我国是世界贫水国家之一，水资源紧缺已严重制约着经济与社会发展，直接威胁着人们的生存。《中共中央关于制定国民经济和社会发展第十个五年计划的建议》已明确提出建设节水型社会的要求。我市虽地处江南水乡，但由于环境污染等原因，已成为水质型缺水城市。因此，现在提出建设节水型城市实属必要。而且，节水的一个更直接的成效就是可明显减少污水量，减轻水污染的程度和污水处理的压力，这对尽快使城区河水变清变美大有益处。因此，我们现在就应着手制定规划，采取措施，大力发展节水科技和节水经济，努力倡导和推广节水技术和节水器具，竭力消除跑冒漏现象，启动水价格的杠杆作用，力争实现耗水的"零增长"。要研究污水资源化、分质供水和雨水利用等技术。

（8）加大宣传和教育力度。要大力宣传节水意识和水忧患意识，动员全社会每个人都来关心、参与和监督水环境治理和保护。要广泛、深入、持久地宣传水是不可替代的资源，节水是我国的基本国策，水对苏州市的特殊意义。要充分利用报纸、电视、电台等新闻媒体，组织市民开展水环境治理和保护的大讨论，使保护水环境和水资源、爱护城区河道成为每个公民应尽的责任和自觉的行动，成为文明市民、文明单位评选的基本条件和市民素质教育的基本内容，要把水环境治理和保护的内容列为我市中小学环境教育的重要内容，把护水、节水贯穿和渗透到每一个人的行为之中。

（2001. 1）

*注：此文是强亦忠教授为民进市委会撰写的苏州市政协大会发言材料。

# 消除偏见，勇于关爱

## ——对我国精神病防治工作的几点建议

精神病已成为当今世界最常见的一种疾病，而且还在以较快的速度增长，正在成为严重威胁人类健康和影响社会安定的重要因素。

据世界卫生组织（WHO）的估计，目前世界上有4亿人在遭受精神和神经疾病的痛苦或心理问题的折磨，其中精神分裂症患者的人数达到6000万左右。我国的抽样调查表明，各类精神分裂症患病率在10年间已由12.9‰上升到13.47‰，全国精神病人总数达到1600万，其中以精神分裂症的患病率最高，为6.55‰，接近800万人。城市发病率明显高于农村。上海的重症精神病患者达20万，有心理障碍问题者达50万，而且，高层次青年患精神疾病的增长趋势明显，这是令人扼腕痛惜的事情。据对北京市16所高校学生病休原因的调查，1982年以前各类传染性疾病居多；1982年以后以精神疾病为最，其中神经症占74.4%，精神分裂症占17.6%，且研究生比例相当高。现在，精神病患在我国疾病总负担的排名中已超过心脑血管、呼吸系统及恶性肿瘤而位居第一。据专家们预测，21世纪将是心理障碍和精神疾患大流行的世纪，对于转型期的中国来说，尤其是这样。在今后20年内，随着我国经济建设和社会发展的步伐加快，生活节奏和竞争的日益增强，精神病患会继续增加，并保持疾病总负担的首位。

　　现在，我国精神病防治工作存在诸多问题。首先社会的偏见和歧视是最大障碍。精神病的致病因素中，心理因素具有特殊的重要作用，因此，患者需要更多的关爱和呵护。但现实恰恰相反，社会上歧视和轻慢精神病患者的现象却无处不在。造成有精神病人的家庭都有一种羞耻感，多数都不愿公开病情，不主动去寻求治疗。在精神病科或精神病医院里，病人也往往得不到足够的尊重，医生看病不认真，护士服务不耐心，冷眼相看，冷言相对，令患者及其家属心寒。在社区，病人得不到应有的卫生服务和关心。医疗保险对他们也不公平。此外，有精神问题的人还常常面对被解雇、解聘的威胁，精神更加紧张，心情更加焦虑，更容易加重病情的发展和诱发精神病的复发。实际上，精神病人即使是在发病期，仍残存着部分正常精神活动，只要医务人员、家属及周围的人都能理解和善待他们，使其残存的正常精神活动逐步发挥作用，逐步减轻或摆脱病理症状对病人的不利影响，就可使他们恢复正常理智。

　　其次，精神病患者医疗负担过重，工资待遇偏低。目前，对精神病的治疗还无特效药物，往往需要长期服药来控制病情。然而价格较便宜的药往往副作用大，而且要冒不但不能减轻症状，反而加重病情的风险。副作用小的药，特别是进口药，效果较好，但往往价格昂贵，不堪负担。例如，列入可报销名单的国产药百忧解一盒360元，服一个月需近800元，就把患者全年的医保费用光了。自费进口药"再普乐"疗效好，但一盒780元，一个月就需1700多元。病人的病假工资一般只有三四百元，哪里吃得起？即使有家庭支持，一般工薪族也是负担不起的。因此，一个家庭只要有一个精神病患者，全家都将

243

陷入困境，生存状态十分悲惨，有的甚至被搞得倾家荡产，长期生活在恐惧和绝望之中；有的则放弃对病人的治疗和监护，任其四处游荡，危及社会安定。在计划经济年代，一般企事业单位对精神病患者是比较照顾的，待遇基本不变，工资照发。工资改革之后，这种照顾已不复存在，而且还往往成为单位的包袱，解聘的首选对象，将他们推入绝境。政府对残疾人有一系列保护措施，但对因心理残疾而导致困难的人群却无优惠政策，这不合理！现在，医保条例中，对癌症、白血病、尿毒症等重大疾病有相应的政策，但未把疾病总负担名列第一的精神病列入其中，这不公平！此外，社会上献爱心活动也很少把精神病人列为对象，这从一个侧面反映出社会对精神病人的偏见。

第三，我国对精神病医疗机构和队伍的建设重视不够，一是数量不足；二是水平不高；三是管理不善。远远不能满足当前对精神病防治工作的需要。目前，我国精神病临床医疗水平落后，与国外发达国家相比，差距较大，诊断准确率低，治疗有效率和治愈率低，复发率高。不少病人由于诊断不准确，用药不当，治疗后病情反而加重。此外，不少医护人员不安心本职工作，敬业精神差，这也影响医疗水平的提高。

244

第四，对精神病发病机制和治疗方法的科学研究十分薄弱。这也是我国精神病治疗水平落后的重要原因。

鉴于目前全世界精神病人的现状，WHO宣布于2001年发起一个为期一年的精神卫生运动，并把"消除偏见，勇于关爱"作为今年世界卫生日的口号。我国应该积极响应WHO的号召。为此，我们建议如下：

（1）政府及卫生部门要高度重视精神病的防治工作，把它摆到重大疾病防治的突出位置。要彻底消除过去对精神疾病的预防、治疗、财政支持等方面存在的不平等现象，针对客观实际和现状，加大对精神病防治工作的力度，制定目标，做好规划，尽快改变目前的落后状态。

（2）要大力加强精神病防治医疗机构的建设和防治工作的开展。首先要从硬件和软件两方面加强现有精神病专业医院和综合医院精神病科的建设，把它们摆在各个地区和医院建设的突出位置，使之从目前普遍比较落后的状态建设成为一流的医院和一流的科室，以适应精神病防治工作的需要；二是要特别加强精神病医护人员的队伍建设，提高他们的思想素质和业务水平，增强他们的敬业精神；三是改善精神病医护人员的生活待遇，稳定这支队伍，使他们的辛勤工作得到应有的回报和社会的承认；四是逐步增设新的精神病医院，以满足不断增长的需求；五是要选派骨干医生到国外进修学习，加强国际交流，借鉴国外先进经验，迅速提升我国的医疗水平。

（3）制定特殊政策，关爱精神病患者，使他们能得到及时的良好的治疗。要把精神病患者作为特殊的弱势群体，在医保条例、就业、工资待遇、社区服务等方面都能得到关心和照顾，使他们看得起病、吃得起药，减轻精神压力和后顾之忧，创造一个有利他们就医、康复和回归社会的良好环境。

245

（4）加强精神病的基础与临床研究。要把精神病的防治工作作为"十五"重大卫生攻关课题给予重点支持，鼓励科研人员投标，激励这方面的成果尽快转化为社会和经济效益，重奖这方面有成就的科技人员。

（5）要在高等医学教育中积极创办精神病专业，培养精神病的专科医生。因为精神病是一个比较特殊的病种，它不仅涉及生物医学知识，还涉及心理学知识和社会环境等多方面的知识，其诊断和治疗不仅涉及"硬"科学，还涉及许多"软"科学，目前医学教育是难以培养出合格的精神病医生来的。因此，需要创办精神病专业来满足这方面人才的需要。在当前，可举办专业培训班来应对这方面人才的急需。

（6）充分利用各种媒体，进行广泛、深入、持久的宣传，帮助人们消除对精神病人的偏见和歧视，让全社会给予精神病人更多的关爱和呵护；普及精神卫生知识，提高公众的精神卫生意识，鼓励人们勇敢地面对精神病和脑功能障碍的挑战。

（2001.3）

*注：此文在多家报纸上全文或摘要刊登后，引起强烈反响。强教授又陆续收到十几封来自精神病一线工作的医护人员和病人家属的来信，进一步反映他们的困难和诉求。强教授再次进行调研，写出《对我国精神防治工作的再建议》，受到卫计委等有关部门的高度重视和积极回应，后被评为第9届全国政协优秀提案奖。强教授于2002年10月赴北京参加了优秀提案颁奖大会。

# 整治学术腐败，重塑学界圣洁

改革开放20多年来，我国科学技术突飞猛进，学术水平大有提高，但学术界的不正之风也逐渐滋长。特别是学术腐败大有愈演愈烈之势。最近，媒体又揭露了我国最高学府北京大学著名人类学者、博士生导师王铭铭教授的剽窃事件，再次掀起轩然大波。人们不禁要问：中国学界怎么啦？

## 学术腐败令人震惊

据《中国学术腐败批判》《溃疡——直面中国学术腐败》等专著以及打击学术腐败专门网站的披露，学术腐败数量之多、涉及面之广、行为之丑恶，已经到了令人无法容忍的地步，仅有关"学术腐败"网页条目就高达2850项，足见问题有多么严重。

当前学术腐败的表现形式虽五花八门，但归纳起来主要有以下5种：一曰学术造假。真实性和科学性是学术的根基。但时下有的人竟违背科学良心，任意篡改数据，杜撰事实，伪造结果；有的人为晋升职称，竟用电脑制作虚之乌有的假论文、假著作，蒙混过关；有的人为了评奖，伪造评审专家的评语；现在甚至出现了论文买卖市场，博士论文、硕士论文按"质"论价，生意兴隆。二曰学术泡沫。创新是学术之魂。但有的人不愿做艰苦的探索工作，只依葫芦画瓢，做低水平重复性的工作；有的人不惜国家资财，做高水平重复性工作，标榜"国际先进"，借以抬高身价，其实仍无创新价值；有的人为了早

247

出成果，仅做了一点工作，浅尝即止，就草草总结，拿去发表；有的人硬把一篇论文的材料拆成三四篇，使论文的学术含量大大下降。三曰学术舞弊。搞成果鉴定，请自己熟识的人做评委，好吃好住好招待，外加礼品和红包，于是鉴定意见成了一片溢美之词；研究生论文答辩，你请我做评委，我请你做评委，你好我好大家好，互相吹捧，一致通过。四曰学术贿赂。大凡职称晋升，课题立项，基金申报，成果鉴定，评审奖项，评选重点学科、重点实验室、博士点、硕士点、优秀学科带头人乃至于两院院士，因为与个人和单位的利益、声誉关系重大，非同小可，于是打招呼，走门子，请客送礼，四处游说，大肆贿评。由于这种腐败往往是以单位的名义，做起来不仅毫无羞愧胆怯之心，反而变得理直气壮，甚至有一种"使命感"和"责任感"，其策划者还被吹捧为有胆识、有智慧、有能力的领导，大加夸赞。五曰学术交易。你出钱，我就给你发表论文。按不同价格，你可以买到一本"专著"的主编、副主编、编委等头衔；你用权力给我一点好处，我就给你一顶学术桂冠，"客座教授""兼职教授""博士生导师"，任你挑选，可谓投桃报李，实现"双赢"；也有当官的主动要求"读"学位的，学校领导心领神会，特事特办，象征性地上几堂课，学位就拿到手了，随便弄来一篇论文，学位就通过了，轻轻松松戴上博士帽……凡此种种，不一而足。

## 学术腐败原因剖析

当今学术腐败之所以如此猖獗，原因是多方面的，主要也有5条：一是当前我国处于经济体制转轨时期，追求利益特别是眼前利益已成为时尚，反映到学术界，急功近利，浮躁情绪膨胀。有的学者不甘寂寞，急于改变清贫境遇，与商界联手牟利，借媒体进行炒作，"核酸风波""基因皇后"之类就是这样产生的。二是专业工作者道德滑坡，伦理缺失，自律放松，特别是年轻一代。由于这些年来的教育重视智育，轻慢德育，使年轻人抗"病"能力差，往往抵御不了利益的诱惑，守不住科学伦理底线，屡屡犯禁。三是大环境的影响。当前，整个社会风气不正，党风不纯，奢靡之风盛行，假冒伪劣严重，腐败现象泛滥。学界不是孤岛，学者也不是生活在真空之中，不可能不受其侵蚀。党内出了不少大贪巨贪，学界的腐败与之相比，可谓小巫见大巫，因而大家见怪不怪，甚至到了近于麻木的地步。加之学界长期以来缺乏严肃的批评与自我批评的风气，学术腐败难以遏制势所必然。四是体制存在严重缺陷。目前整个学术评价体系尚未健全、完善，而与学人切身利益紧密相关的许多环节，如职称、工资、待遇、奖励等，都采用简单数字量化的管理模式和形式主义的操作方法来处理，如要求论文多少篇，核心杂志多少篇，SCI收录多少篇，要求哪一等级的课题，哪一等级的奖项，等等，这无疑给专业人员施加了过于沉重的压力和苛刻的要求，因而助长了浮躁心态和造假风气的滋生。五是领导失范导致失职。现在不少领导，包括一些学术机构的领导，都深知学术这块牌子的重要性，都纷纷向学术伸手。有的已是既得利益者，有的在"将得利益"的驱动下，争职称，争学科带头人，争博士生导师，争项目负责人，争主编；有的虽不是主动去争，但也半推半就，或"难以拒绝"，或"恭敬从命"，或"无奈笑纳"。因此，不少领导本身就是学术腐败的当事人、牵涉者，根本不可能旗帜鲜明地去抵制和反对学术腐败。即便反对，也是"君子动口不动手"，或是眼开眼闭，或是虚以应对。这种情况下，学术腐败根本得不到整治，只能任其滋长、泛滥。

## 我们的建议

学术腐败不仅破坏了学术尊严，玷污了学界圣洁，腐蚀了学术队伍，阻碍了学术发展和人才成长，更严重的是还影响到科教兴国大政方针的贯彻和整个民族素质和能力的提高。学风是世风的先导，学界是道德的圣地，学人是社会的栋梁。尤其是21世纪是知识经济时代，是科技迅猛发展的时代，是人才激烈竞争的时代，如果再任学术腐败发展下去，中国何以自立于世界民族之林？中华怎能复兴？四化大业何日得以实现？因此，我们一定要把整治学术腐败作为铲除整个社会腐败的重要战场，作为公民道德建设的先导，狠抓不放。

（1）大胆进行体制改革，尽快建立完整、严格、科学的学术评价体系。DNA双螺旋结构和天体红移现象的发现者均获得了诺贝尔奖，他们所发表的论文仅1000字左右。美国一些大学聘任教授，只看有无真才实学，有无创见，哪怕是尚未发表的文稿也行。过去我国北大、清华都能聘任没有文凭的人为教授，为什么我们现在不行？关键是体制问题。我们一定要大胆改革学术体制，废除当今只重形式和数量的学术评价模式，转变为重质量和内涵的评价体系。要建立公正、公平、公开的评审体系，制定科学的评价标准和严格的程序，还应依靠独立的学术评价机构（如信息研究机构）进行评价等，使评审"硬"起来。

（2）建立健全学术监督机制和相关法律法规。首先，要建立学术评价公示制、公开答辩制、匿名评审制、评审责任制和追究制等，建立评审专家库和随机遴选制。必要时还可利用网络技术吸收国外专家参与评审，使评审国际化。此外，要向国外先进经验学习，完善相关法制法规，建立科学道德和科研真实性稽查机构，以教育为主，防患于未然，也接受举报，进行必要的验证和鉴别，查处违反科学道德的行为，该批评的批评，该警告的警告，该处罚的处罚，并与舆论联手，对学术腐败进行揭露和曝光。对违反法律法规者，要追究其法律责任。

（3）严惩学术腐败。当前，打击腐败要出重拳、用重典，让肇事者付出沉重代价，使其在学界无立足之地，并追究相关人员及其领导的连带责任，确立法治的威慑力量，使想搞学术腐败者不敢轻举妄动。再也不能让王同亿抄袭侵权沉寂隐匿四年之后再度欺诈得手的事件重演。

（4）加强科学道德建设，提高学界学术伦理观念。要重建学术规范，重申科学伦理底线；要大力宣传古今中外科学家的高尚品德和为科学真理而不惜牺牲的精神；要宣传《中国科学院院士科学道德自律准则》和《中国工程院院士科学道德行为准则》；要在高校开设科学伦理课，科学伦理从学生抓起，使他们明白遵守科学道德比掌握科学知识更重要；要组织力量开展科学伦理道德的研究，指导科学伦理道德建设持续深入发展。

（5）充分发挥学术机构在科学道德建设、学风建设和学术监督中的作用。各级学会要大力倡导科学道德，要积极开展学术争鸣、批评和对学术不正之风的批判，使学术腐败者受到应有的谴责，让学术腐败为人们所不齿，学术腐败者在业内无颜见人。

251

（2002.2）

# 在全社会大力倡导环境生态伦理观

人口、资源和环境生态问题，是当今世界面临的三大难题。这三个难题相互联系、密不可分，其中尤以环境生态问题最为紧迫，人口问题、资源问题也都涉及环境生态问题。刚刚过去的20世纪，是科学技术高度发展的世纪，我们充分享受到了科技进步带来的物质文明；但20世纪也可概括为"全球性环境生态破坏的世纪"。正如朱镕基总理所指出的那样："回首千年特别是工业革命以来，人类创造了前所未有的巨大物质财富，同时也付出了沉重的环境代价，生态破坏、环境污染对人类生存和发展构成了严重威胁，解决环境问题已成为刻不容缓的重大任务。"

我国是一个发展中的大国，这些年来在经济高速增长的同时，也带来了严重的环境和生态问题，虽经多方治理，但正如朱镕基总理在2000年就指出的那样："环境污染仍相当严重，生态环境恶化的趋势还没有得到根本遏制。今年连续发生的沙尘暴天气，再次向我们敲响了警钟。保护生态、改善环境是一项长期而又艰巨的任务。"他在《关于国民经济和社会发展第十个五年计划纲要的报告》中强调环境保护这一基本国策，把"继续实施可持续发展战略"作为一个单独的部分，并指出：要"加强生态建设和环境保护"，"促进人口、资源、环境协调发展，把实施可持续发展的战略放在更加突出的位置。"

环境生态保护是全民的事业，需要得到全社会的理解、支将、参与和监督，尤其需要各级领导的高度觉悟和科学决策。但目前我国公众的环境生态意识还较差，特别是还有相当多的领导干部对环境生态保护还没有引起足够重视，观念上还没有根本转变。因此，"边建设、边污染"的事件屡见不鲜；走"先建设、后治污"的老路，以牺牲环境和生态为代价来谋求发展的状况没有得到有效遏制；为了小团体的利益，弃治污设备而不用，偷偷超标排污的事件时有发生。由此看来，环境生态问题尽管有三个层面的问题，即科学技术层面、伦理道德（人生观）层面和哲学（世界观）层面，但问题的关键不在科技技术层面，而在人生观、世界观层面，即环境生态伦理道德和哲学理念的问题。

从伦理道德即人生观来看，环境和生态是上天赐予人类和世界万物共同生息的场所，人类无权为了个人和小团体的利益去破坏它，也无权只根据眼前的利益去牺牲和剥夺子子孙孙应该享受的权利；从哲学理念即世界观来看，人与自然、人与世界万物的关系应是平等关系，是和谐共处的关系，把人类看成是环境生态中的一员（当然是最具能动性的一员）。我国古代早就有"天人合一"的哲学思想，这种天人关系即人与自然界一体化、物我同一、万物一体的观念，是儒家朴素的环境生态理念，现在看来依然是正确的。无数正反的经验和教训告诫我们：人类应该热爱自然，亲近自然，敬畏自然，保护自然，而非主宰自然，掠夺自然，破坏自然，践踏自然。这就是马克思主义的环境生态哲学理论和伦理理念。为让全社会都建立这种伦理观，我们提出以下六点建议：

（1）尽快提高广大干部对环境生态问题的认识，牢固树立环境生态伦理观念，并把它提高到认真贯彻"三个代表"重

253

要思想的高度来对待，把它作为开展工作、作出决策时的重要指导思想，这对遏制我国生态环境不断恶化的趋势是最根本的，也是最关键的。

（2）在全社会广泛开展环境生态伦理的教育活动，并把它作为今后以德治国的公民道德建设的重要内容，作为公民具有的基本素质来对待、来要求，这是改善我国环境生态状况，实现可持续发展的重要保障。当前，尤其要注意以下五个方面的教育：一是树立正确的地球观念，即宇宙"只有一个地球"，地球是一艘"宇宙飞船"的观念。地球的空间、资源是有限的，我们必须十分珍惜它、保护它，才能保证它在宇宙中得正常、持续航行；二是树立可持续发展观念。要正确理解发展是硬道理，真正实现持续的、公平的、协调的和真正注重质量的发展；三是树立绿色观念。一方面我们要大力推行绿色革命，包括绿色工业、绿色农业、绿色经济等，另一方面我们要大力宣传绿色生活理念，倡导绿色生活方式，引导绿色消费意识，促进绿色环保行动；四是要建立人类与世界万物共生共荣的观念，批判"人类中心主义"的思想；五是要确立正确的环境生态保护科学行为观念。笔者长期从事放射性工作。辐射防护工作吸取了历史上滥用放射线造成严重危害的沉痛教训，确立了"实践的正当性"和"防护的最优化"行为准则，即运用"代价—利益分析"方法，"以最少的代价获取最大的利益"，把危害"保持在可合理达到的最低水平"。笔者认为，这种理论和方法也适用其他领域，是一种社会行为学普遍适用的原则，尤其适合于环境生态保护，值得倡导。

（3）充分利用各种媒体，大力宣传环境生态观念，普及环境保护知识。要进行形式多样、生动活泼的宣传工作，如开办专栏，组织大讨论和知识竞赛等，使环境生态理论家喻户晓，人人皆知，收到实效；让大家从我做起，从身边做起，从小事做起，并积极关心全社会的环境生态问题，参与环境生态的监督管理。

（4）充分利用每年与环境有关的纪念日、活动日，如世界环境日（6月5日）、全国土地日（6月25日）、世界地球日（4月22日）、世界水日（3月22日）、世界森林日（3月21日）、世界气象日（3月23日）等，有组织、有目的地开展活动，做到有长远规划，每年有具体安排，每次围绕一个主题，不断发展、创新，使环境生态伦理不断深入人心，形成风气。

（5）树立环境伦理观念要从娃娃抓起。把青少年的环境伦理教育作为重点，抓紧抓好。建议把环境生态问题、环境生态哲学理论和伦理理念写入中小学的有关教材，使之在幼小的心灵中生根发芽，收到事半功倍的效果。要努力创办"绿色大学"，培养对环境生态友好的科技人才。

（6）组织一支强有力的科技工作者和社科工作者队伍，开展环境生态伦理学的研究，并结合我国的实际，特别是结合环境生态伦理教育的实际，大胆进行探索，以指导我国环境生态伦理教育的持续和深入发展。

255

（2002.3）

*注：此文在《江苏政协》杂志上全文刊登，后获评优秀建言一等奖。

# 对建设科技创新城市的建议

苏州市委、市政府把建设创新型城市作为我市发展的一个主要战略，列于"四大行动计划"之首，并于年初制定和实施了《苏州市加强自主创新能力行动计划》，受到广大市民的拥护和称赞。为了使"创新型城市"建设更有成效，特提出如下建议：

（1）要努力提高对建设"创新型城市"的认识。要使广大群众，特别是各级领导干部充分认识到，建设"创新型城市"对我市而言，不是锦上添花，不是权宜之计，而是涉及我市今后能否持续、顺利发展的根本问题。因为我市人口稠密，工业资源贫乏，20多年走高速发展之路，使我市土地和环境几近极限，唯一的出路是依靠创新，坚持科学发展观，走可持续发展之路。要从严峻的危机意识的高度和深度来认识建设"创新型城市"的必要性、重要性和紧迫性。

（2）要大力普及创新思维和创新方法。建设创新型城市，倡导理论创新、制度创新和科技创新，关键在人，在于人的创新能力和社会的创新机制。其中一个核心问题是广大公众特别是各级领导干部的创新意识和创新思维与方法。创新思维与方法现在已成为一门博大精深的学问，必须通过多种途径进行传播、教育和培训来普及。可以针对领导干部、企业管理人员、工程技术干部、技术工人骨干和公众等不同人群办不同的学习班和系列讲座来普及有关创新思维与方法的知识，提高大家的创新能力。

（3）要狠抓中小企业的创新活动。中小企业是苏州经济发展的支柱，而中小企业的发展必须依靠自己的技术创新才有活路。国内外的经验也充分证明，绝大多数的发明专利和新产品都来自中小企业。关键是政府要针对中小企业的特点，制定相应政策，加大投入、搞好服务、发展中介和风险投资机构等多角度、多方位、多层面地支持和引导中小企业的创新活动。

（4）当前要把节约能源、降低原材料消耗和治理污染作为技术创新的重点。因为这三个方面是当前制约我市可持续发展的瓶颈。政府要结合循环经济和建设节约型社会，制定规划和分步实施的指标，一方面下达死任务限期达标，另一方面激励企业通过技术创新活动达标。

（5）要积极倡导创新文化。要充分利用报纸、电台、电视台等多种大众媒体宣传创新的意义、创新的精神、创新的思想和创新的方法。特别是要充分利用强势媒体——电视，精心策划有关创新的系列节目，吸引观众。还可以在原来《院士风采录》系列电视片的基础上，像制作《苏园六记》那样拍一套宣传创新文化的精品电视片，充分挖掘院士们身上蕴含的创新精神、创新思想和创新方法。倡导创新文化，营造鼓励创新、宽容失败的社会环境。

（6）发动群众为全市和各个单位的创新活动建言献策。每年由市和各单位分别对群众的建议进行评选，对其中的优秀建议予以较丰厚的奖金，以资鼓励。

（2007.1）

*注：此建议获苏州市政协优秀提案奖。

257

# 苏州市当前科学发展亟待搞清楚的几个问题

　　苏州改革开放30年来取得了骄人的成绩，从一个消费性城市跃居为全国第五大工业城市，已率先实现了小康社会的目标，现在正处于从全面建设小康社会走向基本实现现代化的关键时期，也是全面提升发展水平的重大机遇时期。苏州作为全省"两个率先"的先行军，作为全国率先发展的排头兵，在面临人口、资源、环境的巨大压力和突出矛盾的严峻形势下，如何在科学发展、和谐发展和可持续发展方面探索新途径，创造新经验，作出新表率？这是一个值得全市上下深思的问题。我认为，目前首先必须解决的问题是要认真坚持邓小平"解放思想、实事求是"的路线，认清基本市情，搞清几个长期困扰我们的重大问题。

## 人口总量

　　人口众多是我国最突出的基本国情，人口稠密是我市最突出的市情。我市现有人口616万，加上外来常住人口，已超过1000万，这还不算没有登记的外来打工者和流动人口，是全国人口密集程度最高的地区之一。但由于我市良好的经济发展形势，深厚的文化底蕴和闻名于世的声誉，正在吸引大批打工者不断涌入，人口增长的势头有增无减，这已成为我市的一个沉重负担和不稳定因素。打工无着铤而走险，偷盗抢劫乃至杀人越货的事件时有发生，这必须引起我们的高度重视。我们必须尽快搞清楚：苏州这8488平方公里的土地（其中有40%是水面）到底能容纳多少人比较合适？目前人口总量到了什么水平？人口总量的底线是多少？由此来制定我市人口、产业和城市化的规划和政策，采取积极有效的措施来控制人口的增长。一方面要严格执行计划生育的国策，真正做到包括外来人员在内"一个也不能少"；另一方面要制定相应的人才政策和招工政策。要加大改革力度，变"守株待兔"式的招工制度为"主动出击"式的招工制度，将我市招工政策、招工计划等相关资讯通过网络等多种方式向全国发布，及时更新，并主动与外来工比较集中的输出地区挂钩，实行按需定向招工，进而与这些地区合作，搞有针对性的技术培训，以控制外来人员的盲目流入。此外，将部分技术含量低、人员密集型的企业迁移到外地，以减轻我市的人口压力。

## 土地总量和可利用量

土地对苏州这个典型的江南水乡来说，不仅是特别稀缺且难以再生的关键资源，也是造就江南水乡优异生态环境的物质基础，它维系着江南水乡生态环境的特质，决定着人口的负载量和人们的生活质量。但近30年来，由于我市在持续快速发展的过程中，在"以地引资，以地圈钱"的发展思路引导下，大批良田被毁，大量土地被征，几近"无地可批、有地难用"的地步，还严重破坏了江南水乡生态环境的形态和特质。那么，从建设生态城市和社会主义新农村的要求出发，我市到底应该保留多少耕地，拥有多少绿地和湿地？维持多少自然水域和养殖水面？我市目前到底还有多少土地可供新的建设项目使用？这也是一个关乎我市科学发展、和谐发展和可持续发展的重要基础数据。

259

根据我市土地的严峻形势，必须制定严格的土地宏观调控政策、土地利用总体规划和年度计划，严厉打击违规占用土地者，严守基本农田规模，把好土地"闸门"。要清理闲置的土地，对违反政策和要求的闲置土地要坚决收回。要加大执行产业调整的力度，加快其进程，坚定不移地走挖潜改造的道路，考核土地产出的效益，增设较重的土地使用税，以便在少用地甚至不用地的基础上，实现又好又快发展。要积极实施造地还田、退工还田的政策，"腾笼换鸟""空巢放鸟"，将用地过多的产业向外地转移。

特别要指出的是，我们苏州这块风水宝地，得天独厚，是大自然馈赠给我们的礼物，是中国最好、世界也少有的一方沃土，它不仅属于苏州，也属于中国乃至属于世界，我们无权为了我们苏州当代人的利益，把闻名于世的典型江南水乡的形态破坏掉！这与保护世界自然与文化遗产是同一个道理。

## 环境容量

近年来，我们不断听到专家的呼吁：苏州的环境污染已近环境容量的底线，"狼来了"的叫喊声不绝于耳，但并未真正引起全市上下的高度重视。幸亏这次太湖蓝藻暴发事件惊动了中央，也给我们敲了一记振聋发聩的警钟：如果再不引起重视，采取决绝的措施，出现环境整体污染超过容量的极限，不仅使30年来的经济发展成果前功尽弃，实现"两个率先"的目标也将付诸东流，更严重的是会影响人民的身体健康和生活质量，引发社会动乱，后果将不堪设想。

实际上我市水域包括太湖、阳澄湖水源地，水中的总氮、总磷含量早已远远超标，但我们总是把这两个指标排除在达标的要求之外，这种水质达标的假象就像是温水中的青蛙，麻痹了我们的警觉。结果恰恰主要是总氮和总磷造成的富营养化引发了蓝藻暴发事件，其教训是极其深刻的。我们要尊重科学，敬畏自然，包括我们尚不清楚的环境生态规律，要把防治污染包括防治水体富营养化放在更加突出的位置，出狠招、定铁律。但是，我们到底应该定一个什么样的要求？要求太高代价太大，难以实现；太低又不起作用。这就需要摸清我市范围内环境（包括水体、土壤和大气）纳污的容量到底有多大？现在达到了一个什么样的水平？进而如何有效地限制污染物的排放？如何有效地治理已污染的生态环境，偿还欠债，使其逐步得以恢复？如何贯彻"环境优先"的方针，形成环境自觉和长效机制约束的双重保障，实现人与自然的和谐、环保与发展的双赢？

污染企业采取搬迁的办法是不可取的。搬到沿江，污染长江，进而污染近海；搬到外地，嫁祸于人。怎么办？我认为：一是要绝对禁止新建污染大户、用水大户、资源和能源消耗大户，限制、改造乃至关闭老的"三大户"；二是要针对苏州环境生态的特殊性和目前严峻的形势，提高准入门槛，加大环评力度，建立倒逼机制，提高排放标准，并限期要求现有企业达标；三是加大环保的投入，加快推进循环经济的发展，并安排出具体的时间表和要求；四是通过经济手段促进减排，控制污染，建立环境补偿和排污交易机制；五是要发展生态农业、有机农业，采取有效措施，控制面源污染（如化肥、农药、农膜的使用，禽畜和水产的养殖等），把防治农业污染，改善农村环境作为我市今后环保的重要战略任务。

### 发展速度

苏州市近十几年来GDP一直以两位数的高增长率持续发

261

展，2007年我市GDP总量已达4820亿元，人均GDP超1万美元，已接近中等发达国家的水平。但这一惊人的成就很大程度上是以高消耗、高污染和牺牲环境为代价的。现在我市发展已到了一个关键时期，大家也都意识到必须摈弃粗放的发展模式，走科学发展、和谐发展和可持续发展之路。但苏州今后到底以什么样的速度发展为宜，认识并不统一，因此也是一个亟待解决的问题。

一方面，我们现在有了一个较大的基数；另一方面，我们又被人口、土地、环境等发展要素的严峻趋势逼到了危险的边缘。用科学发展观的理念来考量，我们今后还能以怎样的速度发展才是合理可行的？现在我们已经提出"淡化GDP""绿色GDP"和"突出GNP"的要求，提出要用"代价—利益分析"的原则来衡量发展，提出要结合社会事业发展和人民满意度来评价发展，提出"立足于快、服从于好、着眼于新、致力于德"的发展目标。在这种情况下，怎样来制定发展速度、考核发展速度、评价发展速度？怎样的速度才算"快"？是"好中求快"，还是"快中求好"，是"质量当头"还是"速度在先"？此外，按照"螺旋上升""张弛有道"的原则和国外经济发展的历史经验和规律，高增长速度要长久维持是不太可能的。那么，我市还要不要维持GDP两位数的发展速度？有什么条件和办法长久维持这样的速度？这都是值得研究的问题。

## 城市化的规模、形态和速度

目前，我市城镇人口已超过50%，城市化建设正处在加速的关键时期。总体上来说，我市城市化建设是有成效的，是健康发展的，但也出现过一些问题，如土地使用过度，土地浪费和农田闲置现象严重；城市改造规模过大，速度过快，使古城、古镇、古村落的保护受到一定冲击，有些城市记忆消失，景观特色丧失；一些传统社区解体，建筑面貌趋同，文化多样性受损；房地产开发监控不力，房价攀升过快，拆迁造成市民利益损害，群众意见较大；中心城区建筑过密、人口密度过大，布局失衡，加之汽车增长过快，交通拥堵，城市配套工程滞后，引发不少环保问题等。

下一步城市化建设如何根据我市环境生态和土地资源的特色，以及环境和人口的承载能力来规划城市人口布局，选择怎样的城市规模和形态，怎样的城市化速度，这些都是值得研究的。

我市城市建设已经有了"一体两翼"的格局和向四周拓展的构想。但根据前面几个问题的最终确定，是否有必要作进一步调整？我市城市化建设以现有城镇吸纳新增城市人口为主，还是以新建城镇为主？在改造中心城市和建设卫星城市、乡镇过程中，如何调适两者之间的比例，以便控制中心城市的规模，推动城市化规模的有序扩大、等级的逐步提升和进程的合理加快，防止城市化过程中土地使用的过度和生态的破坏？如何根据长三角都市群的发展和我市中心城市、县（市）城区以及乡镇的不同定位，确定各自的功能，以便发挥各自的优势和特色，避免趋同建设，恶意竞争？如何规划新乡镇的建设，为推进社会主义新农村建设提供基础，也为县（市）的经济发展提供平台，成为有效吸纳农村剩余劳动力，提高农民收入的重要载体，以便实现"农业现代化、农村工业化、农村城镇化、城乡一体化"的目标，创造具有苏州特色的城镇化之路？都是需要更深入地开展研究。

总之，我市要实现科学发展、和谐发展和可持续发展，首先必须解放思想，实事求是，摸清底细，认清并准确把握基本市情、有利条件和不利因素，切准方向，定准位置、选准目标，搞好规划，我们坚决摈弃先发展（先污染）后治理的老路，我们不甘停留在"摸着石头过河"初级发展阶段的思维上，以与时俱进的眼光准确理解"发展是硬道理"的真正涵义，也就是要以胡锦涛总书记强调的科学发展理念为纲，树立"科学发展才是硬道理"的新思维。上述几个问题，是既独立又互相联系的，看似简单实际却十分复杂。由于本人了解情况不多，调研不细，思考不深，主要是提出问题，要真正搞清楚这些问题，必须组织专题调研，专家论证，最终才能作出结论和决策。

（2007.6）

# 对"菜篮子"工程建设的若干看法和建议

5月11日，我有幸被邀参加"菜篮子"工程建设专题协商的市政协十二届三十六次主席会议，听取了黄钦副市长所作的《关于"菜篮子"工程建设的情况通报》的报告，很感欣慰，很受鼓舞。下面，就我市"菜篮子"工程建设谈谈自己几点不成熟的看法和建议。

（1）如何认识"菜篮子"工程的重要性。包括蔬菜在内的副食品，即所谓的"菜篮子"，是一种具有刚性需求的生活必需品，是与公众切身利益休戚相关、每天不可或缺的特殊商品。特别是对于我们苏州，已处于高水平小康的发展阶段，民众"为天之食"的构成发生的很大变化，粮食的消费不断下降，蔬菜、副食品消费的比例不断增加，要求也日益提高，因此"菜篮子"已成为市民衡量幸福指数最重要的两个指标之一（另一个指标就是房价），也是市民感受物价指数变化最为灵敏的标志。从这个角度讲，"菜篮子"的重要性已超过了"米袋子"。我们政府历来十分重视粮食问题，对其生产、流通、销售等各个环节，有一套强有力的调控措施和运作经验，包括严守农田红线、制定指导计划与价格，制定粮食收购政策与补贴政策，维护粮食市场正常秩序等。所以长期以来粮食供应和价格始终十分平稳，没有出现暴涨暴跌的现象，与蔬菜市场运行情况形成鲜明对照，这是值得我们认真反思的。虽然蔬菜、

265

副食品的生产与粮食生产有很大不同，但"米袋子"的很多经验是可以借鉴的。首先在重视的程度上，"菜篮子"与"米袋子"等量齐观、甚至"有过之而无不及"也不为过。如果下了这样的决心，解决"菜篮子"问题就有了保障。

（2）关于如何提高本地蔬菜自给率的问题。提高自给率，不仅可更好地满足市民生活的需要，更重要的是，它是平抑菜价最有效的举措。加强蔬菜基地建设，守住菜地红线，增加蔬菜产量，这是提高自给率的重要措施。当前我市蔬菜自给率的关键到底在哪里？我市"十二五"期末预期蔬菜总产量将从245万吨/年增加到260万吨/年，5年增加15万吨，每年仅增加3万吨，增加率为1.2%，这微不足道的增加能起"四两拨千斤"的作用吗？实际上我市目前245万吨/年的产量已相当于本地总消费量的88%，可惜的是大部分都销往沪浙等外地。为什么本市生产的蔬菜不能在本地大量销售？如果能找出原因，有针对性地采取措施，引导本地产的蔬菜主要在本地销售，岂不是能立竿见影地大幅度提高蔬菜自给率，有效抑制菜价，又能满足市民对本地菜的特殊喜爱，还可减少运输成本，一举多得吗？

（3）关于如何解决批零差价大的问题。我市菜价贵突出地反映在批零差价大上。实际上蔬菜批发市场的价格并不贵，这也是许多市民甘愿冒严重短斤缺两、长途奔波之苦到批发市场买菜的原因。据我们调查，一般批零差价达2~3倍之多。这里有农贸市场的摊位费高和批零之间运输难、运费高，因而提高了零售成本的问题。让农贸市场回归公益性，大幅度降低摊位费，建立批零紧密衔接的蔬菜配送机构，可以降低成本，但以我之见，尚不足以解决批零2~3倍差价的问题。那么问题的根源到底在哪里呢？据分析可能在于目前农贸市场经营模式是以一家一户菜贩小规模的落后经营模式上。这种模式是改革开放之初农村"分田到户"模式在城乡蔬菜经营上的仿效,曾经为冲破国营蔬菜公司一统天下,方便市民买菜方面立过汗马功劳。但时至今日,这种模式已难以适应城市发展的更高需求。当下蔬菜个体经营户大多是农民工,他们拖儿带老,要靠卖菜养活一家子,在我市当前房租贵、生活费又猛涨的情况下实属不易,只有提高菜价,追求更多利润才能维持起码的生活水平。因此,菜市场要改变经营模式,组建上规模的蔬菜零售公司、蔬菜生产基地直销点,实现菜场超市化,提高农贸市场运营效率、质量和环境,从而也为稳定菜价提供保障。

（4）关于惠农问题。要想市民"菜篮子"拎得轻松,首先要让菜农种菜种得轻松,因此在"菜篮子"工程建设中要充分考虑菜农的利益,保护他们生产的积极性,鼓励其生产的创造性。政府要建立一套有序生产、有序流通、有序销售,综合运用行政、经济、立法等手段形成的具有强大调控能力的运行机制和举措,如加强生产指导性计划、市场信息服务、市场价格指导、市场风险预警、价格补贴机制、公益性设施建设等。菜市场当然要依靠市场调节。但因其商品的特殊性质,又要淡化市场竞争,强化调控举措;要合理定价,而非一味追求低价,要依靠政府引导形成风险共担机制,走出"少了多、多了少"的生产怪圈,保护菜农的利益,杜绝伤农事件的发生。特别是当前我市菜农多以生产精细蔬菜品种为主,经济效益比较好。但要想起到抑制物价的作用,必须生产足够量的以大叶菜类为主的大众化蔬菜。要动员菜农牺牲原有的经济效益,扩大效益差的大叶菜生产,就必须给予菜农一定的经济补偿,才能保护菜农生产的积极性。

267

（5）关于食品安全问题。要让市民"菜篮子"拎得安全，这是当下"菜篮子"工程建设面临的另一个重要而又紧迫的难题。近年来，出现了一系列食品安全事件，闹得市民人心惶惶，怨声载道。因此，一定要加大对食品安全的监管力度。一是要从食品生产源头、流通领域和销售等各个环节全方位狠抓监测和监管，要建立政府独立的专门监测和监管机构，配备足够的人力和先进的仪器，加大监测的密度和提高监测时效性，并将自测与监测的结果公之于众。还要加大违规、超标事件的处罚力度，让责任者付出沉重代价，以儆效尤；二是加强舆论监督。一方面让违规、超标事件曝光，形成"老鼠过街，人人喊打"的舆论氛围，另一方面也要提高公众正确对待食品安全的科学素质；三是加强群众监督。可以借鉴社区群众安全值勤的经验。别小看那些社区老头老太，红袖章一戴，以警惕的眼睛巡查社区的角角落落，不仅对犯罪是一种威慑，也确实起到防患于未然的作用。同样，我们也可以组织社区群众性的菜场监督员，让他们监督菜价和食品安全。此外，还应该鼓励消费者对食品违规事件进行举报，降低举报门槛，特别是降低检测费用，不要因为消费者难以承受高昂的检测费而让问题食品的生产者和销售者逃过法律的制裁！

（2011.5）

# 破解"救命药"短缺困局的几点建议

2012年，苏州一青年被蝰蛇咬伤后因缺乏有效药物的及时救治而死亡，令人震惊和惋惜。2012年春夏以来，江苏省连续发生多起毒蛇咬人事件，救治伤者的医院每每因难觅"救命药"抗蛇毒血清而陷入尴尬境地。近年来，全国各地每年都会发生数起因"救命药"供应不及时而使毒蛇咬伤患者死亡或酿成严重后果的事件。究其原因，主要是由于抗蛇毒血清属于生物药剂，不是常备用药，且目前国内只有一家生产企业，即所谓"孤儿药"，因每年用量不多，利润有限，厂家生产积极性不高，因此造成该药储备、进货困难，频繁缺货已成常态。

类似于抗蛇毒血清的"救命药"还有多种，如治疗乙型血友病的唯一"救命药"——凝血酶复合物凝血因子-9（俗称九因子）。2011年年底，该药在全国缺货，据报道31家血友病治疗中心就有20多家断货，引发全国血友病人网络联名求药的事件。因为乙型血友病患者体内缺少凝血所必需的凝血因子-9，一旦发生出血就会致残，重则危及生命。因此凝血因子-9缺乏造成患者及其家属极大恐慌！虽然乙型血友病患者不多，全国也仅几千人，但他们和其他人一样，应拥有获得及时救治的公民权利。

由此，不得不提到治疗罕见病的药物大多存在严重短缺的现象。所谓罕见病是指患病率极低的疾病（患病人数占总人口的0.65‰~1‰之间），如成骨不全症、结节性硬化症、白化

269

病、马凡综合征等，有6000多种。罕见病由于发病率低，一直为我国卫生机构、医药部门和社会各界所忽视，医学研究少，缺乏临床治疗手段，大部分罕见病患者长期被误诊、漏诊，得不到及时治疗。即便有药可治，也由于费用昂贵，因病致贫或放弃治疗，加之对这类疾病社会认知程度低，被社会所歧视，与社会隔绝，患者及其家庭陷入困境，状况堪忧。虽然单一病种的罕见病确实罕见，但各种罕见病加在一起，总数并不罕见，我国竟达4000多万，是一个重大的医疗和民生问题。

有人对我国药品短缺状况作过专门调研，结果表明，临床上常用药和治疗特殊病、罕见病的"孤儿药"竟达300多种，其中大多数为价格相对低廉的常用药和用量不多、开发生产风险大的罕见病药，成为医药卫生领域一个严重的社会现象。为了尽快解决"救命药"短缺的问题，特提出如下建议：

（1）政府有关部门应高度重视"救命药"短缺的问题。虽然上述"救命药"涉及的人数不多，但它却严重危及这部分患者的健康乃至于生命，是一个重大的医疗卫生和民生问题，关系到这部分人公正、公平地享受生命保障权益的大问题，应摆到政府的重要议事日程上，尽快妥善解决。

（2）造成"救命药"短缺的关键问题是有关药物的生产、储备、调配、价格等方面的体制、机制和政策不完善，不健全。建议卫生部、发改委、药监局和工信部等部门联合开展调研，统筹协调，从顶层设计到具体运作，制定一套完善的方案，包括积极的生产引导和保障政策、合理的价格形成机制和药品招投标方法，建立长效的供给、储备、配送和应急机制，出台优惠的税收政策、财政扶持政策和补偿机制等，真正做到保证供给、配送及时、质量可靠、价格合理、安全有效，从根本上解决当前严重存在的"救命药"短缺现象。

（3）对罕见病的防治，要像贯彻少数民族政策那样，给予特殊照顾，一是要尽快制定罕见病防治的专项法律法规，使其患者的各项权益得到法律支持；二是要大力加强罕见病防治的科研和药物的开发，积极引进国外治疗罕见病的药物；三是尽快建立罕见病患者的保障体系和救援机制，如列入大病医保和开展商业保险等，使其救治有可靠的保障；四是在目前罕见病救助机制尚不完善的情况下，建立自助、互助、慈善机构资助等方式，使罕见病这些"医学孤儿"能得到全社会的关爱和帮助。

（4）积极探索政府与企业联合破解"救命药"短缺困局的机制。2012年5月湖南省为破解药品短缺困局，与药企联合组建首个覆盖全省的急救药品配送中心，具体工作由湖南达嘉维康医药有限公司承担。该公司承诺5小时内将抗蛇毒血清、肾上腺素等100多种急救药品送达全省县级及以上医院。运行以来效果明显，平均每天接到3~4起求助电话，至今已挽救上百个生命。这一经验可加以总结推广，也可作为解决"救命药"困局的有效举措。

（2013.1）

# 城乡一体化进程中的江南水乡保护三题

俗话说："上有天堂，下有苏杭"。以苏州为代表的江南水乡，位于长江三角洲的中心，北枕长江，西依太湖，东濒大海，地理环境和自然条件十分优越，可谓风物清嘉，人文荟萃，是孕育中华文化的翘楚——吴文化的一片沃土，是中国最具诗意的地方。但随着改革开放30多年来经济的持续快速发展，城镇化的快速推进，水田、村落的快速消失，江南水乡风貌遭到了严重破坏，已到了再不抢救即将消失殆尽的地步。为此，民进苏州市委就"城乡一体化进程中的江南水乡保护"这一课题展开调研，笔者有幸应邀参与。下面，笔者就这一课题中的三个议题谈一点粗浅的看法。

## 应该怎样认识和对待江南水乡的独特价值

对于苏州人来说，我们生于斯长于斯，长期沐浴着江南水乡的恩泽，常常是"不识水乡真面目"，不知江南水乡的弥足珍贵。因此，笔者认为要从纵横两个方面来认识和对待江南水乡的独特价值。

一是要从整个中国地理环境的大背景下认识江南水乡的独特价值。

中国是世界上的第一山地大国，有青藏高原、云贵高原、黄土高原等闻名于世的高原，山地和丘陵的面积占整个国土面积的近70%，其中17%的国土面积构成了全球的"世界屋脊"。我国还是一个沙漠大国，从我国的东北、华北到西北，横贯其中的万里沙线分布着8大沙漠，四大沙地。我国70%的国土面积受到西北寒冷、干燥的季风影响，造成严重干旱和沙尘暴灾害性天气。我国有33%的国土面积成为干旱地区或荒漠地区，35%的国土面积经年受到土壤侵蚀和沙漠化的影响。此外，我国还有30%的耕地面积属于pH值小于5的酸性土壤，我国20%的耕地面积存在不同程度的盐渍化或次生盐渍化。

　　总之，我国的自然条件和地理环境并不理想，生态环境十分脆弱，水土流失、植被破坏、沙化、石漠化等现象十分严重，洪水、干旱、大风、泥石流、地震等自然灾害频发，55%的国土面积不适宜于人类的生活和生产。*

　　在这样的全国大背景下，再看苏州这块江南水乡，就知道它的独特价值了。苏州地处长江下游的冲积平原，地势平缓，土地肥沃，水网密布；这里正好是亚热带和温带的交界处，四季分明、雨量充沛，温暖湿润、气候宜人，自然条件和地理环境可谓得天独厚，它犹如一颗璀璨夺目的明珠，镶嵌在祖国大地东南一隅，长久以来为祖国的兴旺发达做出重要而有巨大的贡献。

　　二是要从历史发展的角度审视江南水乡的弥足珍贵。

　　现在看来苏州江南水乡的自然条件和地理环境十分优越，但这并非全是上天的恩赐。远古时代的苏州是一片荒蛮之地。由于地势低洼，雨水肆虐，水涝灾害十分严重，长期处于"地

* 注：这也可从我国著名地理学家胡焕庸教授1935年提出的划分我国人口密度的对比线，即"胡焕庸线"得到引证：从黑龙江省黑河至云南省腾冲划一条直线，此线东南地区约占全国36%的土地拥有近96%的人口，而此线西北地区占全国64%的土地仅有约4%的人口，且至今大体如此。

广人稀，饭稻羹鱼，或火耕而耨，果随蠃蛤"的状态。因此苏州在我国五千多年的文明史上有近一半的时间是远远落后于中原地区的。但吴地先民勤劳勇敢，不屈不挠，长期奋斗，治水造田，从渔猎而农耕，由高地逐步向洼地进发。到春秋末期，太湖地区已有"稻田三百顷，在邑东南，肥饶水绝"；从秦汉到南朝，吴中大地已是"地广野丰""膏腴土地"了；至隋唐五代苏州已成为"赋出天下十九"的富庶之乡；到宋朝已流传"上有天堂，下游苏杭""苏湖熟，天下足"的谚语；及至明代，就有"吴中之财富甲天下"的美誉了。

由此，我们可以得出结论：苏州这片富饶的大地，既是上天的恩赐，更是吴地人民创造性劳动和持续奋斗的结果。我们应该对这片造就苏州人勤劳、聪慧、精致、灵巧品格的热土，发出深切的感激之情；我们应该对居住在这方沃土上，与环境和谐相处，对环境合理利用并精雕细琢的先辈们，产生由衷的敬佩，我们应该发出共同的呼唤：今天和明天苏州的人们都要善待这块宝地，让被誉为人间天堂的苏州江南水乡焕发出更加迷人的魅力和风采。因为苏州江南水乡这块风水宝地不仅属于苏州，更属于全国乃至全世界；因为苏州江南水乡这块丰腴沃土不仅是勤劳的祖先传给我们的珍贵遗产，也是子孙后代委托我们妥善保管的宝贵财富，决不能让苏州江南水乡在我们这一代消失，成为千古罪人！

274

## 城乡一体化进程中江南水乡保护的关键

江南水乡保护的关键在于人，主要是农民。只有留住农民，才能保住农村，才能保住土地和农业，进而才能保住江南水乡。由此来看，城乡一体化对江南水乡保护既是严峻的挑战，也是难得的机遇。因为，城乡一体化是相对过去长期实行的城乡二元体制而言的。对于计划经济时代的二元体制的功过，笔者暂不作评价。但对这一体制历来是有争议的，著名民主人士梁漱溟先生就曾强烈反对二元体制，为农民鸣不平，因此获罪；由于二元体制，农民一直处于"二等公民"的地位，他们为我国的经济发展作出了巨大的牺牲，却遭受不公正的待遇，这是不争的事实。因此，今天我们推行城乡一体化，要突出"以人为本"的理念，发扬"两个率先"的精神，首先要争取率先实现"人的一体化"，其核心是户口一体化，让农民能尽快享受与市民同等的待遇；要大力加强农村的基础设施建设和公共服务的均衡化建设，其中包括教育、医保、社保等诸方面，这是留住农民的根本保障，这也应该是城乡一体化的题中之义。

其次，要确保法律赋予农民的基本财产权利，包括土地承包经营权、宅基地使用权、集体收益分配权等，保证在城乡一体化进程中农民的权益不再轻易遭到侵犯和践踏，只有农民的各项权益得到保障，农民能真正享受与市民同等的公民待遇，农民才能真正留得住，江南水乡才能真正得到有效保护。

## 挖掘和抢救农业文化是保护江南水乡之魂

从江南水乡的发展与演进的历史可以看出，农业文化是江南水乡之魂。江南水乡是我国最古老（已有6千多年的历史）、最具代表性、规模最大的稻作文化地区，有"耕读传家"的优良传统，创造了丰富的农业文化，并由此孕育出灿烂的吴文化，才会涌现出大批的杰出人才，培育出无数先进的农业科技和优良品种，才会产生水文化、蚕桑文化、建筑文化（如香山文化）、工艺文化、园林文化、昆曲评弹等形形色色特色鲜明、惊艳世界的吴文化样式。但是，随着江南经济的快速发

275

展，稻田、古村落的消失，包括传统农业科技、优良农业物种和水乡景观在内的农耕生产系统也在加速消失。有专业人员做过研究，他们从对气候的调节、有机肥的使用、营养物质的保持、病虫害的防治、水量水质的调控到水乡旅游等多个方面来衡量，认为优秀的传统农业科技的生态效益往往要高于现代常规农业，特别是在自然植被一再锐减，环境问题日益严峻的今天，农田生态系统又超越作为食物生产地和原料提供地的功能，它更具有诸如调节气候、净化空气、调蓄洪水、养护生态等功能。这其中就包含着许多值得挖掘和保护的农业文化遗产。日前，农业部公布了我国第一批19个农业文化遗产项目，包括广西哈尼族梯田、浙江青田稻鱼共作等，但作为苏州江南水乡，却榜上无名，这与苏州丰富、灿烂的农业文化的实际不相符，应引起我们的高度重视。我们要摒弃"传统农业文化就意味着落后"的错误观念，其实农业文化遗产是传统农业文化的精髓所在，将它与现代农业科技相结合，是未来现代生态农业发展的方向。

有专家说，"小村落，大文化"，笔者认为："江南水乡，大美文化"。因为它承载了江南久远悠长的文明历史，因为它极具江南民族文化的本源性和传承性，是中华民族优秀传统文化的一种"活证"与"实证"。因此，要尽可能地保存、抢救、记录江南水乡和传统村落的遗物与文化遗存，这是时代赋予我们这代人不可推卸的重要任务。当前，急需对苏州江南水乡农业文化和村落遗存进行一次普查，整理归档，并经过充分调研，根据轻重缓急，分门别类，加以抢救、挖掘和保护，以免终身遗憾，留下千古骂名。

（2013.6）

# 加强和改进应急救护体系建设与普及急救知识的建议

　　2014年2月17日上午10点29分，35岁的IBM深圳公司高管梁娅倒在了深圳地铁蛇口浅水湾站C出口的台阶上，并保持这一姿势长达50分钟。监控录像显示，梁娅倒下后曾发出求救的动作，但在前3分钟内有7位市民经过，仅看了一下就走了，均未施予援手。10点32分，有两位市民停下来查看梁的状况，后即向地铁工作人员作了反映。两名地铁工作人员当即赶到现场，但也只是在旁守候，未采取任何救护措施。大约半个小时后，急救车才赶到，但梁娅已经死亡。

　　从这一事件可以看到：有的人不是不想伸出援手，只是不懂急救知识，无奈干着急；有的人不是不想施救，而是不敢施救，怕万一陷进去脱不了干系；也有人确实无视他人生命的珍贵而选择逃避，应该受到舆论的谴责。而急救部门反应迟钝也是一件令人遗憾的事情。

　　近年来，随着意外事件和自然灾害的频发，公众遭遇车祸、溺水、火灾等紧急事故时有发生，加之我国老龄化步伐加快，老年人发生突发性危急疾病的人数也在迅猛增长。但由于缺乏应急施救人员和应急知识，许多危重伤者或患者失去最佳抢救时机而导致死亡，使人扼腕叹息。有统计数据显示，对于濒临死亡的人而言，在4分钟内进行救护，50%可救活；随着时间的推移，救护的存活率迅速下降；超过10分钟，则几乎没有

277

存活的可能，即10分钟以内施救是关键的"窗口期"，被称为"急救白金十分钟"。但十分遗憾的是，我国应急救护体系薄弱、队伍匮乏，公众的急救意识十分淡漠、知识严重缺乏。据有关抽样调查表明：97.1%的人在遇到意外伤病时只知道呼叫120，不太了解自救与互救的有关知识；36%的人认为，自己在家人遇到意外伤病时没有能力去救护；42.6%的人把"急救白金十分钟"的时机留给120急救站。而一些先进国家和地区，公众急救培训率已达25%~50%，几乎每个家庭都有一个人可以承担入院前的急救，并能做到救护车来到之前，"第一目击者"已经开始早期救护。从急救平均反应时间看，日本东京为5分30秒，大阪为4分40秒，而北京为16分。这些数据充分说明我国应急救护整体水平十分落后，与国外相比，差距很大，与我国的经济增长成就也极不相称。有鉴于此，国内有些省市地方政府已经开展应急救护培训工作，取得了一定成效，但还远远不够，亟待在全国范围内加强应急救护培训和急救知识的普及。为此，我们建议如下：

（1）应把加强应急救护机构、队伍和机制的建设、急救知识和技术的推广与普及作为当前急需开展的民生实事工程来抓，做好顶层设计，制定长远规划和近期目标，并作为建成小康社会的量化指标和政府工作的考核指标，狠抓落实。

（2）应充分发挥120急救中心的主导作用。一是要尽量按"急救白金十分钟"的要求建设城镇应急体系；二是加强队伍建设和技能训练，提高他们的资质和待遇；三是充实应急救护装备、加大经费投入，改进应急服务质量，缩短应急响应时间，尽快缩小与国外的差距。

（3）应将应急救护培训进机关、学校、军营、社区和重点行业，特别是要尽快在重点人群和行业中开展应急救护的培训，提高最先出现或到达出事现场的行业一线人员（如公安、交通、旅行社、出租司机、企业单位的保安、生产安全员以及各类基层医护人员）的医疗急救知识和技能。此外，还应加强应急救护志愿者队伍的建设，以逐步实现"第一目击者"施救的目标。

（4）应把应急救护知识纳入"公民科学素质工程建设"和科普工作体系之内，有计划、有措施、有目标地开展宣教和普及，并注重实效。要印发应急救护小册子，免费发放给社区公民。要充分利用有关红十字急救APP软件，发动公众通过网络进行应急救护知识的自学。据介绍，这款全球通用的急救软件包括出血、骨折、中风等21项急救学习内容，涵盖常见急症和伤病，可在危急时指导公众按步骤进行正确的自救和互救。

（5）应将急救知识的普及作为社区医疗机构的重要工作，宣讲到人，宣讲对象一个也不能少。对特殊人群（如高龄老人、空巢老人、伤残人）要宣讲到户，以提高他们的防范意识、自救能力和应急方法。

（6）为了充分发挥120急救中心在"急救白金十分钟"中的主导作用，公众应了解呼叫120电话的要领：应以简洁的语言说清伤病者的情况、所处的地址，联系电话、其他特殊情况（如救护车能否直接开到伤病者所在地），询问120有何要求等，便于急救中心工作人员及时指导和顺利到达，赢得宝贵的抢救时间。这也应作为应急救护培训和急救知识科普的内容。

（2014.1）

# 第九辑
# 科普论文

∽

## 【选编者按语】

科普论文也称科普研究论文，是指通过对科普工作的实践和理论（如科普活动、科普设施、科普作品、科普作家、科普工作者和科普理论等方面）开展研究，从学术层面上进行认识、评价和探讨，上升到理论高度而撰写的论文，借此对科普工作起到指导、借鉴和启示作用。因此，是科普领域中十分重要的一项工作。

强亦忠教授在科普创作过程中十分重视理论学习，也善于思考，借以指导自己的科普创作。1989年，他就根据自己创作科学小品的经验和学习他人优秀科学小品的感悟，写出了第一篇科普创作研究论文《科学小品，贵在创新》，被选中参加了中华医学会举办的科普理论学术研讨会，后获得了江苏省科普作家协会评选的优秀科普理论研究论文奖。但他较为集中地开展科普研究是在2002年当选苏州科普促进协会副理事长，分管协会科普创作和科普理论研究，参与组织苏州科普论坛（科普理论研讨会）之后，他接连写了多篇科普论文，在中国科协机关刊物《科协论坛》上发表。自2007年起，连续6次撰写论文，参加全国科普理论研讨会，并多次获评优秀论文，入选会议论文集，正式出版。他对几起科学事件十分关心，潜心研究，写出了《"张悟本事件"与"谣'盐'事件"之比较研究——以"公共科学事件"为视角》《PX项目类事件：一个亟须研究的公共科学事件科普课题》等论文，反响强烈。他对我国科普政策的反思论文《浅议科普"政府主导"与"政府推动"方针》被我国唯一的科普学术理论刊物（中文核心期刊）《科普研究》全文刊发。一个业余科普作家，如此热心于科普理论研究，并获得如此丰硕的成果，还是不多见的。因此，我们在这本文选中选入了他的部分科普论文，这也算是这本科普文选另一个特色吧！

# 科学小品，贵在求新

## ——评《科学夜谭》中的医学小品

在综合性报纸上，尤其是在晚报上发表的科学小品，比在一般科普报刊上发表的科普文章拥有更多的读者，一是因为晚报的发行量比较大。据1987年5月的统计，全国36家晚报的总发行量为800余万份，平均每种晚报的发行量超过20万份，这是同期一般科普报刊所望尘莫及的；二是因为晚报的科学小品一般不足千字，篇幅短，内容新，信息量大，趣味性强，适合于人们的口味，读者花时不多，在获得科学知识的同时，思想上有所启迪，精神上也获得享受，因而受到人们的青睐。因此，晚报的科学小品对科学普及工作起着十分重要的作用，值得科普工作者高度重视，并认真加以研究。

最近，笔者对全国晚报第二次科学小品征文选集——《科学夜谭》中的医学小品进行了一番研读，发现了许多值得借鉴的经验。总括起来，这些经验可以归结成一个字——"新"。

医学、生命科学是当今科学领域中最活跃的一个领域，发展变化很快。这就对医学科普提出了更高的要求，那就是要"新"，这已成为医学科普小品的生命力之所在。而"新"本身又是一种美，即新奇美，因此，"新"也是科学小品的魅力之所在。纵观《科学夜谭》的医学小品，其"新"表现在三个方面，即题材新、手法新、意境新。

## 题材新

科学小品首先必须做到题材新，只有努力去反映医学领域中的新观念、新知识、新成就、新进展，才能吸引广大读者。

当前，医学科学的模式由"生物医学"逐步向"生物—心理—社会—环境医学"发展。人文科学向医学渗透，由此引出了许多新的观念和思想。这在《科学夜谭》的医学小品中已经得到了反映。如《愿生命之树常绿》《笔走龙蛇亦长寿》《乘车心理学》等篇什就涉及了心理、社会等因素对人的影响，读来颇有新鲜感，但遗憾的是这方面的作品尚属凤毛麟角，反映的深度也不够。

《科学夜谭》中的医学小品最多的是反映医学领域里的新成就、新知识、新进展、新信息。这里有介绍用唯物辩证法指导下创造的反常健身方法（《"一反常态"可健身》），效果奇佳的针刺戒烟（《送别香烟一身轻》），对21世纪合成风味食品的科学预测（《风味畅想曲》），用冷冻制服癌症的神奇疗法（《冻死癌细胞》），既有营养价值又有治病效果的特殊鸡蛋（《奇妙的"疗效鸡蛋"》），应用生物全息律来诊治疾病的手部诊疗法（《掌上春秋》）等等，这些文章像万花筒一样，变幻出一幅幅五彩缤纷的美丽图景，强烈地激发起读者阅读的浓厚兴趣。我对这些文章的作者做了初步的调查，90%是出自战斗在医疗、科研和教学第一线的专业医生、研究人员、教师和管理人员之手，这是保证医学小品"新"的基本条件，同时还充分证明这些人不仅是医学科普的主力军，而且也是从事带有浓厚文学情趣的医学小品这种科学文艺创作的高手。这是因为这些人都是某个方面的专门家，他们都具有扎实雄厚的理论知识与丰富的实践经验，大多直接从事科学研究，经常查

283

阅国内外的最新文献。因而对这个领域的最新成果、进展和信息了解最透彻，把握最准确。这就为"把复杂奥妙的东西简单明白地讲出来"（高尔基语）打下了牢固的物质基础，因而写起来也就容易做到得心应手，通俗贴切，这是其他人难于企及的。全国晚报第二次科学小品征文唯一获得一等奖的医学小品《新世纪，茶叶的黄金时代》就是由安徽农学院一位老教授撰写的。因此，我们应大力倡导专业人员特别是专家们拿起笔来，从事科学小品的创作，使医学小品不断出"新"。当然，仅仅有专知识还是不够的，还必须要求专家们有从事科普创作的敏锐性和责任感，善于捕捉新的选题；要不断摸索深入浅出、化深为浅的写作技巧。

### 手法新

题材新只是反映在内容上，还必须有一定的形式与之相适应，才能达到内容和形式的统一，这就要求表现内容的手法要新。《科学夜谭》的医学小品在这方面有了长足的进步，特别是在构思和语言上都下了很大的功夫。

科学小品构思的主要任务就是要求作者深刻地认识科学现象、科学事物所蕴藏的内涵，并准确、形象、巧妙地揭示其本质和规律性的东西，使之为广大读者所接受。《科学夜谭》的许多医学小品构思比较新奇。《苦荞粑粑人人爱》的作者以自己亲身的经历为经，以古今有关荞麦的药用价值和营养成分的资料为纬，娓娓道来，缜密晓畅，读来轻松自然；而《新世纪，茶叶的黄金时代》则从茶叶的三大新功能为主干，逐一地用翔实的实验和调查结果来证明茶叶将是21世纪的饮料，说得有板有眼，凿凿有据，使你坚信不疑。

有的医学小品所介绍的知识虽然已是老生常谈，但是由于它们从新的角度来写，写出了新意，给人以新的启迪，这也是一种"新"，它更显示出构思的魅力。例如，按时按量坚持服药，这是众所周知的常识，但往往被人们所忽视。《最重要的往往是最简单的》的作者用详尽的数据定量地说明不按要求服药对疗效的影响十分严重，使人们读后不禁大吃一惊，起到了振聋发聩的作用。

《科学夜谭》中的医学小品都很注意文章的开头和结尾。如《新时代，茶叶的黄金时代》，它的开头是这样写的："人们在预测，21世纪将是茶叶的黄金时代，那时人们对它的歌颂，会使唐代卢仝的《七碗茶歌》相形见绌；会使17世纪英国诗人伊·瓦勒歌颂饮茶皇后卡赛琳的著名茶诗黯然失色；会使8世纪日本淳和亲王《散怀》茶诗自惭形秽。"写得很有气势，很抓人。《乘车心理学》以"乘车也有心理学吗？有。"这种自问自答的形式开头，接着又引了一段作家刘心武在《公共汽车咏叹调》中对乘客心理状态的剖析，一下子激发起读者追根究底的求知欲望。此外，还有以古老的传闻（如《以癌治癌》），生动的故事（如《古老的铜疗重现光彩》）起头，以名著（《奇妙的"疗效鸡蛋"》），歌谣（《荞麦粑粑人人爱》）作引，都收到了很好的艺术效果。

《科学夜谭》中的医学小品语言清新。它们或用形象的语言来比喻和联想，或用生动的语言来描述和抒情，或用晓畅的语言来叙述和解说，使文章情趣盎然，毫无枯燥生涩之感。

例如，在《胸腺的"冤假错案"》中，作者把T细胞比作忠于职守的"巡逻兵"，把骨髓比作生育T细胞的"母亲"，把胸腺比作训练T细胞的"军事学院"，这些形象贴切的比喻把人体内的奥秘表述得浅显活泼，读来津津有味，印象特别深

285

刻。《人体内的"音乐会"》把人体的一个个脏器比作一件件乐器。它们各自能演奏出独特的音响，并形象地描述了正常与异常时声音和节律的变化。如肺在正常时发出微风一样柔和均匀的"夫—夫"声，如果发出吹单簧管的声调，捻头发的音调，气吹水泡的音调，拉手风琴似的鼾音，吹笛子的笛音，弹钢琴似的叮咚音，则是肺脏有毛病引起的"离谱"音调，据此可分别诊断为气管炎、哮喘、肺炎、肺空洞等疾病，这些生动活泼的语言把你领进了人体音乐会之中，使你产生亲临其境的感觉，真是妙趣横生。《肌肉的功勋》则通篇用活泼流畅的语言来描述人体各种肌肉的作用。其中还穿插了姜昆变换脸谱的惟妙惟肖，王景愚演哑剧小品的传神入化；朱建华飞跃世界高度的纵身一跳，童非获得金牌的腾空一跃；马季、常宝华的如簧之舌，彭丽媛、蒋大为的引亢高歌；殷承宗扣人心弦的钢琴演奏，刘德海抑扬顿挫的琵琶弹拨，不禁令人节节赞叹。为了与"肌肉的功勋"主题相呼应，作者用了许多抒情的笔墨，如"劳动最强最持久的要数心肌"，但它还会"劳逸结合，勤于工作又善于休息，所以精力旺盛，跳动不已"；"最忍辱负重的是两块厚实的臀大肌，无论坐卧，均屈居身下。人体生病需肌肉注射时，它们又首当其冲，甘受皮肉之苦"，称颂之情溢于言表，拨动着读者的心弦。

## 意境新

科学小品是用文学武装起来的科学散文，它不同于一般科普作品的重要一条就是除了传播科学知识外，还要追求美的意境。一是提炼主题，深化思想，点石成金，给人们以思想上的启迪；二是着意写出科学美的诗意来，使人们从中得到熏陶、感染和享受。《科学夜谭》中的医学小品在这方面迈出了可喜的步子，有了新的突破。

《江南第一花与拔牙》的作者写了10年前用玉簪花治疗咽喉红肿和牙痛的带有历险色彩的亲身经历，说明未经验证的"验方"是不可靠的。最后，作者得出一个结论："尽信书，不如无书！"言简意赅，醒世警人。《最重要的往往是最简单的》，其标题本身就是带有哲理性的科学警句，给人以启迪。《乘车心理学》的结尾是耐人寻味的："乘车心理学是一门新兴、复杂的学问，是否值得各位乘客细细探究呢？"这里，作者通过提问，让读者自己去思考，去回答。这就改变了过去科普作品只传授科学知识的框框，直接引导读者参与知识的探究，使科普进入了更高的层次。

《科学夜谭》中还有另外一类医学小品，它的意境主要是通过对科学的自然美、创造美、和谐美、新奇美、规律美和理性美的描述，让人们得到美的享受和启示。《肌肉的功勋》就是这类作品的佳作，读后使你感受到人体肌肉的神奇无比，美妙绝伦。《掌上春秋》的结尾这样写道："掌上千秋史，胸中百万兵，摩拳擦掌，已非往日跃跃欲试的仙境，从健康角度出发，它竟可使生命在你手中延伸……"。读后，你对手部诊疗法这朵中华医学奇葩，不仅会发出由衷的赞叹，而且一定会情不自禁地按照文中人体器官和手部穴位对应示意图去试验一番！

287

（1989.7）

# 浅议"公众理解科学"

近年来，党和政府一再强调：提高全民族的科学素质，这已成为我国全面建设小康社会和构建和谐社会的一项紧迫而又重要的基础性工程。

那么，如何来提高全民族的科学素质呢？最根本、最重要的一条就要让公民理解科学。

### 为什么要大力倡导公众理解科学

邓小平同志指出："科学技术是第一生产力。"因此，当今世界经济和社会的发展更多地要依靠科学技术，这就使科学技术突破了只依靠少数科学家和科技工作者的天地，成为广大群众的事业，因而让广大公众理解科学也就成为一项十分重要的任务。

首先，公众理解科学是我国现代化建设的需要。

当今世界的科学技术，已经深深地扎根于社会的各个领域，扎根于社会的经济、文化、生产、生活等各个方面，与国家的现代化建设息息相关，与人们的价值观念和人生取向密不可分，对经济发展和社会进步起着极大的推动作用。科学技术已成为决定经济竞争成败的关键，因而也就成为国际间竞争的焦点。任何国家与民族，如果不重视科学技术，就会停滞，就要落伍，就可能被动挨打。美国之所以强大，主要是因为他们科学技术强大；我国之所以落后，也主要是因为我国科学技术整体上还很落后。因此，我们要建设一个强大的现代化国家，必须依靠科学技术的发展。但如果没有公众理解科学，科学的发展、科学技术社会功能的充分发挥就成了一句空话，"科教兴国"战略方针也无法实施，我国现代化的宏伟目标也就无法实现。

另一方面，要实现现代化，离开了人的现代化也是不可能的，而人的现代化就必须以科学知识、科学精神、科学思想和科学方法来武装，使之具有现代化的知识、现代化的技能和现代化的观念。如果一个人不懂得科学，不了解信息技术，不知道生物工程，不知道知识经济，就很难确立现代化的观念，很难把握现代化社会的脉搏，就很难跟上现代化的步伐，很难适应现代化事业的需要，也就不能成为一个合格的现代化公民。

此外，科学技术是一种文化，而且是代表时代的先进文化。爱因斯坦曾经说过，科学是"高尚的文化成就"，因而是整个人类文化最宝贵的组成部分。这是因为，科学技术不仅是人类在接触自然、改造客观世界过程中积累起来的知识体系，更重要的是科学技术本身和科技实践过程蕴含着珍贵的科学精神、科学思想和科学方法，这实际上是人类先进文化的一个重要基石。科学讲究一切从实际出发，科学遵循实践是检验真理的唯一标准；科学倡导开拓创新和大胆怀疑，不迷信书本和一切权威；科学崇尚严肃、严格、严谨的作风，认真负责的态度和锲而不舍的精神，这些都是一个现代人应该追求的品格。因此，让公众理解科学是提高公众素质的基本要求之一，因而也是实现现代化的重要保证。

第二，公众理解科学是科学技术发展的需要。

科学技术发展史告诉我们：科学的发现、技术的创新，是离不开广大群众的，科技进步是科学家和人民群众共同创造的。我国古代以四大发明为代表的许多科技成就，是无数劳动人民创造的。西方以"蒸汽机"的发明为代表的第一次世界科学技术革命，主要也是依靠劳动人民推动的。到了今天，科学技术成为第一生产力，它的发展仍然离不开千百万劳动人民的科技实践和创新活动。因为科学技术是第一生产力，一般情况下，还只是一种潜在的生产力。要把它变为现实的生产力，有一个转化过程，而这个转化过程要依靠广大群众。科学技术的发展要靠科技创新，而创新的主体在企业，企业的创新必须依靠广大工人群众性的创新活动。如果离开了千百万群众的理解、支持和参与，科学技术就很难实现向现实生产力的转化，科学创新就难以蓬勃开展，取得理想的成效。另一方面，如果公众不理解科学，不了解科学技术的最新成就，不知道科技发展的趋势，就无法站到科技发展的前沿，去参与科技的竞争，去创造科技的新成就，那么，科技成果的转化和科技创新的活动也会受到很大影响。

第三，公众理解科学是坚持科学发展观，构建和谐社会的需要。

科学技术是一把"双刃剑"，它对人类社会的影响具有两重性，既有有利的正面效应，又有不利的负面影响。原子核裂变是这样，农药的应用是这样，克隆技术也是这样。最明显的例子是20世纪科学技术迅猛发展，人类改造自然的能力大大增强，使经济快速增长，人们的生活大幅度提高，同时也使环境生态遭到了极大的破坏，酸雨、温室效应、臭氧层的破坏、物种绝类、癌症和突发性公共卫生事件，等等，这一切使人类生存面临着极大的威胁。实际上这都与科学技术的负面影响有关。公众不理解科学技术，一方面不知道科学技术的新进展、新成就、新问题，就不能自觉地保护人类生存的环境，不会科学地生活，就不能适应现代社会的需要，就不能正确地认识和对待与科学技术有关的一切经济和社会发展的问题，不能有效地参与和监督政府的科学决策。一个国家民主决策的缺失，就会造成极少数人决定绝大多数人的命运，其后果是非常危险的，就如同美国著名科学家卡尔·萨根所指出的那样："一个国家将会因为没有知识而灭亡。"因此，党中央近年来强调科学发展观，要走全面、协调和可持续发展的道路，构建和谐社会，这都有赖于公众理解科学，以较高的科学素质参与国家各项政策的制定，监督其执行，以保证社会内部人与人之间的谐调，保证人与环境、生态的和谐，以实现人类在地球上能持久永续地生存。

第四，公众理解科学是与伪科学、反科学作斗争的需要。

自党的十一届三中全会以来，我国发生了翻天覆地的变化，物质文明、政治文明、精神文明建设取得了巨大成就，改革开放的丰硕成果有目共睹。但我们也要清醒地看到，消极的东西也不少。特别是近年来愚昧迷信活动有所滋长，反科学、伪科学事件时有发生，假冒伪劣现象比比皆是，特别是邪教"法轮功"一度十分猖獗，这都与"三个文明"建设极不谐调。其原因是多方面的，但其中的重要一条是与公众的科学素质不高密切相关。由于公众缺乏对科学的理解，因此不能识破迷信的伎俩，不能抵御假冒伪劣的欺骗，不能揭穿伪科学、假科学的谬论，不能有效地与"法轮功"邪教开展斗争，甚至让他们得逞于一时，危害了社会和人民，这个教训是惨痛的。因此，我们要加强对公众的科学知识、科学精神、科学思想和科学方法即"四科"的教育，在全社会形成一种崇尚科学、鼓励

291

创新、扫除愚昧迷信、反对伪科学的良好氛围，让这些精神垃圾无处藏身。

## 公众理解科学包括哪些内容

"公众理解科学"，内容十分丰富，归纳起来，主要有以下几个方面：

首先是科学知识、科学精神、科学思想和科学方法，即"四科"教育。

我们过去的科学普及工作，主要是指向公众传授科学知识，其中包括科学和技术两个方面的知识，它们既有联系又是两个不同的知识体系。科学是指人类认识世界、改造世界的社会活动，以及由此而产生的知识体系；技术则是指人类从事生产活动、创造各种产品以及由此而产生的知识体系。因此，科技知识是一个庞大的知识体系，让大家都了解和掌握是不可能的，因此，"公众理解科学"中所指的科学知识，是指作为现代人所必须了解的最基本、最重要的基本知识，包括数理化天地生的各门学科知识，也包括工业、农业、生物、医学等重要的技术知识。

这里必须指出的一点是：现在的"公众理解科学"与科学普及和过去科普工作的概念有了很大的区别，这就是强调除了普及科学知识外，更强调要弘扬科学精神，倡导科学思想，传播科学方法，这是一个很大的转变，它大大拓展了科学普及的空间，深化了科学普及的内涵，提升了科学普及的层次，赋予了科学普及以灵魂和活力，使科普由"受人于鱼"变为"授人于渔"，可以让人终身受用。这是对传统科普的一个大转变、大跨越、大突破。因为，科学普及和"公众理解科学"的最高境界和最终目的就是将科学精神、科学思想和科学方法注入民族文化之中。从这个意义来讲，"公众理解科学"就不是仅指知识层次较低的公众，也指知识层次较高的公众，每个人都需要终身接受"四科"的教育。

第二是了解科技发展史和当今世界科技发展趋势。

社会要发展，但不能割断历史来发展，这里有一个历史传承的问题。科学技术发展已有几千年的历史，我们的先人为后人贡献了无数的发明创造，其中有很多我们至今仍在享用，其中蕴含的知识，至今仍有借鉴意义，尤其是科技发展中积累的科学精神、科学思想和科学方法更是一笔宝贵的精神财富，更值得我们学习、继承和发扬。哲人说：不了解历史，成不了现代人。这也同样适用于科技史。对于我们的国人来说，了解中外的科技发展史，还有一个历史反思的问题，即中国过去科技曾经辉煌，在近二千年的历史中一直处于领先地位，为什么到了近代反而落后了？了解个中原由，对推动今日我国的科技发展是非常有意义的。

另一方面，就是要了解当今世界科技发展趋势。只有这样，我们才能更好地参与科技创新活动和国家科技政策的制定。21世纪科学技术的发展趋势，一是其结构中心发生了很大变化，由20世纪以物理学为中心转变为以信息科学、生物科学和材料科学为中心，科技创新出现了群体突破态势，并且在不断突破人类传统认识的极限，正酝酿着新的重大的突破；二是科技日益社会化，社会日益科技化。当今世界，科学技术已成为经济增长和社会发展的支配性力量。国家的强盛、人类的未来，更加依赖于科技的创新和知识的运用，从而将改变人类的生存方式、思维方式、行为方式，使人类走上可持续发展的康庄大道。另一方面，科技与社会的互动促进了社会知识化，知识经济的时代正在悄然来临，知识资源正在成为主要的财富资源。以科技创新为主的知识创新活动将成为人类的主导活动。公众的知识文化水平将越来越高，终身学习成为必然要求，整个社会将成为学习型社会；三是科学技术正在朝着发展加速化、跨学科整合化、高度数字化和科学技术一体化方向发展。当今世界的科技进步非常迅速，科研成果转化的周期越来越短，科学与技术的界限日益模糊，技术和产品的更新换代不断加快，原始创新能力已成为国家间科技竞争成败的关键。另一方面，当代科技向着高度分化和高度综合两极发展，而综合是主导趋势。人类面临的许多难题都具有综合性质，如环境生态问题，必须综合运用各门自然科学、各种技术手段乃至于人文、社会科学知识才能解决。至于高度数字化则表现在数学向各门科学的渗透即数字化和计算机向各个科技领域乃至于社会科学的领域渗透即信息化；四是科技发展与科技文化的互动。科技的发展必然孕育科技文化，科技文化又反作用于科技发展。科技文化的核心是科学精神，即追求真理、求真务实，这也是先进文化的基石与先导，它反作用于科技，推动、促进科技的不断发展；五是高度重视科学技术的负面效应。这一点在前面已有叙述，这里不再赘言。总之，了解当今世界科技发展的趋势，对于我们各行各业，特别是参与工农业生产的广大公众做好各自的工作，也是具有重要的指导意义的。

第三是正确理解科学家。

科学技术的发展，使人类逐步从蒙昧走向现代文明，给人类带来了丰富的物质和精神的享受，改变了人类社会的生存方式。这一切都凝聚着人类的智慧，这首先应归功于一代又一代科学家的贡献。因此，"公众理解科学"，很重要的一项内容就是理解科学家，了解科学家是一群什么样的人，他们的价值观、人生态度、行为准则是什么；他们是在什么样的社会大环境和历史大背景下，通过怎样的努力，才实现科学技术上的重大突破的；了解在科学家身上所反映出来的科学精神、科学思想和科学方法，这对我们更好地认识科学家这个特殊群体，进而更深入地了解科学和科学研究，更准确地理解科技实践的不易和科技创新的艰辛是大有裨益的。

由于科学家这个群体在历史上一直是社会上人数很少、所从事的工作又与众不同，加上他们的研究工作大多深奥莫测，一般人难以理解，因此公众对他们往往会产生一些误解。一是认为他们都是一些天资绝顶聪明，远远超过常人的"天才"；二是由于他们痴迷于科学事业，被人们视为不食人间烟火，不懂得生活常理的"怪人"；三是由于他们取得了举世瞩目的科技成就，创造了人间奇迹，加之过去宣传的片面性，人们往往把他们推崇为"圣人"。这都是不正确的，它把科学家与公众的距离拉开了、疏远了，使科学家的形象神化了、扭曲了，这不利于我们正确理解科学和创造发明，不利于我们正确认识科学家并向他们学习。科学家是一群不平凡的人，因为他们为社会创造了奇迹；但科学家也是平凡的人，因为他们和我们一样有喜怒哀乐的情感，有柴米油盐的凡事，有恋爱婚姻的问题。他们也有缺点，也会犯错误，即便是被誉为有史以来最伟大的科学家如牛顿、爱因斯坦也不例外。因此，我们要以一颗平常心去看待科学家，还其本来的真实面目，这样才可能正确理解科学家，把他们还原成为实实在在的人，可敬可亲的人，值得学习效仿的人。

第四是正确理解科学事件。

科学技术作为人类社会的重要实践活动，天天都在进行，因此经常发生一些科学事件是不足为怪的。但由于科学事件涉及面广，影响重大，其中蕴含着丰富的科学知识、正面的经验和反面的教训，蕴藏着深刻的科技文化即科学精神、科学思想和科学方法等方面的内容，是难得的生动鲜活的特殊教材和千金难买的宝贵财富。因此，有人把重大的科技事件称为亿万元的学校。如苏联发生的切尔诺贝利事件、克隆羊事件和SARS袭击全球事件等。

## "公众理解科学"与"科学普及"的异同

科学普及与公众理解科学有许多相同之处，如它们的内容都是围绕"四科"教育；它们的目标都是提高公众的科学素质；它们的做法基本上也相似。但它们两者之间也有区别。区别之一是主体不同。科学普及是把公众作为"四科教育"的接受者，强调的是科普工作者及其相关机构向公众传播"四科"。而公众理解科学则把公众作为"四科"教育的主体，强调了公众的主动性、参与性。由此就引出了第二区别，那就是科学普及的走向主要是由科普工作者及其相关机构向大众普及，即你说我听，至于"四科"教育的针对性如何，效果怎样，很少有人问津，甚至会发生不同人有不同说法，互相打架，使公众无所适从的情况。公众理解科学则不同，科学家、科普工作者、科学传媒和科技部门与公众的关系是平等的，公众有更高的话语权、反馈的机制和自我探究与完善的机制，这就可以保障"四科"教育达到更好的效果。

（2004.12）

# 科普读物仍是大众科技传播的重要载体 *

　　21世纪是知识经济时代，知识的生产、传播、运用、物化和转化将得到极大的发展；21世纪也是信息时代，信息迅猛增长，传播速度加快，数字化生存将成为人类生存的重要方式；21世纪还是科学技术、特别是高新技术飞速进步的时代，高科技成为当今世界经济发展的制高点。21世纪的这些特点决定了科普工作的理念、内容和方法将有很大的转变，以适应时代的要求。有人提出以"科学传播"代替"科学普及"，用影像、网络等先进的传播技术代替老的传播形式。那么，老的科普形式还有用吗？比如科普读物，我们的答案是肯定的。

　　由苏州市科协和市科普促进协会组织编写、古吴轩出版社正式出版的《市民科普读本》（简称《读本》）丛书第一批四册，即《比科学知识更珍贵》《医药卫生与健康》《生命科学与生物技术》和《科学技术与日常生活》，第二批三册，即《物质能源与高新技术》《天文气象与地质地理》和《农业科技与食物营养》，分别于2005年和2006年正式与读者见面，立即引起了强烈反响，被媒体誉为"如此严谨、翔实的市民科普丛书在省内尚属首次，即使在国内也不多见"，"是一套值得阅读、收藏的科普书"。

　　"老树发新枝"作为科普读物这种老的形式为什么会取得如此的效果？我们的主要做法有以下四点，即"四个精"。

## 精品意识

苏州市科协拿出50余万元即两年科普经费的近四分之一，组织编写出版《市民科普读本》，是作为加快建设国际新兴科技城市十大工程之一的"苏州市公民科学素质工程"的重大举措，决心可谓大矣。但开始时有不少人对市民科普读本有没有人读？能起到多大作用？表示怀疑，认为现在是人心浮躁的读图时代，网络、电视等现代强势媒体占主导地位，还有多少人会看科普书呢？然而我们认为，尽管现代传媒技术有形象生动、趣味性强、阅读便捷等特点，因而大行其道，深受欢迎。但科普与娱乐毕竟还是有区别的，这些现代传媒技术受时空和表现方式等的局限，用于科普往往有浮光掠影之嫌，很难让观众做到深刻理解和牢固掌握。而《读本》这种形式，虽较影像等手段显得呆板、抽象，但它的最大优点在于阅读的主动权牢牢掌握在读者手中，不受时空限制，你可随时、反复阅读，可边阅读边思考，做到深刻理解、消化吸收、牢固掌握，变成读者构建知识大厦中一块块坚实的基石，成为读者在工作和生活中真正有用的知识和能力，是提高公众科学素质的有效方法，其作用是不可替代的，关键的问题是编写的质量。因此，我们在编写过程中始终强调要树立"精品意识"，把《读本》作为一个品牌，不局限于苏州，把目标定在"省内能叫得响，乃至在全国也能拿得出"的水准上。

无论是传统的科学普及还是现代的大众科技传播，都由若干要素组成，而其中最关键的是向谁普及（传播）、普及（传播）什么以及如何普及（传播）3个环节。于是我们从确定读者对象，精心策划选题，精选编写内容，到组织编写队伍几个方面一齐发力，采取多项措施对编写过程和书稿质量进行管控和把关，确保编写质量。

## 精确定位

精确定位就是明确《读本》为谁而写的问题，这是首先要解决的问题。20世纪60年代出第一版、到80年代又一次再版的《十万个为什么》、90年代出版的《中国少年儿童百科全书》等一批优秀少儿科普图书之所以受欢迎，原因是多方面的，但其中至关重要的一条是它们都把读者明确定位于少年儿童上，内容贴近小读者。那么，我们的《市民科普读本》如何定位呢？

首先，我们这套《读本》是为提高市民科学素质服务的。根据2004年我市公众科学素质调查的结果表明，仅有近6%的市民达到要求，而其中绝大部分达标者的文化程度在高中以上。另一方面，经过这些年的努力，苏州市高质量地完成了9年制义务教育，高中段教育也已基本普及。从要求和现实两个方面考虑，我们把《读本》的读者定位于以具有高中文化程度的市民为主要对象。具体来说，一是高中文化程度应该掌握的知识；二是高中文化程度可以理解和掌握的知识。这种既根据实际情况，又有一定的前瞻性，普及与提高相结合的读者定位，才能成为推动市民科学教育的开展，成为真正有助于市民科学素质有效提高的措施。

299

为了更好地促进《读本》的学习，我们正在将《读本》的内容编写成多选题题库，以便以后组织社区、学校、企业、军营以及在电视台、报纸上开展科普知识竞赛，通过各种趣味性强的活动，推动市民学习《读本》，将科技知识寓教于乐，更加深入人心。

### 精炼内容

读者对象确定之后，《读本》要普及什么科技知识就成为关键。现在的科技知识瀚如烟海，如何确定《读本》的选题，如何精选有关选题的内容，这是一个十分棘手的难题。我们经过反复研讨，认真剖析了国内外目前采用的《公众科学素质调查问卷》，全面调查了国内外多种权威的《百科全书》一类的著作，对它们涵盖的学科和每个学科的基本知识及其比例作了分析比较，再根据中国科协主持制定的《中国公民科学素质基准》的要求，最终确定了我们这套《市民科普读本》丛书共有7个选题，即7个分册。第一分册是主要以讲故事的形式来介绍公众理解科学和科学精神、科学思想、科学方法有关内容的《比科学知识更珍贵》一书，其余6个分册均采用《十万个为什么》那样的问答式来介绍具体的科学技术知识，每个分册精选700~800道题目，每道题目限200字以内，每册字数控制在15万左右，整套丛书总字数在110万~120万以内。

为了确保编写内容的高度凝练精干，我们确定了以下几项原则：一是"三最"原则，即以最基本、最重要和最新颖的知识为入选的基本原则，强调《读本》的科学性和创新性；二是要贴近市民的生活和需求，力避过于偏（偏狭）、奇（猎奇）、深（艰深）的内容，强调实用性和可读性；三是突出科学精神、科学思想、科学方法方面的内容，强调《读本》的思想性和人文性，提升整套丛书的档次。

《比科学知识更珍贵》的作者在短短3个月的时间里，阅读了上百本书刊，从中精选、提炼出30多个科学故事，将科学精神、科学思想、科学方法讲得娓娓动听，还不时有精辟的议论和独到的见解，使之具有一种一气读完、欲罢不能的魅力。

有的作者为了构思一道高质量的题目，连续抽了10根香烟也未能如愿，这种精益求精的精神一时传为佳话。《科学技术与日常生活》的内容庞杂，涉及的知识领域很广，为了叙述准确无误，70多岁高龄的主编一次次地跑图书馆和上网查资料，一次次地到相关部门登门求教，不耻下问；有时还亲自做实验进行验证。一次，他为了弄清"服装型号"的识别问题，专程到苏州大学向有关专家请教，返途中仍在思考问题，一不留神从自行车上摔下来受了伤，但他忍着伤痛继续夜以继日地写作。作者们就是靠这样一种精神和毅力，为《读本》成为"精品"而呕心沥血。《读本》中，不仅有对"寡妇年""水变油"等伪科学、反科学等事例的深刻揭露，有对"SARS灾疫""切尔诺贝利核电事故"等科学事件的精辟剖析，有对"美丽永恒"的科学家居里夫人、孤独无悔的水利专家黄万里等的热情讴歌，也有对"如何自查疾病""何谓'两对半''大三阳''小三阳'"等实用知识的清晰阐述，还有对"克隆""干细胞""DNA芯片""宇宙飞船""网络""特氟隆""性知识"等公众关注或感兴趣的问题的简要介绍。类似这样一些闪光点在《读本》中比比皆是，不胜枚举。

### 精选作者

为谁写和写什么确定之后，如何来写就成为确保《读本》质量的核心问题，而合适的作者是书稿质量的灵魂。科普图书的写作，其关键也是难点在于：它不仅要求作者有扎实、广博的科技知识，还要有善于表达的文字功夫，是两者完美的结合，缺一不可。由于这套丛书共有7个分册，要求必须在较短时间内完成写作，时间紧、任务重，组织、操控、协调的工作量很大，因此《读本》丛书选择了一位在市科协多年负责科普工作的副主席，现任市科普促进协会理事长的科普管理专家担任主编，由长期热心科普工作的苏州大学教授、中国科普作家协会会员和原苏州日报社科技部副主任、高级编辑二人任副主编，各个分册的主编和作者也都是相关分册所涉及的学科领域的专家和科普作家。如《比科学知识更珍贵》一书由苏州大学核科学家、科学方法学专家独立编写，《生命科学与生物技术》由苏州大学生命科学学院教授、市生物学会秘书长担任主编，《医药卫生与健康》一书由原市医学会秘书长、主任医师和市中西医结合学会理事长、南京中医药大学教授两人共同担任主编，《科学技术与生活》由一位从事科普写作近50年的中国科普作家协会会员担纲，《农业科技与食物营养》则由市农学会理事长亲任主编，组织下属的各个分会20多位专家通力合作，共同编写。此外，作者中还有市疾病控制中心和计划生育委员会的专家、中学高级教师等。这种科学家、科普作家、科学编辑、中学高级教师和科普管理专家多元结合的写作班子，是书稿质量强有力的保证。

（2005.6）

*注：本文是强亦忠教授因2005年苏州科理论研讨会所需，受《市民科普读本》编委员的委托，根据《读本》编委会多次编辑工作研讨会、编写工作总结会的精神以及《读本》读者座谈会大家的发言，汇总、提炼而起草撰写的论文。

# 议科学精神

　　科学的本质在于认识客观世界，探索真理。科学本身包括科学知识、科学精神、科学思想和科学方法四个方面，它们是互相联系、互相交融、互相促进的。科学知识是科学的本源、科学方法是科学的能力，科学思想是科学的意识反映，科学精神则是科学的灵魂。科学精神它内化在科学家的良知中，体现在科学方法中，凝集在科学事件中，渗透在科学实践中，它给予科学和社会发展以基础性和根本性的作用与影响。

　　在现实生活中，我们屡屡看到一些令人难以置信的事例：堂堂教授、博士生导师上科学骗子的当，甚至一些有名的专家为伪科学张目，党校哲学教授成为"法轮功"的吹鼓手等等。这些事例都印证了一个道理：光有科学知识还是远远不够的，比知识更重要的是科学精神、科学思想和科学方法，尤其是科学精神。正如一些知名学者在一次科学精神研讨会上所指出的那样：我国进行现代化建设，缺少并需要资源、资金、技术等等，但最缺少也最需要的是科学精神，这是很有见地的。

　　科学精神的缺失所带来的社会危害不可低估。它一方面使广大人民群众，包括知识分子和干部深受其害；另一方面，在一定程度上影响了物质文明、政治文明和精神文明的建设，破坏安定团结，危及"四化"的前程。江泽民同志近年来一再强调："提高全民族的科学素质"，"全党全社会大力倡导和弘扬科学精神"，这是实现中华民族伟大复兴的迫切要求。

要弘扬科学精神，首先必须搞清楚什么是科学精神。

科学精神，是指人类在科学实践中逐步形成并适应科学需要、推动科学发展的一种精神状态，其核心就是实事求是、求真务实、勇于探索、开拓创新的精神。

目前，对科学精神仍有多种理解，但基本上可概括为以下几点：

### 大胆怀疑、勇于批判精神

科学总是在不断发现和了解客观世界，研究和掌握客观规律，在不懈地追求和完善真理，与各种谬误作斗争中发展的。因此，科学最基本的特征之一就是大胆提出问题，敢于置疑，勇于批判，只尊重事实，只服从真理，不迷信盲从，不人云亦云，即崇尚理性。

近代科学就是在冲破宗教神学的压制中诞生的，而这种冲破首先发端于对宗教神学的怀疑和对迷信的抗争。哥白尼（1473—1543年）的"日心说"是对"地心说"的挑战，达尔文（1809—1882年）的"进化论"是对"上帝造人说"的挑战，都体现了一种怀疑、批判的精神。

牛顿完成了经典力学体系的创立之后，受到了科学界的极大赞誉和推崇，成了科学上的大权威。那么，怎样看待牛顿及其理论，对于科学家来说，成了一种新的考验。真正有作为的科学家不会拜倒在牛顿脚下，停止前进的脚步。他们会尊重科学实验的新事实，提出新的见解。正如英国科学家托马斯·扬（1773—1829年）所说："尽管我们仰慕牛顿的大名，但我并不因此非得认为他是百无一失的，我……遗憾地看到，他也会弄错，而他的权威也许有时甚至阻碍了科学的进步"。他就对牛顿的光的"微粒说"提出了异议，主张光的"波动说"。后来的研究进一步证明，光既具有粒子性，又具有波动性，使人们对光的本质的认识达到了更完美的程度。

## 唯实求真、实事求是精神

首先，科学来源于实践，因此实践性是科学的基础。正如著名的俄国生理学家、诺贝尔奖得主巴甫洛夫（1849—1936年）曾谆谆告诫青年所说的那样："要研究事实，对比事实，积累事实。无论鸟的翅膀多么完美，如果不依靠空气支持，就决不能使鸟体上升。事实就是科学家的空气，没有事实，你们就永远不能飞起来；没有事实，你们的'理论'就是枉费心机。"因此，科学研究的前提是通过实践，积累事实。但仅限于此是远远不够的。19世纪德国辩证唯物主义哲学家狄慈根（1828—1888年）指出："科学就是通过现象以寻求真实的东西，寻求事实的本质。"因此，实践性更本质的含义，就是求真务实，就是要在尊重实践、尊重事实的基础上，透过现象看本质，要还事物以本来面目，也就是要探寻事物的本质及其发展规律，即毛泽东同志所说的："实事求是"，即要通过"由此及彼，由表及里"的思索，从感性认识上升到理性认识，只有这样才能实现"唯实求真"的目的。

唯实求真的另一个核心内容，就是要遵循"实践是检验真理的唯一标准"的原则。科学是人类实践经验的总结，在科技实践中形成的观点、思想、理论、发明和创造，必须接受实践的检验，具有可重复性。马克思指出："人的思维是否具有客观的真理性，这不是一个理论问题，而是一个实践问题。"毛泽东同志在《实践论》中也强调："判断认识或理论之是否真理，不是依主观上觉得如何而定，而是依客观上社会实践的结果而定。真理的标准只能是社会的实践。"这一原则也是我们与一切伪科学、假科学作斗争的锐利武器，是检验伪科学、假科学的试金石。一些教授、专家、高级干部之所以在伪科学、假科学面前受骗上当，主要不在于他们缺乏知识，而在于他们缺乏科学精神，没有遵循唯实求真的原则。

## 开拓创新、勇于超越精神

科学的活力和魅力在于探求未知世界，因此开拓创新是科学的灵魂。

首先，开拓创新的核心在于"新"。因循守旧，重复前人的工作，新从何来？当今国际和国内的科技竞争异常激烈，真可谓千帆竞发、百舸争流，竞争和较量是异常激烈而又十分残酷的。科技成果只承认第一，没有第二，第二就重复，就失去创新价值。如果你没有强烈的创新意识和创新观念，不能只争朝夕，捷足先登，就会坐失良机，居人之后。

华裔科学家杨向中在中国完成博士学业后即赴美从事胚胎学的研究工作，早在1992年他就开始克隆动物的研究，并成功地将动物的体细胞核抽出来，注入另一个动物的卵细胞的核中，经过激动形成初胚。但他没有将这个胚胎细胞再植入第3个动物的子宫中孕育。当他于1997年2月得知英国科学家成功地获得第一头克隆羊多利的消息时，后悔莫及。不过，他坦陈由于自己受传统生殖观念的束缚，没有将自己的研究工作继续下去，痛惜与克隆动物这一生物技术领域重大发现的优先权失之交臂。同样的例子在X射线的发现、核裂变现象的发现等重大创新事件中也都存在过，这说明创新的首要问题在于观念的创新。

其次，创新的关键在于"创"。要敢于想、敢于闯、敢于干，才能开辟新领域，创出新天地。如果畏首畏尾，裹足不前，是不可能实现创新的。但创新的勇气是来源于创新的动力，而这一动力又来源于高度的事业心和责任感。一个对人民、对事业缺乏热情的人，是不可能具有创新意识和创新精神的，也就不可能抓住机遇，开拓进取，实现"有所发现，有所发明，有所创造，有所前进"。

再次，创新是有层次的。有大的创新，也有小的创新；有整体性的创新，也有局部性的创新；有突破性的创新，也有渐进性的创新，有理论性的创新，也有技术性的创新。因此，创新并不神秘。历史上许多发明创造，都是普通人做出来的。我们要打消自卑心理和无所作为的思想，做一些切合实际和力所能及的发明创造是完全可能的，关键在于既要敢想，又要敢干。正如留美华裔博士黄全愈在《素质教育在美国》一书中论述创造的涵义时所指出的那样："所谓'创'就是打破常规，所谓'造'就是打破常规的基础上产生出具有现实意义的东西。不打破常规，无所谓'创'；不'造'出现实意义的东西，只能是天花乱坠的想入非非。"

### 团结协作、宽容待人精神

当今科技发展的一大趋势就是既竞争又协作。个体式的一家一户小农经济式的科学活动早已过时。现在的科技活动往往是科学小组、科学团队的活动，是跨学科、跨部门、跨地区甚至是国际的合作。"人类基因组计划"就是一个国际合作的典范，我国不仅参与其中，而且出色地完成人类基因图谱1%的测试任务。再如在2003年与SARS的斗争中，也是依靠国际合作，共同攻关，取得成效的。因此，搞好团结协作，发挥团队精神至关重要，已成为现代人的重要素质。正如美国著名教育家、人际关系学家卡耐基所言："一个人事业的成功，只有百分之十五是由于他的专业知识，另外百分之八十五要靠人际关系和处世技巧。"

要搞好团结协作，很重要的一条是要平等相处，宽容待人。在真理面前人人平等，科学只服从事实，服从实践检验，因此科学本身就蕴含着平等精神，这是科学特性所决定的。由于科学是探索未知世界，一个新的发现，一种新的理论，一项新的发明，往往需要有一个不断观察、验证、完善的过程。在此过程中，出现不同看法、产生争论是很正常的事。因此，我们要重视学术民主，支持学术争鸣，要以宽广的胸襟、宽容的态度对待不同的意见和见解，不要轻易下断言，这样才有利于科学事业的发展和创新环境的营造。

### 执着敬业、无私奉献精神

科学实践活动是一项十分艰苦的认知活动和创造活动，特别是科技创新，更是一项艰辛的工作。马克思曾经说过："在科学上没有平坦的大道，只有不畏劳苦沿着陡峭山路攀登的人，才有希望达到光辉的顶点。"古往今来，科学领域的优秀分子为了追求科学真理，为了人类进步，充满着执着和献身精神，甚至不惜牺牲自己的生命。他们都热爱科学，都把科学事业作为是对社会、对人民的一种责任，在科学探索中孜孜不倦、不懈奋斗、淡泊名利，把全部心血乃至毕生精力都倾注于科学事业中。这正如爱因斯坦所言："对真理和知识的追求并为之奋斗，是人的最高品质之一。"这是科学家们创造科学奇迹的精神基石，也是他们为人民所崇敬的重要方面。两获诺贝尔奖的女科学家居里夫人是这样，因创造相对论而被誉为20世纪最伟大的科学家爱因斯坦是这样，不怕失败、不怕挫折，取得了1000多项发明，造福于人民的发明大王爱迪生是这样，由于创造杂交稻而多次受到国内和联合国教科文组织最高奖励的袁隆平也是这样。

（2005.7）

# 议科学思想

对于科学思想的定义和内涵，目前还没有一个比较明确的说法。刘大椿先生在《走近新科技丛书》总序中指出："所谓科学思想，简单地讲就是科学活动中所形成和运用的思想观念，正是它的存在赋予科学活动以意义。科学思想来自科学实践，又反过来对科学实践具有指导作用，它既是科学活动的结晶，又是科学活动的灵魂。如果没有科学思想，科学实事本身是不会凸现出具有规律性的意义的，如果没有科学思想作红线，再多的科学知识也不过是一些文档材料，缺少灵魂的东西。"赖功欧先生在《科学思想是什么》一书中写道："日常生活中，人们很容易不加区别地将科学思想、科学知识、科学方法、科学精神混同起来，这当然是因为它们在事实上有着一定的内在关系。在科学知识、科学方法、科学精神中都充满了科学思想，没有科学思想，就没有科学知识、科学方法和科学精神。但是，笼统地看待它们，会不利于我们将'思想'提取出来。那么，什么是科学思想呢？用一句最简单的话，当然是对世界的一种科学的看法，其内涵包括对自然、生命、社会历史以及科学自身的理性观念和规律意识。"杨文志先生等人在《现代科普导论》中则认为："科学思想是人类智力的集结、智慧的结晶，是认识世界和改造世界的锐利武器。知识只有集结成思想，才能形成力量。……科学思想一旦形成理论体系，并同社会需求、技术发展结合起来，同广大公众的生产生活实

309

践结合起来，就会变成巨大的物质力量和精神动力。"

从上面的叙述可见，对科学思想，不像科学精神、科学方法那样明确，已有的论述比较含混，且不一致。不过综合上述各家的论述，再根据笔者几十年科技工作的实践，还是可以把科学思想归纳成以下两个层面的内容：

第一个层面的科学思想是指在科技实践中，在探索具体的科学问题时所形成的一种设想，一种想法，一种假说，一种概念，即所谓的"idea"，它往往是一种发现或一种创新的萌芽，经过充分的研究，深入的探讨，就可能成为一种新的学说或理论，它往往表现为对原有观点、理论、学说的否定和突破，如日心说、相对论、大陆漂移学说、原子核裂变理论等。意大利科学家费米由于受原子核不可再分的旧观念束缚，因此在中子轰击铀原子核引起反应时，仍用核吸收中子产生新的原子核来解释，从而失去了核裂变这一伟大发现的优先权。杨向中也因传统生殖理论的束缚，未能将体细胞形成胚胎的实验进行下去而错过克隆动物这一20世纪末生物技术突破性的发明。这充分说明，科学思想在科学研究中多么重要！因此，了解这一类的科学思想，不仅对指导我们的科技实践十分，甚至对搞好其他工作也是有一定的借鉴意义和启迪作用的。

第二个层面的科学思想是指在科技实践中，通过对科学研究、发明创造的总结，通过对科学知识、科学精神与科学方法的凝聚，提炼为一种科学世界观，结晶为一种思想观念，体现为一种最基本的科学意识与科学态度。因此，这种科学思想无疑是科学中最活跃也是最具决定意义的因素，它指引科学知识的产生，催化科学方法的创新，促进科学精神的形成。如果没有科学思想的指引，就无法形成系统而有条理的知识；如果没有科学思想来武装，就不可能孕育出科学精神、科学态度和科学方法，也就不可能有科学事业的持续发展和不断演进。由此可知，这一层面的科学思想是更高层面的科学思想，具有更为重要和普遍的意义和作用。

下面，我们就以第二个层面的科学思想为主，结合第一个层面的科学思想，对科学思想作一简要归纳和论述。

## 科学自然观

自然界大至宇宙太空，小到分子原子，可谓千姿百态，五彩缤纷。但它们之间是否存在统一性，这是自古以来人们一直探索的目标。正如德国著名物理学家、量子论的创立者普朗克（1858—1947年）所说：自然科学从一开始就把各种各样的物理现象概括成一个统一的体系作为自己最伟大的目标。一代一代的科学家为此孜孜以求，为之付出了种种代价，也获得了丰硕成果。例如，对组成世界最基本的物质，从两千多年前一些朴素的唯物主义思想家对世界起源的种种猜测起，曾提出形形色色的假说，如古希腊的"水原说"（水是万物之本原），"元素说"（水火土气四元素），到近代的"原子论"（道尔顿，1766—1844年），"元素周期律"（门捷列夫，1834—1907年），再到现代的原子模型（卢瑟福，1871—1937年），电磁场论—广义相对论（引力场论）—统一场论，夸克模型，等等，人类在为探索物质最终本质的道路上不懈努力，逐步深入，层层推进，现在已到了夸克一类的基本粒子的层面，对客观世界的统一性有了更完整的理解，但问题仍没有终结。

此外，对力和波的不断认识，对时空观的不断更新，也都反映了人类科学自然观的不断进步。

## 科学生命观

生命的奥秘、人类的起源，是一个经久不衰的科学话题。但由于这个问题的复杂性，在相当长的历史时期里，人类对它的认识一直处于幼稚与蒙昧的状态，因而让宗教和迷信统治了相当长的时间。1858年达尔文（1809—1882年）进化论的诞生是人类科学思想史上一个伟大的转折点，以此为契机，人类奏响了生命科学的新乐章。从"物竞天择，适者生存"的观点，到"人是由猿进化而来"的观点，到"劳动创造了人"的观点，都闪耀着辩证唯物主义思想的光辉。

科学生命观的另一个重大命题就是生命的本质是什么？对这个问题也经过漫长、曲折的探索，才找到了一条从"物质基础"来探讨这一命题的唯物主义的正确之路。正如美国生物学家、生物系统论的创始人贝塔朗菲（1907—1971年）所言："现代人对遗传的物质基础的洞见，可以与现代物理学揭示的物质的基本单位、原子的结构和组织的图景相媲美"，"完全可以说，生物学世界观是随着生物学在科学等级体系中占据中心地位而诞生的。生物学以物理学和化学为基础，物理学定律和化学定律是研究和解释生命现象不可或缺的基本原理。"现在生命科学从整体水平逐步发展到细胞水平、分子水平，特别是DNA双螺旋分子模型的建立为揭示生命本质开辟了广阔的天地。很快"遗传密码"的破译、DNA的复制、蛋白质的生物合成、基因工程的诞生、人类基因图谱的破解，等等，这一系列的发现和创造完全印证了贝塔朗菲对科学生命观的论述。

## 科学发展观

20世纪是科学技术突飞猛进的世纪，科学技术的发明创造为人类改造客观世界、征服自然增添了巨大的能力，也带来了巨大的物质财富，使人类充分地享受到了科技成果带来的恩惠，但同时也带来了环境生态的巨大破坏，使人类遭到了大自然的空前报复，尝到了苦果，这引起了人类的沉痛反思。

20世纪80年代，国际社会就提出了可持续发展的理念，到90年代这一理念得到了更广泛的认同，并成为一种新的发展思想和发展战略。1992年6月，联合国环境与发展大会在巴西首都里约热内卢隆重召开，通过了《里约宣言》和《21世纪议程》，这是国际社会实施可持续发展战略的两个纲领性文件。前一个文件提出了有关可持续发展的27条基本原理和思想准则，后一个文件提出了贯彻可持续发展战略的具体领域和行动计划，其意义是非常重大而又深远的。这正如这次大会秘书长斯特朗所言："这确实是人类一个历史性时刻，这确实是人类一次意义深远的经历。任何人都不可能对此无动于衷。"

可持续发展的思想可以说是源于对科学技术发展作深刻反思的结果。所谓可持续发展，正如胡锦涛同志所指出的那样："就是要促进人与自然的和谐，实现经济发展和人口、资源、环境相协调，坚持走生产发展、生活富裕、生态良好的文明发展道路，保证一代接一代地永续发展。"既要考虑当代发展的需要，又要考虑未来发展的需要，不能以牺牲后代人的利益为代价来满足当代人的利益。可持续发展战略对处于现代化建设关键时期的中国来说尤为重要。因此，我国党和政府高度重视，早就把可持续发展作为国策之一，并进一步发展完善，提出了"全面、协调、可持续的科学发展观"，它不仅是我国经济和社会发展的基本方针，同样也是指导一切科技工作和科技实践的基本方针。作为公众，都应该了解全球性生态危机的现状，了解人口、资源、环境与现代化事业的关系，了解人和自

313

然协调发展的科学思想，自觉地贯彻科学发展观，为构建和谐社会而贡献自己的力量。

## 科学历史观

科学历史观就是科学唯物史观，这是马克思主义理论的又一个伟大功绩，这也是大家都比较熟悉的一个理论，它主要包含如下一些观念：社会历史的发展有其自身所固有的规律；物质生活和生产方式决定社会生活、政治生活和精神生活的一般过程；社会存在决定社会意识，后者又反作用于社会存在；社会的发展主要是由社会内部矛盾所推动的，生产关系与生产力的矛盾，上层建筑与经济基础的矛盾，是推动一切社会发展的基本矛盾；社会发展的历史是人民群众实践活动的历史，人民群众是历史的创造者，等等。因此，科学历史观对于我们正确认识科学技术发展的历史和规律，对于我们正确理解科学家和科学事件，对于我们如何认识科学技术今后的发展趋势和预测未来，都是不可缺少的思想武器。

（2005.9）

# 议科学方法

　　人们通常把达到目的的途径称为方法或手段。科学方法就是人们为实现认识和改造客观世界这一基本目的而采用的手段和途径。因此，科学方法很重要，它无处不在，人人需要。近代科学之所以产生在西方而没有产生在古代科技十分发达、先进的中国，其中一个重要原因就是西方自古希腊开始就形成了一个良好的方法学传统，中国则没有。毛泽东同志在《关心群众生活，注意工作方法》一文中指出："我们不但要提出任务，而且要解决完成任务的方法问题。我们的任务是过河，但是没有桥或没有船就不能过。不解决桥和船的问题，过河就是一句空话。不解决方法问题，任务也只是瞎说一顿。"科学的主要目的是探索未知世界，也即要从"未知"的此岸到达"已知"的彼岸，要从"必然王国"走向"自由王国"，这也有一个"过河"的问题，因此方法在科技实践中是一个非常重要的实际问题，它决定科技实践的成果大小、效率的高低乃至于决定其成败。正如法国生理学家贝尔纳所言："良好的方法能使我们更好地运用天赋的才能，而拙劣的方法则可能阻碍才能的发挥。因此，科学中难能可贵的创造性才能，由于方法拙劣可能被削弱，甚至被扼杀，而良好的方法则会增长、促进这种才华。"

　　科学方法有三个层次，即具体方法（或称特别方法）、一般方法（或称普遍方法）以及哲学方法。具体方法是在做某一项具体科技工作时采用的方法，因具体工作的不同，它可千变万化，不胜枚举，如做化学分析要用化学分析的方法，作疾病诊断要用医学诊断的方法，加工零件要用机械加工的方法等等，庖丁解牛就属于具体的方法，这类方法只能在碰到具体工作时去学习、去选择、去确定。哲学方法则主要是指唯物辩证法，这是从哲学高度上来理解方法，是方法学中从科学思想这个层面来考虑的问题。一般方法是讲的具有普遍意义的方法，田忌赛马，就是一种运筹学的方法，在很多场合都可以用。许多体育比赛的排兵布阵，许多复杂工作的巧妙安排，都可以用运筹学。这类方法是科学方法中主要和重点研究的一类方法。

在一般方法中，又有可分为经验方法、理论方法和其他方法三类。经验方法有调查方法、观察方法、实验方法、总结方法等。理论方法有思维方法、"三论"（即控制论、信息论、系统论）方法、数学方法等。其他方法有群体讨论法、信息分析法、代价—利益分析法、最优化方法等。

对于科学研究方法，首要的问题是提出科研选题，这就如同打井选址一样，如果你井址选得不对，那么你无论采用多么先进的打井设备和工艺，无论投入多少人力和物力，都是不可能打出水来的。因此，它可称为科研中的科研，这正如爱因斯坦所说的那样："提出一个问题往往比解决一个问题更重要。因为解决问题也许仅是一个数学上或实验上的技能而已。而提出新的问题、新的可能性，从新的角度去看旧的问题，都需要有创造性的想象力，而且标志着科学的真正进步。"许多发明创造就是由于选题选得科学、准确、创新，因此保证了发明创造的顺利实现。

科学研究方法的另一个重要问题就是创新思维，有关这方面的内容笔者将在另文中作比较详细的介绍，这里不再多述。

下面，简要介绍一下经验方法中常用的几种方法。

## 调查方法

调查研究之法源远流长，可以说是与人类文明一起诞生、发展的。值得一提的是，马克思主义关于人对社会所做的调查研究的实践与理论创新，是对调查研究方法学的重大贡献。毛泽东同志指出："马克思、恩格斯努力终身，作了许多调查研究工作，才完成了科学的共产主义。"毛泽东同志在调查研究方面，也做出了杰出的贡献，他的《湖南农民运动调查报告》《调查工作》等名篇，堪称调查研究的光辉典范。毛泽东同志提出的"没有调查，就没有发言权"的著名论断，闪耀着科学和哲学思想的光芒。这些尽管是社会科学的调查研究，但从方法学的角度看，它也同样适用于科技实践。

所谓调查研究方法，是指研究者对研究对象不加任何人工干预，仅通过访谈、查询、问卷、座谈等调查手段来获取所需科学资料、进行科学研究的方法。调查研究有普遍调查（即普查）、抽样调查、典型调查和个案调查等多种形式。它们通常包括三个阶段、五个步骤。三个阶段即调查准备、调查实施和调查结果的分析总结；五个环节即选择课题和确定调查对象、调查方法的设计、调查资料的收集、资料分析和调查总结。

英国大生物学家达尔文（1809—1882年）的"进化论"就主要是依靠调查得到的丰富的资料总结、归纳出来的。早先，达尔文在英国本土已经调查、收集、记录了不少生物物种的样本和资料，但为了更全面地掌握情况、占有资料，他说服家人，推迟婚期，随"贝格尔号"船出海考察5年，周游世界，历尽艰辛，冒着生命危险，调查、收集到世界各地不同地域古今的更丰富、更全面的生物物种材料，了解了这些物种的生长环境、生存习性、种群关系。在此基础上，经过缜密的分类、比较、综合，终于取得了划时代的伟大发现，即生物进化论。

## 观察方法

所谓观察方法，是指研究者有目的、有计划地通过感觉器官及其相关仪器等在自然条件下，或部分人工控制的条件下来观察被研究的对象的各种现象，认识其运动变化规律，获取所需科学资料，进行科学研究的方法。它按观察对象的大小可分为宏观观察、宇观观察和微观观察；按观察时间长短分为长期观察、中期观察和短期观察。很多科技实践活动都可以通过观测来实现，如天文学家对宇宙星体运动的观察，物候学家对植物生长状况的观察，医学家对组织和细胞形态的观察，等等，都曾获得许多具有创新意义的成果。爱因斯坦的广义相对论就是经过英国皇家科学考察队在非洲几内亚湾普林西比岛对日食现象所进行的观察以及拍摄的日食照片，通过计算所证实，从而得到公认的。

值得注意的是，观察法最早受科技水平的限制，都是用肉眼观察，因此得出了"眼见为实""百闻不如一见"的结论。其实，人眼观察受眼睛生理功能和人的因素的影响，有很大局限性，往往会让人受骗上当。现在科技高度发展了，更多的应该运用现代化的仪器设备来进行观测，使结果更准确、更客观、更有效，以弥补肉眼观察的不足。

## 实验方法

实验方法是从近代发展起来的一种科学研究方法，它是方法学上的一场革命，催生了近现代实验科学的诞生。因此，具有十分重要的意义和价值。

　　所谓实验研究方法，是指为了明确的科学目的，在完全人工控制的条件下进行实验，以获取研究资料，揭示事物内在科学规律的方法。实验方法可按实验对象的不同、实验手段的不同分成不同类型。实验法研究的要义是在人工控制的条件下，在实验对象上施加一个干预因素，观测实验对象产生怎样的反应效应。其最大特点是可以充分发挥研究者的主观能动性，可以对事物的自然进程进行人工干预以及可以简化、纯化和强化研究体系。由于人工控制条件，可排除自然状况下可能存在的外部和内部的干扰因素，使施加的干预因素与引起的反应效应能直接对应起来，因果关系十分清楚，可以获得明确的结论，因此，被广泛用于科学研究。

　　俄国伟大的生理学家巴甫洛夫的"条件反射"原理就是通过严格的实验方法得到证实的。高等动物有无条件反射的本能，如渴了要饮、饥了想吃，天生就有这种反射，无须学习。而条件反射则不然，它是要在特定的条件下，经过学习与训练，才能建立起来。为了证明这一点，巴甫洛夫与助手做了大量实验，如将狗置于暗箱中，并装上红绿灯，每当绿灯亮就喂以可口的食物，红灯亮就对狗施以电击。久而久之，狗就把绿灯亮的信号与食物联系在一起了，即便不给食物，狗也会流出唾液。相反，红灯亮就意味着遭电击，即便不打它，狗也会惊恐起来。巴甫洛夫就是通过各种实验，建立了高等动物条件反射学说，揭示了高级神经生理活动的规律。

　　必须指出的是，科学研究十分复杂，常常运用一种方法难以奏效，因此常采用多种方法进行研究。例如，1964年5月的一个晚上，美国27岁的天体物理学家彭齐亚斯（1937—　）在实验室中与合作者威尔逊一起测量宇宙深处的射电发射，突然，在高性能的天线上发现了一种奇怪的噪声信号，这立即引起了彭齐亚斯的注意。但这奇怪的信号是设备故障的干扰造成的？还是一种不明的"天外来客"？他们作了仔细观察和认真调查。先检查设备接缝，看有无故障；再清扫天线，赶走飞鸟的干扰，但仍未消除这种奇怪的信号。他们初步断定，这信号是"天外来客"。于是，再采用实验的方法进行研究：变换各个不同的方向进行测试。仍不放心，又连续、反复测试了几个月，终于认定这是一种没有方向性，也与季节无关的来自宇宙深远、温度相当于2.7k的黑体辐射。这就是当时宇宙大爆炸理论的科学家们正竭力寻找的爆炸后残存的宇宙背景辐射。他们两人因这一发现双双荣获1978年诺贝尔物理学奖。

（2005. 11）

# 当前提高全民科学素质的关键在哪里

## ——对我国先发城市苏州公众科学素质调查结果的剖析

　　2006年2月，国务院发布了《全民科学素质行动计划纲要（2006—2010—2020年）》(简称《纲要》)，为此，苏州市不仅制定了相应的实施意见，还制定了作为"四大行动"计划之一的《苏州市提高市民文明素质行动计划》。但是，提高市民科学素质的关键在哪里？市民科学素质行动计划的主要抓手是什么？当前公众科学素质的软肋又在哪里？如何才能使市民科学素质行动计划更有成效？为此我们对2005年和2007年两次苏州市公民科学素质调查的结果进行认真剖析，提出一些看法和建议。

### 苏州市公众科学素质的基本状况

　　继2003年、2005年开展苏州市公众科学素质调查之后，苏州市科协又于2007年组织进行了第三次调查。调查对象为18~69岁的公民，样本量为2500份，其中城市居民1500份，农村居民1000份，其主要结果如下：

　　（1）苏州市公众具备基本科学素质的人数比例为7.40%（2005年为6.14%），2007年全国的这个比例为2.25%，江苏省为2.57%，因此苏州市在国内处于先进水平，但比欧美发达国家仍明显偏低，其中，苏州城市居民的比例为10.0%（2005年为7.83%），农村居民的比例为3.50%（2005年为3.63%），远低于城市居民。从具备基本科学素质的不同职业人群来看，专业技术人员和学生的比例最高，分别达到14.65%和17.86%，党政机关负责人、企事业单位负责人和办事人员分别为13.11%、8.70%和10.26%，比前两者均低，最多相差一倍多（17.86%/8.70%）。苏州市党政机关负责人具备基本科学素质的比例（13.11%）与国家行政学院综合教研部对县处级公务员科学素质调查的结果（12.20%）基本一致。

（2）苏州市公众对不少基本科学概念和科学观点的了解相对较差，如对"激光因汇聚声波而产生""电子比原子小""抗生素既能杀死细菌也能杀死病毒"等3个科学观点的判断正确率均小于或接近40%；对求签、相面、星座预测和周公解梦等4种迷信行为，"很相信""有些相信"和"不知可否"的人占20%~30%不等。尤其是对有关科学方法和科研过程的理解类试题失分比较多，最典型的一道"科学对比试验方法"试题，仅有33.16%的人选择了正确的答案。对"科学研究"这一当今频繁出现于我们生活中的事物，知道是"观察、实验和推理"者也仅占1/2。公众对科学技术的态度和看法的测试结果也不尽人意。

（3）公众获取科技知识的主要渠道为电视和报刊，分别占91.40%和73.12%，因特网占33.72%，图书仅占10.16%。尽管这些年苏州市科普周和科技咨询活动搞得轰轰烈烈，但公众的参与率也仅占24.8%和27.72%，有70%以上的人没有参观过科技场馆和参与过科技示范活动。

### 对调查结果的剖析

（1）尽管苏州属长江三角洲经济发达的城市，GDP名列全国第5(包括4个直辖市在内)，其市辖5个县级市全部进入全国百强县前十强县之列，人均GDP已超过了1万美元，城镇居民和农民的年均收入分别超过2万元和1万元；尽管苏州文化底蕴深厚，教育事业发达，9年制义务教育早已达标，高中段的教育也已基本普及，大学的毛入学率已达52.30%，但苏州市公众科学素质的调查结果尚不尽如人意，仍未摆脱《纲要》在"前言"中所描述的那样一种困境："我国公民科学素质水平与发达国家相比差距甚大。公民科学素质的城乡差距十分明显，劳动适龄人口科学素质不高；大多数公民对于基本科学知识了解程度较低，在科学精神、科学思想和科学方法等方面更为欠缺，一些不科学的观念和行为普遍存在，愚昧迷信在某些地区较为盛行。公民科学素质水平低下正成为制约我国经济发展和社会进步的瓶颈之一。"这说明苏州公众的科学素质严重滞后于经济发展，教育事业发展过程中科学技术教育仍然十分欠缺。由此可见，作为经济发达城市的苏州提高公众科学素质形势仍十分严峻，任务仍十分艰巨，必须引起高度重视，采取更积极有效的举措。

（2）《纲要》在"主要行动"部分明确指出，提高全国科学素质主要针对未成年人、农民、城镇劳动人口以及领导干部和公务员等4类人群。苏州市的调查表明，4类人群中农民以及领导干部和公务员两类人群提高科学素质的任务尤为紧迫，是苏州市提高全民科学素质的瓶颈。

苏州市农村居民具备基本科学素质的比例远低于城镇居民，仅为后者的近1/3，与2005年相比没有提高，而城镇居民提高了2.17%，说明城乡差别在进一步扩大。苏州市目前人口616万，其中农村人口约300万，占全市人口近一半，且居住分散，文化程度相对较低，提高其科学素质的工作难度很大，是苏州市科普工作的软肋，它会成为提高具备基本科学素质公民比例的最大难点。从另一方面看，提高农民科学素质是让他们脱贫致富，建设全面、高水平小康社会的必由之路，必须千方百计尽快予以加强。此外，苏州外来人口估计约600万，其中大部分是农民工，他们目前还没有列入科学素质调查范围之内，如何提高他们的科学素质更是一个值得研究的问题。机关和企事业单位的领导人及办事人员应具备较高的基本科技素质，但调查结果却不尽人意，其比例不仅远低于专业科技人员和学生，甚至接近和低于城镇居民的平均水平，这与他们的身份和所承担的责任是不相符的，这必然会影响他们科学决策、行政能力和创新水平。究其原因，可能与他们忙于事务，无暇进行科学技术方面的学习和接受新科技知识继续教育少有关。这就必须采取号召与强制性的手段相结合的办法，使这类人群能坚持"四科"（即科学知识、科学精神、科学思想和科学方法）的学习，开展创新方法、特别是创新思维方法的专题培训，持续不断地提高他们的科学素质，并列入干部考核之中。

（3）这几年苏州市科普工作力度较大，但实际成效不是很明显，这一方面反映在公众参与科普活动的人数比例不是很高上，另一方面反映在具备基本科学素质者的比例增长不理想上。2007年与2005年的调查相比，苏州市公众具备科学素质的比例由6.15%上升到7.40%，两年虽提高了1.25%，但未达到预期的目标，由此增长速度推算，苏州市公民具备科学素质的比例至2010年要达到10%的预定目标是十分困难的；另一方面，还存在着城乡发展严重失调的弊端。我们经过仔细分析发现，调查问卷第三部分"关于科学方法"的10个问题（实际上也包括科学精神和科学思想方面的问题）回答准确率偏低，且2007

年与2005年相比，并无多大提高。这说明我们过去科学普及中对"四科"教育有失偏颇，即只重视普及科学知识，对弘扬科学精神、倡导科学思想、传播科学方法重视不够，以致成为公民科学素质的薄弱环节，必须尽快纠正。就公众的科学素质而言，主要是指公众理解科学，了解科学、技术与社会的关系，从而积极参与和支持科学事业的发展，其中科学知识是基础，科学方法是能力，科学思想是核心，科学精神是灵魂。科学知识是一个庞大的体系，让公众都了解和掌握是不可能的。因此，普及科学知识是指普及那些作为现代人必须了解的最基本、最重要的知识，包括数理化天地生的各门学科知识，也包括工业、农业、国防、生物、医药等领域的技术知识，且需要与时俱进，不断更新。而弘扬科学精神，倡导科学思想，传播科学方法，则是对传统科普的一个大转变、大跨越、大突破，它大大拓展了科普的空间，深化了科普的内涵，提升了科普的层次，赋予了科普以灵魂和活力，使科普由"授人以鱼"变为"授人以渔"，让人终身受用。我们提高公众科学素质的终极目标就是将科学精神、科学思想、科学方法注入民族文化之中。因此，我们在开展"四科"教育过程中，还必须注意让公众了解科技发展史和当今世界科技发展趋势，正确对待和理解科学家、科学事件以及科技战略与决策，真正成为科学的现代人。

325

（4）苏州市公众获取科技知识的主要渠道靠电视和报刊，网络渠道增长也很快，而过去的主渠道图书下降到只有10.16%，这与当前全民阅读率持续走低是完全一致的。据中国出版科学研究所的统计资料表明，我国图书阅读率自1999年以来，连年下降，到2005年已不足50%。如果除去教材、教辅读物的阅读，估计我国全民读书率仅有20%。就阅读本身而言，还存在"浅阅读"和"偏阅读"的问题。"浅阅读"是指通过电视、网络一类的阅读，大都偏重新闻性、娱乐性的内容。另外，出版商为了迎合读图时代读者的浮躁心理，出版了大量图文并茂的浅层次读物，这些都不利于读者知识的积累、文明的传承和素质的提高。"偏阅读"是指通俗文化娱乐类的阅读偏多，而世界名著和科普著作类的阅读偏少；就通俗读物而言，西方国家的公众喜欢科幻小说，而中国的公众喜欢武侠小说，就两者对提高公众科学素质的影响而论，差距是显而易见的。世界文明发展的历史已经证明，一个国家的阅读力和阅读水平在很大程度上决定一个国家创造力和发展潜力，这必须引起我们的高度重视。

电视、网络已成为当今的强势媒体，其发展趋势和传播优势是有目共睹、无法改变的，问题在于我们如何正确引导和充分发挥其在"四科"教育中的作用。如果我们的电视人和网络人都能像央视做"百家讲坛"易中天、于丹那样的节目来打造"四科"教育的节目，挖掘像洪绍光那样的科学家在各地方的电视、网络上频频亮相，"四科"教育的冷清局面会大大改观，受众人数会大幅度提高，这是一场科普报告乃至一次科普周活动无法相比的。另一方面，我们也不能忽视传统的科普图书和报刊特别是图书的作用，因为这类媒体便于读者牢牢掌握阅读的主动权，可不受时空的限制，可供随时阅读、反复阅读，边阅读边思考，实现深阅读，这是电视、网络所不能替代的。关键在于作品本身要写得深入浅出、引人入胜，在于我们如何开展有效的指导和推动科普图书阅读的活动上。

（2007.8）

# 再议提高全民科学素质的关键在哪里

提高全民科学素质，是贯彻科学发展观、建设和谐社会的重要内容，也是实现党的十七大提出的目标和任务的重要保障。党的十七大将提高全社会的自主创新能力作为国家发展战略的核心和提高综合国力的关键，这对深入做好科普工作，提高全民科学素质，提出了新的更高的要求。

在上海召开的落实《全民科学素质行动计划纲要》2007论坛暨第十四届全国科普理论研讨会上，笔者递交了一篇论文：《当前提高全民科学素质的关键在哪里？》，就苏州市两次市民科学素质调查的结果展开讨论，有其局限性。现结合十七大的精神和近一年来的调研和思考，再提出一些看法和建议。

国务院于2006年发布的《全民科学素质行动计划纲要》（简称《纲要》）中明确提出今后15年实施全民科学素质行动计划的方针是"政府推动，全民参与，提升素质，促进和谐"，这也是提高全民科学素质的关键所在。而当前突出的问题恰恰在于"政府推动不够"和"全民参与不够"上。

## 政府推动不够

《纲要》发布仅两年，现在就要对执行情况作出准确评估似乎为时过早，甚至有苛求之嫌。但"一年之计在于春"，《纲要》这个十五年的计划头2年是开局之年，十分关键，从这个角度看问题，未雨绸缪似有必要，因为"政府推动"实在太重要了。

客观地讲，中央对《纲要》是十分重视的，后续又推出了一系列落实《纲要》的措施。各级地方政府也纷纷出台进一步加强科普工作、提高全民科学素质的实施意见，《纲要》推进轰轰烈烈，科普工作热热闹闹，成绩是有目共睹的。但我们仍然觉得政府推动不够，这主要反映在领导还不够得力，机制还不够健全，措施还不够具体，经费还不够充足等方面上。

提高全民科学素质是一项基础性的系统工程，是一项长期、艰苦、细致的工作，但也是一项"软"任务。它不可能立竿见影，政绩凸现，因此往往容易被各级领导所忽略，受到"硬"任务的冲击而被边缘化。这是因为我国存在一种浓厚的功利主义思想和文化，往往重视经济等硬实力的建设，而忽略社会基础性的软实力建设，把软任务放在为硬任务服务的次要地位，可以缓慢发展，因而在行动上往往难以实现实质性的转变和超越。各级政府成立的科普工作联席会议和全民科学素质工程领导小组的各个成员单位也许开会会来参加，但在实际行动上往往是"缺席"或"放弃领导"，结果几乎成为科协的独角戏。这种局面不转变，《纲要》的执行难有突破。为此必须尽快建立起一种长效机制，如把公众科学素质行动计划纳入官方的政策和有关法规，设置专门的有效机构，设立评估、考核和激励机制等，使虚事实做，使"软任务"能"硬"起来，使参与全民科学素质工程领导小组和科普工作联席会议的各有关部门真正自觉地负起责任来，并受到这种机制的约束和监督，能及时自省自己的"缺席"和"放弃领导"，使《纲要》能落到实处。

至于措施不够具体则反映在许多方面，如科普队伍建设特别是专业科普队伍建设的滞后，科普硬件建设的不力，在市场经济条件下如何多元筹措科普经费等方面，这需要制定操作性更强的措施。这里要特别提一下经费不足的问题。科普是公益性的事业，在科普事业的市场机制尚未建立起来的当下，科普投入主要靠政府来支持和筹划是不言而喻的。经费投入不足长期以来一直是严重困扰科普工作发展的难题。据2004年科技部首次对全国科普经费投入情况的初步统计，投入总量仅为24.16亿元，占GDP的比例不足万分之三，人均科普专项经费仅为0.59元，有的落后地区甚至只有几分钱。这些年虽有所增加，但还远远不能满足科普事业发展的需要，且各地发展很不平衡。越是急需提升科学素质的落后地区，越是经费困难。解决经费问题需要有创新意识、思路和眼光。当今社会，每个人的工作和生活都离不开科学技术，科普事业是教育事业的补充、拓展和延伸，且为终身性的，因此实质上科普已成为一个民生问题；科普又是公众的一种文化需求，属于社会公共文化服务体系应该提供的。现在十分需要通过政府的投入把公众特别是弱势群体的这种对科普的潜在需求激活为现实的渴求。最近许多地方试行博物馆免费向公众开放出现人满为患的现象就是明证。实际上政府的这种投入是让公众公平地从科普工作这条渠道分享经济和社会发展的成果。因此，政府应出台政策，像教育经费那样明文规定科普经费占GDP的比例。对落后地区，中央应给予经费的额外补贴，让他们尽快打破"马太效应"的怪圈，使全国实现科普工作的和谐发展。近几年来，我国的财政收入大幅度提高，政府也具备了加大投入的实力。另一个举措，就是多方筹集经费，建立科普基金，用以资助科普硬件建设、科普作品的创作和优秀科普成果的奖励。

## 全民参与不够

目前科普工作仍存在"全民参与不够"的弊端,主要表现为科技共同体参与不够,传媒机构参与不够和公众参与不够上。

首先是科技共同体包括科技工作者本身参与不够。很多有识之士指出:一个没有职业化队伍的社会事业不可能取得广泛而又深入的成效。但是在我国尚未培育出一支数量可观的职业科普队伍之前,科普的主力军还得靠科技共同体及广大科技工作者,因为他们拥有最丰富的科技资源,他们在公众中享有科普权威的声誉,影响力大。许多中外科普大家的实例充分证明了这一点,如美国的萨根,英国的霍金和我国的华罗庚(优选法推广)、院士撰写的科普书系等。更不要说科普是科技工作者回馈和反哺社会应尽的义务和应负的责任。而且,职业科普队伍的第一批开拓者也主要来自科技共同体,因为他们转行较之其他行业的人要容易,也更能取得立竿见影的成效,如美国的阿西莫夫,中国的高士其等。当然我们不能要求每个科技工作者都去做科普,有的人也许不擅长、不适合做科普,但我们应该要求每个科技工作者都要有科普意识,直接或间接地支持科普,这样才能支撑科技共同体承担科普职责,使其更充分地发挥科普功能。美国科学院院长就曾说过:我的一项重要工作就是做科普工作。许多发达国家对科学家承担科普任务都有明确的硬性规定。我国各级科协下辖许多学会,大部分都设有科普工作委员会,但大都有名无实,或只是在科普周、科普日等科普活动中应付一下,没有真正发挥主力军作用。建议各级科协应该召开专门的学会科普工作会议,广泛深入发动,提出目标任务,落实具体措施,制定奖励办法,建立长效机制。要依靠学会建设一支高素质的科普队伍,特别是要培养具有扎实科技知识又有宏观视野和创新思维的科普专家，有条件的学会要逐步设立"首席科普专家"之类的职位，给予一定的待遇，使科普工作逐步成为科技工作者心目中十分必要和重要的工作，也是一个很有意义和前途的职业。

其次是传媒机构包括传媒工作者本身参与不够。当今社会，科学普及更确切地讲也应该称作科学传播，传媒是科普的核心环节，因此必须依靠传媒，它已成为科普的另一个关键。但现实是，全国各地的传媒对科普的参与度较差。究其原因，一方面是我国正处于市场经济快速发展期，市场价值观念已逐步确立，传媒企业已经成为市场经济的弄潮儿，而且尝到甜头，但科普市场却严重滞后。现在要传媒积极参与科普就存在一个经济效益的障碍，他们往往缺乏积极性，因此出现各地电视台缺少科普节目，报纸缺少科普专栏，科普阵地严重萎缩，地方科协请他们配合做科普首先谈经费等现象。另一方面，传媒工作者大都只具备文科背景，做科普有困难，有畏难情绪，且没有经济效益，吃力不讨好，这已成为科普实现突破的瓶颈。特别是强势媒体如电视，节目如果做得好，其传播效益可远远超过其他形式，是一场科普讲座甚至一次科普活动周所无法比拟的。传媒界和教育界要联合起来，尽快培养善做科普的复合型传媒人才。在当前，可组织传媒工作者与科技工作者的合作来解决眼下的困难。要鼓励各地电视台像央视科教频道"百家讲坛"推出易中天、于丹等学术明星那样，推出科学家明星、科普专家明星，既做电视节目，同时出他们的科普图书，其重点不在具体的科技知识，而在科学精神、科学思想、科学方法以及科学观念和应用能力上。科学技术本身是有趣的，科技成果及其创造过程更有吸引人的地方，让公众了解科学家的生活、情感和心路历程，一定能做出吸引人的节目来，并由此来带动科普书的阅读热潮。当然，政府对传媒做科普应根据实际情况给予一定的经费支持。

由上述两个方面的不够，出现公众参与不够是必然的。我们必须反思传统科普单向传授的弊病，应通过互动的方式，更多地让公众主动参与。一是要加大科普创新的力度，以贴近现实、贴近公众、贴近生活和通俗性、思想性、趣味性来吸引公众参与，使公众真正体会到自己的生活和工作离不开科学技术，使学习"四科"即科学知识、科学精神、科学思想、科学方法和"两能力"即应用"四科"处理实际问题的能力和参与公共事务的能力成为公众的内在需求；二是科普工作必须让科学技术公平化、民主化、世俗化，充分利用"公共事件"开展科普就是很好的做法。因为"公共事件"具有强大的吸引公众的力量，公众会主动、热心参与，这种参与是平等的、民主的、自觉的。2007年评选的"全国十大科普事件"，其中太湖蓝藻暴发、嫦娥一号探月等多项公共科学事件入选就属于这一类，效果很好。此外，充分利用各种科学专题纪念日（活动日），如世界环境日、世界急救日、世界气象日等，以及中外历史上的伟大科学家和著名科技事件的纪念日，有针对性地大造声势，普及有关的科技知识，彰显科学文化，也会吸引公众关注。三是要花大力气解决过去科普工作只停留在"搞活动"的层面上，缺乏对效果考量和检验的问题。这种只注重形式，不注重成效的做法，是承袭计划经济时代的老套套，公众早已厌倦，当然缺乏兴趣。以后开展科普工作，一定要加强实施方案的设计与效果评估体系的制定，包括公众参与评估等，以保证科普活动开展的有效性，并能及时发现不足，以利改进。

（2008.6）

# 科技史教育：科学素质教育的重要抓手

近几年来，笔者在科学普及和科技史研究两个领域投入了很大精力，一方面是参与了苏州市公众科学素质工程建设的有关工作，参与主编了《市民科普读本》（丛书），并独自编写了其中以普及科学精神、科学思想和科学方法为宗旨的一个读本，即《比科学知识更珍贵》一书；另一方面，领衔承担了苏州科技史研究的课题，并主编了《苏州科技文化》一书。这就使笔者有机会对科学普及、科学素质教育与科技史之间的关系进行了更多的学习和研究，也获得了一些体会和认识，生发了一些思考和领悟，现提出来求教于大家。

## 从"公众理解科学"（PUS）到HPS（科技史、科学哲学与科学社会学）教育：当今世界科学教育发展的新趋势

随着我国科普事业的发展，不断从国外引进先进的科学教育理念。先是"公众理解科学"（PUS），而后是STS（science, technology and society，即科学、技术与社会）教育，现在是HPS（history, philosophy and sociology of science，即科学史、科学哲学与科学社会学）教育。实际上，在国外这3种科学教育理念并非3个不同的阶段，而是相互联系、互为补充、不断发展完善的3种科学教育理念。

公众理解科学是在20世纪80年代由英美等国首先发起的科普运动，它对传统的科普理念是一大进步。我的理解，"公众理解科学"首先是要求公众要学习科学知识、科学精神、科学

思想、科学方法，即"四科教育"；要了解科技发展史和当今世界科技发展的趋势，还要正确认识科学家和重大科技事件，这与HPS教育是一致的，特别是它包含了相当丰富的科技史的内容。STS教育，我的理解它的着眼点在于要求公众要了解科学、技术与社会的互动关系，并进而鼓励公众积极参与国家的科技决策，而科学、技术与社会的互动关系正是科技史的重要内容。至于HPS教育，则是由于20世纪中后期世界科技的进一步发展，科技的正面影响和负面效应更加凸现，为了应对这样的发展态势，许多学者主张通过学习历史、哲学的方法，让公众了解科学的本质。由此，以美国为首的西方发达国家相继推行了HPS教育，旨在让公众通过学习科技史、科学哲学与科学社会学（HPS）来促进科学教育，普及科学知识，推动科学传播。

HPS教育是对传统科学教育的一大发展。21世纪的科学教育已由原来单一的传授科学知识向传授科学知识、科学精神、科学思想和科学方法发展，即由"一科教育"向"四科教育"发展；由原来的公众理解科学向提高公众科学素质这一更为明确的目标和价值取向发展。而HPS教育则正是适应这样一种发展趋势应运而生的一种新的科学教育范式。正如科学教育家MR·马修斯所说："科学教育的目的一方面在于传播科学知识，包括对科学事实、科学规律、具体科学（物理、化学等等）相关知识的传播；另一方面在于对科学本质的追求，而学习科学史、科学哲学、科学社会学的相关知识本身就是追问科学本质的一个侧面"。

HPS教育有一个孕育、产生、发展、逐步完善和推广的过程。最初是科学史进入科学教育，而后是科学史与科学哲学共同进入科学教育，最后才发展为由科学史、科学哲学与科学社会学三个学科分支相结合而形成的完整的HPS教育渗入到科学教育之中。20世纪80年代，首先在美国成立了科学史、科学哲学与科学教育研究小组；1989年美国佛罗里达州立大学召开了第一次HPS与科学教育改革国际学术会议。此后，每3~4年召开一次HPS教育的国际会议。1992年美国创办了专门刊登科学史、科学哲学、科学社会学与科学教育的国际性刊物《科学与教育》。现在HPS教育已发展成为一个具有国际性的科学教育研究领域，成为当今世界科学教育发展的新趋势。

我国开展HPS教育起步较晚，成效尚不明显，原因是多方面的，其中一个重要原因是HPS中除科学史外其他两个学科分支在我国无论是专业队伍还是研究工作都很薄弱，且学科本身也距大众较远，不易普及，因此，根据我国国情，要想更好地在我国开展HPS教育，应以科学史（广义上应包含技术史的科技史）教育为龙头和先导，由此来带动HPS教育的发展和推广。

## 科技史的本质和核心是科技文化

什么是科技史？目前有多种解释，归纳起来科技史的核心内容是了解科技发展的历程及其内在规律，认识科技与社会、经济和文化的相互关系，揭示其中所蕴含的科学精神、科学思想和科学方法。正如世界著名科技史学家乔治·萨顿所言："简言之，按照我的理解，科学史的目的是，考虑到精神的全部变化和文明进步所产生的全部影响，证明科学事实和科学思想的发生和发展。从最高意义上说，它实际上是人类文明的历史。"他又说："科学史是思想史。"这充分说明，科技史的本质和核心是文化，更明确地说是科技文化。

文化有两大支柱：一是科技文化；二是人文文化。科技文化内涵丰富、深邃，但外延宽泛、模糊，因此目前尚无统一的定义。通常科技文化是指人类科技实践活动及其成果所积淀、凝结成的存在方式的总和，其追求的目标主要是认识、研究与掌握客观事物及其本质与规律，其主要内容是科技知识、科学方法、科学思想和科学精神，也包含科学技术与经济、社会的互动关系，科学技术的物质基础以及科学技术活动的各种建制和范式。由此可见，科技文化是"立世之基"。

科技文化是先进文化的基石与先导。特别是随着科学与技术的发展和融合，其社会功能日益增强和显现，科学技术社会化，社会则科学技术化，科技文化逐步由社会边缘进入社会中心，成为先进文化的活跃前沿，推动人类文化的发展。恩格斯早在1883年就指出："在马克思看来，科学是一种在历史上起推动作用的革命力量。"这里所说的革命力量既是指对发展生产力的推动性力量，也是指对解放思想、孕育先进文化的先导性力量。因为，一切科学发现、科技发明和创造都是在冲破旧观念的束缚中诞生的，这对辩证法与唯物论的建立和发展起着不可估量的作用。无论是哥白尼"日心说"的建立，达尔文"进化论"的发现，还是牛顿"经典力学定律"的论证，爱因斯坦"相对论"的提出，都在思想和哲学领域里造成巨大冲击，引发思想革命。而以蒸汽机、电动机和计算机为标志的三次技术革命对于经济、文化的作用更是大家所熟知的。因此，科技文化是先进文化的基石和先导，它对人文文化的发展存在着巨大的推动、促进和互动的作用，科技文化的精髓即科学精神、科学思想、科学方法也是人文文化的精华。

从上述对科技文化的阐述中可见，科技史是蕴含着丰富的科技文化的一门学科，因此科技史教育也是塑造人的科学素质的有效手段。

## 推行科技史教育，促进全民科学素质工程建设

2007年我国公民科学素质调查的结果表明，具备基本科学素质的比例仅为2.25%，与发达国家相比差距仍然很大。进一步分析显示，公众对科学术语了解的程度即4道题的测试，全部答对的比率为18.4%；公众对科学观点即16道题的测试，合格率为33.4%；公众对科学方法理解的程度即3个问题，全部答对的比率仅为7.0%，此外仍有四成以上的公民相信迷信。苏州的有关调查也显示相同的结果，说明这个结果比较客观地反映了我国传统科普工作中存在的一个突出问题，那就是偏重于普及科技知识，而忽视科学方法、科学思想和科学精神，而且尚未找到后"三科"教育的有效措施和方法。而恰恰这后"三科"是科学素质的核心和关键，且为终身起作用的因素。科技知识在当今"知识爆炸"的时代，增长和更新速度很快，学不胜学。但只要掌握了后 "三科"，就掌握了自我学习和更新知识的武器，就有了从知识海洋中鉴别、选择最基本和最需要自我补充和完善的知识的能力，跟上时代的步伐。

与上述情况相同，学校教育，无论是小学、中学和大学，也都存在重视知识的学习而忽略了科学精神、科学思想和科学方法的教育，以单一的知识灌输代替全面的素质培养，以应试教育冲击素质教育，而且这种态势至今没有得到有效的遏制。如果任其发展下去，那么完全可以预见，今后较长一个时期，我国公众科学素质的提高仍是缓慢的，当现在的中小学校学生进入到公众科学素质调查的视野之内（年满18岁），其具备基本科学素质的比率仍不会很高，这是一个亟待解决的问题。

要想尽快扭转这个局面的一个有效的办法就是大力普及和推行科技史教育，因为科技史中蕴含着丰富的科技文化，特别是科学精神、科学思想和科学方法，科技史是科学素质教育的生动教材。其实在以往的科普工作中，还是涉及一些科技史的有关内容的，如中外著名科学家的小故事、科学家传记等出版物还是很受人们特别是青少年欢迎。但那是一种零散的、自发的科普行为，没有明确与科技史教育挂钩，处于浅层次状态，很不系统，因而收效不大。过去这类出版物也只是一般性地介绍科学家的成长过程和他们在发明、创造中的有趣故事，没有更深入地挖掘科技史包括科学家、重大发明创造之中所蕴含的科学精神、科学思想和科学方法。为此，今后我们要发动科技史学家和广大科技史工作者更多地从提高公众科学素质出发，在深入研究科技史的同时，多做科技史的普及工作和科技史的教育工作，多写一些科技史的普及读物，多在报纸、杂志等各种媒体上刊发一些普及科技史的文章。特别是要充分利用强势媒体电视，多做一些宣传、普及科技史的优秀节目。我国古代的科技创造与发明光辉灿烂，其中有很多吸引人的故事。我国科技水平曾领先于世界达上千年，后来却衰落了，这正反两个方面的历史经验和教训也是极其丰富多彩又发人深省的。如果能认真地把它做成电视节目或拍成电影，肯定可以收到很好的效果，对科学素质教育起巨大的推动作用。当然，世界科技史的视野更宽广，内容更丰富，是科技史教育更不可或缺的。

　　21世纪的教育应以提高公众的素质为根本宗旨，以培养学生的实践和创新能力为重要目标。但我国教育的现实与此相距甚远。中国的高等教育仍是分数教育、知识教育、技能教育占统治地位，将科学教条化、神圣化、工具化，忽视了科学的文化功能和科学价值，使许多学生处于"有知识却没有文化""懂技术却不懂科学"的尴尬境地。针对与此，有必要将科学史引入大学课堂，其好处正如我国著名科学史和科学哲学家吴国盛所言：一是增加大学课程的趣味；二是可使学生深入地理解科学理论中的概念和原理；三是使学生了解科学发现背后的社会文化背景和人性的故事，从而确立完整的科学形象，使教育更符合其终极目标。而更重要的是科技史教育可培养学生的科学精神、科学思想、科学方法，解决科学教育与人文教育之间的分离，填补科学与社会、科学文化与人文文化之间的鸿沟。科技史学的奠基人乔治·萨顿认为，培养现代的科学家、技术专家，使之符合时代的要求，最合适最有效的教育方法之一是加强科技史的教育。科技史是典型的文理交叉、融合、渗透的学科，对于我国文理分科过早因而造成大学生知识结构残缺的现实而言，普遍开设科技史课程，也是最佳的补救方法之一。因此要改革大学课程，大力推行HPS教育，首先是科技史教育是当务之急。遗憾的是目前在我国开设科技史课程的高校很少，没有受到应有的重视，这种状况亟待改变。

对于中小学的科学教育而言，也应该把科技史的有关内容作为科学教育的重要内容，特别是在小学的语、算、科等课程和中学的语、数、理、化、史、地、生等课程中，都应该渗透科技史的相关内容，这样既可以使各门课程的教学更生动活泼，吸引学生，又可使科学教育更加广泛、深入、持续，这对推行素质教育、发挥学校对未成年人科学教育的主渠道作用大有好处。为此，中小学教师，特别是科学教育的教师都应该接受HPS教育，尤其是科技史的培训。科技史应该成为每一位从事中小学教育工作者必须具备的知识。

339

（2009.3）

# 浅议科学普及与科学发展观 *

　　科学发展观是以胡锦涛同志为核心的党中央自党的十六大以来，高举邓小平理论和"三个代表"重要思想的旗帜，立足中国国情，总结我国发展实践，借鉴国外发展经验，适应中国发展要求所提出来的重大战略思想。它不仅是我国新世纪发展的行动纲领，也是我国各行各业开创新局面的指导思想。科学普及是实施"科教兴国"和科学发展战略的重要组成部分，是提高全民科学素质的重要途径，因此科学普及与科学发展观有着紧密的关系。下面，笔者就这两者的关系作一粗浅的分析和论述。

## 科学发展观的形成与科学普及的关系

　　科学发展观绝不是突然之间冒出来的。实际上，随着近代工业革命的兴起，人类、资源、环境等危机已初现端倪，一些有远见卓识的政治家、科学家就敏锐地指出人类活动破坏自然、浪费资源、污染环境的事实，并发出了警告。1个半世纪前，恩格斯在《自然辩证法》手稿中就历数欧洲一些地方滥垦荒地带来水土流失等的严重后果，并警告人类破坏自然必将遭到报复。半个世纪前的1962年，美国海洋女生物学家蕾切尔·卡逊发表了具有里程碑意义的著作——《寂静的春天》，尖锐地指出人类无节制地使用农药将带来生态环境的严重破坏。1987年，挪威前首相布伦特兰夫人向联合国提交了一份题为《我们共同的未来》的报告，率先提出"可持续发展"的理念。这些都为科学发展观的提出提供了知识积累和理论铺垫。

其实，马克思、恩格斯、毛泽东等革命导师对科学发展均早有论述。仅中共中央文献研究室辑录的《毛泽东、邓小平、江泽民论科学发展》一书就收录了他们关于科学发展的重要论述300多条。只是由于我们过去缺乏对科学发展的理论自觉和政治敏锐性，未能意识到科学发展的重要性，领悟到科学发展的深义，因而没有引起注意和重视罢了。

但从另一方面，我们也应该看到，近年来党的新一代领导人把科学发展提高到"观"的高度来强调，是针对我国当前所面临的严峻发展形势提出来的一项关于发展的重大战略思想，是涉及我党我国今后如何正确发展的具有"生死存亡"决定性意义的发展理念，是极大地丰富、发展和完善了马克思主义关于科学发展的理论。由此可见，科学发展观既有连续性、继承性，更有发展性和创新性。追溯起来，最早是胡锦涛同志在2003年10月中共中央十六届三中全会上提出要"树立全面、协调、可持续的发展观"。2005年10月中共中央十六届五中全会上又明确提出"坚定不移地以科学发展观统领经济社会发展全局"。到2007年10月的中共十七大，在胡锦涛所作的政治报告中，则进一步系统地论述了科学发展观的内涵，概括起来四句话，即第一要义是发展，核心是以人为本，基本要求是全面、协调、可持续，根本方法是"五个统筹兼顾"。十七大还把科学发展观写进了党章。十七大的另一项理论突破就是提出了"生态文明"。国内外发展的历史，特别是我国改革开放30年的实践，充分证明生态文明在一定条件下会成为人类一切文明的最基本和最后的保障。假如生态环境遭到破坏，物质文明、精神文明和政治文明就会失去依托和支撑。生态文明不仅制约着经济社会的发展，而且还密切关系着民生，左右着民心，影响着社会稳定，考验着执政党的执政能力。因此，生态文明成为科学发展观的重要内容。至此，我党就完成了将马克思主义关于科学发展分散、零星的论述变为系统、完整的科学发展观的转变。

由此可见，科学发展观是党的新一代领导人从中国乃至世界近现代发展的历史长河和复杂多变的世界格局中总结、揭示出来的发展理论，是体现了党对我国发展所处历史阶段的科学判断和对世界发展形势的准确把握，是充分运用当今世界科技知识、科学方法、科学思想和科学精神的丰富成果，有其历史必然性、内在逻辑性、时代紧迫性和理论创新性，而这"四科"恰好是科学普及的主要内容。

## 科学发展观的实践与科学普及的关系

科学发展观的思想基础是科学知识、科学方法、科学思想和科学精神，而这"四科"是科学普及的要义所在，也是科学文化的核心内容，它蕴含着丰富的科技文化内涵，其中包括科技文化理念、科技文化构成、科技文化基础、科技文化价值和科技文化战略等，它必然影响着科学发展观的实践。而"四科"也是科学家、科技工作者以及知识分子特别是领导干部必须具备的基本素质，他们理应与科学发展观有一种亲缘关系，应该成为学习和实践科学发展观的中坚力量和引导力量。但实际情况却并非如此。

改革开放30年来，我国取得了令世人震惊的辉煌成就，但也必须看到，片面强调"发展是硬道理"的言行非常强势。"三高一低"的发展模式大行其道，不少地方GDP上去了，环境生态却遭到了严重破坏，还引发了其他许多问题，发展的结果有时甚至与发展的目的背道而驰。究其原因，重要的一条就是我们有些领导干部缺乏"四科"，特别是缺乏科学方法、科学思想和科学精神。即便有些领导干部也具备较高的学历，较丰富的知识，但由于缺乏科学方法、科学思想特别是科学精神而陷入"有知识没文化"的泥淖，无视客观实际，违背客观规律，缺乏战略思维、系统思维和创新思维方法，没有长远眼光、全局意识和大局观念，不能敢为人先、勇于冲破传统观念的束缚，急功近利、因循守旧，重复发达国家工业化早期走过的老路，作出违背科学发展的蠢事来，这是值得我们深省的。而作为具有较高"四科"素质的科技工作者和知识分子群体，未能在科学发展上起更多的参谋作用和监督作用，其原因在于缺乏科学发展观的理论自觉和诤言勇气，没有将与科学发展观的亲缘关系转化为贯彻和维护科学发展观的自觉行动，也是值得我们反思的。

胡锦涛总书记在2009年中国科学院和中国工程院院士大会开幕式的报告中指出，党和国家迫切需要科学界研究分析经济发展面临的重大问题，为国家宏观决策提供科学的咨询意见。作为科协所属各个学术团体的广大科技工作者应该在科学发展中发挥更大的参谋作用和监督作用。

马克思曾经说过："理论一经掌握群众，也会变成物质力量。"换言之，理论只有与人民大众相结合，为广大群众所掌握，才能变为推动社会前进的强大力量。科学发展观的核心是"以人为本"，即发展为了人民、发展依靠人民、发展成果由人民共享。要把发展的目的真正落实到满足人民的基本要求、尊重和保障人的基本权利、促进人的全面发展上，就必须用科学发展观教育人民、武装人民，进而调动广大人民群众的积极性和创造性，问计于民、汇集民智，让决策和部署更好地遵循

343

科学发展规律，符合人民意愿，使之成为我国"四化"建设的强大动力，这也是公众的强烈政治诉求。而这恰恰也是科学普及的重要任务，即要求公众了解科学、技术与社会，培养公众运用"四科"解决实际问题的能力和参与国家科学决策的能力。在今年春节前夕的中央团拜会上，温家宝总理在讲话中强调："我们所作的一切，都是为了让人民生活得更加幸福、更有尊严。"笔者认为，这幸福和尊严不仅仅指改善民生，从更深层次上来讲，只有让公众能有效地参与社会事务和国家科学决策，才能让他们有主人翁感、成就感和光荣感，才能在更高层次上活得"更加幸福、更有尊严"，这就要求公众有较高的科学素质。从这个意义上讲，科学普及确确实实是关系到科学发展和国计民生的大事。

### 深化科学发展观学习实践活动与科学普及的关系

提高全民的科学素质，特别是干部队伍的科学素质，是贯彻科学发展观、建设和谐社会极其重要的基础性工作。近两年来，全党轰轰烈烈地开展学习、实践科学发展观的活动取得了很大进展，但其成果需要巩固、活动尚待深化，这就需要全党特别是领导干部提高科学素质。作为科协所属各学术团体的科技工作者同样也应该开展学习和实践科学发展观的活动，提高自身贯彻科学发展观的理论自觉和维护科学发展观的斗争勇气，并把科学发展作为做好本职工作、参与建言献策和民主监督等政治事务、从事科学普及和公众科学素质工程建设的首要内容；把向广大干部和群众开展"四科"教育作为服务社会的重要工作，使广大科协成员成为宣传科学发展观、贯彻科学发展观和维护科学发展观的积极分子和坚定战士。这也对科技工作者提高自身的科学素质提出了更高的要求。

科学素质的核心内容就是科技知识、科学方法、科学思想和科学精神，特别后"三科"。但是这后"三科"不像科技知识那样容易展示、容易理解和容易掌握。科学方法、科学思想和科学精神往往比较隐蔽，比较含蓄，比较奥妙，需要挖掘，需要揭示，需要阐释，才能为人们所理解、所顿悟、所掌握。但是这后"三科"却具有很强的教育功能和导向作用，一旦掌握了，就会实现"授人以鱼"向"授人以渔"的转变，就会接受科学文化的恩泽，使文化的意蕴和智慧得以彰扬，就会在促进科学发展中发挥巨大的作用。

传统的科普主要是普及科技知识，已积累了丰富的经验，但如何突破科普固有的范式，实现由"一科"（普及科技知识）向"四科"（普及科技知识、倡导科学方法、传播科学思想、弘扬科学精神）的转变，特别是加强"后三科"的普及，虽已倡导了多年，但成效不尽人意，这是当今科普工作亟待研究和解决的问题。

笔者认为，首先必须在总结传统科普的经验与不足的基础上，努力把"后三科"渗透、融合到科技知识的传播中去，弥补单纯普及科技知识的不足，丰富和提升科普的内涵。特别是在中小学校，应将"四科"教育渗透到各门课程的教学之中，使之成为师生的一种日常的教学范式，以实现"四科"教育的渗透性、广泛性、连续性和有效性。

345

第二，在全国范围内大力倡导HPS（科技史、科学哲学和科学社会学）教育。HPS教育是西方发达国家为了应对后工业化时代和新科技革命的态势所提出来的新的科学教育范式。如果说上一条建议仍主要侧重于普及科技知识的话，那么HPS教育就主要侧重于"后三科"的教育了，两者结合，互相补充，就更为完整。正如科学教育家MR·马修斯所说："科学教育的目的一方面在于传播科学知识，包括对科学事实、科学规律、具体科学（物理化学等等）相关知识的传播；另一方面在于对科学本质的追求，而学习科学史、科学哲学、科学社会学的相关知识本身是追问科学本质的一个侧面。"我国开展HPS教育起步较晚，成效也不明显，其重要的一个原因是HPS涉及的三个学科分支在我国的基础薄弱，加之有的内容比较艰深，普及困难。因此，根据我国国情，倡导HPS教育首先是针对科技工作者、领导干部和大学生，对广大公众应以科技史教育为龙头和先导，由此来带动HPS教育的发展和推广。

第三，加强科技文化的传播与普及。对于科技文化，目前尚无统一的定义。就笔者的理解，科技文化通常是指人类科技实践活动及其成果所积淀、凝结而成的存在方式的总合，其追求的目标主要是认识、研究与掌握客观事物及其本质与规律，其主要内容是科技知识、科学方法、科学思想和科学精神，也包含科技与经济、社会的互动关系，科学技术的物质基础及科学技术活动的各种建制和范式，其灵魂是科学精神、理念、理想和价值观。现在，我国对科技文化的研究正方兴未艾，但大多局限于高校与相关的科研机构，还没有引起公众的注意。因此，当前要加强科技文化的传播和普及，由小众走向大众。最好是科技文化学者与电视媒体联手，做一些类似于央视科教频道打造于丹、易中天做"百家讲坛"那样的节目，在全国形成"科技文化热"。就科技文化的内涵和特质而言，实现这样的目标是完全可以做到的。

第四，加强科学方法的宣传与普及。法国科学家贝尔纳指出："良好的方法使我们更好地发挥运用天赋的才能，而拙劣的方法可能阻碍才能发挥。因此，科学中难能可贵的创造性才能，由于方法拙劣可能被削弱，甚至被扼杀；而良好的方法则会增长、促进这种才华。"由此可见，方法何等重要，它决定着行动的成效乃至于成败。西方国家有良好的方法学传统，从亚里士多德、培根、笛卡尔到现代，都很重视方法学的研究和应用，由此催生了近现代科学的诞生和发展。反观我国，却存在严重的方法学缺失现象，这也是造成我国近现代科技落后的重要原因之一。因此，我们在科普工作中要大力加强科学方法的宣传和普及，特别是当前更要注重创新方法，尤其是创新思维方法的学习与普及，以促进我国创新型社会的建设。

第五，加强科普由"一科"向"四科"转变的理论研究。缺乏理论指导的行动是盲目的行动。因此，要更快更好地实现科普由"一科"向"四科"的转变，就必须加强这方面的理论研究，探索有效的方法。特别是对科学思想和科学精神，其内涵的界定目前还模糊不清，更迫切需要科普理论工作者和科普研究机构深入探讨，以便指导和促进科普的持续和深化，特别是"后三科"的有效普及。

（2010.6）

*注：本文是强亦忠教授应2010国际科普论坛暨第十七届全国科普理论研讨会而撰写的论文，后被选中在大会上作主题报告，受到广泛好评。

# "张悟本事件"与"谣'盐'事件"之比较研究 *

## ——以"公共科学事件科普"为视角

发生于2010年春夏之交的"张悟本事件",以及2011年"3·11"日本9级大地震后导致福岛核电站事故在中国引发的抢购食盐风波(即谣"盐"事件),是两起在全国引起极大震动的公共科学事件。前者已入选2010年十大科普事件,后者也极有可能入选2011年十大科普事件。笔者曾在事发当时即对两起事件分别撰文作了初步剖析,但由于时间仓促,显得比较粗浅,经过一段时间的积淀,觉得有必要从"公共科学事件科普"的角度对这两起事件进一步作比较研究,以求从中得出更多的启示,这也是比较科普学的重要内容和科普研究的重要方法。

### 两起公共科学事件的比较

1. 两起"公共科学事件"类型和起因的比较

谢丽娇在《"公共事件科普"的提出及其形成机理分析》一文中把公共事件分为"突发性事件"和"可预见性事件"两类,笔者对此分类作一修正和补充,认为可分为可预见性事件和不可预见性事件两类,可预见性事件又可分为有益性事件(如神舟七号发射、日全食大规模观测活动等)和有害性事件(如预测流感暴发、预测台风登陆等)两种;不可预见性事件又可分为突发性事件和慢发性事件两种。"张悟本事件"属于慢发性公共科学事件，而"谣'盐'事件"则属于突发性公共科学事件，这是由于这两起公共科学事件发生、发展的机制和特征不同所决定的。

"张悟本事件"之所以称为慢发性公共事件，是由于它的发生和发展有一个较长时间的演进过程。近10年来，我国逐渐掀起了一股养生保健热，它反映了公众的一种客观需求。一方面随着生活水平的提高，人们普遍对自身的健康问题更加关注；另一方面我国人口老龄化发展速度很快，且"未富先老"，这个庞大的"银发一族"都有"以健康为中心"的理念，对养生保健的需求更为迫切，也有"花钱换健康"的想法，但苦于经济条件所限，更愿意接受简单易行、花费不多的养生方法；此外，我国医改滞后，看病"两难"的问题一下子还难以解决，对一般老百姓而言，希望通过养生保健的途径祛病健身。这三个方面对养生的需求蓄积了很高的势能，就像悬河的洪水一样，如不能正确引导、疏解，一旦找到缺口，就会一泻千里、泛滥成灾。而这个缺口就被张悟本们的养生谬论打开了。什么《求医不如求己》，什么《有病不用上医院》，什么《把吃出来的病吃回去》……他们充分利用公众的客观需求和主观心理做足文章。这些似是而非的养生理论，乍一听似有道理的养生秘诀，使"饥渴"的公众很容易产生盲从、狂热乃至迷信。实际上这种"神医乱象"起起伏伏十几年了。1990年代大名鼎鼎的"神医"胡万林，用芒硝"秘方"治疗癌症，红极一时，结果闹出人命被投进监狱。前几年又出了个刘太医，吹得神乎其神，结果也因非法行医受到法律制裁。后来"养生教父""健康教母""史上最智慧的健康养生专家"又纷纷出笼、粉墨登场，真可谓"江山代有神医出，各领风骚三五年"，把我国养生事业搅得个昏天黑地，乱象丛生。直到2010年春夏之交，号称"养生专家第一人"的张悟本及其所宣扬的治疗各种疾病的"吉祥三宝"被揭露出来，遭到各大媒体的口诛笔伐才告一段落。至于"谣'盐'事件"则是典型的突发性公共事件。2011年3月11日由于日本大地震及随后的海啸导致福岛核电站出现一系列严重问题，特别是冷却水系统故障致使反应堆铀棒过热，引起铀棒外壳锆合金与水发生反应，产生大量氢气，引起爆炸，造成大量放射性物质外泄。消息传来，引起人们的忧虑和许多传言。特别是3月15日的一条短信假借英国BBC新闻台的名义，说福岛核泄漏的放射性蔓延到了亚洲地区。一时间谣言四起，什么"我国海水遭污染，殃及食盐"啦，什么"碘盐可防核辐射"啦……一下子触动了人们的敏感神经，引发了公众对核辐射的恐惧。于是人们纷纷抢购食盐、碘片、碘盐、海带、紫菜等商品，造成了这次非理性的抢购风潮。但在政府强有力的应对措施下，仅二三天就戛然而止，真可谓"来也匆匆，去也匆匆"。

2. 两起公共科学事件应对举措的比较

我国养生保健热有一个发生、发展缓慢演进的过程，虽然它是一个关系到国计民生的大事业，一个具有广阔市场前景的大产业，也是公众有强力诉求的社会需要，还关系到我国医疗改革的深入发展和更好地解决群众看病"两难"的大问题，但由于前些年未能引起政府有关部门的高度重视，一直处于卫生工作的边缘状态。因此，张悟本事件的发生"政府失察，监督乏力"是其重要原因。事件发生后，有关部门也采取了一系列措施，收到了一定成效，但由于这起事件属慢发性事件，所采取的应对措施远不及突发性事件如后来的"谣'盐'事件"那样坚决果断、雷厉风行和广泛深入，收效也差强人意。之后不久又接连发生"神医李一事件"和刘逢军大道堂中医养生研究院骗人事件就是明证。这给我们提出警示：如何正确应对慢发性公共事件？

"谣'盐'事件"是由谣言引起的突发性公共事件，来势凶猛，危害明显，因此一开始就引起了政府的高度警觉和重视。谣言之所以惑众，引发公共事件，其中一个必要条件是事关公众的重要信息模糊，引起公众疑惑。因此，政府在应对这次"谣'盐'事件"中，一方面加紧组织食盐的生产、调运和供应，严厉打击哄抬盐价的不法商人；另一方面，高强度、大范围地利用多种媒体特别是电视报道福岛核事故的真实信息，组织相关部委和各地通力合作，编织起一张公开、透明的核电安全与辐射防护的信息网和健全、权威、迅捷的发布信息系统，使公众及时了解真相；第三，组织有关核能、辐射防护和放射医学的顶级专家向公众解读这次核泄漏事故的具体情况和危害程度，普及核辐射及其防护知识，不仅使"谣'盐'事件"很快平息下来，而且在以后福岛核事故的发展变化过程中，公众再也没有发生恐慌，成为应对突发性公共事件的成功范例，也是"公共事件科普"的经典案例。

3. 两起"公共科学事件"中媒体表现的比较

在"张悟本事件"中，在相当长的时间内媒体的表现可用"严重失职，推波助澜"8个字来表述。在前几年的全民养生热中，电视台、电台几乎天天有专家讲养生，书店、书摊上摆满了养生保健书。据不完全统计，近两年这类图书就出版了6000余种。畅销书排行榜前十，养生书占其七八。由于这是一块大有油水的"肥肉",书商、出版社、"大师"沆瀣一气,结成利益联盟,于是没有专业知识的人也敢写养生书,没有相关资质的出版社也敢出养生书。应有的专业门槛准入制取消了,原来的"三审制"砍掉了。在经济利益驱使下,他们大势炒作、作秀、作托,甚至将养生话题娱乐化,完全放弃了媒体应有的社会责任感和道德良知。一个下岗工人张悟本,他有何德何能在短短的时间里变成"养生专家第一人",这完全是由站在他背后的团队精心策划炒作的结果。当然,后来揭露和批判"张悟本事件"媒体的作用功不可没,但他们在整个事件中的表现是值得深刻反思的。

与"张悟本事件"中媒体表现绝然不同的是,"3·11"大地震及随后的福岛核事故,从一开始媒体就积极投入。特别是"谣'盐'事件"发生后,各大媒体密切配合政府,充分调动和利用一切资源进行报道和宣传,其强度之大、速度之快、形式之多、效率之高前所未有,真正做到透明、公开、快捷。而且在公众核恐慌"燃点"很低的情况下,一方面抱着高度的责任感,发布真实信息,态度诚恳,敢于担当;另一方面致力于提高公众识别谣言、防范风险的能力,引导公众科学地认识核事故的发展态势,在制止"谣'盐'事件"和随后消解公众"核恐惧"的宣传中可谓功高至伟。

4. 两起公共科学事件中科普工作的比较

在"张悟本事件"中,我们的科普工作可用"集体失语,阵地失守"8个字来概括。首先,在公众热切期盼养生保健知识之时,我们的科普工作没有能做出快速、积极、有效的响应,而这个先机却被张悟本们抢过去了,科普错失了受众和阵地。张悟本们不仅对大众的需求反应敏捷,而且他们很会使用各种吸引大众的手段：如利用脱口秀式的通俗语言，把似是而非的理论讲得头头是道；大打亲和牌，从"理解你""关心你"的角度推荐简单易行、省钱省事的"养生方法"，俘获人心，让你信服；标新立异，用雷人的话语吊人胃口；无知无畏、敢写敢讲、剑走偏锋，以此摄人心魄，抓人眼球。反观我们的科普主力军，那些真正的医学家、养生专家，由于本身工作忙，搞科普是业余性质，加之考核机制、体制等问题，科普不计工作量，不算成果，也有专家视科普为小儿科，不屑一顾，因此搞科普的积极性不高，缺乏战斗力。其次，科普是一门学问，要搞好不容易，专家大多对公众的科普需求缺乏了解，对科普的表现手法缺乏研究，仍按照搞学术研究那一套去搞科普，严谨有余，生动不足，内容艰深，语言晦涩，缺乏通俗性、实用性、趣味性，不受欢迎，根本无法与张悟本们抗衡。第三，许多专家缺乏对当今科普理念和意义的深刻理解。科普与科研是科技创新的两个轮子，是相互联系又互相促进的，因此搞科研也离不开科普。特别是在科技发展呈现交叉性、渗透性、融合性、综合性趋势的今天，专家需要了解更多的科技信息，掌握更广泛的科技知识，因此专家也需要科普。从另一方面讲，专家的成长离不开社会的支持，因而有义务回馈社会；专家从事科研工作用的是纳税人的钱，就有责任向纳税人汇报你的工作，报告你的成果，就要做科普。这些科普理念我们还没有真正树立起来。第四，我们有的专家缺乏社会责任感和斗争性。当看到养生领域里张悟本们在大肆散布谬论、危害人民健康的时候，一个正直的科学家难道还能惶顾左右而听之任之吗？还能去计较个人得失而无动于衷吗？当然，"张悟本事件"被揭露之后，情况大有改观。

在"谣'盐'事件"中，从福岛核事故发生之始，在政府的组织下，全国有关核电安全和辐射防护的专家们立即行动起来，投入事件应急和科普宣传工作之中，包括这一领域的两院院士、相关学会的顶级专家，都纷纷出现在电视访谈节目上，出现在"科学家与媒体面对面"的活动中，或举办专题座谈，或撰写文章，为公众释疑解惑。各大媒体都积极组织节目、辟出版面搞科普。政府有关部门和相关学会的网站也都开出专门的科普栏目，形成强大的媒体阵势。福岛核事故发生仅二十多天，市场上就出现了四五种关于核电安全和辐射防护的科普图书，科普工作反应之敏捷、效率之高可与"5·12"汶川大地震时相媲美。可以说，在"谣'盐'事件"中，科普工作打了一场漂亮的"歼灭战"。

### 几点启示

**1. 搞好"公共事件科普"，提高公众科学素质，特别要在宣传科学方法、科学思想和科学精神上狠下功夫**

这两起公共事件都充分暴露了我国公众科学素质的欠缺。就"谣'盐'事件"而言，反映了我国公众对核电、核事故和辐射防护知识的匮乏，人们分不清原子弹爆炸与核电站氢气爆炸的区别，不知道切尔诺贝利核事故与福岛核事故的区别，不了解核事故放射性外泄迁移播散的原理与规律，不了解碘盐补碘与碘片防治放射性碘–131辐射损伤的区别。很多人都是一知半解，听风就是雨，轻信谣言，跟风盲从，受骗上当；另一方面，确实反映了我国公众科学素质普遍偏低。为什么日本没有发生抢购碘片、碘盐、海带、紫菜等相关商品的现象呢？更重要的是还反映了我国公众科学素质欠缺的关键是缺乏科学精神、科学思想和科学方法，因而失去了对谣"盐"的科学判断力。只要冷静分析一下，稍有常识就会知道，外泄在低空的放射性尘埃主要沉降在就近地区，进入高空甚至平流层的放射性尘埃才会随大气环流播散到更远的地方乃至环球迁移。当时日本地区的主导风向都是西北或西南，放射性尘埃怎么能逆风上千公里飘逸到中国来呢？至于泄露到海水中的放射性主要是随海流向东北方向的洋面和美国海域迁移播散，怎么会一下子污染中国海域呢？再则，日本本土的民众都镇定如常，我们有什么理由惊慌呢？这里还有一个关于数量的科学概念。例如，我国监测到的核污染数据仅为天然本底的万分之几，有何理由产生恐惧呢？又如，碘盐中的碘含量很低，用于补碘是一个长时间的慢过程，怎么能用于应急情况下服碘，让甲状腺碘处于饱和状态，以减少和排除放射性碘的吸收呢？至于一般食盐、海带、紫菜可防核辐射更是无稽之谈！

　　"张悟本事件"中也有类似的情况。其实，张悟本们所宣扬的养生谬论和"神奇妙方"是经不起推敲的，只要我们冷静下来进行思考，用基本的科学常识和方法去审视，很快即可识破他们的骗术。

　　我们不能要求公众有多少核电安全和辐射防护的专业知识，也不能要求公众有多深的养生保健知识，但让公众掌握了基本的科学方法、科学思想和科学精神，就掌握识破骗局、应对突发事件的锐利武器，使他们面对公共事件时有了科学的应对态度，能迅速选择正确的应对方法，就不会那么轻易受骗上当、手足无措了。传统科普多为普及科学知识（即"一科"），忽略了科学方法、科学思想和科学精神（即"后三科"）的普及，这是我们从这两起公共事件中应充分记取的教训，在今后的科普和公众科学素质培养中，要特别重视"后三科"的传播，尽快实现由"一科"向"四科"的转化。

2. 要高度重视"公共事件科普"，探索其规律

由于全球化、信息化时代人口、资源、生态和气候等危机的日趋严重，世界进入了一个所谓的"风险社会"，公共事件特别是突发性公共危机事件发生的频率增大，这其中也包括"公共科学事件"。由于公共事件往往是群众普遍关心的热点、难点问题，因此抓住公共事件的机会，集中力量开展科普，即所谓"公共事件科普"，这既是应对公共事件的题中之义，又可收到立竿见影的效果，因而已引起了科普界的普遍关注。现在的问题在于，如何充分认识不同类型公共事件的特征和规律，更有针对性地做好这类科普。

公共事件科普包括了三个环节，即事件前的计划科普、事件中的嵌入科普和事件后的跟进科普。对于"可预见性公共事件科普"，其重点在于计划科普和嵌入科普，视这两个环节执行情况再考虑跟进科普，以弥补前两个环节的不足。我们不仅可以根据每年可能发生的重大科学事件制定科普计划，甚至还可以根据需要，在每年的科学纪念日、科学活动日中适当选择若干，进行策划，大造声势，按可预见性公共事件的要求开展科普工作，以提高其成效。如2005年的纪念爱因斯坦创立"狭义相对论"100周年及国际物理年活动，又如2009年5月12日我国第一届中国防灾减灾日活动等就属此类。对于"不可预见性公共事件科普"，其重点在于嵌入科普和跟进科普。它虽无计划科普的可能，但可加强平时的基础科技知识、减灾防灾知识、应对突发事件的一般知识特别是"后三科"的普及，以弥补无计划科普之不足。在这次"谣'盐'事件"的科普工作中，就充分利用了嵌入科普的机会，把一些艰深的核电和核安

全知识做了一次卓有成效的普及。如果在平时，公众不会对这些知识感兴趣，往往采取冷漠的态度，即所谓"世俗不经意"原理，嵌入科普是打破这一原理束缚的有效手段，但仅限于此是不够的，更重要的是把科普做得生动有趣，能吸引人。这里要特别指出的是，对于不可预见性公共事件，特别是其中的慢发性事件，应在事态发展的初期就开展科普，而不是等事态严重了科普才开始"嵌入"；另一方面，要防止虎头蛇尾，忽视跟进科普。"张悟本事件"就存在这样的问题：事发之初没有及时开展科普，任事态发展、扩大；事发后没有组织有关专家进行系统的批驳，彻底清算张悟本们散布的谬论，以正视听，消除流言；没有对错误的养生图书进行彻底查处，坚决撤架；没有及时跟进强有力、高密度的正面宣传，让群众破旧立新，树立正确的养生观，这是造成"铁打的市场流水的神医"这一怪象的一个重要原因。

3. 充分发挥媒体特别是强势媒体和新媒体在"公共事件科普"中的作用

从这两起"公共科学事件"可以看出，张悟本们的"突然发迹"和"偶露峥嵘"以及"谣'盐'事件"的突然暴发和戛然而止，都与媒体的作用密切相关，真可谓"成也媒体，败也媒体"。特别是张悟本们在电视节目中的嚣张得意和"谣'盐'事件"中电视信息的权威发布和解读，从正反两个方面告诉我们，强势媒体电视在"公共事件科普"中显得多么重要。因此，科普工作特别是"公共事件科普"一定要充分发挥媒体特别是强势媒体的作用。这里要特别提出的是，在"谣'盐'事件"中，网络和手机短信等新媒体起了很坏的作用。网络和手机短信确有快捷、丰富、自由、多元等优点，但也存在太过随意、不负责任、鱼龙混杂、真伪难辨等弊端，是谣言迅速传播、兴风作浪，心理恐惧迅速传染、蔓延放大的重要因素，这是值得我们深刻反省的。当今社会是信息社会，传统大众传媒垄断的格局正在被新传媒技术打破，这是不可逆转的潮流。我们应该以开放、包容的眼光看待这些新媒体的作用：它既可比传统媒体更迅速广泛地传播谣言，也可成为迅速制止谣言传播最有力的渠道。只要我们引导得当，充分发挥新媒体的"自净化"功能，就可以实现新媒体"负面效应"向"正面效应"的快速转化。而且新媒体的"信息多元"本身也并非一定是坏事，它可以成为一种更安全的状态。因为正确的信息可以通过观点的交锋，战胜错误信息，使这种"正确"建立得更牢固，更具免疫力。在"谣'盐'事件"中，与核电安全有关的官方网站，相关学会的网站以及诸如科学松鼠会署名"谣言粉碎机"之类的民间网站协同作战，围歼谣言，大获全胜，就是很好的证明。

对于网络等新媒体，仅靠"自净化"还是不够的，还需要加大监管的力度。以往我们对网络的监管主要是针对政治问题、黄色内容等，其实科学谣言、伪科学言论等的危害相对于"黄祸"是由过之而无不及的。对此，我们不仅需要"谣言粉碎机"，更需要"谣言侦察机"，发现苗头，及时预警，引起大家的警惕和及时的批驳，防患于未然。

4. 进一步挖掘科学工作者的科普潜能

从"谣'盐'事件"中我们可以看出，科学工作者特别是顶级专家，在"公共事件科普"中发挥了不可替代的作用，也是一支特别有战斗力的科普队伍，他们之中蕴藏着极大的科普潜能，科学松鼠会的青年科技工作者就是一个很好的例证，他们带着"要像松鼠那样打开坚果"的执着，把艰深的科技知识讲得那么生动有趣，新潮时尚，很受欢迎，在这次谣"盐"事件中的表现尤为人们所称道。我们并不要求所有的科技工作者、权威专家都来做科普，问题的关键在于庞大的科技工作者队伍中确实蕴藏着许多具有"松鼠"潜质的人，需要我们去挖掘、去组织、去培养、去支持，有效地激发他们"打开坚果"的强烈愿望即科普自觉，激励他们"打开坚果"的执着精神即科普责任心，然后是培养他们"打开坚果"的技巧即科普方法。仅靠公共事件打破"世俗不经意"原理的束缚，强行"嵌入"式地传播科学知识，效果也是有限的。还是要像科学松鼠会及其他科普成功人士那样，在科普中更多地加入人文元素（"后三科"也包含人文元素）、文艺元素、趣味元素、时尚元素和生活元素，让科普更贴近公众的需求，更容易为公众所接受，才是科普打破瓶颈从困境中突围的有效且可持续的方法。

（2011.7）

# 浅谈科普"政府主导"与"政府推动"方针

2006年国务院颁布的《全民科学素质行动计划纲要（2006—2010—2020年）》（以下简称《纲要》）明确提出"政府推动，全民参与，提升素质，促进和谐"十六字方针，这实际上是与《中华人民共和国科学普及法》（以下简称《科普法》）制定的"政府主导、社会分担"的精神是一脉相通的，"政府主导""政府推动"成了我国科普工作的一大特色，也是我国科普工作发展的关键所在。

对"政府主导""政府推动"的理解，历来智仁互见，存在分歧。计划经济时代的科普工作一切都依靠政府的观念与做法，经过30多年的改革开放，已被人们所否定，但其残余影响尚未完全消除，特别是政府主导与推动要承担哪些责任？其边界何在？针对我国的国情如何把握好一个"度"，对此科普界上下都还没有达成明确的共识。笔者在2008年和2011年的全国科普研讨会上发表的两篇论文中都涉及政府主导与推动的问题，也引起了一些争议，由此引发了笔者的进一步思考，觉得有必要对这个问题进行深入探讨。现就初步的认识抛砖引玉，求教于大家。

## "政府主导与推动"是当今世界科普事业发展的必然趋势

粗略地考察一下欧美发达国家科普的历史，发现科普事业都是发端于民间，先由科技社团主导，经过艰难曲折，随着经济逐步发展，科技越显重要，科普工作也逐步得到国家的重视和支持。尤其是到了20世纪80年代以后，欧美各国都意识到提高公民科学素质的重要性，普遍采取政府推动的政策，加大了科普工作的力度，主要体现在一是制定科普相关政策、法律和发展规则；二是不断加大科普经费的投入，大大推动了科普事业的发展。

我国科普事业的起步，也来自民间科学团体。1915年中国科学社成立，创办了中国第一个科学刊物《科学》。以后，科学团体如雨后春笋，出版了不少科普书刊，掀起了我国近现代科普的第一个高潮。

从1949年新中国成立伊始，我国的科普事业就得到了国家的高度重视，被纳入政府工作之中。全国的科普工作先是由文化部科普局、中华全国科学技术普及协会，后由中国科学技术协会承担领导、组织和管理的政府职能，中间虽经波折和起伏，但其主导与推动作用还是一以贯之的。特别是进入21世纪以来，随着《科普法》和《纲要》的颁布和实施，政府主导与推动的指导方针进一步得到强化和制度保障，也得到科普战线上上下下和广大民众的拥护。

今日科普的概念和涵义与传统科普有了很大改变和拓展：一是科普由单纯的"一科"（普及科学知识）向多元的"四科两提高"（普及科学知识、科学方法、科学思想、科学精神，提高公民运用"四科"处理实际问题和参与公共事务的能力）转变；二是科普把提高公众科学素质列为明确的重要目标；三是科普的需求已从公众个人需求拓展为公众、社会和国家三个不同层面的需求；四是科普已成为一个重要的民生问题，因为当今世界每个人的工作和生活都离不开科学技术，而科普事业是教育事业的补充、延伸和拓展，具有全民性和终身性，科普是公众的一种文化需求，属于社会公共文化服务和产品体系，应该由政府提供，是公众公平地分享经济和社会发展成果的一条重要渠道；五是科普也是民主建设的需要，是公众作为科技的使用者、消费者、利益相关者以及科技政策决策参与者与监督者的内在诉求。特别是当今世界的竞争，已转变成科技创新的竞争，而科技创新的关键是科技人才的竞争，也是公众科学素质的竞争。科普与科研同为驱动科技创新的两个轮子，而摆在我们面前的现实是我国公众科学素质与发达国家相比存在较大的差距，估计落后了二三十年。因此要实现跨越式的发展，缩小与发达国家的差距，政府主导与推动不仅是必然趋势，也提出了更高的要求。

## 当前"政府主导与推动"存在的问题

应该说，自《科普法》《纲要》颁布实施以来，我国科普事业有了很大发展，正在孕育另一次科普高潮的到来，但也存在不少问题，还远远不能适应形势发展的需要。今年全国"两会"期间，有关加强科普宣传、提升我国科普工作地位与加大科普投入的呼声十分强烈，更有百余名全国人大代表和政协委员联名致信《中国科学报》，强烈呼吁"加大科普宣传力度，提升科普工作地位"，就是明证。

代表委员们的联名信反映的问题，主要是科普的体制机制问题、政策导向特别是评价评估体系问题、经费投入问题、领导重视程度问题、科学家参与度不高的问题等，这与多年前笔者的见解不谋而合。笔者当时就提出科普存在的问题主要是政府推动不够和全民参与不够，政府推动不够主要表现在领导不够得力，机制不够健全，措施不够具体，经费不够充足等方面；全民参与不够主要反映在科学共同体参与不够，传媒机构参与不够和公众参与不够，而全民参与不够的原因也主要是由政府推动不够造成的。

代表委员们在联名信中列举了一些公共科学事件，说明加强科普工作、提高全民科学素质的重要性和紧迫性。公共科学事件与科普有着密不可分的关系，它往往在相当大的程度上折射出公众的科学素质，从而也反映科普工作存在的问题。例如，被评为2010年十大科普事件的"张悟本事件"，就比较典型地反映了我国当前科普工作和公众科学素质建设中存在的诸多问题，笔者曾在一篇文章中对"张悟本事件"作过粗浅的分析，概括为4个方面的问题：一是养生保健热失范，乱象丛生；二是媒体失责，推波助澜；三是科普失语，阵地失守；四是政府相关部门失察，监管乏力，关键还是在于政府引导、推动、监管方面存在问题。理由有四：首先，张悟本事件属慢发性公共科学事件，它的发生和发展有一个较长时间的演进过程，它是随着我国养生保健热的掀起相伴而生的。养生保健事业是一个关系国计民生的大事业，是广大群众有强力诉求的大事情，也是一个有广阔市场前景的大产业，它还关系到我国医疗改革的深入开展和更好地解决看病难、看病贵的大问题。我国养生保健热虽持续多年，但没有引起政府有关部门的高度重视，一直处于卫生工作的边缘状态，任其自然发展，缺乏国家层面的统筹、谋划和政府强有力的领导和监管，因此出现乱象丛生在所难免。第二，我们对于突发性公共科学事件，自2003年SARS事件后，建立了比较完善、有力的应对举措，在这之后的汶川大地震、日本福岛核电事故等突发性公共科学事件处理中，都应对得比较好，但对慢发性公共科学事件，缺乏研究和应对举措，反应迟缓，处理迟疑，缺乏有效的对应机制和防微杜渐的办法，因此，导致类似的现象和事件很快又卷土重来、死灰复燃（如李一事件、刘逢军事件、马悦凌事件等），这是至今仍被人们诟病的重要原因。第三，媒体的文学评论与文艺评论是鉴别香花毒草，促进百花齐放、文学艺术繁荣的有力武器，文学与艺术评论有成熟的科学理论，有丰富的阵地和雄厚的队伍。同样科学与科普也需要评论，但遗憾的是至今我国媒体缺乏科学和科普的评论阵地，缺少相应的队伍，也没有构建科学（科普）评论的理论，因此，才会出现电视上谬误百出的养生讲座，书店里摆满漏洞丛生的养生图书，任其毒害公众，我们却毫无办法。因为张悟本们起初打着"科学养生"的旗号，欺骗公众，只能用学术争鸣与批判的武器予以揭露，但遗憾的是媒体不仅科学（科普）评论缺位，反而为伪"养生大师"鼓吹、张目，这也是张悟本之流横行长久，最终酿成公共事件的一个重要原因。事后，也没有对他们的错误言行进行彻底有效的批判和清算，以肃清流毒，他们的图书也只是以差错率不合格为由下架处理，停止销售（实际上一些小书店里仍在销售，因为差错率不合格的大有书在，不足为奇）。在这场事关公众健康的是非争议中，我们显得多么软弱无力。因此张悟本之流很快卷土重来、死灰复燃也是势所必然。第四，在"张悟本事件"中还暴露了我们的科普主力军——科学共同体的问题。在公众热切期盼养生保健知识的时候，我们的科普工作未能作出快速、积极、有效的响应，而这个先机被张悟本们抢过去了，养生科普错失了受众和阵地。张悟本们运用各种手段、使出浑身解数吸引公众，反观我们的科普主力军，那些真正的养生保健专家、医生由于缺乏科普意识和热情，一来因为工作忙，搞科普是业余性质，二来考核机制存在问题，加之科普是一门学问，要搞好不容易，要花费很大功夫，吃力不讨好，因此搞科普的积极性不高，缺乏站出来与张悟本们叫板对阵的勇气、斗争性和责任心。正如科普知名专家李大光教授所言：科学家没有动员起来是科普的失败！那么应该由谁来动员？当今的情势下，当然主要靠政府主导与推动。

这些年来，一个问题长期困扰在笔者的脑海中：为什么政府如此重视科普，科普仍不尽人意？笔者经过反复思索，认为问题主要还是出在科普的机制和体制上。我国的科普工作，长期以来靠中国科协来抓，如果说在计划经济时代，这种模式还可以比较顺利地开展运作，那么到了改革开放以后的市场经济时代，这种模式就逐渐显露出它的局限性来了。因为科协名义上虽称为"协会"，属于群团组织，但实际上它是准官方机构，承担了政府的职能，其人员编制、调配、职责、经费等运作模式基本上是官僚模式，而且大都延续着计划经济时代形成的习惯。这种不伦不类的属性，使它在政府职能机构中长期处于被边缘化的状态，其执行力、协调能力受到很大限制，难以充分发挥政府的职能。

科学普及和提高全民科学素质是一项基础性的系统工程，是一项长期、艰苦、细致的事业，但它又是一项"软"任务，不可能立竿见影，凸显政绩，因此往往会被各级领导所忽视，受到"硬"任务的冲击而被边缘化。这双重的"边缘化"就使科普工作往往说起来重要，而实际行动起来就处于尴尬的境地。虽然各级政府成立了科普工作联席会议、全民科学素质工程领导小组等协调机构，但实际上各参与部门往往是"缺席"或"放弃领导"，结果几乎成了科协的独角戏，科普处于科技、文化、教育"三不管"的境地。就拿传媒来说吧，传媒是科学传播的核心环节，也应该是科普的关键所在。但现实是全国各地传媒对科普的参与度和积极性都比较差。其中一个重要原因是传媒界通过改制之后企业化了，追求经济效益成为他们压倒一切的重要目标。电视栏目唯收视率是问，报纸板块唯阅读率论英雄，又因为其对科普没有明确的职责、任务和考核要求，导致传媒科普阵地严重萎缩。地方科协请传媒配合开展科普活动，传媒开口就谈钱，科协只有哀告的份，哪有协调的余地，科协的尴尬地位由此可见一斑，政府主导与推动的作用又如何来实现？笔者觉得，政府高层虽有一些好的设想，《科普法》《纲要》先后出台，但由于机制、体制的障碍，"政府推动"难以有效地引导、发动、组织科学共同体和媒体机构两大科普主力军的积极参与，那么要实现"全民参与"仍是一句空话，这个"最后一公里"现象亟待解决。

另一方面，由于科协的准官方性质，因此与下属的学（协）会的关系就有一种官方与非官方（政府）组织（NGO）之间的领导与被领导的隔膜关系和官僚运作模式。我国自新中国成立以后，由于"左"的路线和思想的干扰，NGO本来总体上就不发达，各个个体发育也不健全，除官办（挂靠政府职能部门）和挂靠单位政治资源比较雄厚的学（协）会外，大多数学（协）会举步维艰，缺乏开展科普工作的内在动力，很难真正发挥NGO的作用。作为科学共同体的学（协）会，在科普工作上往往依赖和等待科协的统一计划和布置，处于一种被动甚至应付的状态，往往满足于搞形式重于内涵的科普活动，其自主性和积极性比较差，没有把科普工作当作学（协）会的一项重要工作和应尽的一份社会责任。

## 几点建议

尽管目前对"政府主导与推动"方针的看法存在分歧，其真实涵义与边界一时也难以厘清，但就我国国情和科普事业对国家发展的重要性而言，"政府主导与推动"方针只能加强，不能削弱，其真实涵义与边界只有通过改革、实践和研究才能逐步厘清。为此，提出如下建议：

（1）科普工作的管理和运行模式必须改革。首先是科协要改革，要把承担科普政府职能这一块（规划、运筹、管理、顶层设计、监督等）剥离出来，筹建专门的政府机构或划归政府某个实质性机构（如科技部）加以强化，提升其执行力和协调能力；科协则通过NGO的改革和改造，回归真正NGO的性质。政府通过设置科普活动项目基金、研究项目基金、购买服务等方式来引导NGO发挥作用，NGO通过自身的科普自觉与职能驱动，通过申报各种科普基金和承接政府购买服务等方式开展科普工作。政府通过《科普法》《纲要》等法规的实施细则来落实各项科普工作，考核中央和地方政府各个部门、NGO、媒体、学校、科研机构、企业等的科普业绩，消除"最后一公里"现象。当然，这项改革任务艰巨，阻力很大，过程很长，但必须改革才能破解科普工作当前的尴尬局面。

（2）切实加大科普投入。据2010年的统计，我国全社会科普经费不足100亿元，仅占GDP的万分之二，显然过低。要像设置教育经费占GDP4%的指标那样，通过全国人大立法，设定一个合理的科普经费投入占GDP的比例，予以法律上的保证。要设置科普设施专项经费，保证全国科普场馆等设施的均衡建设和正常运行，作为文化事业大发展的重要内容，列入计划；要加大科普基金的设置和投入，一是要求各项科研基金中都要设置科普专项基金（包括科普著作出版基金）；二是每个科研项目要设置科普费用专项，敦促科研人员及时将科研成果转化为科普宣传项目，既明确科研人员的科普责任，又提高科研成果的社会广泛认同。此外，应借鉴国外先进经验，引入市场机制，制定相应的财政激励政策，引导和鼓励社会资金和资源的投入，促进科普产业的发展。

（3）要在顶层设计上充分考虑保护和发挥科学共同体与广大科技人员、传媒机构与广大媒体工作者从事科普工作的积极性，建立和完善科普工作的评价、考核和激励机制，推动科学与科普评论工作的广泛开展。要加快科普职称系列的试点工作，思想再解放一点，步子再大一点，并与本人工资待遇紧密挂钩，促进科普专兼职队伍的发展和壮大。

（4）要把科普工作与落实科学发展观紧密结合起来，彻底改变"GDP崇拜"观念，创造良好的科普社会氛围和文化环境，把科普工作和公民科学素质建设列入政府长远规划和年度工作计划中，并作为各级政府的具体工作指标严格加以考核，向公众公布，接受群众监督，使"软"任务能"硬"起来。

（5）要充分发挥强势媒体在科普中的作用。建议建立国家级的科普节目中心，主要负责制作高质量的科普节目，引进国外优秀的科普节目，通过专门的发行渠道向地方电视台发行。各级电视台要设立专门的科普频道和专项科普资金，通过"以奖代补"等方式，支持各类有条件的社会机构如电教中心等制作高质量的科普节目。要鼓励像央视科教频道打造于丹、易中天《百家讲坛》节目那样打造科普节目品牌，在普及科技知识，特别是普及科学精神、科学思想、科学方法上发挥更大作用，使之真正成为科普公器。

（2012.8）

# PX项目类事件：一个亟需研究的公共科学事件科普课题

PX项目以及其他重大工程建设项目引发群体事件是近年来在我国接连发生的典型环境群体事件，这对我国经济可持续性发展和社会的和谐稳定造成了严峻挑战。因此，PX项目类事件已成为当今我国科学发展的一个难题，也是社会治理的一个难题。由于PX项目类事件属于公共科学事件，因此它还应该成为科技工作者特别是科普工作者亟需研究的一个公共科学事件科普的课题。

## PX项目类事件在我国频繁发生

近年来，PX项目引发的公共事件接连不断，从2007年的厦门，到2011年的大连、2012年的宁波、2013年的彭州、昆明，再到2014年的广东茂名，PX这个极平常的化工产品却成了公众关注的焦点，陷入了舆论抨击的漩涡之中。由于公众的强烈反对，使上述这几个城市规划中的PX项目相继停建或缓建。人们不禁要问：PX项目在我国为什么会出现这样大的波折，引发公共科学事件，成为一个严重的社会问题？

PX是英文缩写词，其中文名为对二甲苯，它与我们的生活息息相关，主要用于生产精对苯二甲酸（PTA）和聚酯（PET，也称涤纶、的确良），并最终用于生产衣服、饮料瓶、包装容器等，已成为国民经济的重要支柱产业。PX生产的短缺，一直是制约我国这一整个产业链条发展的瓶颈，进口依存度已达

50%，主要进口来自韩国、日本、新加坡、沙特、中国台湾等国家和地区。因此，发展PX产业是我国当前重要的产业政策，而PX项目事件已成为我国PX产业发展面临的最大挑战。实际上，PX只是一种低毒性的化学物质，属非常普通的芳烃产品，是在石油炼制过程中经催化、重整、裂解、分离等化工过程而制取的，其工艺已经十分成熟。在人类PX生产史上（包括中国在内），至今尚未发生过一起对环境和居民造成严重危害的重大事故。也因此在我国周边的国家，包括地震多发的日本和弹丸之地的新加坡，都在利用当前中国PX生产发展迟缓的现状，以中国市场为目标，加快PX项目的上马。

不仅是PX项目，包括像核电项目、垃圾焚烧项目、其他化工项目等重大工程项目以及像垃圾处理、火葬场、微波塔之类的小项目，在今日中国也都遭到前所未有的反对。其实，作为一般群众，不愿意把化工之类可能存在污染隐患的项目建在自己生活的所在地，这种心理是可以理解的，即所谓"邻避思维"或"邻避效应"。但对PX这样一个毒性相对较低，生产条件相对温和，安全、环保完全可控，恰恰又是我国目前少有的迫切需要而生产能力严重不足的化工项目，却由"邻避思维"发展为"公共事件"，反复出现"上马—抗议—停建"的怪象，不仅有损政府公信力和权威性，还造成社会成本的极大浪费（仅宁波PX事件就造成损失达64亿元之巨）和发展机遇的莫名丧失，就不能不引起我们的高度警觉和认真反思了。

## PX项目类事件频发的原因初探

当前，我国正处在改革深水区、社会转型期和矛盾凸显期，利益诉求多样，社会风险与环境风险交织，而公众的维权意识和环保意识在不断提高，会使"邻避效应"加剧。另一方面，由于公众对PX相关知识的缺乏，而社会特别是网络上又流传着PX毒害大、可致癌等错误言论，一些媒体还推波助澜，搞不负责任的炒作，加之公众对多年来工业粗放式发展带来的环境和健康危害的不满，多种因素的综合作用引起公众的"PX恐惧症"，使"邻避效应"进一步放大。

即便如此，公众知识的缺乏和认识的误区还是可以消除的；"邻避效应"反映的个人诉求和一部分人的利益也是可以协调解决的。之所以由"邻避效应"发展为"邻避事件"，其关键在于政府决策和社会治理的理念和方式出了问题。主要是信息公开不及时，不对应，有时甚至是不真实，另一方面是公众参与不到位。而公众参与的前提是公众必须知情；公众知情的前提是政府要及时、真诚、如实地公开信息，包括工程建设可能带来的环境和健康危害的真实情况，以取得公众的信任，否则就可能陷入"塔西佗陷阱"。这是古罗马历史学家塔西佗的一个论断：当政府失去公信力时，无论是说真话还是假话，做好事还是坏事，都会被民众认为是在说假话、做坏事。许多"邻避事件"都可以找到"塔西佗论断"的踪影。由此，我们认为，PX项目事件频发给人们的最大警示是：政府与公众之间必须搭建有效的沟通桥梁，建立畅通的社会协商渠道，政府应及时公开真实信息，包括相关科技知识的宣传与普及，真正践行"相信群众、依靠群众"的党的群众路线，真正贯彻"以人为本"的执政理念和社会治理理念，PX项目类"邻避事件"是完全可以避免的。

进一步深入分析我们还可以发现，PX项目类事件在我国频发更深层次的内在原因主要是长期以来我们对"社会"认知的偏狭，"社会建设"的滞后、"社会治理"的欠缺和"社会协商"的忽视。最能说明这一点的事例就是厦门PX事件。在事件发生之前，社会上就有不少对PX项目建设的不同声音，网络上的公众诉求更是尖锐，但未引起重视；甚至有105名政协委员联名写出提案，代表民意反对PX项目建设，竟也被政府有关部门搁置一边，不予理睬，最后终于酿成群体事件。事件发生后，经过一番博弈，厦门政府迫于强烈的民意和维稳的压力，只好息事宁人，发出公告，承诺"市民反映强烈的项目不批"，厦门PX项目就此寿终正寝。

## PX项目类事件给科普工作的警示

从PX项目类事件可以看出，在重大工程项目建设的过程中，缺乏政府与公众之间有效沟通的一个突出表现是在项目立项之初和事件发生前后没有做好相关科普工作，这是一个严重的失误。PX项目类事件属于公共科学事件，因此很值得我们从公共科学事件科普的角度来探讨PX项目类事件的教训。

谢丽娇在《"公共事件科普"的提出及其形成机理分析》一文中把公共科学事件分为"突发性事件"和"可预见性事件"两类，笔者认为这种分类过于简单，涵盖公共科学事件的类型不够全面，有失偏颇。为此，笔者建议可以将公共科学事件作如下分类：

公共科学事件 ┬ 可预见性事件 ┬ 有益性事件（如神舟七号发射，日全食观察活动等）
　　　　　　　　　　　　　　└ 有害性事件（如预测流感暴发，预测台风危害等）
　　　　　　　└ 不可预见性事件 ┬ 突发性事件（如地震灾害，日本福岛核事故等）
　　　　　　　　　　　　　　　└ 慢发性事件（如张悟本之流的"神医"事件等）

图1

所谓共科学事件科普，即针对公共科学事件开展的科普，它包括三个环节，即事件前的计划科普、事件中的嵌入科普和事件后的跟进科普。对于"可预见性公共科学事件"，其科普的重点在于计划科普和嵌入科普，并视这两个环节执行情况再考虑跟进科普，以弥补前两个环节的不足。对于"不可预见性公共科学事件"，因为不可预见的特点，无计划可言，因此通常其科普的重点在嵌入科普和跟进科普，且越早效果越好，但也不能一概而论。一是不可预见性公共科学事件虽无计划科普的可能性，但仍可通过平时加强基础科技知识、防灾减灾知识、应对突发事件的一般知识的普及，特别是科学方法、科学思想和科学精神的普及，来弥补无计划科普的不足；二是也并非所有不可预见性科学事件完全没有计划科普的可能，PX项目类事件就属这种虽是不可预见性公共科学事件，但确实存在开展计划性科普的可能性。

由于PX项目类事件的发生和发展有一个较长时间的演进过程。因此它属于不可预见性公共科学事件中的慢发性公共科学事件。另一方面，PX项目类事件本身属于重大工程项目，在政府决策的过程中，必须开展环境评估（环评）和重大工程项目社会稳定风险评估（稳评），并广泛吸纳公众的参与，这是科学决策和民主决策的需要。而在开展"环评"和"稳评"的过程中，科普是其题中之义。因为你不可能要求公众对某个具体工程项目都具有相关的专业知识，因此为了开展"环评"和"稳评"，你就必须有针对性地普及与工程相关的科技知识；你要求公众参与项目建设的民主决策，你就必须公开、透明、如实地讲清楚该项目的利弊得失，对周围环境与居民健康的影响，特别是在重大工程项目社会稳定风险常集中表现为环境群体性事件的当下，更应该把立项之初的科普工作做深做透，这也可称之为预防性计划科普。在2014年6月13日科技日报社针对PX项目类事件所举办的科技新闻大讲堂上，中石化原总工程师、中国工程院院士曹湘洪就曾明确指出："关于PX，我们向公众科普得太少了"，"说PX没有安全和环境风险是不科学的，但这些风险是可控的"，这就点明了PX项目类事件中科普失误的要害之处。此外，科普的含义本身，除了科学知识、科学方法、科学思想和科学精神这"四科"之外，还包括提高公众运用"四科"解决实际问题的能力和参与公共事务的能力。因此，重大工程项目决策之前的科普也是让公众更好参与的需要，这些都属于计划科普的内容。

为了做好重大工程建设项目，特别是围绕"环评"和"稳评"的科普工作，政府应把它作为科学决策和民主决策的必须步骤，认真落实。政府可以通过购买服务的方式，正式委托属于第三方的相关学术团体来承担，而非由该项目的企业承担，使其科普工作更具诚信力和权威性。再加上本地区的报纸、电台、电视台等大众传媒和网络等新媒体紧密配合，形成立体式的科普宣传和教育体系，真正做到家喻户晓、人人皆知、公开透明，使科普渗透到每个家庭、社区和单位。

重大工程项目科普工作的重点，不只是相关的科技知识，更重要的是普及科学方法、科学思想和科学精神。因为这"后三科"是决定一个人作出科学判断和行动的关键。PX项目类事件的一个核心问题是"邻避思维"。有时候，各人的理性虽有一定的合理性（譬如"邻避思维"），但由于它的局限性可能形成公共的非理性，一时的局部的利益可能造成长远的整体的困局。如果每个人都坚持个人意见，寸步不让，公共利益又如何达成？当前我国的PX产业就面临这样的困局。这必须用科学方法、科学思想和科学精神来武装我们的头脑，运用它来进行分析，才能平衡好个体理性与公共理性的关系，多数人的利益与少数人诉求的关系，提高现代公民的科学素质，提高和完善社会治理的方式和能力，才能让每个人既成为支持科学发展的一分子，又让每个人都从发展中受益。如果只是就事论事地普及具体的科技知识是根本解决不了问题的，而且普及"后三科"还有举一反三、触类旁通、长久起作用的效果。

　　从近年来的PX项目类事件可以看出，传媒的错误言论和不负责的炒作，特别是网络的负面信息起了很坏的作用。因此，公共科学事件科普仅从正面宣传还是不够的，必须敢于直面那些错误的传言和宣传，有针对性地进行批驳，揭示事实真相，揭露错误言论和谣言的本质，具有较强的战斗性，就像2011年3月日本福岛核事故在我国引发"谣盐"事件时一帮年青科技工作者组成的科普组织——科学松鼠会以"谣言粉碎机"为名在网络上所进行针锋相对的科普宣传那样，才能收到更好的效果。

（2014.10）

# 附录1
# 我的科普路的简要回顾

강

**强亦忠**

我与科普结缘始于中学时代。

我从小就喜欢看书，养成阅读的习惯。慢慢地由喜欢阅读进而喜欢写作，常为黑板报、墙报写稿。每次学校组织作文（征文）比赛，我都踊跃参加，每次都有所斩获。渐渐地就萌生了将来当作家的梦想。开始阅读主要是儿童读物、文学类读物，也读科普类读物和科学家的故事之类的图书。1956年党中央发出"向科学进军"的号召，本来我数理化的成绩就不错，加之"学好数理化，走遍天下都不怕"对我的影响，遂弃文从理，志向由作家改为科学家。此时，我开始有意识地大量阅读科普读物，特别是对苏联著名的科普作家伊林的著作和别莱利曼的"趣味系列"科普著作，如《趣味数学》《趣味物理学》等兴趣尤浓。我想，从事文学写作的作家当不了，也许我将来可以利用业余时间写写科普文章，当科普作家，不也是作家吗？这是我第一次产生与科普结缘的想法。

1957年考入清华大学原子能化工专业，就心无旁骛地专心于学业了。我第二次产生与科普结缘的想法是在大学第6个学年。当时由于天灾人祸，国家正处于三年困难时期，很多国防项目包括核燃料后处理工程被迫下马，导致我们专业上两届毕业生分配不太理想。由于担心我毕业时的出路，我给蒋南翔校长写了一封信，说如果专业分配有困难，我愿意去从事科普工作。因为我有较扎实的科技基础知识，又喜欢文字工作，具有一定的写作能力，也热爱科普，从事科普工作可能会发挥我的才能。不久，校长办公室派人找我谈话，进一步了解我的真实想法。出乎意料的是，随着1963年国民经济形势的好转，核事业有了新的转机，核工业基地急需要人。于是，我和班上的许多同学都打报告，表决心，要求到一线工地去。幸运的是，我和其他6位同学得到批准，被分配到酒泉原子能基地工作。我的第二次科普梦也随之破灭。

　　我第三次真正与科普结缘，是1979年我从保密制度严格的酒泉原子能基地调到苏州医学院放射医学系放射化学教研室任教之后，我的科普作家梦开始复苏。当时，社会上对放射性有一种恐惧感和神秘感，"谈核色变"，还由于对放射性的误解常引起公众的恐慌甚至引发群体事件，严重影响了核科学技术在国民经济各个领域中的应用，特别是核能的发展。于是，我觉得结合自己的专业知识写科普文章责无旁贷。我写的第一篇科普文章是针对利用废料生产磷石膏轻板框架材料建造的住宅引起的风波，介绍建筑物的放射性及其危害的知识，很快就登出来了。我又围绕核电安全和辐照技术的应用写了一些小文章，都顺利刊发了，还得了编辑部的好评与鼓励，就此一发而不可收。1983年和1985年，我两次参加全国晚报组织的科学小品征文活动，写了多篇小品应征，不仅都发表了，还两次获

377

得优秀作品奖，这更增添了我科普创作的勇气和积极性，开始给多家报刊撰稿，先后发表作品近百篇，出版科普著作5本，多次获得全国性和省级的奖项，先后加入了苏州科普创作协会（2002年更名为科普促进协会）、江苏科普作家协会和中国科普作家协会，圆了一个作家梦，还曾被选为江苏科普作家协会常务理事，苏州科普促进协会副理事长（现为顾问）。

由于我一开始写科普作品就是针对科学事件引发的社会风波，此后就十分关注公共科学事件，认为这是科普的极佳切入点。但又觉得仅介绍有关的科学知识是不够的，还要分析引发这一社会风波或公共事件的原因，进行评析，批驳错误的认识，普及科学方法、科学思想和科学精神，即所谓的"后三科"，收到更好的效果。由此，我不满足于写一般的科普文章，开始写科学小品、科学时评、科学随笔，因为这几种文体能更好地普及"后三科"。另一方面，我一直在教学的同时从事科研，注重文献调查，经常参加学术会议。我常把科研最新的成果和发展动向融入讲课之中，也会写成科普作品，介绍给公众，使我的科普作品内容新颖，更能引起读者的关注和兴趣。例如，我参加1983年中国核化学与放射化学学术研讨会，了解到核天文地质学的一些新进展，再结合自己的知识储备，写了《太湖成因之谜》《恐龙灭绝新说》等文章。我在了解有关低剂量辐射"免疫刺激效应"的新进展后，就写了《量到微时令人惊》一文，介绍有关新学说的知识。我还对有关专题作跟踪报道，如苏联切尔诺贝利事故发生后，我迅速写了《对苏联切尔诺贝利核电站事故的思考》一文，时隔10余年后，有关国际组织经过多年的调查研究和讨论，对这次核事故的发生及其危害重新做了评估，我立即在此前文章的基础上，又写了

《切尔诺贝利核电站事故三问》一文，及时作了更新。

2002年，我被推举担任苏州科普促进协会副理事长，负责科普创作和理论研究。一方面，我参与组织编写《市民科普读本》系列丛书（共7册）的编写和审改工作，其中我独立承担第1分册《比科学知识更珍贵》一书的写作，这是专门介绍有关科学方法、科学思想和科学精神的；我还担任主编第4分册《物质能源与高新技术》。另一方面，我参与组织苏州科普理论研讨会（苏州科普论坛）。在此过程中，我发现我国的科普理论研究十分薄弱，科普工作缺乏强有力的理论指导，使科普工作带有很大的盲目性，只注重形式，成效不显，差强人意。我觉得从事科普理论研究比我具体写科普文章更重要，更有意义。于是我把业余时间的主要精力投入到科普理论研究和论文的撰写之中。此后，连续在中国科协机关刊物《科协论坛》发表文章9篇，连续6次撰写论文，参加公民科学素质论坛暨全国科普理论研讨会。其中有一篇论文还参加了2010年国际科普论坛暨第17届全国科普理论研讨会，并指定在大会上作主旨发言，受到高度评价。

2002年国务院颁发的《全民科学素质行动计划纲要》明确指出，公民科学素质包括具有应用"四科"处理实际问题的能力和参与公共事务的能力。因此，我认为公民参与有关科技工作的建议，应该成为培养和提高公民科学素质的一个目标。我自1963年参加工作之后，就一直十分重视向有关部门提科技建议。自1993年担任苏州市政协常委、1998年担任全国政协委员之后，在写提案和建议的过程中，作为一名科技工作者，特别注意在苏州和全国层面上写有关科技工作的建议，收到了较好的效果，多份有关科技工作的提案获得优秀提案奖，如《在我市应尽快建立风险投资基金的建议》《对建设科技创新城市的建议》《消除偏见，勇于关爱——对我国精神病防治工作的几点建议》《我国现行科技奖励制度亟待改革》《整治学术腐败，重塑学界圣洁》《在全社会大力倡导环境生态伦理观》等，有多份建议在《人民政协报》《中国政协》等报刊上全文刊登；有的建议还被中共苏州市委政策研究室主办的《研究与参考》摘要刊登，如《对我市公民科学素质的现状调查与对策研究》《我市当前科学发展亟待搞清楚的几个问题》。以我的实践和体验认为，科技建议十分重要，很有意义，应该纳入科普工作的范畴之内加以重视和倡导。

我今年80岁了，身体不是太好，与疾病做斗争已有五年多。我自1950年中期开始与科普结缘，至今已有60余年。我于1980年初开始自觉地从事科普写作，至今也有近40年。科普是我的喜爱，科普是我的情结，科普是我的责任，科普已融入我的生命，难以忘怀和割舍。今后，我仍然会坚持我心中的追求，量力而行力地去做我喜欢做而又对社会有益的事，其中就包括科普工作，有一分热尽量发一分光，让生命在燃烧中逐渐熄灭，而不是被动无为地在哀朽中消亡。这不是什么宏愿豪言，只是追求心中的快乐，直至在快乐中去见上帝。

（2019.3）

# 附录2
# 强亦忠科普著作目录

1. 强亦忠，古国冠. 精馏及其在核燃料后处理废液回收中的应用（技工读本）. 原子能出版社，1981.

2. 王崇道，强亦忠，罗世芬. 家庭急救指南. 北京出版社，1992.

3. 王崇道，强亦忠，虞斐，等. 婴幼儿家庭保育及智力开发. 贵州科学技术出版社，1993.

4. 强亦忠. 比科学知识更珍贵. 古吴轩出版社，2005.

5. 强亦忠. 物质能源与高新科技. 古吴轩出版社，2006.

# 量子物理
# 如何
# 改变世界
## HELGOLAND

［意］卡洛·罗韦利　著

王子昂　译

浙江科学技术出版社

# 关于作者

卡洛·罗韦利是一位理论物理学家,在时空物理学上做出了突出贡献。他曾在意大利和美国工作,目前正在法国马赛的理论物理研究中心主持量子引力研究项目。他的《七堂极简物理课》《现实不似你所见》《时间的秩序》是全球畅销书,被译成了41种语言。

写给泰德·纽曼，他让我明白了我其实不懂量子力学。

# 目录

# 将目光投入深渊

　　我和卡斯拉夫坐在离海几步之遥的沙滩上。我们热烈地交谈了数个小时。一次研讨会的下午休息期间，我们来到了香港的南丫岛。卡斯拉夫是量子力学领域的知名专家。他在研讨会上展示了对一个复杂思想实验的分析。从密林边缘的小径到沙滩，随后再到海边，我们就此实验进行了反复讨论。最后我们的想法基本达成了一致。在沙滩上，我们看着大海，沉默良久。真是难以置信，卡斯拉夫喃喃道，人们如何能够相信？就好像现实……从未存在过一样……

　　在量子领域，我们已经走到了这一步。一个世纪以来，这一领域不断涌现出举世轰动的科学成果，还赠予了我们当代科技，为整个 20 世纪物理学提供了根基。认真回顾这一科学史上最为成功的理论，我们会不由得感到惊诧、困惑、难以置信。

　　曾有过那样一个时刻，世界运行的基本原理似乎非常清楚：形形色色的事物归根结底好像都是由物质微粒构成的，并只受寥寥几种力的驱动。人类曾一度认为"摩耶"的面纱已被揭开：认为自己彻底看透了现实的本质。但这一状况未能长久，因为许多事实与理论不符。

直到 1925 年夏天，一位 23 岁的德国青年来到北海上一座多风的岛屿——"圣岛"黑尔戈兰岛，度过了一段坐立不安的孤单日子。在这座岛屿上，他发现了一种能解释所有棘手事实的想法，并构建了量子力学的数学结构——"量子论"。这一理论的发明也许是有史以来最伟大的科学革命。这位青年的名字是沃纳·海森堡（1901—1976）。这本书要讲的故事，便是由他开启的。

量子论澄清了化学的根基，解释了原子、固体、等离子体的运作方式，解释了天空的颜色、大脑内部神经元的构造、恒星的运动、星系的起源……世界上成千上万个方面的问题。从电子计算机到核电等最新科技的根基也是量子论。工程师、天体物理学家、化学家和生物学家每天都在运用量子论。量子论的基础知识已经成了高中课堂的必修知识点。量子论从未出错。它是现今科学的有力心脏。但它神秘莫测，还有些许令人不安。

量子论打破了世界是由沿固定轨道运动的微粒组成的这一我们原有的现实图景，却没有说明，若非如此，我们又该如何认知这个世界。量子论的数学计算并不描述事实，它不会告诉我们"何物存在"。在量子理论的视角下，相距甚远的物体之间似乎有着魔法般的联系。物质被奇诡的概率波替代。

任何一个停下来问自己，量子论究竟告诉了我们关于真实世界的什么事情的人，都仍然满怀迷惑。尽管爱因斯坦预见的一些想法将海森堡引到了正确的道路上，但他最终也没能完全消化理解它们；20世纪后半叶伟大的理论物理学家理查德·费曼也称没有人理解量子。

然而，科学就是如此：科学是探索全新的思考世界的方式，是不断推敲质询我们现有的概念的能力，是那股敢于反抗权威的、批判性的前瞻性力量，这力量有能力改变其本身的概念根基，从零开始重新描绘世界。

量子论的奇怪之处令人迷惑不解，但同时，它也为我们开辟了全新的认知现实的视角，让我们得以窥见一种比从单纯的物质主义视角看到的、由空间中的粒子构成的现实更加深刻微妙的现实。这是一种由关系而非物体构成的现实。

量子论为我们提供了全新的思路来重新思考宏大问题，比如现实的结构、经验的本质、形而上学，或许甚至还有意识的本质。上述问题都是科学家和哲学家们热烈探讨的，也是我在本书中要谈论的话题。

在荒芜、偏僻、北风肆虐的黑尔戈兰岛上，沃纳·海森堡揭开了挡在我们与真相之间的那道帷幕，而帷幕之后却现出了一道深渊。本书要讲的故事，就从海森堡萌生想法的这座岛屿开始，随后将从现实的量子结构的发现逐渐扩展到探讨范围更宽广、更为开放的问题。

## ℏ ℏ

我的作品面向的，首先是不了解量子力学，但有兴趣尽自己所能去理解量子力学是什么、意味着什么的读者。我要尽可能地做到叙述简洁，因此一切对把握问题核心并非不可或缺的细节，我都略而不谈。我要尽可能地做到清晰易懂，因为我探讨的是科学中最晦涩难懂的理论。与其说我讲的是如何理解量子力学，不如说我只是解释了为什么量子力学是如此难以理解。

但这本书也是为那些越是深入研究量子论，就越是感到疑惑的同侪——科学家和哲学家——而写；为的是能够让正在进行中的、关于这个持续让我们感到惊奇的物理理论的意义的探讨继续开展，也为了能够获得一个更为整体化地看待它的角度。本书为那些对量子力学已有所了解的读者附加了许多注释。同时，为使内文更具可读性，更加精确的描述将在注释的部分进行。

我在理论物理学领域的主要研究对象是理解空间和时间的量子性质，使量子论与爱因斯坦有关空间和时间的发现更加融贯一致。我发现自己在持续不断地思考关于量子的事情。本书是我思考至今得到的成果。它并未忽视不同的观点与意见，但也有它自己坚定的倾向性；它专注于介绍我认为最有效力，同时也为我们打开了最广阔而有趣的前景的一种视角，即对量子论的"关系性"解读。

在开始阅读前，有一事需读者悉知。未知的深渊永远对人具有吸引力，也总是令人目眩神迷。认真思考量子力学，反思它给我们带来的启示的过程几乎是一种近似迷幻体验的经历：它总是变着花样要求我们放弃自己对世界的认识中被认为是坚不可摧、无懈可击的东西，它要求我们接受现实与我们的想象有着深刻差异这一事实，要求我们不要惧怕深不可测的未知之物，要敢于将目光投入深渊。

里斯本，马赛，维罗纳，安大略省伦敦

2019—2020 年

第 一 部 分

# I

## "看到了一个具有奇异的美的内在世界"

关于一位年轻的德国物理学家是如何提出了非常奇怪，却能非常出色地描述这个世界的想法，以及它所引发的混乱。

# 1. 年轻的沃纳·海森堡的荒谬想法："可观测量"

"最终的计算结果呈现在我面前时，已将近凌晨三点。我被深深震撼，情绪激荡，根本无法入睡。我走出家门，开始在黑暗中缓慢前行。我行至海岬，爬上海边耸立着的一块礁石，静候太阳升起……"[1]

我经常问自己，北海中荒芜多风的黑尔戈兰岛上，年轻的海森堡在第一个隐约窥见人类有史以来首次看见的大自然最令人目眩神迷的秘密之一后，行至海岬，爬上那块礁石，凝视着广袤海面上的巨浪，静候日出时，心里会涌起何种想法和情感。那年，海森堡23岁。

他是为了减轻过敏症到黑尔戈兰岛去的。黑尔戈兰岛上——岛屿名字的意思是"神圣之岛"——几乎没有植被，因此花粉很少。乔伊斯在《尤利西斯》中称它为"只有一棵树的黑尔戈兰"。而海森堡到那里主要是为了能够专心思考困扰他的问题。这个烫手山芋是尼尔斯·玻尔放到他的手中的。海森堡睡得极少，大多时间都孤身一人，试图计算出能证实玻尔那令人难以理解的定律的结果。他时不时地中断计算，去攀爬岛上的礁石。在这短暂的休息期间，他还记诵了《西东诗集》中的诗歌——德国最伟大的诗人歌德在这部诗集中歌唱了他对伊斯兰教文化的热爱。

尼尔斯·玻尔当时已是成名的科学家，他写下了一些简单却奇特的公式，甚至未经测算便预料到了化学元素的特征，例如化学元素被加热时释放出的光的频率，即光呈现出的颜色。这是一项了不起的成就。但这些公式并不完整，比方说，它们无法算出这些被加热了的元素的发光强度。

但最主要的问题是，这些公式中有些看似十分荒谬的东西：它们毫无原因地假设原子内部的电子仅在**某些**特定的轨道上、在距原子核**某些**特定的距离上，带着**某些**特定水平的能量围绕原子核运动，随后会魔法般地从一个轨道"跳跃"到另一个轨道上。这就是最初的"量子跃迁"。为什么偏偏是这些轨道？这种从一个轨道到另一个轨道的无法解释的"跃迁"是什么？是怎样一种未知的力引发了电子如此离奇的表现？

原子是构成一切物质的最小基石。它是如何构成事物的？电子是如何在原子内部运动的？玻尔和他的同事们围绕这一问题研究了十多年，仍一无所获。

像文艺复兴时期的画家组建工作室一样，在哥本哈根，玻尔将他所能找到的最优秀的年轻物理学家聚集在自己身边，共同探索原子之谜。在这些年轻物理学家中，就有海森堡的同校同学，极其出色、聪明、傲慢自负的沃尔夫冈·泡利。尽管泡利骄傲自大，但他还是将他的朋友海森堡引荐给了伟大的玻尔，说要想研究获得进展，就必须叫上海森堡。玻尔听从了他的建议，并于1924年邀请海森堡前往哥本哈根。当时海森堡还在哥廷根大学给物理学家马克斯·玻恩（1882—1970）做助手。海森堡在哥本哈根停留了几个月，其间一直在写满公式的黑板前与玻尔讨论。年轻的海森堡经常和老师在山间长途散步，一同讨论原子、物理和哲学的谜题[2]。

海森堡整个人陷进了那个问题里，无法自拔。与其他人一样，他也尝试了所有的方法，却没有一种奏效。似乎没有任何一种合理的力能够引发电子在玻尔设定的那些奇怪的轨道上发生奇怪的跳跃。但通过这些轨道和跳跃可以很好地预测原子现象。这实在是令人困惑。

沮丧和挫败会使人寻求极端的解决方式。在这个北海岛屿上，独自一人的海森堡决意要探索一些激进的想法。

其实爱因斯坦在20年前就曾提出过激进的想法，当时举世震惊。而事实证明，爱因斯坦的激进是卓有成效的。泡利和海森堡为他的物理学深深着迷。爱因斯坦是一个神话。他们问自己，是否已经到了这样的时刻，应该放手一搏，激进地跨出一步，以打破原子中的电子问题的僵局？如果他们能成功跨出这一步呢？二十几岁的青年，总是敢于无拘无束地做梦的。

爱因斯坦的成功证实，那些最根深蒂固的、被人所坚信的东西都有可能是错的，而看上去显而易见的东西也可能不是正确的。抛弃那些显而易见的假设可能会更有助于理解。爱因斯坦教会了我们，一切都只应以亲眼所见的事实为基础，而不应以我们假定其应该存在的东西为基础。

泡利时常向海森堡反复强调这些观点。两个年轻人饮下这种思辨上的毒蜜并甘之如饴。二人持续探讨的，是一个20世纪初整个奥地利和德国的哲学界一直在探究的问题：真实与经验之间的关系。对爱因斯坦的思想有决定性影响的恩斯特·马赫曾宣称，只有剥离了任何"形而上学"假设的实证观测才能作为知识的基础。于是，1925年夏天，非常年轻的海森堡到黑尔戈兰岛躲避花粉时，这几种思想在他的头脑中混合到了一起，它们像是化学元素，一旦反应便能引发爆炸。

而他的想法正是从这一爆炸中诞生的。一个只有在年轻人无拘无束的激进主义中才能诞生的想法。一个注定要颠覆整个物理学、整个科学，甚至于我们对世界的整体认知的想法。我相信，人类至今仍未完全消化这个想法。

ħ

海森堡的这一跃既大胆又简单。没人能找到致使电子做出如此离奇运动的推动力？好的，那我们就先不去想什么新的力。我们就用已知的力：将电子吸引到原子核周围的电力。我们找不到能解释玻尔的电子运行轨道和"跃迁"的规

8

律？好的，那我们就继续使用已知的运动学定律，不去改变它。

需要改变的是我们看待电子的方式。我们要放弃将电子视为沿着一条轨道运动的物体。放弃描述电子的运动，只描述我们**从外界能观测到的东西**，即电子发光的强度和频率。我们仅以**可观测量**为基础。这就是他的主要想法。

海森堡尝试只使用观测得来的量：光的频率和波幅，来重新计算电子的表现。他试图从此出发，重新计算电子的能量。

我们观测的是电子从一个玻尔轨道跳跃到另一个玻尔轨道时产生的效果。海森堡用**表格**替代了物理变量。表格横行记有电子跳跃的起始轨道，纵列记有到达轨道。表格横行和纵列相交的格子描述了电子从一个特定轨道向另一个轨道的跳跃。在黑尔戈兰岛上的那段时间里，海森堡都在尝试使用这种表格，计算出能印证玻尔定律的数据。他睡得很少。印证原子内部电子的计算太难，他没能成功。于是他尝试借用一种更简单的系统来计算：一个单摆。他想在这个简化了的案例中寻找玻尔定律。

6月7日，计算项开始与现象吻合：

当第一个计算项似乎是正确（与玻尔定律相吻合）的时候，我激动不已，接连犯下计算错误。最终的计算结果呈现在我面前时，已将近凌晨三点。所有计算项均正确。

9

突然间，我毫不怀疑，我的计算所描述出的全新的"量"的力学是完全融贯一致的。

我感到深深不安。我感觉自己已经穿透了事物的现象这层表象，看到了一个具有奇异的美的内在世界；大自然在我面前慷慨地把这全新的、内涵丰富的数学结构铺展开来，一想到现在要探究它，我就紧张惊惧。

令人颤抖的语句。透过表象，看向"具有奇异的美的内在世界"。这让我们耳边回响起伽利略笔下的那句感叹："隐约预感到无序之表象背后的数学法则，这种感觉无与伦比。"这是他在测量物体沿倾斜平面滑下过程中发现数学规律时写下的，这一规律也是人类发现的首个描述地球上物体运动的数学定律。

*ħ*

6月9日，海森堡从黑尔戈兰岛回到了他的大学——哥廷根大学。他给自己的朋友泡利寄去了一份计算结果的复印件，并评论说："一切还十分模糊，我也不清楚这意味着什么，但电子似乎不再沿着轨道运动了。"

7月9日，他把研究成果的一份复印件交给了马克斯·玻恩（不要与哥本哈根的尼尔斯·玻尔混淆），他给这位教授当助手。同时，他还添上了这句附言："我写下了一个疯狂的作品，我没有勇气投稿给杂志发表。"他请求教授阅读它，并提出建议。

7月25日，马克斯·玻恩亲自将海森堡的作品提交给了《物理杂志》[3]。

他凭直觉意识到了自己年轻助手迈出的这一步的重要性。他试图使结论变得明晰。他让自己的学生帕斯夸尔·约尔旦（1902—1980）也加入进来，以便厘清海森堡离奇古怪的计算结果[4]。而海森堡则尝试邀请泡利加入，但泡利没怎么被说服，他觉得这是一个过于抽象晦涩的数学游戏。因此，一开始研究这个理论的人只有三个：海森堡、玻恩和约尔旦。

他们在短短几个月的时间里狂热地工作，最终成功建立起了一套完整的全新力学结构体系。其结构非常简单：所涉及的力与传统力学相同（除了一个，我将在后文对其做出解释），但他们将变量替换成了由数字构成的表格，即"矩阵"。

$$\hbar$$

为什么是数字表格？根据玻尔的假设，关于原子中的电子，我们能够观测到的其实是它从一个轨道跳跃到另一个轨道时释放的光。一次跳跃涉及**两个**轨道：一个起始轨道，一个到达轨道。如我之前所说，每次观测都可以被记录在以起始轨道为横行、到达轨道为纵列的表格中的一格中。

海森堡的想法是将**所有**描述电子运动的量写成数字表

格，而不是数字。不再只用一个 $x$ 来表示电子的位置，而是用一整个表格来表示电子可能的位置，每种可能的跳跃都对应表上的一个格子 $x$。新理论的想法是仍然沿用传统物理学的公式，只是简单地将通常使用的量（位置、速度、能量和轨道跃迁频率等）替换成这种表格。一次跳跃中发出的光的强度和频率等变量将由表上的具体格子表示。只有表格对角线上的格子标有能量数值，即玻尔轨道的能量值。

|  |  | **到达轨道** | | | | |
|---|---|---|---|---|---|---|
|  |  | 轨道1 | 轨道2 | 轨道3 | 轨道4 | ⋯ |
| **起始轨道** | 轨道1 | $x_{11}$ | $x_{12}$ | $x_{13}$ | $x_{14}$ | ⋯ |
|  | 轨道2 | $x_{21}$ | $x_{22}$ | $x_{23}$ | $x_{24}$ | ⋯ |
|  | 轨道3 | $x_{31}$ | $x_{32}$ | $x_{33}$ | $x_{34}$ | ⋯ |
|  | 轨道4 | $x_{41}$ | $x_{42}$ | $x_{43}$ | $x_{44}$ | ⋯ |
|  | ⋯ | ⋯ | ⋯ | ⋯ | ⋯ | ⋯ |

海森堡矩阵示例：代表电子位置的数字表格。
例如，$x_{23}$ 指的是从第二轨道到第三轨道的跳跃。

清楚了吗？一点都没有。还是像团迷雾一样模糊。

尽管如此，按照这一看似荒谬的、用表格替换变量的方式，可以计算出正确的结果，这些结果精准预测了我们在实验中观测到的现象。

令哥廷根的"三个火枪手"吃惊的是，1925 年年底之前，玻恩的邮箱里收到了一位陌生的英国年轻人寄来的一篇短文[5]。他在文章中建立起的理论与他们的理论在本质上是等价的，但他使用的数学语言比哥廷根这个研究小组的矩阵更加抽象。这位年轻人是保罗·狄拉克。海森堡于这年6月在英国发表了一次演讲，并在临近结尾时提及了自己的想法，狄拉克就是台下的听众之一，但那时他由于疲惫没能听懂海森堡的想法。稍晚些时候，他的指导教授从邮箱里收到了海森堡研究的复印件，却也没能看懂，狄拉克就是从教授那里得到了这份研究。他读过之后，认为这一研究的理论说不通，就把它搁置一边了。几个星期过后，他漫步在大自然之中深入思考，意识到海森堡的表格与他在某堂课上学习过的东西相似[6]，但他记不太清了，所以得等到周一图书馆开门去找某本书，以使自己的记忆变得明朗一些……由此，他也在短时间内独立地建立起了与哥廷根的三位天才相同的、完整的理论。

现在只需将新理论应用到原子结构中去，看看它是否能够适用了。新理论真的可以计算出所有的玻尔轨道吗？

事实证明计算过程十分困难，哥廷根的三人无法完成它。他们向最才华横溢的（也是最傲慢的）泡利寻求帮助[7]，泡利回答说："这计算确实太难了……但只是对你们而言。"他在短短几周之内就用如杂技般高难度的技巧完成了计算[8]。

计算结果十分完美：使用海森堡、玻恩和约尔旦的矩阵理论计算出的能量值与玻尔提出的假说完全一致。奇怪的玻尔原子定律也可以用新理论系统来解释。不仅如此，使用新理论可以计算出电子跳跃时释放出的光的强度，而使用玻尔定律无法算出。而这也被实验证明是正确的！

这是极大的成功。

爱因斯坦在给玻恩的妻子海迪的一封信中写道："海森堡和玻恩的想法令所有人都屏息凝神地关注，它占领了每个对理论感兴趣的人的头脑。"[9] 在一封写给多年挚友米凯莱·贝索的信中，他写道："近期最有意思的理论是海森堡、玻恩、约尔旦提出的关于量子状态的理论：它的计算简直就是十足的巫术。"[10]

海森堡的导师玻尔多年后回忆道："在所有对传统概念的不合理应用渐渐都被排除时，只是隐约地能看见（得出）新理论的希望。我们对这样一个研究项目的难度印象深刻，因此当刚满 23 岁的海森堡一举成功时，我们都对他钦佩不已。"[11]

除了已步入不惑之年的玻恩，海森堡、约尔旦、狄拉克和泡利都是 20 多岁的青年。在哥廷根，他们的物理学研究被称为 "Knabenphysik"（男孩们的物理）。

$\hbar\hbar$

16 年后，欧洲深陷第二次世界大战的灾祸之中。此时，海森堡已成为知名科学家。希特勒给海森堡布置了任务，命令海森堡利用对原子的了解，制造一种能让他赢得战争的炸弹。海森堡乘火车抵达此时已被德军占领的丹麦哥本哈根，去拜访他的老师玻尔。年长者与年轻人交谈一番，没能相互理解便不欢而散了。海森堡后来声称，自己找玻尔是想要就一颗可怖的炸弹可能引发的道德问题与他进行讨论，但并不是所有人都会相信他的说法。又过了不久，一支英国的突击队在征求玻尔同意后将他带离了被占领的丹麦。玻尔移居到英国，受到了丘吉尔本人接见，随后辗转来到了美国，在那里，他的知识被新一代的年轻物理学家付诸实践，他们学会了如何使用量子力学操纵原子。在瞬息之间，广岛和长崎被夷为平地，200 万男人、女人、孩子的生命灰飞烟灭。今天，有成千上万的核弹头正瞄准我们生活着的城市。如果哪个人发了疯，他有可能摧毁地球上的一切生灵。"男孩们的物理"释放出的致命威胁，全世界有目共睹。

ℏℏ

感谢上天，量子力学带来的并非只有炸弹。量子力学理论被运用到的领域有：原子，原子核，基本粒子，化学键的物理学，固体、流体和气体的物理学，半导体，激光，恒星（如太阳），中子星，原初宇宙，星系形成的物理学等，不胜枚举。量子力学指引我们充分地了解自然的许多领域，例如元素周期表；将量子力学运用到医药领域拯救了数百万人的生命；量子力学带来了新设备、新科技，带来了计算机。

量子力学理论预测到了先前从未观测到，甚至从未有人想过会出现的新现象，比如，相距数千米的两个物体之间的量子关联、量子计算机、量子隐形传态……事实证明，所有预测都是正确的。量子力学理论预测无一出错的不败战绩延续了一个世纪，不曾间断，且现在仍在继续。

海森堡、玻恩、约尔旦和狄拉克创建的计算方案，以及"仅基于能观测到的东西"，用矩阵替代物理变量的奇怪想法[12]从未出错。量子力学理论是迄今为止唯一一个未曾犯过错误，且在其应用范围方面尚未发现局限的认知世界的基本理论。

ℏ ℏ

但是，为什么我们不观测电子的时候就不能描述它在哪里、是什么状态？为什么我们必须只讨论电子的"可观测量"？为什么我们只能讨论它从一个轨道跳跃到另一个轨道时发出的能量，但就是不能说出它每时每刻所处的位置？用数字表格代替数字的意义何在？

"一切还十分模糊，我也不清楚这意味着什么，但电子似乎不再沿着轨道运动了"是什么意思？海森堡的朋友泡利后来写道，海森堡"推理的方式糟糕，全凭直觉，全然不去在意说清楚自己的基础假设，以及这些假设与现有理论的关系……"

沃纳·海森堡在北海的"神圣之岛"上构思的奇妙文章是一切的源头，文章开篇的第一句话是："本研究的目的是为量子力学理论奠定基础，而该理论完全基于原则上可观测的量。"

可观测的？自然又如何得知是否有人在观测它呢？

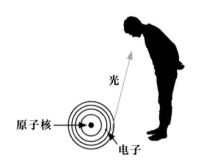

量子力学理论没有说明电子在跃迁时是如何运动的，
仅说明了电子跃迁时我们可以看到的现象。这是为什么？

## 2. 埃尔温·薛定谔离题的波函数 $\psi$："概率"

随后一年，即 1926 年，一切似乎都变得清楚了。奥地利物理学家埃尔温·薛定谔成功得出了与泡利相同的结果，计算出了原子的玻尔轨道能量，但他使用的方法却与泡利完全不同。

这一结果也不是在大学研究室中诞生的，薛定谔是在与自己的秘密情人到瑞士的阿尔卑斯山间小别墅中幽会时得出的。在 20 世纪初维也纳自由开放的社会氛围中，才华横溢、魅力非凡的埃尔温·薛定谔身边总是同时围绕着多位伴侣，而他也并不掩饰自己对总角之年女孩的迷恋。几年后，尽管薛定谔获得过诺贝尔奖，但他在牛津的地位还是急转直下，因为就算对于秉持所谓"反墨守成规主义"的英国人来说，他的生活方式也有点太过火了：他与妻子安妮和情人希尔德住在一起，希尔德是他助理的妻子，却怀上了他的孩子。在美国，他的境遇也没好到哪儿去：薛定谔、安妮和希尔德自愿一起生活，共同抚养此时已经出生的小露丝；但在普林斯顿这种生活方式却不被接受。他们一家随后搬去风气更自由的都柏林居住。但在都柏林薛定谔也引发了丑闻，因为他跟两个女学生生下了两个儿子……对此，他的妻子安妮表示："与金丝雀生活确实要比跟野马生活容易，但我更偏爱野马。" [13]

在1926年年初跟随薛定谔进山的女性名字至今仍是个谜。我们只知道她是维也纳人，是他的老朋友。根据传说，当时他只带上了她，还有用来塞进耳朵的两颗珍珠，这是为了在他沉思物理问题时隔绝外界的干扰，以及爱因斯坦推荐他阅读的法国青年科学家路易·德布罗意的论文。

德布罗意的论文研究的是，像电子这样的粒子，实际上是否可能属于波，就像海浪和电磁波一样。德布罗意以一些相当模糊的类比理论为基础，提出我们可以把电子想象为流动的一层波浪。

一层水花四溅的波浪和一颗紧密坚固、沿固定轨道运动的粒子之间能有什么联系？我们想象一束激光，激光的走向仿佛是一条清晰的轨道。但激光本质上是光，而光是一种波，是电磁场中的波动。事实上，激光的光线最后会渐渐消散在空间中。激光光波描画出的轨迹只是忽略掉这种色散作用之后留下的近似现象。

"基本粒子的轨道，实质上只是对一种波动的近似描述" [14]，这个想法吸引了薛定谔的注意。他曾在苏黎世的一场学术研讨会上谈过这一理论，当时有学生问他这些波动是否遵循一个公式。薛定谔在山间，在与维也纳女友甜蜜互动的间隙，耳中塞着珍珠，巧妙地颠倒了从波动方程得出光线轨迹的过程[15]，以这种奇巧的方式推测出了源自内部具有波粒二象性的电子应该满足的方程。他求出这一方程的解，竟然准确得出了玻尔提出的能量值[16]。这真是激动人心！

随后薛定谔了解到海森堡、玻恩和约尔旦的理论，并成功证明，从数学角度来看，两种理论在本质上是等同的：它们预测出的都是同样的值[17]。

$$\hbar\hbar$$

利用波的概念来解释，这想法是如此简单，以至于将哥廷根三人组仅基于可观测量的晦涩思辨置于了尴尬境地。就好像哥伦布立鸡蛋一样，海森堡、玻恩、约尔旦和狄拉克建立了一套复杂而深奥的理论，只是因为他们误入了一条艰深而偏僻的道路。而道理十分简单：电子就是波，仅此而已。跟"可观测量"一点儿关系也没有。

薛定谔的世界观是由20世纪初的维也纳哲学界和知识分子阶层塑造的：他的朋友，哲学家汉斯·赖兴巴赫痴迷于东方思想，尤其是印度的吠檀多派；薛定谔本人（与爱因斯坦一样）酷爱叔本华将世界阐释为"表象"的哲学。所以他从不抑制自己，归于流俗，并不担心"人们会怎么想"，"用波的世界代替物质世界"的想法也不会吓倒他。

薛定谔用字母 $\psi$（读作 Psai）命名他的波，$\psi$ 这个量通常也被称作"波函数"[18]。薛定谔精彩的推导演算似乎证实了微观世界并非由粒子构成，而实际上是由 $\psi$ 波构成的。围绕着原子核的，并不是绕轨道运动的物质微粒，而是起伏波动的薛定谔的波，仿佛永远被风鼓动的浪花，持续激荡着小小的湖泊。

这种"波的力学"乍一看比哥廷根的"矩阵力学"更具说服力，尽管二者所得出的演算值是相同的。薛定谔的演算也比泡利的简单。20 世纪前半叶的物理学家熟悉波，也熟悉描述波的方程，但一点也不熟悉矩阵。一位著名的物理学家回忆说："薛定谔的理论对我们是一种解脱：我们不用学习古怪的数学矩阵了。"[19]

最重要的是：薛定谔的波易于想象，也很容易具体化。海森堡想要取消的"电子轨迹"被薛定谔清晰地展现出来：电子是会发生衍射的波，仅此而已。

似乎是薛定谔大获全胜。

$\hbar$

但这只是一种错觉。

海森堡立刻认识到，薛定谔波概念的直观明晰具有欺骗性。波迟早会扩散到空间之中，而电子并不会。不管电子是从什么地方到达哪里，它始终是，也仅仅是完整地从一个点到另一个点。根据薛定谔方程，如果一个电子被原子核排斥，$\psi$ 波将均匀地分散到整个空间里。但是当该电子被盖革计数器或电子屏幕探测到的时候是一个点，并未在空间里扩散。

这迅速引起了关于薛定谔波的力学的讨论，且冲突立刻变得十分尖锐。海森堡感到自己发现的重要性受到了质疑，刻薄地表示："我越是思考薛定谔理论的物理意义，就越是觉得反感。薛定谔关于他理论的'形象化'所写下的东西'可能并不完全准确'，换句话说，就是一坨屎。"[20] 薛定谔也以讽刺的口吻还击道："我无法想象电子像只跳蚤一样，一会儿跳到这儿，一会儿跳到那儿。"[21]

但海森堡是有道理的。波的力学未必比哥廷根的矩阵力学更清楚明了，这个事实逐渐显露出来。薛定谔方程是另一个能算出正确结果的计算工具，并且使用起来更容易，但它在本质上并不能如薛定谔所期望的那样直观地、清楚地描述电子的运动。波的力学和海森堡的矩阵力学一样令人难以理解。如果我们每一次观测到的电子都只是一个点的话，它怎么能同时又是可以在空间中扩散的波呢？

多年后，已经成为量子力学领域最为深刻敏锐的思考者之一的薛定谔，承认了自己当年的失败。他写道："波的力学的创造者（即薛定谔自己）曾一度被错觉蒙骗，认为自己已经将不连续性从量子理论中剔除。但当我们将理论与观测到的东西对照起来看，就会发现被剔除掉的不连续性又重新出现了。"[22]

"观测到的东西"这一概念又重新出现了。但——再一

次提出那个问题 —— 自然怎么会知道我们是否在观测它呢?

$$\hbar\hbar$$

这次，又是马克斯·玻恩率先理解了薛定谔的 $\psi$ 的意义 [23]，从而为人们对量子物理学的理解添上了重要的一笔。玻恩拥有一种严谨而略嫌过度谦逊的工程师态度，是量子理论创始人中最不出风头也最不出名的物理学家，但或许他才是量子理论真正的缔造者。用美国人的话说，他是"房间里唯一的成年人"，在字面意义和引申意义上都是如此。1925年，是他清楚地认识到量子现象的出现意味着有必要创造出一种全新的力学，是他将这种思想灌输给了他年轻的学生们，也是他迅速理解了海森堡起初一片混乱的演算，并将其翻译成真正的理论。

根据玻恩的理解，在空间中某一定点的薛定谔波函数 $\psi$ 的值代表了电子在这一点被观测到的**概率** [24]。如果原子发射出一个电子，且周围设有许多盖革计数器，那么在某一计数器处的波函数 $\psi$ 的值确定的将是这台特定计数器，而非其他计数器探测到该电子的概率。

因此，薛定谔的波函数 $\psi$ 并不代表一个存在的实体，它只是一个能计算出存在的实体可能出现的概率的工具，就像天气预报告诉我们明天有可能会发生什么一样。

人们立刻可以理解，哥廷根的矩阵力学也是一样：数学演算给出的预测是概率，而非实存的实体。不论是海森堡还是薛定谔的量子理论，它们预测的都是概率，而非确定的事件。

$$\hbar\hbar$$

为什么只能是概率呢？通常只有在尚未掌握某个问题的所有相关数据的时候，我们才会谈及概率。赌场轮盘转出数字 5 的概率是 1/37。如果我们知道抛出小球时它精确的状态以及施加在它上面的力，就能够预测轮盘将会转出的数字（19 世纪 80 年代，有一群聪明的年轻人据此原理，凭借藏在鞋子里的小型计算机在拉斯维加斯的赌场赢得了大量美金）[25]。只有在没有关于一个问题的全部数据，不确定将要发生什么的时候，我们才会谈论概率。

海森堡和薛定谔的量子力学预测的是概率，这是否意味着它们没有掌握关于电子问题的所有数据？还是说自然真的就是**随机地**一会儿跳到这儿，一会儿跳到那儿？

无神论者爱因斯坦用生动的语言提出了这个问题："上帝真的会掷骰子吗？"

爱因斯坦热爱形象化的语言，尽管他宣称自己是无神论者，但也喜欢使用"上帝"来做比喻。爱因斯坦的这句话也可以从字面意思上做出解读，因为他喜爱的斯宾诺莎认为"上帝"与"自然"是同义词。所以"上帝真的会掷骰子吗"

的字面意思是"自然法则真的是非决定论的吗"。我们将会看到，海森堡与薛定谔的论战结束之后的一百年里，关于这一问题的讨论仍在继续。

$$\hbar \hbar$$

无论如何，薛定谔的 $\psi$ 波都不足以解释清楚深奥的量子问题。只是简单地把电子看作波是远远不够的。$\psi$ 的定义也不太好理解，它决定的是电子展现出粒子性时能在某一特定点被观测到的概率。**只有在我们尚未进行观测时，$\psi$ 波随着时间进行的变化才遵循薛定谔写下的方程。**而当我们观测它的时候，它就"噗"的一声，凝缩成一个点，我们只能观测到一个粒子[26]。

仿佛只要有"观测"这个动作就足以改变现实。

在原本海森堡深奥难懂的思想，即"量子理论只描述**可观测量**，而不是在一次观测和另一次之间会发生什么"的基础上，现在又加上了"量子理论只预测能观测到某一特定事物的**概率**"的说法，谜团被进一步扩大了。

# 3. 世界的粒子性："量子"

　　我讲述了 1925 年至 1926 年间量子力学的诞生过程，并介绍了量子力学理论的两个关键想法，即海森堡的那个奇怪念头"量子力学只描述**可观测量**"，和玻恩理解的结论，但"事实上，量子力学理论仅预测**概率**"。

　　还有第三个关键思想，但为了解释它，我们最好回溯时光，来到海森堡在"神圣之岛"度过命中注定的假期之前的那二十几年。

　　在 20 世纪初，原子中电子的诡异表现并非唯一一种令人费解的现象，人们还观测到了其他令人感到奇怪的现象。这些现象的共同点是，它们都揭示了能量和其他量的**粒子性**。在量子出现之前，没有人曾怀疑过能量可能是不连续的。比如，一块扔出去的石头的能量取决于石头的速度：速度的值可以是任意值，因此能量也就可以是任意值。但在世纪之交的实验中，能量表现出了奇怪的现象。

## ħ

比如在烤炉里，电磁波的表现就十分奇怪。热量（也就是能量）并非像人们正常期待的那样，在所有辐射频率的波段上都有所分布：在极高频波段从未有热量分布。在世纪伊始的 1900 年，也就是海森堡去黑尔戈兰岛旅行的 25 年前，德国物理学家马克斯·普朗克（1858—1947）根据实验室中测得的数据推测出了热量在不同频率的波段分布规律应满足的公式[27]。[28] 普朗克成功地根据一般规律推导出了这个公式，但若使公式成立，就必须加上一个诡异的假设，即能量只能以离散的形式分布在波段上，每个波段分布的能量单位都是整数。

形象地说就是，能量只能被打成包裹，一份一份地传播。为使普朗克的演算成立，这些包裹的大小需要根据波频率的不同而变化：它必须与波的频率成比例[29]。也就是说，要在高频波上传播的包裹必须含有极高的能量。极高频率的波上没有能量分布，是因为能量值不足以打成够大的包裹传播。

普朗克通过观测实验数据计算出了一份能量和波的辐射频率之间的比例常量。他将这一常量称为"$h$"，但他并不清楚这一常量的意义是什么。今天我们写普朗克常数时经常使用的符号是 $\hbar$，而不是 $h$。$\hbar$ 代表 $h$ 除以 $2\pi$ 得到的值。在 $h$ 上面画一条横线的习惯是海森堡引入的，因为他在计算

中用到 $h$ 的时候通常都要除以 $2\pi$，而他烦透了每次都要写成 $h/2\pi$。$\hbar$ 这个符号在英语中被称作"h bar"，意大利语里叫作"约分普朗克常数"。它也可以像没有横线的 $h$ 一样直接被称作"普朗克常数"，这引发了一些混乱。如今，$\hbar$ 已经成为量子力学中最具特色的符号（我有一件短袖薄上衣，上面绣有 $\hbar$ 的图案，我对它爱不释手）。

$$\hbar\,\hbar$$

时光飞逝，又是 5 年过去了，爱因斯坦提出，光和其他所有电磁波**的确**是由一份份基本的"能量包"构成的，每一份能量包都具有固定的能量值，而这个能量值取决于辐射频率[30]。这就是最初的"量子"。今天我们把光的量子叫作"**光子**"。普朗克常数 $h$ 可用于计算它们的大小：每个光子蕴含的能量大小等于普朗克常数乘以光子所在光波的辐射频率。

假定这些"一份一份的基础能量包"存在，爱因斯坦就能解释当时人们还不理解的一种叫作"光电效应"[31]的现象，并能在测量之前预算出这种现象的特性。

爱因斯坦是第一位从 1905 年就意识到这些诡异现象的重要程度足以要求人们重新审视整个力学理论的科学家。这也让他成了量子力学的精神领袖。他认为"光既是波，也是光子云"。虽然这一想法比较模糊，但正是这个想法启发了德布罗意，让他开始思考是否**所有**基础微粒都是波，也正是这一想法让薛定谔最终引入了波函数 $\psi$。爱因斯坦是多个具体量子理论产生的源头：玻恩由他的想法意识到整个力学需要被重新审视；海森堡受他启发将注意力仅局限于可观测到的量上面；薛定谔从德布罗意的理论出发，而德布罗意则是从爱因斯坦的光子那里得到了灵感。不仅如此，爱因斯坦也是第一个用概率来研究原子现象的物理学家，是他把玻恩引上了正确的道路，让他理解了波函数 $\psi$ 的实际意义是概率。量子理论是在团队合作的基础上建立起来的。

$\hbar$

1913 年，普朗克常数在玻尔定律中再次出现了[32]。而在玻尔定律中也出现了与爱因斯坦相同的逻辑：原子中电子的轨道所具有的能量只能是一个确定值，就好像能量是不连续的，以一份一份的能量包形式存在。当电子从一个玻尔轨道跳跃到另一个轨道上的时候，释放出来的那一份能量就会变成一个光的量子，即光子。随后在 1922 年，由奥托·斯特恩构思、瓦尔特·格拉赫在法兰克福完成的实验证明，原子的旋转速度也不是均匀的，而是**离散**的。

这些现象——电子、光电效应、辐射能量在电磁波之间的分布、玻尔轨道、斯特恩和格拉赫的测算等——都受到普朗克常数 $\hbar$ 的制约。

1925 年，海森堡及其同事终于一举向所有人解释了**所有**这些现象，终于可以计算它们的特质并预测它们了。他们的理论可以将普朗克的公式运用到计算灼热的烤箱中各频率辐射出热量的分布、证明光子的存在、解释光电效应、解释斯特恩-格拉赫实验的结果，以及解释其他所有奇妙的"量子"现象。

量子理论的名字正是由"量子"，即"一份一份的能量"来的。量子现象在极为微小的尺度上证实了世界非连续性的一面。粒子性是十分普遍的，并不仅限于能量。我的研究领域是量子引力，在这一领域中已经证实，我们所生存的物理空间在极为微小的尺度上是离散的，普朗克常数在这一领域中决定了"基础空间量子"（极为微小）的尺度。

**粒子性**是量子理论的第三个要素，与**概率**和**观测**并列。海森堡矩阵的横行和竖列直接对应了**一份一份的**，或者说是**离散**的能量值。

$$\hbar$$

现在已经接近本书第一部分的尾声了。这一部分讲述的是量子理论的诞生以及它所引发的许多混乱。在第二部分我将描绘走出这混乱场面的许多条道路。但在总结第一部分之前，我还想简要说明一下量子理论为经典物理学新添的唯一一个等式。

这等式有点好笑。它告诉我们，位置乘以速度与速度乘以位置是不同的。假如位置和速度都只是单纯的数字，那么这两个乘积应该没有区别，就像 7 乘 9 等于 9 乘 7。但现在电子的位置和速度都是数字矩阵，而矩阵相乘得到的结果就与顺序有关了。新的等式告诉我们的就是两个量以某一顺序相乘，和使用相反的顺序相乘得出的结果之间的差别。

等式很短，十分简洁，却难以理解。

不要试图去破解它的含义，因为至今科学家和哲学家们还在就此争论不休。我们之后还会谈到这一等式的含义。但我在这里还是要把它写下来，因为它是量子理论的核心，要介绍量子理论可不能没有它。它就是：

$$xp - px = \mathrm{i}\,\hbar$$

这就是全部了。$x$ 代表一个微粒的位置，$p$ 代表微粒的速度与质量的乘积（术语叫"动量"）。$\mathrm{i}$ 是一个数学符号，代表 -1 的平方根，而如我们先前所见，$\hbar$ 代表普朗克常数除以 $2\pi$。

从某种意义上说，海森堡与他的朋友们所做的，**只是**为物理学加上了这一个简单的公式，其他的一切都随之而来，包括量子计算机和原子弹。

形式简单至极的代价是其含义深奥至极。量子理论预测不连续性、电子跃迁、光子和其他量子现象，凭借的只是在经典物理学的基础上加上这唯一一个由 8 个字符构成的等式，告诉我们位置乘速度不等于速度乘位置的等式。这完全让人摸不着头脑。或许茂瑙选择在黑尔戈兰岛上拍摄《诺斯费拉图》* 并非偶然。

$$\hbar\hbar$$

1927 年，尼尔斯·玻尔在意大利科莫湖畔举办了一次研讨会，概述了人们关于新量子力学理论现有的理解（或者说，还有哪些仍未被理解），并解释说明了如何运用量子理论[33]。1930 年，狄拉克撰写了一本书[34]，在书中出色地解释了新理论的形式结构。时至今日，这本书仍是学习新量子力学理论的最佳参考书。两年之后，当时最伟大的数学家约翰·冯·诺伊曼在一篇卓越的数学物理文章[35]中整理并解决了量子理论架构的问题。

人们因构建量子力学理论而收获的诺贝尔奖数量可谓前无古人，后无来者。1921 年，爱因斯坦因澄清了光电效应并引入光的量子概念，获得诺贝尔奖。1922 年，玻尔因发现原子结构的规律获奖。1929 年，德布罗意因引入物质波的概念获奖。1932 年，海森堡凭借"创造了量子力学"获奖。1933 年，薛定谔和狄拉克因对原子理论的"新发现"

---

* 《诺斯费拉图》是德国导演茂瑙在黑尔戈兰岛上取景拍摄的第一部以吸血鬼为主题的恐怖片。——译者注

获奖。1945 年，泡利因对量子理论做出的技术贡献获奖。1954 年，玻恩（仅仅）因理解了概率在量子力学理论中扮演的角色而获奖。唯一未获奖的是帕斯夸尔·约尔旦，尽管爱因斯坦（正确地）提出海森堡、玻恩和约尔旦为量子理论的真正缔造者，但约尔旦对纳粹德国表现出了过分的忠诚，而人们向来不会嘉奖战败者[36]。

尽管量子理论的发展斩获大量重要奖项，量子理论的成功势如破竹，并由其衍生出了重大科技成果，但这一理论本身依然是晦涩的深渊。尼尔斯·玻尔写道："不存在量子世界。存在的只是抽象的量子描述。将物理学的任务视作描述自然本身是错误的。物理学研究的只不过是我们能够怎样表述自然。"

量子理论忠实地反映了沃纳·海森堡在黑尔戈兰岛上最初产生的想法，它不会告诉我们当我们**不观测**物质的微粒时它的位置，而只会告诉我们，如果**我们在某一点观测**，能够找到该微粒的概率。

但粒子如何知晓我们是否在观测它？这一人类史上最有效、最强力的科学理论就是一个谜团。

第二部分

# II

## 一本记满极端思想的滑稽预言集

揭示奇妙的量子现象，讲述不同的科学家和哲学家
是如何尝试以各自的方式理解它们的。

# 1. 态叠加

我选择自己的专业时曾非常犹豫。选择物理学的决定是在最后一刻做出的。当时我去博洛尼亚大学注册，排队注册不同学院的队伍长短不一，而物理学院的队伍最短，或许是这一点帮我做出了决定。

物理学吸引我的地方是，我隐约怀疑在无聊到要死的高中物理背后，在关于弹簧、杠杆、旋转的小球的愚蠢习题背后，隐藏着一种试图理解实在之本质的纯粹的好奇心。这种好奇心与我青春期时想要尝试一切事物的旺盛好奇心产生了共鸣，那时我想要前往世界各地、探索各种环境、结识所有的女孩、阅读所有的书籍、聆听所有的音乐、收获所有的体验、了解所有的思想……

青春期是大脑中神经元网络迅速成型的关键期。所有事物都极具吸引力，令人热血沸腾，令人头晕目眩。我的青年时期在迷茫困惑中度过，那时我求知若渴，想要理解事物的本质，理解我们的思想又是如何进行理解的。什么是实在？什么是思想？那正在思考着的"我"的本质又是什么？

正是这种极端而又炽热的好奇心，推动我学习我们这一时代的伟大新知：科学，探寻它能为我们提供怎样的启示之光。我并不期望得到正确答案，也不指望能得到确切的回答……但我又怎能忽视人类近两个世纪以来对世界的构造所获得的理解呢？

$\hbar$

学习经典物理学让我感到些许快乐，也感到些许无聊。经典物理学的简明凝练自有一种优雅，比我在高中时期逼迫自己囫囵吞下的简短方程式更加通情达理、和谐一致。学习爱因斯坦对空间和时间的研究让我惊喜万分，心潮澎湃。

而第一次接触到量子时，我的脑海中仿佛烟花绽放，亮起了五颜六色的光。我感觉自己正在碰触炽热灼烧的现实，在那里我们关于现实的固有假设和偏见都遭到了挑战……

我与量子理论是直接相遇的，我们在狄拉克的书里迎面相逢。事情是这样的：我在博洛尼亚选了法诺教授的"物理学的数学方法"课，我们通常只叫它"方法"。这门课要求学生自己选择深入探究一个主题，并向同学们展示。我选择的是数学中的一个小领域："群论"，现在要想从物理系毕业，这是必须要学的内容，但当时并未被包括在教学大纲内。我去找法诺教授，询问我的展示应当包括什么内容。他回答我说："群论的基础概念**及其在量子理论中的应用**。"我小心翼翼地向他指出，我还没有选任何关于"量子理论"的课程……我对量子力学完全是一无所知。而他说道："那又怎样？去研究一下吧。"

他是在开玩笑。

但我没意识到他是在开玩笑。

我购买了狄拉克的《量子力学原理》，是博灵吉耶里出版社那个灰色封面的版本，书页有好闻的香气（我在买书之前总是要先闻一闻，根据书页气味是否令人愉快决定是否购买）。我闭门不出，苦苦钻研了一个月。我还买了其他一些书[37]，也都一一读完了。

那是我生命中度过的最美妙的时光之一，也是我毕生探究的问题的源头。多年后，在阅读了许多书籍、参与了许多讨论、得出了许多不确定的结论之后，我终于写出了这本书。

在这个章节，我将长驱直入，探讨量子世界的诡谲之处。我将描写一种具体的、充分涵括了其奇异之处的现象，一种我有幸亲眼看见过的现象。这一现象非常细微，却能概括量子力学的关键要点。随后我将列出一些我们如今讨论最多的观点，以求理解这种奇妙的特质。

我把我认为最有说服力的观点留到下一个章节讲述。如果读者想要直接查看，可以直接跳过本章后半部分那些有趣却混乱不堪的奇思妙想，径直切入贴切的解答。

ℏ ℏ

那么，究竟是什么让量子现象变得如此奇特？就算电子不绕特定轨道运动，而是在轨道之间跳跃，也不意味着就是世界末日啊……

令人洞见量子奇诡之处的这一现象叫作"量子态叠加"。从某种意义上来说，两种相反的特性可以同时存在，就叫"量子态叠加"。比如一个物体可能既出现在这里，同时也出现在那里。 这就是当海森堡说出"电子不再只具有一条轨迹"时所在想的事：电子可能既不在这里，也不在那里。但从某种意义上来说，它既在这里，又在那里。换言之，它不再只位于一个特定的位置，而是同时具有许多位置。用术语来讲，就是一个物体可能处在多个位置的"叠加态"中。狄拉克将这一诡异的现象称作"叠加态原理"，而且在他看来，这是量子理论的概念基础。

什么叫"一个物体同时存在于两个地点"？

需要注意：这并不意味着我们能直接**看到**量子态叠加。我们永远不会看到一个电子同时出现在两个位置。量子态叠加不能被直接观测，但它可以引发一些可被观测的、非直接的效应。我们所观察到的是"一个粒子能够同时存在于多个位置"这一事实所引发的细微**结果**。这些结果叫作"量子干涉"。我们观测到的是干涉图像，而不是叠加态。接下来我们就来看看什么是干涉。

我第一次亲眼观测到量子干涉时，距离我研读量子干涉的相关书籍已经过去许多年了。我那时身在茵斯布鲁克的安东·蔡林格实验室。蔡林格是一位留着大胡子的奥地利人，非常讨人喜欢，看上去人很好，但不爱交际。他是最伟大的实验物理学家之一，在他手中诞生了许多奇妙的量子现象。他是量子信息科学、量子密码学和量子隐形传态的先驱。接下来我要讲述我所看到的现象，它能让人明白物理学家为何会感到困惑不解。

安东向我展示了一张摆满仪器的桌子：上面有一个小激光器，一些把激光光束先分开再聚合起来的透镜和棱镜，光子探测器等。一束由少量光子组成的微弱的激光被分成两部分，这两部分的光子沿着两个不同路线前进，我们把其中一条路线称作"右路"，另一条叫"左路"。两条路线随后会合，然后再一次被分开，最终被两个探测器观测到，我们把一个叫作"上路"，另一个叫作"下路"。

一束光子被棱镜分为两部分，随后重新聚合，
之后再次被分开。

我看到的现象是这样的：不去干涉前两条路径（左路和右路），光子便**全部都**到了下方的探测器中：**没有**一个光子到达上方探测器（如下方左侧图所示）。但将一只手放到前两条路径中的任意一条上，使它中断，则有一半的光子沿着上路继续前行，另一半则沿着下路前行（如下方右侧两图所示）。读者们，试着问问自己，为什么会发生这样的现象。

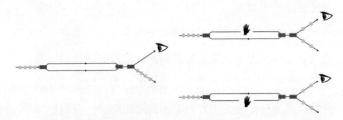

量子干涉现象。如果前两条路径都未受到阻碍，所有光子都沿下路前进（左图）。而如果用手挡住左路或右路，会有一半的光子进入上路（右图）。
为什么我用手挡住一条路径，就能让从另一条路径通过的光子进入上路呢？没有人知道。

这很奇怪：**任意一条**单独路径开放时，通过它的光子最终能进入上路（右图）。所以**两条**路径都开放时，通过其中之一的光子自然也应该能进入上路。而事实并非如此，光子绝不会进入上路（上页左图）。

我的手在阻挡一条路径的时候是怎么告诉进入另一条路径的光子，让它们中的一些**进入上路**的？从**两条**通畅路径经过的光子无一进入上路，这就是量子干涉的一个实例。两条路径，也就是左路和右路之间发生了一次"干涉"。当两条路径均开放时，通往上路的光子消失了；而当光子只通过一条路径，不通过另一条时，则不会发生这种情况。

薛定谔的理论是这样的，任意光子的波函数 ψ 都分成了两部分：两个较小的波。一个波进入右路，另一个进入左路。当两波重新聚合时，重新构成 ψ 波并进入下路。而如果挡住了左右两路中的一条，将不会重新形成 ψ 波，因此将表现为不同的现象，即再次一分为二，其中一部分进入上路。

**波**有这样的表现并不奇怪：波的干涉是众所周知的现象。光波和海浪都会出现这种现象。但我们在这里观察的不是一分为二的波，而是只能**作为整体选择一条道路通过的**单个光子：要么进左路，要么进右路。如果我们让探测器沿途分布在两条路径上，也绝不会检测到"半个光子"：探测器向我们展示的是任意一个光子（完整地）通过左路，或是（完整地）通过右路。而任意光子和波一样，两条路径均可通过（否则将不会出现干涉现象），但当我们观测它在哪里的时候，只能在一条路径上看到它。

我们看到的，是量子态叠加所产生的现象：光子既通过左路，又通过右路。它处在左和右两种组态的叠加之中。结果就是光子不再像当它选择两条路径中的一条通过时会做的那样，进入上路了。

怪事还没有完，还有着实令人震惊的一点：一旦我开始**观测**光子进入左右哪条路径……干涉现象就会消失！

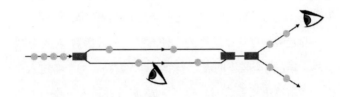

只要观测光子到底通过哪条路径，干涉现象就会消失！
如果在光子通过的路径上进行观测，还是会有一半的光子进入上路。

就好像，你只需要**观测**就会改变现象的发生！请注意这荒唐的事实：如果我**不**观测光子从哪条路径通过，它们就都会进入下路，而如果我对此进行观测，它们中的一半就会进入上路。

令人震惊的点在于，**即使是我没有看到的那些光子**，也可能会进入上路。也就是说，"在它们不会通过的那条路的出口有个我在等着观测"这一事实就足以使光子改变路径，就算我没有观测到它们也是一样！

我们可以在量子力学的课本上读到，如果我**观测**电子从左右哪条路径通过，它的波函数 $\psi$ 就会整体全部进入同一条路径。如果我在右路看到光子，波函数 $\psi$ 就会全部跳到右路。如果我**没有**在右路看到光子，波函数 $\psi$ 就会全部跳到左路。在这两种情况下都不会发生干涉。在术语中我们将此称为波函数的"塌缩"，即在观测的瞬间全部跳到同一个点的现象。

这就是量子态叠加：光子"同时处在两条路径上"。如果我去观测它，它就会全部跳到其中一条路径上，干涉现象消失。

令人难以置信。

但它就这么发生了，这是我亲眼所见。尽管我在大学里学习过很多相关知识，但亲眼看到并直接亲手去干涉，还是让我感到晕头转向。亲爱的读者，请你也去尝试为此寻求一个能说得过去的解释……一个世纪以来，我们所有人都在做这件事。如果这一切让你感到一头雾水、一筹莫展，也不要担心，没明白的不是只有你一个人。这就是为什么费曼曾说，没有人理解量子。但如果你觉得一切都很清楚，那就意味着我的解释还不够清楚，正如尼尔斯·玻尔曾说："你表述的清晰程度，永远不会超过你的思维。"[38]

$$\hbar$$

埃尔温·薛定谔用一则非常著名的假想寓言[39]形象地展现了这一谜题，薛定谔所想象的，不是同时进入左右两条路径的光子，而是同时处在睡眠和清醒状态下的猫。

故事是这样的：一只猫被关在一个盒子里，盒子里有一个装置，有一种量子现象有 1/2 的概率发生并触发这个装置。如果触发，装置将会打开一个装有催眠气体 * 的小瓶，猫就会睡着。根据量子理论，直到我们观察这只猫之前，猫的波函数 $\psi$ 都会处在"醒着的猫"和"睡着的猫"两种量子态叠加的状态。

所以这只猫就处于"醒着"和"睡着"的量子叠加态。

这跟说**"我们不知道**猫是醒着的还是睡着的"不一样。区别在于，在"醒着的猫"和"睡着的猫"之间存在干涉现象，就像蔡林格实验室中分别前往左右两条路径的光子之间存在干涉现象一样。如果我们实际观察了猫，不管猫被观察到是醒着的还是睡着的，这种现象都不会发生。只有它处于"醒着的猫"和"睡着的猫"的量子叠加态时才会发生，就像蔡林格实验室中"光子同时通过两条路径"的状态一样。

对于像猫这样庞大的系统来说，量子理论中预测到的这种干涉现象的观测难度太大[40]。但没有令人信服的理由能让我们质疑干涉现象的存在。猫既没有睡着，也不是醒着，而是处在"醒着的猫"和"睡着的猫"的量子叠加态。

但这意味着什么？

一只处在"醒着的猫"和"睡着的猫"的量子叠加态

---

* 在原来的版本中，小瓶里装的是一种毒气而不是催眠气体，猫不会睡着，而会死掉。但我不想拿猫咪的死亡开玩笑。——作者注

的猫会有怎样的感受？如果读者你自己处在"醒着的你"和"睡着的你"叠加的状态，又会有怎样的感受？这就是量子之谜。

# 2. 认真对待 $\psi$：多重世界、隐变量和物理塌缩

要在一场物理研讨会后的晚宴上点燃热烈讨论的导火索，你只需在餐桌上随口问你身旁的人一句："你认为薛定谔的猫真的是同时既醒着又睡着的吗？"

20 世纪 30 年代，量子理论刚一诞生，关于量子之谜的讨论就热火朝天。其中赫赫有名的要数爱因斯坦与玻尔以私人会面、研讨会、论文和书信等种种形式展开的论战。爱因斯坦反对"完全抛弃更现实主义的现象图景"的想法。玻尔则捍卫量子理论之概念新异性[41]。

20 世纪 50 年代，多数人选择忽视这一问题，量子力学理论的力量十分惊人，因此物理学家们没有多问就接受了它，并将其运用到了每一个可能用到的领域。但是，不提出问题，就什么东西都学不到。

从 20 世纪 70 年代起，物理学界开始重新燃起对量子力学概念问题的兴趣。有趣的是，为量子的诡谲特质而深深着迷的嬉皮士文化兴起，也在其中起到了推动作用。[42]

如今，在大学的哲学系和物理系中关于这一问题的讨论十分常见，且不同个体所持意见时常相左，新的思想也就

此诞生，并澄清了一些细致的问题。其中有些思想后来被放弃，而有些则经受住了批评观点的考验，站稳了脚跟，为我们提供了理解量子的新方式，但每一种方式都有某种高昂的概念上的代价：它们都会迫使我们接受一些着实很奇怪的东西。关于量子理论的不同观点的收益和代价之间的最终平衡点至今仍不明晰。

思想在演进。我预期我们的意见最终能达成一致，就像曾经出现过的其他令人们感到无法获得共识的重大科学讨论最终都会尘埃落定一样。比如，地球是静止的，还是运动的？（是运动的。）热量是液体还是分子的快速运动产生的？（是分子的运动产生的。）原子真的存在吗？（存在。）世界仅仅是由"能量"构成的吗？（不是。）我们与猴子有共同的祖先？（是的。）等等。而这本书只是正在进行的思想碰撞中的一个章节，我会尝试勾画出目前的讨论，对我来说，进行到了哪一步，以及它正在将我们引向哪个方向。

在下一章节我将会谈论那些我认为最令人信服的想法。在此之前，我想先对讨论得最多的阐释量子力学的方法做个总结，这些方法被统称为"量子力学诠释"。不管是哪种诠释，都要求我们接受一些非常激进的想法：多重世界，隐变量，从未观测到的现象，或是其他的什么奇形怪状的野兽。这并不是任何人的错，是量子理论过于诡异，它逼迫我们去寻求极端的解释。这一章节剩余部分的纯理论思辨比较密集。如果读者感到无聊，可以直接跳到下一章直奔要点：关系性量子力学。但如果想全面了解该领域目前的讨论进展和讨论中的奇怪思想，那么这些理论思辨就非常有趣了……概括后的思想如下。

## 多重世界

如今，"多重世界"的诠释在哲学家、一些理论物理学家和宇宙论学者的圈子里十分盛行。这一诠释严肃地看待薛定谔的理论，即**不**把波函数 ψ 理解为概率，而是将它视作真实存在的实体，它描述的是世界的本真面貌。从某种意义上说，这种观点拒不承认诺贝尔奖得主马克斯·玻恩的贡献，因为玻恩理解的波函数 ψ **只是**概率。

根据这一阐释，薛定谔的猫的波函数 ψ 完全是真实存在的，并且描述了这只猫的实际状态。也就是说它**真的**处在"醒着-睡着"的叠加态，确确实实地同时处在两种状态。那么为什么我打开盒子看到的要么是醒着的猫，要么是睡着的猫，而不是两种状态都能看到？

各位，请跟紧我的思路。根据多重世界理论的解释，这是因为我，卡洛本人，也是处在被我的波函数 ψ 描述的状态。当我在观察猫的时候，我的 ψ 波与猫的 ψ 波之间就产生了互动，而我的同样真实存在的波函数 ψ 也会分为两个部分：一部分代表的是看到醒着的猫的我，另一部分则是看到睡着的猫的我。根据这种观点，这两部分都是真实存在的。

　　于是描述整体的波函数 $\psi$ 就有了两个部分，也就是两个"世界"：在一个世界中，猫醒着，卡洛看见的是醒着的猫；在另一个世界里，猫睡着，卡洛看见的是睡着的猫。所以现在有两个卡洛了，每个世界里都有一个卡洛。

　　那么，为什么**我**只能看见醒着的猫？对此问题的回答是，现在的这个**"我"只是两个卡洛中的一个**。在另一个切实存在的平行世界里有另一个与这个我相配对的、看到猫睡着的我。

　　由于卡洛的波函数 $\psi$ 持续不断地与除猫之外不计其数的其他系统相互影响，导致分生出无穷无尽的平行世界，每一个都与我现在所处的世界一样真实地存在着，在它们中也存在着无穷无尽的我的副本，他们正在经历着现实的每一种可能性。这就是多重世界理论。

　　听起来荒诞疯狂？那是因为它就是荒诞疯狂的。

　　而有许多杰出的物理学家和哲学家都认为，这是对量子理论的最好解读[43]。荒诞疯狂的不是他们，而是一个世纪以来未曾出错的、令人难以置信的量子理论。

但为了走出量子理论的迷雾，我们是否真的必须去假设有无穷无尽个我们自己的副本真实存在，而他们全都隐藏在硕大无朋的宇宙波函数 $\psi$ 中，我们无法观测？

我还找出了另一个能对这一阐释发难的地方。这个包含所有宇宙的、硕大无朋的宇宙波函数 $\psi$ 就像黑格尔说过的，"在黑夜里，所有牛都是黑色的"一样，它本身并不能为我们通过感官认识到的现实提供解释[44]。为了描述我们所观察到的现象，除了波函数 $\psi$，还需要其他的数学元素，而多重世界阐释并未将它们解释清楚。

## 隐变量

有一种方法可以避免增生出无穷无尽的世界和我们的副本，即通过一组名为"隐变量"的理论。其中最优秀的是由提出物质波理论的德布罗意构思、由戴维·博姆完善的理论。

戴维·博姆是一位命途多舛的美国科学家，因为他是共产主义者，却在冷战期间身处"铁幕"的另一边。麦卡锡主义盛行时期他曾被审讯，并于 1949 年被判短期监禁。随后他被无罪释放，但普林斯顿大学为划清界限还是开除了他。他不得不移民到南美洲。然而美国大使馆怕他前往苏联，还收回了他的护照……

博姆的理论非常简单：与多重世界阐释的看法一样，电子的波函数 $\psi$ 是一个真正存在的实体；但除了波函数 $\psi$，**还有**实际存在的电子本身，一个真正由物质构成的、**总是**具有特定位置的电子。这就解决了多重世界阐释的问题，成功地将这一理论与我们实际观察到的现象联系起来。所以实际上，就像在经典力学理论中一样，电子只存在于一个位置，没有什么量子态叠加。波函数 $\psi$ 按照薛定谔方程发展，而真正的电子由波函数 $\psi$ 引导，在现实的物理空间中运动。博姆研究出了一个方程，它展示了波函数 $\psi$ 是如何引导电子的 [45]。

这个想法十分出色：干涉现象是由引导物体的波函数 $\psi$ 决定的，但物体本身并不处在量子叠加态，而是永远处于一个确定的位置。猫要么醒着，要么睡着了。但它的波函数 $\psi$ 有两个部分：一部分对应着真正的那只猫，另一部分则是一个"空的"波，并不对应真正的猫，但这个空波可以造成干涉现象，从而影响到对应猫的另一个波。

这解释了我们前面提到过的蔡林格实验。为什么我用手挡住两条路径中的**一条**就会影响通过**另一条**路径的光子？答案是光子本身只通过了一条路径，但它的波通过了全部两条路径。我的手改变了波，随后波引导光子产生了与如果我的手没有干涉的情形不同的情形。这样一来，我的手改变的就是光子未来的动向，不管光子本身距离我的手有多远。这是一个很好的解释。

隐变量阐释将量子力学带回到经典力学的逻辑领域中：一切都是决定论的、可以预测的。如果我们知道电子的位置和波的值，就可以预测电子的一切行为。

但事实并非如此简单。事实上我们并**不能**真正了解波的状态，因为我们永远不可能亲眼看见它，我们只能看见电子[46]。所以决定电子的变量对我们来说是"隐藏的"（波）。这个理论就决定了这一变量是隐藏的，我们永远无法确定它。因此，这一阐释被称作隐变量[47]阐释。

要想认真接受这一理论，就不得不假设一个我们完全无法接触到的物理现实的存在。进一步思考后会发现，这个假设的唯一目的是让我们能更舒适地直面量子理论**无法**告诉我们的东西。仅仅为了消除我们对不确定性的恐惧，就直接假设一个其中所有现象都能被量子理论预测，但绝对无法被观测的世界，这值得吗？

还有其他难以解释的地方。有些哲学家热爱博姆的理论，因为它提供了一个清晰的概念框架。但物理学家并不喜欢，因为只要将它运用到比单个微粒稍微复杂一些的领域就会出现许多问题。比如，多个微粒的 $\psi$ 波并不等于其中单个微粒的 $\psi$ 波的总和；它不是一个在物理空间中运动的波，而是在抽象数学空间[48]中的存在。这时博姆理论在单个微粒的情况下为我们描绘的简明清晰的现实图像就消失不见了。

而当我们考虑到相对论时，就会出现许多着实很严重的问题。这种阐释中的隐变量严重违反了相对论，它相当于确立了一个具有无法被观察到这一特权的参照系。坚持"构成世界的变量都是像经典力学中的一样，是永远能被确定的"这一思想，其代价不仅包括要接受这些变量永远是隐藏的假设，还要我们站到我们至今通过经典力学所了解到的关于宇宙的一切的对立面。这值得吗？

**物理塌缩**

还有第三种将 $\psi$ 波理解为实在物的方法。它既避免了增生出多重世界，也无须讨论隐变量。这种阐释方法认为所有量子力学的预测值都是**近似值**，它忽略掉了能使一切变得更融贯的其他东西。

有可能存在这么一个真实的物理过程，它独立于我们的观测，时不时地**自发**进行，避免了波的散射。这种迄今为止从未被观测到的、假设中的机制被叫作波函数的"物理塌缩"。因此，"波函数的物理塌缩"不是由于我们的观测而产

57

生的，而是自发进行的，且越是宏观的物体，塌缩的过程就越迅速。

就猫的例子来说，波函数 $\psi$ 自发地、十分迅速地跳到两个状态中的一个上，让猫极其迅速地变成睡着的或是醒着的。也就是说，该阐释假设通用量子力学在描述像猫这样的宏观物体上并不管用[49]。所以这种理论给出的预测偏离了通用量子理论的范畴。

世界上众多的实验者都曾经试过，并至今仍在尝试验证这些预测，看看到底哪种正确。到目前为止，正确的总是量子理论。大多数物理学家，包括正在撰写本书的你们这位谦恭的朋友，都能打赌说量子理论还能再正确好一会儿呢……

# 3. 接受非决定性

截至目前，我们讨论过的这些量子理论阐释都试图避免非决定性[50]，把波函数 $\psi$ 当作真实存在的实体。而其代价是不得不承认诸如多重世界、无法触及的变量或从未观察到过的现象等事物。

但其实没有必要如此较真地看待波函数 $\psi$。

波函数 $\psi$ 不是一个真实存在的实体，它只是一个计算工具[51]。它就像是天气预报、公司预算、赛马结果预测一样。真实世界中的事件以概率的形式发生，而波函数 $\psi$ 的值就是我们计算事件发生概率的方式。

不较真地看待波函数 $\psi$ 的理论阐释被称作"认识论的阐释"，因为它将波函数 $\psi$ 视作我们对所发生之事的认知（希腊语是 ἐπιστήμη）的概括。

采用这种思考方式的一个例子是"量子比特主义"，即原原本本地接受我们现有的量子理论，不试图去"补全"世界。

"量子比特主义"一词来自"量子比特"，即量子计算机中的信息计算单位。

这一理论的观点是，波函数 $\psi$ 只是**我们**所拥有的关于世界的一种信息。物理学并不描述世界是怎样的，它只描述**我们**所认知的世界，描述**我们**所拥有的关于世界的信息。

当我们进行观测时，信息就会增加。我们观测时波函数 $\psi$ 就会变化，并不是由于外部世界发生了什么事情令它改变了，仅仅是因为我们所拥有的相关信息增多了。就好比如果我们查看气压计就会改变对天气的预测，这样的改变不是因为当我们看气压计时天气骤变，而是因为我们突然了解到了先前不知道的信息。

"量子比特主义"取了"立体主义"的谐音*。在量子理论趋于成熟的同一时期，布拉克和毕加索的立体主义为欧洲带来了变革。立体主义和量子理论都背离了能用形象的方式展现世界的想法。立体主义的画作通常把从不同角度观察到的物体或人的不可调和的不同形象叠加在一起。量子理论与之类似，它承认同一个物理物体的不同观测方式之间有可能是不可调和的（随后我将会更加细致地解释这一看法）。

在 20 世纪的前几十年，整个欧洲文化所考虑的不再是如何用简洁完美的方式呈现世界。量子理论诞生于 1909 年至 1925 年间，在那时的意大利，皮兰德娄完成了长篇小说《一个，十万个，什么都不是》，讲述了不同观察者眼中支离破碎的真实。

---

\* 在意大利语中，量子比特主义（q-bismo）和立体主义（Cubismo）的发音相同。——译者注

量子比特主义抛弃了"在我们可见、可观测的范围之外还有一个世界真实图景"的想法。这一理论认为，我们可以合法谈论的只是一位观测者亲眼所见的东西。不经观测就谈论猫或光子是不合法的。

$\hbar\hbar$

　　量子比特主义的弱点在于它将科学视为工具的看法。而科学的目标并非只是做出预测，还要为人们提供现实的图景，提供思考事物的概念框架。正是这样的野心为科学的思维方式注入了力量。如果科学的目的仅仅是做出预测，那么相比托勒密，哥白尼根本就没什么实质性的发现，因为他的天文学预测比托勒密的强不到哪里去。但哥白尼找到了一把有助于人类重新思考、更好地理解世界的钥匙。

　　量子比特主义还有一处弱点，而这也是整个讨论的关键所在：它的核心依然是一个认知主体，一个进行认知的、仿佛游离在大自然法则外的"我"。它并未将观测者视为世界的一部分，而是将世界视作反映在观测者眼中的现实。它抛弃了天真的唯物主义，最后却陷进一种隐含着的、极端形式的观念论[52]。至关重要的一点是，**观测者也是可以被观测的**。每一个实际存在的观测者本身也都是被量子理论所描述的，我们没有任何理由去质疑这一点。

如果我观测一名观测者，我有可能会看到这位观测者所看不到的东西。由此我可以合理地类推，我与这位观测者一样，也会有看不到的东西。于是就存在某些我无法观测到的东西。就算我不去观测，世界也照样存在。我们想要得出的物理理论要能够认知宇宙的结构，澄清观测者在宇宙中究竟是何种存在，而不是要依赖一个进行观测的"我"去决定宇宙的存在。

$$\hbar\hbar$$

所以，说到底，在这一章中列出的所有量子理论阐释都又重新回到了薛定谔和海森堡的争论上来：一方是不惜一切代价回避概率和不确定性的"波的力学"；另一方是迈出激进一步的"男孩们的物理"，而它似乎过于依赖一个"进行观测"的主体的存在。这一章把我们引入到众多有趣的想法中去，但并没有让我们真正迈步向前。

谁是进行认知并拥有信息的主体？他拥有的信息是什么？进行观测的主体又是什么？这个主体能逃脱自然法则的约束，还是说也会被这法则所描述？它游离于自然之外，还是属于自然世界的一部分？如果它是自然的一部分，为什么需要区别对待？

这些都是把海森堡提出的"什么能被定义为观测""观测者是什么"等问题进行重组得出的疑问，而最终，它们将引领我们走向这本书要提出的主概念：相对关系。

# III

一个事实相对你来说是真实的，
相对我则不然，这是有可能的吗？

自此我终于开始探讨相对关系。

# 1. 世界曾一度让人觉得很简单

在但丁创作的年代，欧洲人认为世界就像是一面模糊的镜子，反映出宏伟的天界等级秩序：一位伟大的上帝和各层天的天使们安排行星在天上各自的轨道上运转，并充满关切和慈爱地参与进我们脆弱人类的生活中，而我们则在宇宙洪荒中，在敬慕、叛逆和忏悔之间摇摆。

之后我们改变了看法。在随后的几个世纪中，我们了解了现实的其他方面，发现了被隐藏的规律，找到了为实现我们的目的所需的策略。科学的思想构筑起错综复杂的知识大厦。物理学在其中起到了引领和统一的作用，它为现实描绘出了清晰明了的面貌：在一个广袤的空间中，粒子在推力和拉力的驱动下不断运动。法拉第和麦克斯韦加入了电磁"场"的概念。"场"是分散在空间中的存在，相距遥远的两个物体之间通过"场"相互施加力的作用。爱因斯坦完善了这一理论框架，因为他证明了引力也能被纳入"场"的概念中，而这个"场"就是时空的几何存在本身。这一归纳总结既清晰明确，又十分漂亮。

但现实世界却具有丰富的层次：白雪皑皑的山巅和森

林、友人的目光、冬天下雪后肮脏的街道、地铁的隆隆声、我们永远无法满足的欲求、手提电脑键盘上翻飞的手指、面包的香气、世上的苦痛、夜晚的天空、广袤的星际、黎明的深蓝色天空中孤寂地闪耀着的金星……在这如万花筒般千变万化的事物中，我们人类曾想要找到被深埋的经纬，找到隐藏在混乱无序的表象这层面纱之下的秩序。在那时，世界曾一度让人觉得很简单。

但我们这些渺小凡人的宏大梦想不过只是南柯一梦。经典物理学的概念清晰性被量子撕得粉碎。事实并不是经典物理学所描述的那样。

量子理论的出现仿佛当头棒喝，让我们从牛顿的成功为我们编织的美好梦境中惊醒。但这次惊醒却将我们带到了科学思想跳动着的心脏。科学思想并非由既有的确定事实构成。这种思想在不断演进，它总能质疑讨论所有事物，再重新出发，从不惧怕推翻原有的世界秩序，转而寻找更有效率的秩序，随后再次质疑，再次推翻。正是因为如此，科学思想才独具魄力。

科学思想的魄力在于不惧怕重新思考世间万物的秩序：从阿那克西曼德开始，他拆去了支撑大地的柱子；哥白尼让大地在空中旋转；爱因斯坦消解了时空几何维度的严格界限；达尔文揭穿了人类与动物在本质上相异的幻觉……事实渐渐被越来越合理有效的理论重新描述。重新发现世界深奥本质的勇气——正是这一微妙的科学魅力吸引了青年时期具有反抗精神的我……

# 2. 相对关系

在物理实验室中，我们研究的对象是微小的物体，如原子或蔡林格实验激光中的一个光子，这时，谁是**观测者**是显而易见的：是科学家使用观测仪器，准备、观察和测量观察对象，而仪器揭示了原子发出的光，或光子到达的位置。

但广阔的世界不是由实验室中的科学家或是测量仪器构成的。没了那个在观测的科学家，又该如何定义观测？如果并没有人进行观测，量子理论又能告诉我们什么？关于另一个星系中发生的事情，量子理论又能告诉我们什么？

我认为，回答这些问题的关键——也是这本书里思想观念的基石——仅仅在于如何证明科学家或观测仪器也是自然的一部分。量子理论描述的是自然的一部分是以何种方式将自己展现给另一部分的。

我接下来会解释的"关系性"量子力学阐释的核心思想就是：量子理论描述的不是量子物体如何**向我们**（或向某些特定的"观测者"）展示自己的，而是任意物理对象是如何对另一任意物理对象做出反应的。

我们认为世界是由物体、事物、实体（科学术语中称之为"物理系统")组成的，比如，一个光子、一只猫、一块石头、一只钟表、一棵树、一个男孩、一个国家、一片彩虹、一颗行星、一个星系……所有这些实体都不是独立孤高的存在。相反，它们所做的一切只是持续地、一刻不停地对其他实体做出回应。要理解自然，我们就要关注这些互动，而不是孤立的物体。猫聆听表针走动的声音；男孩扔石头；石头经过之处的空气被扰乱；这块石头撞到另一块石头上并使其移动，还对其接触到的地面施加了压力；树木从阳光中吸收能量，转化出氧气；乡间的人们呼吸着这氧气，看着天空中的星星；恒星在星系中运动，同时又受到其他恒星引力的作用……我们观测到的世界是不断相互作用的世界。它是一张繁密的**互动**关系网。

物体的特征，就是它们进行互动的方式。如果存在不进行互动的物体，它不对任何事物施加影响，也不做任何反应，不发光、没有引力、没有推力、碰不到、闻不着……那它就相当于不存在。谈论不进行互动的东西，就像是在谈论尽管可能存在，却与我们毫无关系的东西。我们甚至不清楚说这样一种东西"存在"是什么意思。我们所知的、与我们有关的、我们感兴趣的、被我们称之为"现实"的世界是一张广阔的互动关系网，它通过互动关系向我们展现出来，而我们也是这张巨网的一部分。我们要研究的是这张巨网。

这些互动关系的环节之一就是我们在蔡林格的实验室中观测到的光子。另一个是安东·蔡林格本人。蔡林格和其他存在，比如，一个光子、一只猫、一颗恒星一样，都是互动关系的一环。正在读这些句子的读者，你也是其中一环；在加拿大一个冬天的早晨，在书房玻璃窗外的天空依然漆黑的时候，在一只蜷缩着、满足地发出咕噜声的琥珀色小猫身旁，正用电脑写下这些句子的我，也和其他事物一样，是这张互动关系网中的一环。

如果量子理论描述的是光子如何向蔡林格显现自己，那么，因为它和蔡林格都是物理系统，所以量子理论就必然也能描述**任意**物体是如何向另一**任意**物体显现自己的。发生在光子和观测光子的蔡林格之间的事情的本质与发生在两个**任意**物体之间的相同，都是一个存在向另一存在显现自己时发生的互动。

很显然，存在某些特定的物理系统，它们是严格意义上的观测者，它们拥有感官、记忆，在实验室工作，是宏观的……但量子力学描述的不只是这些观测者，它描述的是关于物理现实的，基础而普遍的原理，任何互动均应符合这一原理。

如果我们从这个角度来看，那么量子力学的观测，也就是海森堡引入的"观测"概念，就没什么格外特别的地方了。根据这一理论，任何一个观测者身上都没有什么特别的东西：任何两个物理实体之间的互动都是观测，在我们考虑任意其他物体对某一物体显现自己特征的时候，都应该将这一物体视作观测者。

我相信，量子理论的发现其实就是对"任意物体如何影响其他物体的特性"的发现。物体仅存在于与其他物体的互动之中。量子理论是描述事物如何相互影响的理论，也是迄今为止我们拥有的、用于描述自然的最佳理论[53]。

这一想法十分简单，但它却带来了两个根本性的后果，为理解量子开拓了必要的概念空间。

### 没有互动，就没有特性

玻尔曾说过："不可能将原子系统的表现与为确定该系统在现象中的情况而使用的测量仪器之间的互动完美地分割开来[54]。"

当他在20世纪40年代写下这段话的时候，量子理论的应用仅停留在测量原子系统的实验室仪器层面上。近一个世纪之后，我们知道量子理论对宇宙中**所有**物体都适用。反观玻尔的话，我们应该用"任意物体"替代"原子系统"，用"与任意事物的互动"替代"与测量仪器的互动"。

如此订正后，玻尔的言论就捕捉到了量子理论的基础：物体的特性与其显现这一特性时进行的互动、与它向之显现的对象间是无法分割的。某一物体的特性**就是**它与其他物体的互动。物体本身就只是与其他物体互动的总和。现实就是一张互动关系网，脱离了它，我们甚至无法理解自己在说什么。量子理论并没有将物理世界视作由具有固定特性的物体构成的整体，而是邀请我们将物理世界看作一张由物体作为节点构成的关系网。

如果我们坚持认为，物体不发生互动时也必须赋予它一些固有的属性，这是没有必要的，也有可能会将自己引入歧途。这就像是在谈论根本不存在的东西一样。**脱离互动，就无从谈论特性**[55]。

这就是海森堡最初灵光一现的那个直觉之意义所在：在电子不与任何物体互动时去探究它的轨道是哪一个是没有意义的。电子不沿轨道运动，因为它的物理特性是由它与任意其他物体，比如它释放出的光之间的互动决定的。如果电子不进行互动，它就没有特性。

这是激进的一步。这等于是说，我们需要把每个物体**仅仅**看作它与其他物体互动的方式。当电子不与任何其他物体互动时，它就没有基本的物理特性。没有位置，也没有速度。

**特性只是相对的**

第二个变革更为彻底。

假设你，亲爱的读者，是上一章薛定谔的思想实验中的猫。你被关进了一个装有量子装置（如放射性原子）的盒子，这装置有的概率被触发，释放出催眠气体。你或者会吸入放出来的催眠气体，或者不会。第一种情况发生时，**你会**

睡着；第二种情况**你会醒着**。**对你而言**，催眠气体要么被释放了，要么没有。这一点毋庸置疑。**对你而言**，你要么是醒着的，要么是睡着了。这两种状态当然不可能同时存在。

而在盒子外面观测的我既不与催眠药瓶互动，也不与你互动。再过些时候，我能观察到醒着的你和睡着的你之间的干涉现象；而如果我已经观测到睡着的你，或醒着的你，都不会见到这种现象。从这种意义上来讲，**对我而言**，你既不是睡着的，也不是醒着的。我会说你处在"醒着和睡着的叠加态"。

**对你而言**，催眠气体要么被释放出来，要么没有，你会是醒着，或者是睡着。**对我而言**，你既不是醒着，也不是睡着。对我而言，"存在着一种不同量子态的叠加"。对你而言，存在的是醒着或者睡着的现实。关系性视角允许**两种现实同时存在**，因为任意一种互动都是相对于不同观测者，即相对你和我而言的。

一个事实相对你来说是真实的，相对我则不然，这是有可能的吗？

我相信，量子理论的发现意味着这一问题的答案是"是

74

的"。**一个物体相对另一个物体体现出的真实特性，对于第三个物体来说未必是真实的**[*]。有的特性可能对于一块石头来说是真实的，对于另一块石头来说则不然[56]。

---

[*] 量子力学的问题在于两种法则的貌似相互对立：一种法则描述物体在"观测"中发生的情况；另一种则描述"统一的"演进，即当没有观测者的时候。按关系性阐释的意思，这两种法则都是正确的：第一种法则适用于与互动中的物理系统相关的情况，第二种法则适用于相对其他物理系统而言的情况。——作者注

# 3. 稀薄而微妙的量子世界

希望前面一段理解起来相对困难，但十分重要的文字，没有让太多的读者合上这本书走开。概括说来就是，物体的特性仅存在于它进行互动的瞬间，这些特性可能对于某个物体来说是真实的，对另一个物体则不然。

物体的特性只有在相对另一物体时才会被确定。这不应该让我们感到惊奇，我们以前就知道了。

比如，速度就是一个物体**相对另一个物体**而具有的特性。如果你在一条河的渡口上方的桥上行走，那么你会具有一个相对渡口的速度、一个相对河水水流的速度、一个相对地球的速度、一个相对太阳的速度、一个相对太阳系的速度等无数不同的速度。除非我们先说好（不管是明确表达还是暗示的）是**相对**哪个物体的速度，否则就无从说起。速度是与两个物体（你与渡口、你与地球、你与太阳……）有关的基本属性。它是只有在相对另一物体时才存在的特性，是两个物体之间的**相互关系**。

还有很多类似的例子：接受地球是一个球体的事实，就意味着接受"高"和"低"并非绝对的概念，而是相对我们在地球上的位置而言的**相对**概念。爱因斯坦的狭义相对论发现，共时性的基本概念是相对于观测者的运动状态的。量子理论的发现只不过是稍微激进一点，它发现，跟速度一样，**所有**物体（变化）的**所有**特性都是相对的。

物理学变量并不描述事物，它只描述事物向其他事物显现自己的方式。如果事物不在互动过程中，赋予变量具体的值就是没有意义的。一个变量只有在相对某一事物并与之发生互动的时候才会具有特定值（如粒子的位置或任意速度）。

世界就是这些互动构成的网络，是物理实体互动时建立起的相互关系。例如，一块石头撞击另一块石头，太阳光照射到我的皮肤上，而你，读者，正在阅读这些文字。

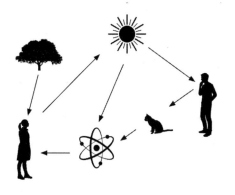

从这一网络中浮现出来的世界图景是稀薄的。在这个世界中的存在不独立、不具有特定属性，仅在与其他存在互动时才显现出相对的属性和特点。一块石头本身并不具有位置，它只具有相对于与它发生碰撞的那块石头的位置。天空本身没有颜色，它只具有相对于正在观看它的我的眼睛的颜色。恒星并不是作为一个独立的存在在天空中闪耀，它只是关系网中的一个节点，这张网就是它所在的星系……

所以，量子世界比经典物理学所想象的那个世界更加稀薄，它仅由互动关系、事件、非连续运动构成，不具有永久性。构成这个世界的结构是稀松轻薄的，就像威尼斯特产的蕾丝一样。每次互动都是一个事件，正是这些微小而又转瞬即逝的事件构成了现实，而支撑这些事件的，并不是我们的哲学提出的那些沉重的、充满绝对属性的物体。

电子的全部轨迹不是空间中的一条直线，它是由事件的具体显现描出的一条虚线，电子与其他物体互动时发生的事件时而在这里，时而在那里。它们是点状的、不连续的、概率性的、相对的。

安东尼·阿吉雷在一本名为《宇宙学公案》(Cosmological Koans)的引人入胜的书中如此描述这些看法带来的结果和混乱："我们将事物分成了更为细小的碎片，然后我们仔细检查这些碎片，发现它们并不存在。存在的只有排列它们的方式。所以就像船、船帆或我们的指甲一类的东西到底是什么？如果它们只是形式的形式的形式，如果说形式就是秩序，而秩序是由我们定义的……那么它们似乎确实是存在的，是由我们和宇宙创造的，是相对我们、相对宇宙而言的。而佛陀则会说，它们是虚无的。"[57]

我们在日常生活中感受到的坚实可靠的连续性没有反映

出现实的非连续性，这是因为我们的视角是宏观的。一只灯泡发出的光并不是连续不断的，它发出的是瀑布般的无数细密的、转瞬即逝的微小光子。在微观尺度上，真实世界不存在连续性，也不存在稳定不变的特性，只存在断续的事件、断续而稀薄的互动。

薛定谔曾像雄狮一样傲然对抗量子的不连续性，反对玻尔的量子跳跃，反对海森堡的矩阵世界。他曾想维护经典力学视野中现实的连续性。但最后连他也妥协了，在 20 世纪 20 年代的冲突过去 10 年之后，他公开承认了自己的败北。写在我先前已经引用过的薛定谔本人的话 [ "波的力学的创造者（即薛定谔自己）曾一度被错觉蒙骗，认为自己已经将不连续性从量子理论中剔除。"] 之后的一段文字十分清晰明确：

"……最好认为粒子不是永恒不变的存在，而是转瞬即逝的事件。这些事件有时会形成连续的链条，给人以它们是永恒不变的错觉，但它们中的每一个都仅存在于个别的情境下，只出现在极短的时间中。"[58]

$\hbar$

那么波函数 $\psi$ 又是什么？它是计算下一个事件**相对我们而言**会出现在哪里的概率计算工具[59]。它是一个相对的量：一个物体并非只有一个波函数 $\psi$，相对于与它进行互动的其他不同物体，它会具有不同的波函数。相对其他物体发生的其他事件并不影响相对我们而言将会在这些物体身上发生的事件的概率 *。因此，$\psi$ 描述的"量子态"总是一种相对状态[60]。

在前一章中总结的多重世界阐释和隐变量阐释都试图用我们可见范围之外的、附加的所谓现实来"填补"世界的概念，以恢复经典世界的"饱满"，消除量子的不确定性。其代价是得到一个充满不可见事物的世界。而关系性阐释保留了原有量子理论——毕竟它是我们现有的最好理论——所描述的稀薄的世界，全盘接受它的不确定性 **，正如量子比特主义一样。而与量子比特主义不同的是，关系性阐释描述的是整个世界，不是把单独物体看作独立于自然之外的东西，再去探讨它的相关信息。

我们必须接受"需要改变我们对世界理解的标准"的事

---

\* 这是量子理论相对性阐释的中心思想。更准确地说，相对我们而言某些事件发生的概率是由相对我们而言的波函数 $\psi$ 的演变确定的，这一波函数包含了与其他所有系统的动态互动，但不受相对于其他系统而言发生的事件的影响。——作者注

\*\* 在多重世界阐释中，我们每观察一个事件，就会生出观察到不同现象的另一个"我"。博姆的理论假设波函数 $\psi$ 的组成部分之一中包含"我"的概念，另一个组成部分是空值。关系性阐释将"我"观察到的东西与另一个观测者会观察到的东西分开了：如果是猫，那它要么是睡着，要么是醒着。但这并不妨碍它与另一物体发生干涉现象，因为相对这个另一物体，不存在能限制产生干涉现象的现实。我做出的观测只是相对我而言，而不是相对其他物体的事件而言的。——作者注

实。就像阿那克西曼德了解了地球的形状后就改变了"上"和"下"的基本概念一样[61]。描述物体的变量只有在与其他物体互动时才会获得一个值，这个值取决于互动所相对的物体，而不是其他。一个物体是**一个，十万个，或什么都不是**。

世界在不同视角的支配下变成了一场支离破碎的游戏，它不允诺只存在一个统一的、整体的视角。这是一个在不同视角下展现事件的世界，而不是由具有特定属性的物体或单一事实构成的世界。属性依赖事物得以存继，属性只是不同物体之间的桥梁。物体只有在特定背景中，也就是只有在相对其他物体而言时，才表现出这些特性，物体是节点，特性是桥梁。世界就是视角变换的游戏，就像镜屋游戏一样，每个镜子只存在于其他镜子的映象之中。

事物微观的一端就是这样奇异的、轻薄的世界，其中的变量都是相对的，未来不由现在决定。这一幻影般的世界，就是我们所在的世界。

# IV

## 编织现实的关系之网

在这一章中，我要探讨事物是如何与彼此交谈的。

# 1. 量子纠缠

在上一章节中，我探讨了量子理论的核心：事物的特性是相对与之互动的其他物体而言的。在本章中，我将会描述最能展现事物之间相互依存关系的现象。这是一种微妙的、引人入胜的、令人神往的量子现象：**量子纠缠**。

它是最奇怪的一种现象，也是最脱离我们经典世界的一种现象。正如薛定谔强调的那样，量子纠缠是量子力学真正的特别之处。但它也是一种普遍的现象，是它编织出了现实世界的结构。量子纠缠现象中出现了量子理论所揭示的现实最纷繁复杂的一面。

**量子纠缠**指的是两个物体或两个人以某种形式，在字面意义上和抽象意义上都纠缠在一起的情况，如打结、缠结、相互卷入、交织、纠葛、情感上的关联……

在量子力学中，相距遥远的两个物体，比如曾在过去相遇过的两个粒子，它们分开后，仍然保有一种奇妙的关联，就好像它们之间依然能够隔空交谈，这样的现象就叫作"**量子纠缠**"。就好像两个相隔千里的恋人能够互相揣度对方的想法一样。这两个物体之间的关系就叫"**相互纠缠**"，相互联系在一起。这一现象在实验室中得到了充分证实。近期，中国科学家成功将两个光子之间的纠缠状态的存在范围扩大到了上千千米[62]。

我们来看看量子纠缠是怎么一回事。

首先，两个**相互纠缠**的光子有**相互关联**的特性，也就是说，如果一个光子是红色，那么另一个也是红色；如果一个光子是蓝色，另一个也是蓝色。到此为止都没有什么可奇怪的。如果我把一副手套分开，一只寄到维也纳，另一只寄到北京，那么到维也纳的那只到北京的那只应该是同一种颜色，因为它们是相互关联的。

奇怪的是，这一对被分别送往维也纳和北京的光子处在量子叠加态。比如它们可能处在"都是红色"或"都是蓝色"两种量子态的叠加中。在观测的瞬间，任何一个光子都既可能是红色也可能是蓝色的，但如果观测显示其中之一是红色，相隔遥远的另一个光子也会是红色。

这一事件令人困惑的原因是：如果两个光子都既可能是红色也可能是蓝色，那么为什么它们总能不约而同地显出同一种颜色？量子理论告诉我们，当我们没有观测它们时，两个光子是蓝色还是红色都是不确定的。只有在我们观测时，它们的颜色才被随机确定。但如果这样的话，那么在维也纳随机决定的颜色怎么会一定与在北京随机决定的颜色一样呢？如果我们同时在北京和维也纳抛硬币，那么两边出现的结果是相互独立、不相互关联的：在维也纳抛出正面，在北京不一定会抛出正面。

似乎只有两种可能的解释。第一种是，一个速度极快的信号携带着光子颜色的信息传递到另一个光子那里去，也就是说一个光子一旦决定自己是蓝色还是红色之后，就立马以某种方式通知它远在千里之外的另一个兄弟。第二种可能性更为合理，即在两个光子分开时，它们就已经决定好了它们的颜色，就像一双手套的情况一样，尽管我们并不知道它们决定自己是什么颜色（爱因斯坦希望得到的最终解释也与此相似）。

问题就在于，这两种解释都站不住脚。第一种解释提到的沟通速度过快，距离过远，不存在于我们已知的所有时空结构之中。实际上，我们可以证实，两个**相互纠缠**的物体之间是无法发送信号的。因此，这种关联所依赖的并不是传输极快的信号。

但另一种解释——光子跟手套一样在分开时就已经知道自己将会展现红色还是蓝色——也可被排除。1964 年爱尔兰物理学家约翰·贝尔写了一篇非常漂亮的文章[63]，他在文中用精妙的思辨排除了这第二种解释。贝尔运用细致、结构优美、技巧熟练的推断证实，如果两个光子从分开时起，它们的所有相关特性就都已确定（而不是在观测时随机确定的），那么会产生一些确切的结果，而这些结果与观测到的结果相矛盾（相应表达式现在被叫作"贝尔不等式"）。因此相关性并不是提前就被确定了的[64]。

这就像是一个无解的拼图游戏。两个先前不经商讨，也不互通有无的**相互纠缠**的粒子是如何决定使用同样的显现方式的？是什么将它们联系起来的？

$$\hbar\hbar$$

　　我的一位姓李的朋友向我讲述了他的经历：他还年轻的时候，学习完量子纠缠的课题，躺在床上，眼睛盯着天花板看了几个小时，脑子想着，他身体的每一个原子都与宇宙里遥远过去的大量原子发生互动，于是他身体中的任意一个原子应该都与浩瀚星河中散落的数十亿个其他原子相互纠缠……他感觉自己与宇宙混合在了一起。

　　总之，**量子纠缠**证实，现实与我们所想的不同。纠缠在一起的两个物体比分开的两个物体具有更多特性。更准确地说，在某些情况下，尽管我可以完全预测两个分开的单独粒子的表现，但我还是完全无法预测两个纠缠在一起的物体中任意一个的表现。这两种情况在经典物理学的世界中都不是真实存在的。

　　如果 $\psi_1$ 代表一个物体的薛定谔波函数，$\psi_2$ 代表第二个物体的波函数，那么直觉告诉我们，只要了解 $\psi_1$ 和 $\psi_2$，就能预测两个物体的观测结果。而事实并非如此。两个物体的薛定谔波函数不是两个波函数相加得来的和，而是更为复杂的、包含其他信息的波函数，这种信息与可能存在的量子相关性有关，且无法被写入波函数 $\psi_1$ 和 $\psi_2$ 中[65]。

总而言之，就算我们对个别的、单独的物体情况应知尽知，但只要这个物体曾与其他物体进行互动，我们就无法预测它的全部情况：我们忽略了它与宇宙中其他物体的关联性。两个物体之间的联系不包含在其中任一物体本身中，它比这两个物体所包含的更多 [66]。

这种宇宙各组成部分之间的内在的联系令人困惑不已。

$$\hbar \hbar$$

我们回到那个像拼图游戏一样的问题上来：两个先前不经商讨，也没有远距离发送消息互通有无的**相互纠缠**的粒子是如何决定同样的显现方式的？

在关系性阐释的语境中存在对这一谜题的解答，而它进一步证实了这一阐释有多么激进。

答案就是重新回忆起这一点：特性只相对于某物体存在。在北京进行的对光子的观测决定了它**相对北京**的颜色，而不是**相对维也纳**的颜色。在维也纳的观测决定的是它**相对维也纳**的颜色，而不是**相对北京**的颜色。没有任何物理实体可以**同时**身处两处观测的瞬间。因此，去问观测结果是否相同也就没有意义了。它没有意义，因为不存在这样一个同时相对于两者的第三方物体，可以作为这一"相同性"对其显现的对象。

只有上帝可能同时看到两处地点。但即使上帝真的存在，她也不会告诉我们她看到了什么。她看到了什么与现实毫不相干。我们不能假设存在只有上帝才看得到的东西。我们无法假设两处颜色同时存在，因为没有一个**与之相对的**物体能够同时确定两处颜色。任何特性都是相对于某个物体存在的，两处颜色作为整体不相对于任何事物存在。

我们显然能够比较北京和维也纳的观测结果，但这一对比就要求信号的交换：两个实验室研究员可以互发邮件、互通电话。但发邮件需要时间，声音在电话中的传递也需要时间——没有什么信号能在瞬间抵达接收端。

**只有在**北京的观测结果通过邮件或电话线抵达维也纳时，才成为相对维也纳的真实存在。但这时就不存在什么谜一般的遥远距离极速信号了：对于维也纳而言，北京光子的颜色只有在承载着信息的信号到达维也纳时才得以确认。

**相对维也纳而言**，在北京完成观测时发生了什么？需要提醒的是，在北京完成观测行为的仪器、阅读数值的科学家、用来记录笔记的本子、用来承载观测结果的信息，**这些也都是量子实体**。直到与维也纳沟通之前，它们**相对维也纳的**状态是不确定的。相对维也纳而言，这些东西都是处在"醒着–睡着"叠加态的猫，在这个例子里，是处在"观测结果是蓝色–观测结果是红色"的叠加态中。

**相对北京而言**则正好相反，维也纳的研究人员和从维也纳发来的信息都处在量子叠加态，直到承载着观测结果的信号抵达北京。

对二者而言，只有在信号交换之后，它们的关联性才成为现实。这样一来，即使没有魔法般的信号交换，没有提前确定的结果，我们也能理解关联性的产生。

这是对谜题的解答，但它的代价很高。它说：不存在一份对统一的事实的报告，只存在一份相对于北京事实的报告和一份相对于维也纳的报告，而二者并**不相互吻合**。相对一个观测者的事实与相对另一个观测者的事实并不相同。现实的相对性在这里大放异彩。

物体只有在相对另一个物体时才会表现出它的特性。所以两个物体只有在相对**第三个**物体时才会表现出它们作为一个组合体的特性。如果说两个物体是**相互关联**的，就意味着这是相对**第三个**物体来说的，因为两个**相互关联**的物体只有在它们**一同**与第三个物体互动时才会显现出相关性。

探讨两个距离遥远的、**相互纠缠**的物体之间相互交流时出现的表面上的矛盾，其实是因为忽略了这一事实：要揭示相关性并赋予其真实性，必须存在与两个物体**共同**互动的第三个物体。表面上的矛盾，是因为忽略了特性是**为某一对象**展现的。两个物体之间的关联性是两个物体之间的特性，所以也就跟其他所有特性一样，只有与除此之外的第三个物体关联时才存在。

**量子纠缠**不是一曲双人舞，而是三人舞。

# 2. 编织世界关系网的三人舞

我们想象一下观测一个物体特性的情况。蔡林格观测一个光子，看到它是红色的。就像温度计显示一块蛋糕的温度一样。

一次观测就是一个物体（光子，或蛋糕）与另一个物体（蔡林格，或温度计）的互动。互动结束后，其中一个物体"收集到了关于另外一个物体的信息"。蛋糕正在被烤熟，温度计收集到了关于它温度的信息。

这里的温度计"获得了"关于蛋糕温度的"信息"是什么意思？没什么复杂的，意思就是，在温度计和蛋糕之间存在**相互关联**。也就是说，经过测量后，如果蛋糕是凉的，那么温度计就会指示低温（细水银柱低）；而如果蛋糕是热的，温度计就会指示高温（细水银柱高）。温度和温度计就会变得像两个光子一样，相互关联。

这一解释澄清了任何一次观测中都会出现的情况。但是要注意，如果蛋糕处在不同温度的量子叠加态，那么：

——相对温度计，蛋糕在互动的过程中展现了它的特性（温度）；

——相对于任意一个不参与该互动的第三方物理系统，没有任何特性得以展现，但蛋糕和温度计现在处在**量子纠缠**的状态中。

这就是发生在薛定谔的那只猫身上的事情。相对猫来说，催眠气体要么被释放了，要么没有。相对还没有打开盒子的我来说，装有催眠气体的小瓶和猫处在**纠缠状态**，即"催眠气体—已释放／猫—睡着"和"催眠气体—未释放／猫—醒着"两种量子态的叠加中。

所以**量子纠缠**并不是能引发特殊事件的罕见现象，相对任一互动之外的任一物理系统，这种现象在每次互动中都会有规律地出现。

从外部视角来看，任何一个物体向另一个物体显现自己的过程，即揭露其特性的过程，都是一次显现自己的物体和与之相关的物体之间实现关联性的过程——宽泛地讲就是实现**量子纠缠**的过程。

总之，**量子纠缠**不过是从外部视角观察到的那编织了现实之网的关联性而已：两个物体在一个与另一个互动的过程中显现出特性，从而获得现实意义。

$$\hbar\hbar$$

你观察一只蝴蝶，能看到它翅膀的颜色。对我来说，发生的事情是，你与蝴蝶之间建立了一种关系，你与蝴蝶现在是相互**纠缠**的。尽管蝴蝶会飞远，但有一个事实不会改变，那就是：如果我观察蝴蝶的翅膀，然后问你看到的翅膀是什么颜色，我会得到相吻合的答案，尽管也不是不可能存在一种轻微的干涉现象，与之发生干涉的是"蝴蝶翅膀是另一种颜色"的量子态……

所有能从外界获得的关于世界状态的信息都处在这些关联之中。而由于所有特性都是相对的，所以世界上的所有事物都只存在于这张**量子纠缠**网中。

但这张看似疯狂的关系网也是有条理的。如果我知道你观察过蝴蝶的翅膀，并且你对我说，翅膀是天蓝色的，我就会知道，如果我去观察，我也会看到天蓝色的翅膀。**尽管特性是相对的**，但量子理论也可以预测到这样的结果[67]。这种连贯一致的预测能力，把"特性都是相对的"这一事实所造成的支离破碎的、开放的视角重新缝合在了一起。这种预测能力是量子理论本身自带的，它构成了建立我们共同视野中事物客观性的共同主观基础。

对我们所有人来说，那只蝴蝶的颜色都将是一样的。

# 3. 信息

言语词汇永远是不精确的，每个词语的纷繁多样的词义仿佛一团云雾环绕在其周围，而这就是它们的表现力所在。但它们有时会造成误解，**"因为你知道，有的时候单词会有两个意思"**\*。我在上文中使用的"信息"这个词就是一个十分含混多义的词语，用在不同语境中，它会指代不同的基本概念。

"信息"一词经常用于提及具有**意义**的某个事物。我们父亲写的一封信就有"丰富的信息"。为了破解这种信息，我们的头脑就需要理解信中字句的**含义**。这是"信息"的"语义学"概念，也就是它的含义。

但"信息"还有一种更简单的词义，它既不是"语义学"的，也不是头脑中的含义，而是直接进入了既不讨论思想也不讨论含义的物理学领域。我在上一章节末尾处提到温度计拥有关于蛋糕温度的"信息"时使用的就是这种词义：它仅意味着，如果蛋糕是热的，温度计指示的温度就是高

---

\* 原文此处为英语，出自英国摇滚乐队齐柏林飞艇（Led Zeppelin）的歌曲《通往天堂的阶梯》（*Stairway To Heaven*）。——译者注

温，如果是冷的就是低温。

这就是"信息"这个词在物理学中简单而普遍的含义。如果我向地面掷一枚硬币，会出现 2 种可能的结果：掷出正面或反面。如果我掷两枚硬币，会出现 4 种可能的结果：正面—正面、正面—反面、反面—正面、反面—反面。但如果我将两枚硬币都正面朝上粘到同一张透明塑料纸上，再掷硬币，能获得的就不会再是 4 种结果，而是只有 2 种：正面—正面和反面—反面。在物理学中，我们说这两枚硬币的两面是"相互关联的"，或者说两枚硬币的两面"互相拥有对方的信息"。意思是说，如果我们看到一枚硬币的一面，它就会"告知我"另一面的信息。

我们说一个物理变量拥有另一个物理变量的信息，在这种意义上只是简单地在说，存在某种限制（某种相同的状态，某种物理联系，即被粘在同一张塑料纸上）使得一个变量的值指示出另一个变量的值[68]。这就是在这里使用的"信息"这个词的词义。

我曾犹豫过是否要在本书中探讨信息的问题，因为"信息"这个词的含义很多，导致每个人都本能地按自己的意愿去解释，这样就无法正确理解。但信息的基本概念对理解量子来说非常重要，所以我还是要冒险来讲一讲。请读者们记住，本书中探讨的"信息"是物理学概念，不是思想上的，也不是语义学上的概念。

一个物体的特性只有在相对第二个物体时才有意义。如
我们先前所说，可以将这一过程看作两个物体之间建立关联
性的过程，或者是第二个物体获得第一个物体相关**信息**的
过程。

因此，我们可以把量子理论看作是关于物理系统之间获
得信息（此处是我们先前看到过的物理含义）过程的理论。

在经典物理学中，我们也可以仅局限于考虑物理系统
之间相互获得信息。但有两点不同，这两点抓住了量子物理
学的新异之处，将量子物理学与经典物理学从根本上区分开
来。这两点可被归纳为两条总规则，或两个"公理"[69]：

（1）从一个物体[70]上可获得的相对信息量是有限的。

（2）与同一个物体互动，我们总是可以获得新的相对
信息。

初看之下这两条公理似乎相互矛盾。如果信息是有限
的，怎么能总是获得新的信息？这种矛盾只是表面上的矛
盾，因为这两条公理谈到的是"相关信息"。相关信息可以
允许我们预测一个物体的行为。当我们获得新的信息时，旧
有信息的一部分就变成了"无关"信息，也就是说，这不会
改变我们对物体行为的预测[71]。

这两条公理总结了量子理论[72]。我们接下来看看它们是
如何进行总结的。

（1）信息是有限的：海森堡原理。

如果我们能够无限准确地描述一个物体的所有物理变量，就能获得无限的信息。但我们不能。决定信息量极限的是约化普朗克常数 $\hbar$[73]。这就是普朗克常数的物理意义。它表示由物理变量决定的信息量的极限。

1927 年，海森堡在成功构建量子理论后澄清了这一重要概念[74]。海森堡证明，如果我们能得到的某个物体的位置不确定性为 $\Delta x$，动量（速度乘以质量）的不确定性为 $\Delta p$，这两个不确定性绝不可能都特别小。它们的乘积不能小于一个最小值，即约化普朗克常数的一半。这一公式可表达为：

$$\Delta x \, \Delta p \geqslant \hbar / 2$$

读作"$\Delta x$ 乘以 $\Delta p$ 大于等于二分之一约化普朗克常数"。这一现实中物质普遍具有的特质叫作"海森堡不确定性原理"，对一切物理实体都适用。

不确定性原理的直接结果是现实的粒子性。比如光是由光子，也就是光的粒子构成的，因为小于单个光子的能量值就不符合这一原理了。能量过低，电场和磁场两者（对于光来说相当于 $x$ 和 $p$）都将变得过于精确，从而不符合第一条公理。

（2）信息是无法穷尽的：不可交换性。

不确定性原理并不意味着我们不能先尽可能准确地测量一个粒子的速度，**然后**尽可能准确地测量它的位置。我们可以做到。但在第二次测量之后，粒子的速度就不再是原先的速度了，因为测量位置的行为造成了关于速度的**信息的丢失**。也就是说，如果重新测量速度，它将会发生变化。

这一现象符合第二条公理，即尽管已获得了某一物体最精确的信息，我们依然能发现一些预料不到的东西（但同时会失去先前获得的信息）。过去不决定未来，世界是概率性的世界。

由于测量 $p$ 会改变 $x$，所以先测量 $x$ 再测 $p$，与先测量 $p$ 再测 $x$ 得到的结果不同。因此，就需要在数学表达式中表现"先 $x$ 后 $p$"和"先 $p$ 后 $x$"的不同[75]。而这正是矩阵的特点：顺序会影响结果[76]。还记得量子理论引入的唯一一个新等式吗？

$$xp - px = i\hbar$$

这个等式表达的正是这个意思："先 $x$ 后 $p$"与"先 $p$ 后 $x$"不同。有多不同？这个程度就取决于普朗克常数，也就是量子现象的规模。海森堡的矩阵在这里起到重要的作用，因为它允许我们意识到获得信息的顺序会对结果产生影响。

海森堡不确定性原理，也就是上一页中提到的公式进行几个步骤变换后就能得到本页中的这个等式，这第二个等式概括了整个量子理论。将上述两个公理翻译为数学语言就是这个等式。这两个公理象征着我们至今对这个公式的物理重要性做出的最好诠释。

在狄拉克版本的量子力学中，根本就用不到矩阵，他主张，只使用"不可交换的变量"，也就是满足该等式的变量，就可以获得所有信息。"不可交换"的意思是：如果交换这种变量位置，就会对结果造成影响。狄拉克将这种变量称作"量子数"，也就是由该等式**确定**的量。而它们的数学术语自然是"非交换代数"。狄拉克在描述物理时总是像诗人一样，将一切精简到极致。

你们还记得我在开始描述量子现象时提到的光子吗？它们可以从"左路或右路"通过，最终进入"上路或下路"。它们的行为可以用两个变量来表示：一个变量是 $x$，它等于"左路"或"右路"；另一个变量是 $p$，它等于"上路"或"下路"。这两个变量就像一个粒子的位置和速度一样，两个不能同时被确定。因此，如果关闭其中一条通路，决定了第一个变量值（"左路"或"右路"），第二个变量就是不确定的，光子将随机进入"上路"或"下路"。与之相反，要想确定第二个变量，也就是光子要全部进入"下路"，第一个变量就必须是不确定的，即光子从两条道路都可以通过。于是整个现象都是一个等式的结果，这个等式告诉我们，这两个变量"不可交换"，因此它们不能同时被确定。

$$\hbar\hbar$$

最后的这些思辨需要一些技巧，也许我本可以将这部分放进一条注释里，但已经接近本书第二部分的尾声，所以我想完善量子理论的框架，包括概括总结信息概念的两条公理，以及信息数学结构的核心，并只给出了一个等式。

这一概括到极致的结构告诉我们，世界不是连续的，而是粒子性的，它具有一个可测量的最小单位。不存在任何无限小的事物。它告诉我们，未来不是由过去决定的。它告诉我们，物理系统只有与其他物理系统产生关系时，才具有相对这些物理系统的特性。将不同的相对视角并列必然会出现矛盾。

我们在日常生活中不会注意到这些东西。在我们看来，世界似乎是被确定的，因为量子干涉现象消失在了喧杂的宏观世界中。我们只有尽可能将实体孤立出来，在细微的观察下才能发现这些干涉现象[77]。

当我们无须观测干涉现象时可以忽略量子态叠加，将其重新解释为“我们无法得知具体状态”。如果我们不打开盒子，就无法得知猫是醒着还是睡着了。如果我们看不到干涉现象，就意味着没有必要去考虑量子态叠加，因为量子态叠加——我必须重复说明，因为这一点经常容易混淆——**只意味着我们能观测到干涉现象**。我们观测不到醒着的猫和睡着的猫之间的干涉现象，是因为它消失在了世界的喧杂之中。事实上，量子干涉现象能清晰展现在**被很好地孤立开来的**物体上，而不是足够小的物体上。只有在被良好孤立起来的物体上才能观测到细微的量子干涉现象。

而我们通常都是以宏观的视角去观察世界的，因此我们无法观测到世界的粒子性。我们观测到的是众多微小变量相互调和后的结果。我们无法看到单独的微小粒子，我们看到的是一整只猫。存在众多变量时，细微的浮动就变得无关紧要，概率事件就会接近于确定事件[78]。动荡起伏的量子世界中，数十亿个不连续的点状变量被化约成了我们日常生活经验中少量连续的、确定的变量。用我们的尺度去观察世界，就像从月球上观察波涛汹涌的大洋，它就像是静止的玻璃珠的平静表面。

因此，我们的日常经验与量子世界是相互兼容的，用量子理论可以理解经典力学，可以理解我们通常情况下所认知的世界不过是由一些近似值构成的。就好像一个视力正常的智者能够理解为什么一个近视的人无法看到在火上的锅里的水会沸腾一样。在微粒的尺度上，一把钢刀的利刃也像狂风暴雨肆虐的白色沙滩边缘一样，是波动的、不确定的。

能看到确定的世界的经典视角就是我们的近视视角。经典物理的确定性都只是概率。旧物理体系中明晰而确定的世界图景不过是幻觉。

ħħ

1947年4月18日，在"神圣之岛"黑尔戈兰岛上，英国海军引爆了6700吨炸药，这些炸药是德国军队遗留下的战争物资。这有可能是最大规模的常规炸药引发的爆炸。黑尔戈兰岛被彻底摧毁，仿佛人类在试图抹消岛上的那个男孩撕裂现实留下的巨大疤痕。

但这一疤痕还是存留了下来。那个男孩引起的概念爆炸比几千吨 TNT 炸药引发的爆炸更具有摧毁性，它把我们曾经用来理解现实的逻辑炸成了碎片。万物之中都存在着某种让人迷惑的东西。坚实可靠的现实似乎被消解，从我们的指缝间流逝，流回了无尽的相互关联之中。

写完这几行字，我停笔看向窗外。窗外还是有雪。加拿大这边的春天来得晚。我的房间里燃着一处壁炉，我得起身添些木柴。我正在书写现实的本质。我看着壁炉的火焰问自己，我所讨论的是哪个现实？是这雪吗？是这微弱的火苗吗？还是我在书上读到过的现实？还是只是我皮肤上感到的热度，不知名的橙红色闪烁，以及即将到来的蓝白色破晓？

一时间，这些感觉也让人感到混乱。我闭上眼睛，看到了波光粼粼、色彩明艳、如帷幕般的湖泊，而我仿佛要沉入这湖泊中。这也是现实吗？紫色和橙色的形状翩翩起舞，而我却已不再身处其中。啜饮一口茶，我重新点燃火焰，微微一笑。我们是在变幻莫测的色彩海洋中航行，而我们手中有上好的地图，可以协助我们找到方向。但我们思维的地图与现实之间是存在距离的，就像航行者手中的航海图与海浪之间是有距离的一样——海浪猛烈撞击在悬崖的白色礁石上，礁石上方海鸥盘桓。

我们头脑中组织结构的那层脆弱的面纱告诉自己，我们原先对现实的认知比一个蹩脚的导航工具好不到哪里去。我们想在它的指引下穿过无尽迷雾，了解这个万花筒般光怪陆离的世界。我们对自己身处这样的世界感到惊奇，将其称为"我们的世界"。

我们可以对手中的航海图满怀信心，不去提什么问题，也能穿过迷雾，在它的彼岸如常地生活下去。我们可以保持沉默，感动并臣服于这世界的光芒和无限的美丽。我们可以走进实验室，耐心地坐在桌前，点上一支蜡烛，或是打开一台 MacBook Air 电脑，与朋友或对手探讨问题，回溯时光，退回到黑尔戈兰岛上进行计算，在黎明时爬上一块礁石。或者，我们也可以喝口茶，重新点燃壁炉中的火焰，动笔书写，尝试与读者们一起再多理解一些关于粒子的事情，重新拿起这张航海图，为优化它的一小部分做出贡献，再一次，重新思考大自然。

第三部分

# V

"对一个物体的不模糊的描述要包括这一物体
对其显现的对象。"

我们反问自己，这些对我们的现实观来说意味着什么，
然后发现量子理论引入的新概念其实也并没有那么新颖。

# 1. 亚历山大·波格丹诺夫和弗拉基米尔·列宁 *

1909 年，距离 1905 年的革命失败过去了 4 年，距十月革命的胜利还有 8 年。在这一年，列宁以 "V. Il'in" 为笔名发表了他最具哲学性的文章：《唯物主义和经验批判主义：对一种反动哲学的批判》[79]。列宁这篇文章所针对的主要是亚历山大·波格丹诺夫的哲学观点，后者在此之前一直是列宁的朋友和同盟，但此文的出现标志着他们两人关系的破裂。

十月革命发生前的几年，为了给革命运动提供全面的理论基础，亚历山大·波格丹诺夫出版了一部三卷本的著作[80]。他在其中引用了名为"**经验批判主义**"的哲学观点。自此列宁将波格丹诺夫视作对手，惧怕他可能带来的意识形态影响。列宁在文章中激烈地批驳了**经验批判主义**，并捍卫了他所谓的**唯物主义**。

**经验批判主义**是恩斯特·马赫论述自己观点时提出的。你们还记得恩斯特·马赫吗？他是爱因斯坦和海森堡哲学思

---

* 本书的英文版本中有对本章所涉及哲学议题的更深入讨论，感兴趣的读者可自行参阅。详见 "Alaxander Bogdanov and Vladimir Lenin" in *Helgoland: Making Sense of the Quantum Revolution* (Riverhead Books, 2021)。

想的灵感来源。

马赫不是一位系统的哲学家，有时他的思想也不够清晰，但我相信，他对现当代文化的影响被低估了[81]。他是20世纪两次伟大的物理革命相对论和量子论的灵感之源。他对关于知觉的科学研究的诞生产生了直接的影响。他曾置身于政治—哲学讨论的中心，而这一讨论随后引发了俄罗斯革命。他对维也纳学派的创始人们产生了决定性影响（维也纳学派的曾用官方名就是"恩斯特·马赫协会"），逻辑实证主义正是从这一哲学圈子发展起来的。逻辑实证主义继承了马赫"反形而上学"的说法，也是很大一部分当代科学哲学的源头。当代分析哲学的另一根源——美国实用主义也受到了马赫的影响。

他的深远影响还蔓延到了文学领域：20世纪最顶尖的小说家之一罗伯特·穆齐尔的博士毕业论文主题就是关于恩斯特·马赫的。在他的第一部小说《学生特尔莱斯的困惑》中，主人公时常充满激情地讨论他博士论文的论题，即科学地解读世界的意义。同样的问题也穿针引线般地贯穿在他最重要的著作《没有个性的人》之中。小说开篇便是一段精心设置的纯粹客观、不掺杂任何个人色彩的双重描写，分别从科学和日常生活的角度描绘了一个晴朗的日子[82]。

马赫对物理革命产生的影响几乎可以说是私人的。马赫与沃尔夫冈·泡利的父亲是多年挚友，他本人也是泡利的教父，而经常与海森堡探讨哲学的朋友就是泡利。马赫是薛定谔最喜爱的哲学家，他从儿时起就几乎读遍了马赫的所有著作。爱因斯坦在苏黎世的朋友和同学是弗里德里希·阿德勒，他是奥地利社会民主党创始人的儿子，也是马赫和马克思的思想融合的推动者。他随后成为社会民主工党的领袖，为抗议奥地利参加"二战"；他刺杀了奥地利总理卡尔·冯·斯特尔格赫，并在狱中写了一本关于马赫的书[83]。

总而言之，恩斯特·马赫处在一个令人印象深刻的交汇口，科学、政治、哲学和文学在他身上汇集。而如今却有人将自然科学、人文科学和文学视作不可相互渗透的领域……

马赫论战的靶子是认为"所有现象都是物质微粒在空间中运动的结果"的 18 世纪力学。马赫认为，科学进步表明，**这一**"物质"的概念是一种不合理的"形而上学的"假设。这种解释模型在一段时间内可能会管用，但人们需要从其中跳脱出来，以避免造成形而上学的偏见。马赫坚称，需要将科学从**所有**"形而上学的"假设中解放出来，将认知建立在"可观测"的事物的基础上。

还记得吗？这正是海森堡在黑尔戈兰岛上孕育出的想法，也是他一系列魔法般研究的出发点。正是这一研究为量子力学开拓了道路，这本书的叙述也因此展开。海森堡在自己论文的开篇写道："本研究旨在为仅基于原则上可观测量之间关系的量子力学理论奠定基础。"这几乎像是直接引用了马赫的原话。

将认知建立在经验和观察基础上当然不是马赫原创的想

法，其所遵循的传统是古典经验主义，源头可追溯至洛克和休谟，甚至是亚里士多德。在伟大的德意志经典观念论中，对认知主体和客体之间关系的关注，以及对认知世界"本真面貌"的可能性的怀疑，导致认知主体占据了哲学的中心地位。而科学家马赫则将注意力从主体身上重新转移到了经验本身——马赫称其为"感觉"。他研究的是科学认知基于经验得以提升的具体形态。他最广为人知的著作[84]探讨的是力学历史的演进。他将力学解释为一种为"用最经济的方式对感官揭示的关于运动的已知事实进行归纳总结"做出的努力。

所以，在马赫看来，知识并不是推理或猜测出某个**感觉之外**的假想现实，而是探索该如何有效规划我们组织这些感觉的方式。对马赫来说，我们关注的世界就是由感觉本身构成的。任何对事物"背后"有什么的假设都隐藏着某些疑似"形而上学"的东西。

但在马赫思想中，"感觉"的概念是模棱两可的。这是他的弱点，也是他的强处。马赫从描述身体感觉的生理学中借用了"感觉"的概念，并使其成为**独立于心理领域**的普遍性概念。他还使用了"元素"这一术语（与佛教哲学中"**法**"的概念具有类似的含义）。元素不仅仅是人类或动物的感觉，而且是任何在宇宙中展现出来的现象。元素不是独立存在的，它们之间相互联系，马赫将这种关联叫作"作用"，而科学研究的正是这些相互"作用"。尽管马赫的思想理论并不准确，但它还是构成了一门真正的自然哲学，摒弃了物质在空间中运动的机制，取而代之以普遍性的元素与相互作用[85]。

这种哲学立场的有趣之处在于，它不仅消除了任何现实表象背后的假设，也消除了对经验主体真实性的假设。对马赫而言，物理世界与心灵世界没有区别，"感觉"既是物理上的概念，也是心灵上的概念。感觉是真实存在的。而伯特兰·罗素也描述了同样的观点："构成世界的原料不是物质和心灵两种；不过是同一种原料由于自身的相互联系构成了不同的结构，而我们将其中一些称为心灵结构，另一些称为物理结构"。[86]在马赫看来，知识的拥有者不是观念论中的抽象"主体"，与之相反，是切实存在的人类活动，在切实存在的历史进程中越来越熟练地组织关于与之互动的这个世界的各种事实。现象背后存在具体现实的假设消失了，存在一种可进行认知活动的精神的假设也消失了。

这一历史的、现实的看待问题的角度轻易地与马克思和恩格斯思想产生了共鸣，在他们看来，知识也是落脚在人类历史中的。认知活动需要去除所有非历史的特点、对"绝对"的野心和对"确切"的奢望；知识应该根植于我们这一星球上的人类生物、历史、文化演进中。人们用生物学和经济学术语对它进行重新解读，认为它是一个用以简化人类与世界之间互动的工具。认知不是一种对确定性的获得，对知识的获取是一个开放的进程。马赫认为，知识就是自然科学，但他的观点与辩证唯物主义的历史主义相去不远。将马

113

赫的思想与恩格斯、马克思的观点结合在一起的便是波格丹诺夫，而他的理论在十月革命前的俄国也收获了不少赞同。

列宁对此的反应十分尖刻，他在《唯物主义和经验批判主义》一书中对马赫和他的俄国追随者，也就是暗指波格丹诺夫，进行了猛烈的抨击。这种严厉的批评，也决定性地改变了波格丹诺夫在当时的地位。

列宁对马赫的批判和波格丹诺夫对此的回应[87]颇为有趣。原因不在于列宁本人，而是因为他的批判是对孕育量子理论的思想做出的自然反应。我们也会自然地做出与列宁相似的批评。列宁与波格丹诺夫探讨的问题在当代哲学中还会再次出现，而这一问题也是理解量子革命价值的关键所在。

$$\hbar\hbar$$

列宁指责波格丹诺夫和马赫是"唯心主义者"。在列宁看来，唯心主义者否认在精神之外存在着一个真实的世界，并将现实视作是意识的内容。

列宁论辩称，如果只存在"感觉"，就不存在外在的现实，于是就只有我自己和我的感觉存在于一个唯我论的世界中，即假设我本人，也就是主体，是唯一的现实。而对列宁来说，唯心主义在许多重要意义上都是不可被接受的。为了反对唯心主义，列宁提出了一种唯物主义，将人类（包括人类的意识和精神）视为切实存在的、客观的、可知的世界的一个方面，而这个世界仅由在空间中运动的物质构成。

列宁的这些哲学评价是在特定的社会历史背景中所做出的。假如我们采取当代的理论眼光，从哲学论证的角度重新思考马赫，那么有必要给马赫以更好的评价。

波格丹诺夫回应说，列宁的批判找错了靶子。马赫的思想不是唯心主义，更不是唯我论。进行认知行为的人类不是超然的、孤立的主体，不是唯心主义中的"我"这一哲学观念，而是真实的、历史进程中的人类，是自然世界的一部分。"感觉"不是"我们头脑中"的存在，而是世界上的现象，是世界向世界展示自己的形式。现象无法到达一个与世界分离存在的"我"。现象能到达的是皮肤、大脑、视网膜的神经元、眼部受体等一切自然的元素。

这种讨论，涉及对"唯物主义"的多种定义。如果"唯物主义"的意思只是相信头脑之外有一个世界的存在，那么包括马赫在内的大多数人都与这种唯物主义没有矛盾。列宁希望把唯物主义进一步限定为"除了在时间和空间中运动的物质之外，世界不存在其他东西"，我们可以在认知物质的过程中得到"确切的真理"。无论是从科学的角度，还是从历史的角度，波格丹诺夫都不会不同意世界的确存在于我们的头脑之外；但与此同时，波格丹诺夫也不认同朴素唯物主义，他认为世界不只由在空间中运动的物质微粒所构成。

马赫当然不认为在头脑之外不存在任何东西。相反，他感兴趣的正是存在于头脑之外的东西（不论"头脑"指的是什么），即包括我们本身在内的、完整的大自然，作为现象的总和展现出来的大自然。马赫规劝我们研究这些现象，并建立起能解释说明它们的概念结构和总结，而不是假设现实之下还存在其他我们看不见的东西。

马赫激进的提议是，不要将现象看作物体特性的展现，而要将物体视作现象之间的节点。这不是探讨意识内容的形而上学，而是从探讨"物自体"的形而上学退后了一步。马赫猛烈地批判道："（机械论的）世界观在我们看来就是（像）古老宗教的泛灵论神话一样的机械神话。[88]"

爱因斯坦多次承认自己受到了马赫的影响[89]。马赫批判了存在一个物质"在其中"运动的固定空间的假设，这一思想为爱因斯坦敞开了通往广义相对论的大门。

马赫认为，除那些在观测中允许我们对其进行组织的现象之外，没有什么现实是理所当然的存在。他对科学的这一解读为我们开辟了新的空间，而海森堡走进这一空间，去除了电子的轨道，仅依据电子展现出来的现象，对其重新进行了解读。

对量子力学进行关系性阐释的可能性也在这一空间中得以开启。在这种阐释中，用以描述世界的有效元素就是在物理系统之间展示出来的相对特性，而不是任何系统的绝对特性。

波格丹诺夫不认同将"物质"视为一类绝对的、非历史性的存在，根据马赫的思想，这是一类"形而上学的"存在。波格丹诺夫尤其强调了源自马克思和恩格斯的教诲：历史是进程，认知也是进程。波格丹诺夫写道，科学认知在逐渐成长，我们这个时代的科学对物质的认知最后可能也只是认知进程中的中间站而已。现实可能比 18 世纪物理的朴素唯物主义更加复杂。波格丹诺夫的这番预言得以应验：短短几年过后，沃纳·海森堡就打开了量子层面现实的大门。

波格丹诺夫的唯物主义观点在社会和历史方面也具有一些意义。他拒绝绝对确定的事物，更不会把历史唯物主义理解为一成不变的。他认为，假如在意识形态上陷入教条主义，就是不仅没有考虑科学思想的动态发展，还会导致社会历史观上的教条主义。波格丹诺夫沿着马克思的思路，认为文化受经济结构的影响；由于俄国革命开创了新的经济结构，那么新的文化也将从中产生，这种新的文化不可能是在革命之前诞生的正统观点。

波格丹诺夫在历史观上强调人民的首创力量：只有在人民的手上，革命理想所期待的全新的、集体的、高尚的文化才能获得源源不断的营养。他反对教条主义，担心革命的成就会因此停滞僵化。

ħħ

"波格丹诺夫"是为躲藏沙皇警察眼线而使用的假名之一。他的本名是亚历山大·亚历山德罗维奇·马利诺夫斯基，在家中六兄弟里排老二，是一个小村庄学校教师的儿子。他从很小的时候开始就具有独立和反叛精神，传说他的第一句话是他18个月大时在家人吵架声中说出的："爸爸是笨蛋！"[90]

由于他（并不是笨蛋的）父亲晋升为一座城里更大型学校的物理教授，小亚历山大得以进入图书馆和初级物理实验室。他曾在高中获得过奖学金，回忆起高中生活，他写道："头脑的闭塞和教师的恶意教会了我不要相信有权势者，要拒绝任何权威。"[91]这种发自内心的对权威的无法忍受与比他小几岁的爱因斯坦如出一辙。

波格丹诺夫出色地完成高中学业后进入莫斯科大学学习自然科学。他加入了一个帮助偏远地区同学的学生组织，参与政治活动，曾经多次被捕。他将马克思的《资本论》译成了俄语。他从事政治宣传，为工人阶级撰写普及性的经济文章。他曾前往乌克兰学习医学，再次被捕后被流放。经历了关于唯物主义的争论之后，他虽然逐渐远离权力中心，但仍受到了广泛的尊重，对苏联的文化、伦理和政治持续产生了很大的影响。

波格丹诺夫理论中的关键概念是"组织"。社会生活就是集体工作的组织。知识就是经验和概念的组织。我们可以将整个现实理解为一种组织、结构。波格丹诺夫提出的世界图景是由从简单逐渐变得复杂的组织形式构成的：从最小的、不断进行互动的元素，到生物的物质组织、以个体为单位组织起来的个体经验的生物学发展，再到波格丹诺夫认为是集体经验组织的科学知识。波格丹诺夫的思想，通过诺伯特·维纳的控制论和路德维希·冯·贝塔朗菲的一般系统论的发扬，对现代思想、控制论的诞生、复杂系统的科学，甚至当代结构现实主义都产生了深远却鲜为人知的影响。

在苏联时代，波格丹诺夫成了莫斯科大学的经济学教授，曾任共产主义学院院长，写过一篇科幻小说《红星》，小说出版后取得了巨大的成功。小说描述了一个火星上的自由乌托邦社会，它取消了男女性别差异，利用一种高效的统计设备计算出经济数据，这些数据可以指示工厂需要生产什么东西，指示失业者应该去哪家工厂找工作等，而每个人都能自由地选择自己的生活。

他曾致力于组织无产阶级文化中心，促使一种全新的、团结一致的文化能够独立自主地、自由地绽放。在被调离这一岗位之后，他投身于医学研究。作为一名训练有素的医生，他曾在世界大战期间到前线服役。他在莫斯科建立了一个医学研究协会，并成为输血技术应用的先驱之一。在他的集体主义革命思想中，输血也是人类合作与共享的象征。

医生、经济学家、哲学家、自然科学家、科幻小说作家、诗人、教师、政治家、控制论和组织科学的先驱、输血技术先驱、终生革命家：亚历山大·波格丹诺夫是20世纪初知识阶层中最为复杂、最令人着迷的人物之一。他的思想对当时"铁幕"的两侧来说都过于激进，却在暗中缓慢产生着影响。直到2019年，他那本引起列宁批判的三卷本著作的英文版才出版。有趣的是，他在文学中留下的影响更多，比如金·斯坦利·罗宾森精彩的火星三部曲（《红火星》《绿火星》和《蓝火星》）[92]就受到了他的影响。

忠于自己"共享"的理想的亚历山大·波格丹诺夫以一种令人难以置信的方式离世。在一次科学实验中，他与一名患有结核病和疟疾的年轻人交换血液，试图以此治愈病人，结果不幸去世。

直到生命的最后一刻，他都展现出了敢于实验、敢于共存和共享的勇气，以及对"全世界人民亲如一家"的信仰和切身实践。

# 2. 无实质的自然主义

　　我有点跑题了。马赫的观点让海森堡得以迈出至关重要的一步，并且对于用量子理解我们发现的世界也十分重要。而列宁与波格丹诺夫之间的争论则凸显出了那个引发对马赫思想误读的议题。

　　马赫的"反形而上学"精神是一种开放的态度，它规劝我们不要试图告诉世界它应该成为什么样子。我们更该做的，是聆听世界的教诲，在世界的教导下学习如何更好地理解它。

　　爱因斯坦反对量子力学时说道："上帝不掷骰子。"而玻尔回应说："你不要教育上帝该做什么。"这一隐喻是说，大自然比我们形而上学的偏见更加丰富多彩，也比我们更有想象力。

　　大卫·阿尔伯特是对量子理论进行最深入研究的哲学家之一，他曾经问我："卡洛，你如何能想象，在一间实验室中用金属和玻璃片做的实验能有如此巨大的力量，以至于能让我们质疑自己关于世界构成的根深蒂固的形而上学主张？"这一问题我思考了很久。最后，我得出了一个我感觉很简单的回答："'我们根深蒂固的形而上学主张'**不也是**我们从摆弄石块和木片中得出的，并习惯性信以为真的东西吗？"

我们对"现实是如何构成的"这一问题的偏见是我们所拥有的经验的产物。我们的经验是有限的。不能把我们在过去做出的归纳概括看作绝对真理。在这一点上，没有人比道格拉斯·亚当斯说得更好了。他不无讽刺地说："我们身处一口引力势构成的深井的井底，生活在表面覆盖着气体的星球，这一星球绕一颗直径为9千多万英里*的火球为中心旋转。我们认为这些都是十分'正常'的事情。这就是我们的视角有多扭曲的明证。"[93]

如果我们了解到更多东西，就有望更改我们偏狭的、形而上学的视角。我们要认真看待对世界的新认知，尽管它可能会冲击我们对现实构成的固有观念。

我感觉这是一种抛弃对所拥有的知识的自傲，并与此同时坚信理性及人类的理性学习能力的态度。科学不是真理的保管者，它建立在"**不存在**真理的保管者"这一清醒认知之上。学习的最佳路径是与世界互动，并试图去理解它，同时根据我们发现的事实调整我们脑内的概念结构。这种"将科学尊为我们对世界认知的源泉"的思想最终发展为威拉德·范奥曼·蒯因等哲学家主张的激进自然主义，他们认为，我们自身的认知只是众多的自然进程中的一个，我们应该像研究其他自然进程一样研究它。

---

\*　1英里约等于1.6千米。——编者注

许多诸如我在第 II 章列出的量子力学"阐释",都让我感觉像是在试图将量子力学中的激进的物理发现硬塞进形而上学的偏见制定的标准中。我们坚信世界是决定论的,过去与将来都由现在明确决定。于是我们强行加入能决定过去与将来的量,尽管这种量无法被观测到。量子叠加态之一的莫名消失让我们焦头烂额,于是我们就增添了一个让这一叠加态得以藏身的、无法被观测到的平行世界,如此等等。我认为,我们需要让我们的哲学去适应科学,而不是相反。

$$\hbar$$

年轻人创造了那些离经叛道的量子理论,而他们的精神之父是尼尔斯·玻尔。他推动海森堡去研究量子问题,并陪伴他探索原子之谜。他调和了海森堡与薛定谔的争执。他提出了认知这一理论的思维方法,这方法被写进了全球的物理教科书。他或许也是比任何人更努力地想弄清楚量子理论到底意味着什么的科学家。他与爱因斯坦就量子理论的合理性进行的传奇讨论持续了数年,在这期间,激烈的讨论曾推动两位巨人澄清自己的立场,又迫使他们做出让步。

爱因斯坦自始至终都承认量子力学向理解世界这个目标前进了一步,正是他举荐了海森堡、玻恩和约尔旦成为诺贝尔奖候选人。但他从未信服量子理论的形式。他在不同时期持续指责这种形式不协调、不完整,令人难以接受。

面对爱因斯坦的批评，玻尔的立场是捍卫量子理论。有时他能给出有道理的解释，有时甚至能用错误的观点赢得争论[94]。玻尔的思想不甚明朗，表述一直有些晦涩难懂。但他的直觉极为敏锐，他构建起了现今人们对量子理论的绝大部分理解。

能够总括玻尔直觉思想的中心观点，就是我先前已经提及的这段话：

"在经典力学领域，物体和用于观测该物体的仪器之间的互动可以忽略，或者如有必要可将其纳入考量范围并进行补偿。而在量子力学中，这种互动是观测现象不可分割的一部分。因此，如果要清晰准确地描述一个量子现象，在原则上就需要描述与实验设置相关的所有方面。"[95]

这段话意识到了量子力学的关系性这一方面，但其适用范围仅限于在实验室中用仪器观测到的现象。它显得有些模棱两可，因为它让人们误认为它只是在谈论其中有一个负责观测的主体这种情况。而将人类、人类的头脑或人类使用的数字视为能在大自然的法则中起特殊作用，这根本就是无稽之谈。

必须要为玻尔这段话做的补充是，目睹了一个世纪以来量子理论取得的成功后，人们应该意识到大自然**全部都是**量子化的，不存在任何在物理实验室中使用观测仪器的特殊例外。不存在什么实验室中的现象和实验室之外的现象之分，归根结底，所有现象都是量子现象。将适用范围扩大到所有自然现象，玻尔凭直觉归纳的观点就变成了：

"先前我们认为，即使无视物体与其他物体的互动，它们本身的特性也是确定的，量子力学却向我们证实了，互动是现象不可分割的一部分。因此，要想清晰准确地描述任何一个现象，就需要考虑这一现象与它何其显现的所有相关对象之间的互动。"

**这一看法**虽然激进，但已明晰。现象是自然世界的一部分与自然世界的另一部分之间的互动。误以为这一发现与我们的头脑有关，犯的就是列宁的错误——在与马赫的论辩中，列宁才是那个二元论者，因为他认为如果不与一个超然的主体相关，就无从谈起什么现象。

这与我们的头脑一点儿关系也没有。特殊的"观测者"在量子理论中没有扮演任何实质性的角色。量子理论的中心论点更为简单：我们不能将物体的特性与它和它向之显现特性的对象之间的互动分割开来。一个物体的所有（变化的）特性归根结底都是相对于其他物体而言的。

一个孤立的、孑然一身的、不参与任何互动的物体没有任何特殊的状态。我们最多可以把它当作一种可能会以这样或那样的方式呈现出来的概率性[96]来看待。就连这个，也只能是对未来现象的预测或对过去现象的反映，并且它总是也只能是相对于另一物体而言的。

这一结论是激进的。它打破了世界必须由具有特性[97]的实体组成的想法，迫使我们从关系性的角度来考虑一切。

我相信，这就是量子理论带给我们的对世界的新发现。

# 3. 没有基础？龙树

对量子力学的核心发现的这种理解方式源自海森堡和玻尔的原初直觉，但这一点直到 20 世纪 90 年代中期才随着"量子力学的相对性阐释"[98]的诞生得以澄清。哲学界对这一量子力学阐释反应不一。不同的思想学派都曾尝试过用不同的哲学术语来将其纳入自己的理论框架。最出色的当代哲学家之一巴斯·范·弗拉森在他"结构经验主义"的框架中对相对性阐释进行了敏锐的分析[99]。米歇尔·比博尔给出了一种新康德主义的解读[100]。弗朗索瓦·伊戈尔·普里斯在语境现实主义的背景下进行了解读[101]。皮埃尔·李维用过程本体论的术语进行了解读[102]。毛罗·罗拉托在一篇十分有洞见的文章[103]中分析了该阐释的各个哲学面向，将其插入到认为"现实是由结构构成的"的结构现实主义体系中[104]。劳拉·坎迪奥托也以出色的论点支持了这篇文章的观点[105]。

在此，我并不想深入当代哲学各学派的探讨。但我要提及一些事实，并讲述一个私人的故事。

"我们原以为是绝对的量，其实都是相对的"，这种发现是贯穿物理学历史的一条线索。伽利略探讨速度的相对性就是一个例证。爱因斯坦的发现也是如此。电力场与磁力场的区别也是相对的，它取决于我们如何运动。电势的值是相对于别处的电势存在的，如此等等。

除了物理学，相对性思想在其他学科中均有出现。在生物学中，只有与环境相联系才能理解生物系统，而环境本身就是由其他生物构成的。在化学中，元素的特性就是它与其他元素互动的方式。在经济学中，我们探讨经济关系。在心理学中，个体人格存在于关系背景之中。在所有这些理解事物（生物、心理、化合物……）的方式中，我们都是把事物放在与其他事物的**相互关系中**来理解的。

在西方哲学史中，经常出现针对把"实体"当作现实基础这种观念的批评。从赫拉克利特的"万物皆流"一直到当代的关系形而上学，在彼此大相径庭的哲学传统中都能找到这类批评[106]。而当代关系形而上学的相关哲学著作在 2019 年才出版，如《视角形而上学的本质理解尝试》[107] 和《视角相对主义：基于视角概念的全新认知尝试》[108]。

在分析哲学中，结构现实主义[109]的基础是，比起事物要更优先考虑关系。例如，在雷迪曼看来，理解世界的最好方式是将它看作相互关联的、与事物无关的关系的总和[110]。米歇尔·比博尔从新康德主义的角度著写了《从世界之内出发：朝向一种关系哲学和科学》[111]。在意大利，劳拉·坎迪奥托与贾科莫·佩扎诺一同发表了题为《关系哲学》[112] 的著作。

但这一思想由来已久。在西方传统中，柏拉图对话录的最后几篇就对此有所记录。柏拉图在《智者篇》中曾探讨过永恒的理念是否也需要与现象界的实在相联系才会有意义，最后借由这篇对话的主人公，来自埃利亚 * 的访客之口，做出了著名的、完全是关系性的对现实的定义（这一定义中的埃利亚学派色彩极少）："所以我说，任何具有能对其他事物施加影响的特性的，或是能受到其他事物最微小的影响的东西，无论影响有多微小，哪怕只能影响一次，单凭此一点便可被定义为真正的真实。因此，我提议这样下定义：没有行动（δύναμις）就没有存在。"[113] 一如既往，有人可能会小声说，柏拉图早已用一句话就把关于这个主题的一切全说清楚了……

这一简短的、片段式的思想掠影便足以证明，"编织世界的是关系和互动，而非物体"这一概念在哲学史中是反复出现的。

ħ ħ

我们拿一个物体来举例，比如在我面前的这把椅子。它是真实存在的，事实上它就在我眼前，毫无疑问。但说这个整体是一个真实存在的物体、是个实体、是把椅子，到底意

---

\* 意大利南部城市旧称。埃利亚学派因以该城区域为中心得名。埃利亚学派著名哲学家包括色诺芬、巴门尼德、芝诺等。——译者注

味着什么？

　　椅子的基本概念是由它的功能定义的，即可供坐在上面的家具——并预设坐在上面的是人。这一概念与椅子本身无关，只与我们理解椅子的方式有关。这并不影响椅子还是作为物体，带着它的全部物理属性，如颜色、硬度等存在在那里的事实。

　　而从另一方面来看，这些属性也都是相对我们而言的。它的颜色是椅子表面反射的光的频率到达我们视网膜上特定受体产生的结果。大多数其他动物看到的颜色与我们看到的是不同的。椅子反射出来的光本身也是由它的原子运动和照射它的光之间的互动产生的。

　　总之，椅子是一个独立于其颜色存在的物体。如果我移动椅子，它会作为一个整体被移动……事实上，这也不是真的，因为椅子是椅子腿上加了椅子座做成的，我完全可以用手单独拿起椅子座。它是各个部件的集合构成的。是什么让这一集合构成一个物体、一个实体的？无非是这一整体对我们来说扮演了什么角色……

　　如果我们去寻找独立于与外界的联系，尤其是独立于与我们的联系的椅子本体，那是找不到的。

　　这没什么神秘的，世界本身并不天然地分出一个个单独存在的实体。是我们为了自己方便，将它分成了各种物体。山脉没有被分成一个个单独的山峦，是我们将让自己印象深刻的山峰单独挑了出来。我们做出的无数——甚至是所有的定义，都是相对的：有孩子才会有母亲，有恒星才会有围绕着它旋转的行星，有掠食者才会有猎物，一个位置只有相对另一个位置才能确定。连时间也是由相互关系定义的[114]。

这种想法并不新奇。但物理学需要提供一个足以支持这些关系的坚实基础，一个位于关系性世界的表象之下，或者说是支持这个世界运转的现实。经典物理学的想法是物质在空间中运动，这一考量的特点是次级属性（颜色）之下具有一种基本属性（形式）。基本属性似乎可以胜任"坚实基础"这一角色，为世界提供最基本的构成元素，使我们能够认为这些元素是独立存在的，并通过它们的组合和相互关系来认知世界。

发现世界的量子性，就意味着发现物质无法胜任这一角色。基本物理学描述的确实是基础的、普适的规则，但这一规则并不是由具有基础特性的、运动着的物质构成的。遍及整个世界的关系性也渗透到了这一基础规则中。脱离互动这个背景，我们就无法描述任何基础的实体。

这使我们变得毫无依靠。如果并非由拥有确定、确切的特性的物质构成世界的基本实体，如果认知主体只是大自然的一部分，那么构成世界的基本实体到底是什么？

我们对世界的认知到底应该依赖什么而存在？应该从何处出发？说到底，什么才是"基础的"？

西方哲学的历史在很大程度上就是试图回答"什么是基础的"这一问题的历史，是个寻找一切事物的出发点的过程。物质、上帝、原子和虚空、柏拉图的"理式"、知识的先验形式\*、主体、绝对精神\*\*、意识的基本阶段、现象、能量、经验、感觉、语言、可证实的命题、科学数据、可证伪的理论、解释学循环\*\*\*、结构……在这一长串"基础"的候选列表中，还没有一个提议能让所有人都信服。

马赫将"感觉"或"元素"视为基础的尝试启发了许多科学家和哲学家，但最终，在我看来，他们的理论并不比其他的更令人信服。马赫痛批形而上学，但实际上却用"元素"和"作用"建立了更轻盈、更灵活，但仍然是如假包换的另一种形而上学，一种现象现实主义，或是"现实经验主义"[115]。

在试图理解量子的过程中，我曾在哲学家的著作中兜兜转转，想要找到一种概念作为基础，来理解不可思议的量子理论为这个世界描画的怪异图景。我找到了漂亮的提议、敏锐的批评，但没找到能完全说服我的概念。

直到有一天，我读到了一本书，它让我惊奇不已。这一章必须以讲述我与这本书的相遇来收尾。

$\hbar\hbar$

我读到那本书不是偶然，在我与别人探讨量子和量子的

---

\* 康德对此有所论述。——译者注

\*\* 黑格尔对此有所论述。——译者注

\*\*\* 由施莱尔马赫提出。——译者注

关系性时，他们曾反复提起一个名字："你读过龙树吗？"

当我第 N 次听到有人问我"你读过龙树吗"的时候，我决定读一读他。这本书在西方鲜有人知，但它绝非小众，而是印度哲学的基础文本之一。我先前对其一无所知，只是因为我那令人难堪的、对亚洲思想的无知，这也是西方人的一个典型特点。这本书的标题是古怪的梵文词汇，它曾被翻译成多个版本，如《中道诗节》*。我读的是一位美国分析哲学家评注的译本[116]，它给我留下了很深刻的印象。

龙树生活在公元 2 世纪。对他的著作所做的评述不计其数，也有不同层面的解读和注释。阅读这类古老文献的趣味就在于可以在不同层面上阅读，这样的阅读方式能为我们提供丰富的意义层次。而我们真正感兴趣的不是古籍原作者一开始想告诉我们什么，而是这一著作如今能为我们提供怎样的启示。

龙树的书的中心论点十分简单：没有任何本身就独立于其他事物的存在。这一观点直接与量子力学产生了共鸣。当然，龙树当时不知道也不可能知道什么是量子，但这不是重点。重点是，哲学家们为我们提供了认知世界的最原始方式，如果这种方式对我们有用，我们就可以采纳。龙树提供的视角，让理解量子世界变得更容易了一些。

如果没有任何存在可以仅凭本身成立，那么所有存在都

---

\* 此处为意大利语版本翻译的直译，中国译本题为《中论》。——译者注

依赖于其他事物存在，并与其他事物相关。龙树用来形容独立存在的缺失的术语是"空"（*śūnyatā*）。事物为"空"的意思就是，事物不拥有独立自主的现实，它们只因为、依照、根据、依赖于其他事物而存在。

举一个幼稚的例子：如果我在布满云彩的天空中看出了一座城堡和一条龙，那么天空中就真的存在一座城堡、一条龙吗？显然不是。城堡和龙诞生于云朵外形和我脑内感官、思想的相遇，它们本身是"空"，并不存在。到此为止还算简单。但龙树提出，云朵、天空、感觉、思想和"我"本身都是与其他事物相遇才生出的东西，它们的实体都是"空"。

看到星星的我呢？我存在吗？不，"我"也不存在。那谁在看星星呢？没有人，龙树说。"看星星"是我习惯于称之为"我"的东西的一部分。"划分语言的规则不存在。思想的圆环不存在。[117]"没有什么终极的或神秘的所谓"我们存在的实质"需要我们去理解。"我"不过是众多相互关联的现象组成的整体，而每一个现象又依赖其他事物而存在。几个世纪以来西方对主体和意识的思辨仿佛清晨空气中的露水一样消散了。

与众多哲学家和科学家一样，龙树把现实分为了两个层面：一层是约定俗成的、表象的现实，具有迷惑性和主观性的一面；另一层是终极现实。但他把其中的一层带向了人们意料之外的方向：他认为终极现实，也就是实质，就是"无""空"，是不存在的。

每一种形而上学都在寻求一种基础实体，一种所有物质都赖以存在的实体，万物起源的出发点，而龙树提出，终极实体、出发点等并不存在。

西方哲学中也有往类似方向做出的直觉性试探，但龙树的观点是激进的。他没有否认约定俗成的日常存在；相反，他对其各个层面和各个方面做出了全盘肯定。约定俗成的日常存在可以被研究、被探索、被分析、被化约为更基础的条目。但是，龙树认为，寻找终极的基础是没有意义的。举例来说，在我看来，龙树的观点与当代结构现实主义的区别就很明显，我们甚至可以想象龙树在自己薄薄的小书中插入一个短小的章节，题目就是"结构也是空"。结构只是为了我们用来组织其他事物而存在的。用龙树的话来说就是："结构不是先于事物而存在，不是非先于事物而存在，不是两者皆是，也不是两者皆非。"*

世界的幻象——**轮回**，是佛教中的主要主题；认知轮回就能到达**涅槃**，即解脱与极乐的境界。在龙树看来，**轮回**与**涅槃**是同一个事物，二者皆空，没有各自的存在，它们都是不存在的东西。

那么"空"就是唯一的真实吗？它就是终极现实吗？不，龙树在他书中最令人头晕目眩的一章中写道。每种观点都是只有依赖其他事物才能存在，它绝不是终极现实，龙树

---

\* 这种论述是一例"四句"，四句是龙树论证的逻辑形式。——作者注

的观点也是如此："空"也没有实质，只是约定俗成的概念。

龙树赠予了我们一件强大的概念工具，帮助我们思考量子的关系性，让我们能够抛开独立自主的实质，直接思考相互关系。而相互关系也正是龙树的主要观点——他**要求**我们忘掉独立自主的实体。

物理学对"终极实体"的漫长探索历经物质、分子、原子、场、基本粒子等阶段，最终迷失在量子场和广义相对论复杂的关系性之中。

一位古老的印度思想家为我们提供的概念工具是否能帮助我们摆脱迷局？

ħħ

人总是从其他事物、从与自己不同的事物身上学习。尽管东西方之间的对话千年来未曾中断，但东方或许仍然能告诉我们一些东西，就像最美好的婚姻中的伴侣一样。

龙树思想的魅力超越了现代物理学的问题。他的观点让人有些头晕目眩，但与古典和近代的西方哲学多有共鸣，如休谟的彻底的怀疑主义，维特根斯坦的思想对众多未定问题的揭示等。但在我看来，龙树并未落入许多哲学家曾落入的陷阱——先行假设一些从长远看来最终很难令人信服的出发点。龙树谈到了现实，以及它的复杂性和可理解性，但他保护了我们，让我们不至于落入陷阱，不至于想去找到什么终极基础。

他的思想不是怪诞的形而上学，而是朴素的认知。他认识到，关于什么是一切事物的终极基础的问题，可能是一个根本上没有意义的问题。

而认识到这一点并没有抹消探究的可能性，相反，这释放了更多的可能性。龙树不是一个否认世界现实的虚无主义者，也不是认为人类完全无法理解现实的怀疑主义者。由现象构成的世界是我们能够探究的、能够更好地去理解的世界，我们能够发现它的总体特征。但这个世界内部充满相互联系和偶然事件，不值得我们尝试从一个绝对存在去推导。

我认为，人类在试图理解时会犯的巨大错误之一就是想要确切的东西。探求知识不应从确定性中汲取营养，而是应该从完全的不确定性中汲取营养。这样一来，由于我们对自己的无知有着敏锐清晰的认知，我们就能对怀疑持开放态度，能更好地去学习。一直以来，这都是科学、好奇心、反叛、变革的思想的力量所在。认知的探索不需要什么赖以存在的核心要点，也不需要什么认知哲学或方法论的终极基点。

人们对龙树的文本有着诸多不同的解读。众多可能的解读方式证明了这一古老文本的生命力和与我们对话的能力。再次重申，令我们感兴趣的不是距今2000多年的印度庙宇里的住持到底是怎么想的——那是他自己的事情。我们感兴趣的是如今这些语句释放出来的思想力量，以及它们在历经数代评注后，与我们的文化和认知交汇后能为我们开拓出来的全新思想空间。这就是文化，一场用经验、知识，以及最重要的一点：交流，源源不断地为我们提供营养的对话。

我不是哲学家，而是物理学家，一个**卑微的技工**。龙树教导我这个研究量子的**卑微的技工**，可以直接研究物体的现象，无须诘问何为独立于现象的物体。

龙树的"空"还滋养了一种在伦理上深深地令人感到心安的态度，对"我们不是独立自主存在的实体"这一事实的理解帮助我们把自己从依赖和受折磨的状态中解放出来。正是因为生命变化无常，正是因为不存在任何绝对实体，生命才具有意义，才难能可贵。

龙树教诲作为人类的我何为世界的从容、善变、美丽，而"我"无非是图像的图像、影子的影子。现实，包括我们自己在内，无非是一幅纤薄而脆弱的帷幕，帷幕背后……什么都没有。

**VI**

**"对大自然而言是一个业已解决的问题。"**

我稍稍离题，问自己，思想宿于何处，

以及新物理学是不是并没有

为久议不决的问题做出任何改变。

# 1. 简单的物质？

　　所以，无论心-身问题对我们来说是如何神秘，我们都应永远记住，这对大自然而言是一个业已解决的问题[118]。

　　我时不时会花上几个小时，在互联网上阅读或聆听大量披着"量子"外衣的胡说八道——这让我感到十分悲伤。量子医学、各种各样的量子整体论、神秘兮兮的量子通灵主义等，简直就是令人难以置信的蠢话大赏。

　　最糟糕的是那些关于医学的胡言乱语。我曾收到过让我感到十分惊恐的邮件，上面写着："我的姐妹正在接受一个量子医生的治疗，您怎么看，教授？"我看这世上没有比这更糟糕的事了，你应该尽早把你的姐妹从他手里解救出来。涉及医疗活动时应该有法律介入。每个人都有权按自己的意愿接受治疗，但任何人都无权用可能危害生命的流氓行径欺骗他人。

　　有人写信给我说："我有种已经经历过当下某一时刻的感觉，这是量子现象吗，教授？"上帝啊，不是！我们的记忆和思想的错综复杂与量子有什么关系？没有，什么关系都没有！量子力学与超出科学所知范围的现象、替代药物的治疗方法、影响我们的情绪波动和神秘的宇宙共鸣毫无关系。

看在上天的分儿上，我很喜欢好的共鸣。我也曾用红发带束起一头长发，盘腿坐在艾伦·金斯伯格本人旁边吟唱"OM*"。但我们和宇宙之间情感关系的微妙复杂性与量子理论的 $\psi$ 波之间毫无关系，就像一首巴赫康塔塔与我汽车的化油器之间毫无关系一样。

这个世界足够复杂，足以解释巴赫音乐的魔力、良好的共鸣和我们深层的精神生活，而无须诉诸量子的怪异诡谲。

或者，如果你们愿意了解，就会发现事实恰好相反：量子现实远比我们的心理现实或精神生活中所有微妙、神秘、迷人、错综复杂的方面**更加**奇诡。我还发现，试图用量子力学解释诸如脑内运作之类的我们知之甚少的复杂现象完全无法令人信服。

$\hbar\hbar$

尽管对世界量子性的发现与我们直接的日常生活经验之间相距十分遥远，但由于它过于激进，所以它对重大的开放性问题不可能不产生**任何**影响，心灵的本质就是这类问题之

---

* 艾伦·金斯伯格是美国作家、诗人、佛教徒，"OM"是佛教用语中的一个音节，被认为是神圣的音节，不少密宗咒语都以它作开音。中国译作"唵"。——译者注

一。这并非因为心灵或是某些我们仍知之甚少的现象是量子现象，而是因为对量子的发现改变了解释问题的基础，改变了我们所知的物理世界和物质本身的概念。

这本书所凭依的信念是：我们人类是自然的一部分。我们不过是众多自然现象中的个例，而任何自然现象都不能脱离我们所知的伟大的自然规律。但谁又未曾问过自己这个问题："如果世界是由简单的物质和在空间中运动的微粒构成的，那么我的思想、感知、主体经验、价值、美丽、意义又怎么可能存在呢？"物质微粒要如何认知、学习、感动、惊叹、阅读一本书，如何诘问自己物质本身是怎样运作的呢？

量子力学没有给出这些问题的直接答案。在我看来，不存在对主观性、感知、智慧、意识或精神生活的其他方面的量子解释。量子现象对构成我们身体的原子、光子、电磁脉冲和其他诸多微观结构的运作的确有所影响，但没有任何特定的与量子相关的东西能够帮助我们理解什么是思想、感知或主观性。类似问题涉及大规模的脑部活动——这也正是量子干涉在复杂性的噪声中被淹没之处。量子理论不能直接帮助我们理解心灵。

但它**间接地**告诉了我们一些重要的道理，因为它改变了解释问题的基础。

它告诉我们，造成混乱的根源可能不仅存在于我们对意识本质的错误的直觉认知中（在这个问题上我们的直觉肯定是有误导性的），更重要的是，它还存在于我们对"简单物质"是什么、如何运作的认知中。

很难想象我们人类**仅仅**是由微小的、互相反弹的小石子构成的。但在细致的观察之下，一颗石子就是一个宏大的世界：一个由光彩夺目的量子实体构成的巨大星系，其中存在着千变万化的概率和互动。从另一方面来说，被我们称为"石子"的东西实际上是我们思想中产生的众多意义的一层，而这层意义是在我们与这个由点状的、相对的物理事件构成的星系之间互动时产生的。"简单物质"的外表层层蜕落，展现出复杂的层次，让我们突然觉得它没那么简单，它与我们精神世界中转瞬即逝、纷纷扰扰的思绪之间的鸿沟也似乎没有那么难以逾越。

如果构成世界的细小单元只是仅有质量和动量的物质微粒的话，这些没有特性的单元似乎很难构成像我们人类一样能够感知、思考的复杂个体。但如果把关系看作构成世界的单元能更好地形容这个世界，如果脱离与其他事物的关联就不存在任何特性，那么或许我们在这种以关系作为解释基础的物理学中更有希望找到更合理的构成世界的单元，用可以理解的方式对其进行组合，便能构成我们称为感知和意识的复杂现象的基础。如果物理世界是由反映在其他镜子中的微妙镜像的无数互动编织而成的，不存在什么物质实体的玄学基础，也许理解作为其中一部分的我们自己就更能容易些。

有人提出，一切事物中都蕴含着某种精神性的东西。他们的论点是：因为我们都是有意识的，且我们是由质子和电子构成的，那么电子和质子本身就应该具有某种"原意识"。

在我看来，"万有精神论"和类似的论点无法令人信服。这一观点就好比在说，因为自行车是由原子组成的，所以所有原子就都应该具有某种"原自行车"的存在。对于我们的精神生活来说，神经元、感官、我们的身体、我们脑内对信息的复杂处理都是必需的要素。显然，如果缺少这些要素，便不存在精神生活。但没有必要为了绕过简单物质的固定结构就将原意识赋予基础的物质系统。只要观察到"用相对变量及其相互关联能够更好地描述世界"这一事实就足够了。这或许能让我们走出物质的客观性与精神生活的根本对立的困境。这使得精神世界和物理世界的严格区分变得相对模糊。我们可以尝试将精神现象和物理现象一并视为自然现象，二者都是从物理世界的不同部分之间的互动中产生的。

在本书结论之前的这最后一章中，我尝试为这一困难的解决方向低声提出些许建议。

# 2. "意义"是什么意思?

我们人类这种小型野兽生活在由意义构成的世界中。我们语言中的词"具有意义"。"猫"的意思是一只猫。我们的思想"具有意义",因为意义诞生于我们的大脑之中,但如果我们想到一只老虎,我们所指的东西却不在我们脑内——我们所指的老虎可能存在于外部世界的任何地方。如果读者你正在读这本书,你就会看到纸上或屏幕上的白底黑字,而这些字也是有自己的意义的,它们所指的是我在写下这些字时的想法,而这些想法被构思时,面对的又是一个想象中的正在阅读的你……

我们脑内进程中"指称某事物"这一特点的专业术语(由德国哲学家和心理学家弗朗兹·布伦塔诺提出)叫作"意向性"。意向性是意义这一基本概念非常重要的一个方面,也构成了我们精神生活的绝大部分。我们的思想与某种意义上在思想"之外"的事物和思想可能**具有的意义**之间有着紧密的联系。在"猫"这个单词和一只猫之间存在着紧密的联系。路标与它**所指的意义**之间有着紧密的联系。

在自然界中,所有这些似乎都不存在。物理事件本身没有任何意义。彗星在星际穿行时遵循牛顿定律，但它从不看路标……

如果我们是自然的一部分，这个充满意义的世界应该是能够从物理世界中推导出来的。但它是如何推导的？该如何用纯粹的物理语言形容这个充满意义的世界？

有两个概念能让我们接近答案，缺少其中任何一个，我们都不足以用物理语言理解世界的含义。它们就是：**信息**和**进化**。

*ħ ħ*

在香农的信息理论中，**信息**仅仅是代表某一物体可能具有的状态的数字。一个 U 盘有一个可存储信息的量，并可用比特或千兆比特来表示，它告诉我们它的可用内存是多少。比特数本身不知道内存中的东西**意味着什么**，也不知道内存里的东西究竟是否**意味着任何东西**，还是只是噪声而已。

香农还给出了"相对信息"的定义。相对信息就是我在前几章中使用的"信息"一词指代的东西，即两个变量之间物理**关联**的程度。我提醒一下，如果两个变量可能处于的共同状态数量小于它们各自可能处于的状态数量的乘积，那么这两个变量之间就具有"相对信息"。粘在一张硬塑料纸上的两枚硬币的两面是相互关联的，也就是说这两枚硬币"都

147

具有另一枚硬币是哪面朝上的信息"。

这种"相对信息"是纯物理的概念。如果我们注意它的量子结构就会发现，在描述物理世界时，它也处在中心地位——相对信息是编织这个世界的互动的直接结果。相对信息就像"意义"一样，将两个不同的事物相互联系起来。但这还不足以让我们用物理术语来理解"意义"，世界中充斥着相互关联，但这之中的大部分却不**具有意义**。要理解"意义"是什么，还缺少某样东西。

而在另一方面，对生物**进化**的发现，让我们能够在谈及有精神的事物和谈及大自然中其他事物时使用的概念之间搭建起一座桥梁。特别是它还用最新的物理学分析澄清了"用途"和"相关性"等基本概念的生物学本源。

生物圈是由对生命存续**有用途**的结构和过程组成的，比如我们拥有**用来**呼吸的肺，以及**用来**看事物的眼睛。达尔文的发现是，要理解这些结构因何存在，就要颠倒它们的用途和存在之间的因果叙事：功用（看、吃、呼吸、消化等对生命的用处）并不是这些结构的**目的**所在。恰恰相反，这些结构的存在，是生物得以生存的**原因**。我们不是为了活着而去爱，我们是因为爱所以才活着。

生命是在地球表面上进行的生物化学过程，它消耗着普照在地球表面的太阳光散发出来的充足的自由能（低熵值）。构成生命的个体与其周围环境不断互动，这些个体由自我调节的结构和过程构成，并持续保持着动态平衡的状态。但这

148

些结构和过程并不是**为了**有机体的生存和繁殖而存在的。恰恰相反，有机体的生存和繁殖是**因为**这些过程的存在和发展。生命在地球上繁衍和增殖，是**因为**生命是有用途的。

正如达尔文在他一本绝妙的著作[119]中指出的，这种思想最早可以追溯到恩培多克勒。亚里士多德在他的《物理学》中告诉我们，恩培多克勒曾经提出，生命是多种结构随机组合形成的结果，而这种随机组合是事物正常结合的结果。这些结构中的大部分很快就消亡了，而具有能使其存留的特性的那些，也就是有机生命体得以存留[120]。亚里士多德反驳说，我们所见到的生下来的小牛都有良好的结构，而不是先见到每种形状的小牛出生，然后只有具有恰当结构的那些得以存活[121]。但如今，在我们所学到的遗传和基因知识得以丰富之后，从个体推及到物种层面，恩培多克勒的思想已经可以被认为是基本正确的。

达尔文明确指出：生物结构的变异性至关重要，它开拓了一个拥有无限可能性的空间；自然选择也至关重要，它使得生物可以逐渐深入到这一空间中越来越深广的区域，并让其中更优秀的结构和过程**一起**存续下去。分子物理学说明了让这一切发生的具体机制。

让我感兴趣的一点是，了解了这一切并不会剥夺"用途""相关性"等概念的意义，相反，它澄清了它们的起源，澄清了这些概念是如何根植于物理世界中的——**事实上**，是自然系统的特点使得生命可以存续。

这些想法十分精彩，但仍然无法为我们解释"意义"这一概念是如何从自然世界中诞生的。意义所具有的内涵似乎与变异和选择没有关联。意义的意义需要建立在某种其他事物之上。

♪♪

但当"信息"与"进化"这两个概念相互结合时，就会发生一个小小的奇迹。

信息在生物学中充当着多种不同的角色。结构与进程数百年、数百万年甚至数十亿年以来都进行着完全相同的自我复制，只有缓慢的进化能带来些许改变。这种稳定性得以维持的主要途径是在很大程度上与其祖先相似的 DNA 分子。这暗示着存在某些万古不变的**相互关联**，也就是**相对信息**。DNA 分子对信息进行编码和传递。或许这种信息的稳定性就是生命物质所特有的一个方面。

但是在生物学中，还有第二种信息相互关联的方式，那就是有机体内部与外部的联系。通过吸收宇宙中的某一射线，我大脑中的一个分子的状态与一颗遥远的恒星产生了联系，但这种联系与我的生命没有关系。而就像上文中提到的那样，与生命有关的联系的意思是达尔文的理论意义上的相关性，即必须有利于生物生存和繁衍，才算相关。

我看到一块巨石向我掉落下来[122]。如果闪开，我就能存活。事实是我闪开了。这没什么神秘的，达尔文的理论就可以解释：没闪开的都被石头砸死了，所以我肯定是擅长闪开石头者的后代。但为了闪开它，我的身体需要以某种方式得知有块巨石正向我砸过来。为了得知这一点，就必须存在某种物理上的**关联**，把我身体中的一个物理变量与石头的物理状态联系起来。这种关联显然是存在的，因为视觉系统恰好能做到这一点，也就是将周边环境与大脑的神经进程相互关联起来。生物体内部和外部之间有各种各样的联系存在，但上述**这种**联系拥有一种特质：如果这种联系不存在，或存在得不恰当，我就会被石头砸死。从达尔文理论的角度出发，外部的石头的状态与我脑内神经元的状态之间是直接**相关的**，这一联系是否存在会影响到我是否存活。

细菌拥有一层细胞壁，它可以通过感受葡萄糖的浓度梯度吸收葡萄糖来进食。细菌也有可以带动自己游动的纤毛，纤毛是一种可以为其指示更高浓度葡萄糖所在方向的生物化学机制。细胞壁的生化特性决定了葡萄糖的分布状态和细菌内部的生化状态，而这一特性又决定了纤毛向哪个方向游动。这一关联具有相关性，如果这一关联被中断，细菌就不能补充营养，存活概率就会变小。这一物理关联具有能使生命存续的意义。

这种具有相关性的关联的存在为我们指出，"意义"这一基本概念的源头可能是具有相关性的相对信息，即香农提出的物理意义上的相对信息，以及达尔文提出的（生物意义上的，所以归根结底也是物理意义上的）相关性。这是一个精确的定义，所以我们可以说，对于细菌而言，关于葡萄糖浓度的信息是**有意义的**。或者我们可以说，我脑内关于老虎的想法，也就是相对应的神经元形象，就意味着老虎本身。

这样一来对相对信息的基本定义就纯粹是物理定义了，但从布伦塔诺理论的意义上来讲，这个定义是具有意向性的。相对信息是（内部的）某一事物与（外部的）另一个事物之间的相互联系。这样一来它本身就自然而然地带有"真实"或"正确"的概念，也就是说，在任何一种情况下，细菌内部都能够对葡萄糖的浓度进行正确编码。所以，要想确定"意义"的特点，就需要更多的组成成分。

显然我们一般会谈及"意义"的众多场景与生存不直接相关。诗歌中充满了意义，但读诗好像对提高生存繁衍的概率并没有什么帮助（也许某些诗会有所帮助，因为可能会有少女爱上我浪漫的灵魂）。我们在逻辑学、心理学、语言学、伦理学等领域中称为"意义"的幽灵般的整体概念并不能被化约为**直接**相关的信息。但这含义丰富的幽灵是**从具有物理根基的某种事物开始**，在我们人类的生物和文化历史中得到发展的，我们给庞大而复杂的神经、社会、语言、文化等系统添加了细致的解释。这个"某种事物"就是相关性的相对信息。

换句话说，相关性信息的概念不是连接物理学和精神世界意义的完整链条，而是这一链条最难解的第一环。它是从物理世界迈向精神世界的第一步。物理世界中不存在任何能与"意义"这一基本概念相对应的东西，而精神世界的基本规则却是由意义和具有意义的符号组成的。在加入了具有我们人类特色的细致解释和背景之后——通过大脑和它操控概念的能力（即获得意义的过程、大脑对情绪的整合、理解其他人的精神过程的能力）、语言、社会、准则等——我们就能得到越来越接近"意义"的、越来越完整的理解。

实际上，一旦找到了物理概念与意义之间关联的第一环，随后的链条便自然显现出来，任何构成**直接**相关的信息的相互联系都是有意义的，其他同理，依此类推。显然，对于进化来说，所有这些信息都是有用的。

从一方面来讲，这种看法澄清了我们只能在生物过程中或从生物学源头讨论意义的原因；从另一方面来看，这种观点将"意义"的概念根植于物理世界，将其视为物理世界的众多方面之一。它向我们证实，"意义"的概念并非外在于自然世界。不用脱离自然主义的背景也可以探讨意向性。意义将一个事物和另一个事物联系起来，**它是一种物理联系，并起到了生物学作用**。它是自然界中的一个元素相对我们而言成为另一种事物的象征符号的过程。

我终于要讲到重点了：如果我们把物理世界看作由具有不断变化的特性的简单物质构成，那么这些特性之间的相互关联就是次要的，似乎必须加入物质之外的某种东西才能探讨与意义有关的问题。但是，对现实量子性的发现就在于发现了物理世界的本质就是一张可理解的关系网，从"相互关联"的严格物理意义上来说，物理世界就是相互关联的信息。自然界中的事物不是孤立的、拥有各自特性的、孤芳自赏的元素的总和。上文中提及的意义和意向性只是无处不在的相互关联在生物学背景中的特例。我们精神生活中的意义世界与物理世界之间存在连续性。它们都是相互关系。

这样一来，我们思考物理世界的方式与思考精神世界的方式之间的距离就缩小了。

$$\hbar\hbar$$

在不同的语境中，"一个物体拥有另一个物体的**信息**"这一事实的意义可能会有所不同。两个物体之间存在相对信息意味着，如果我对它们进行观测，就能够发现其关联性。"你拥有今天天空的颜色的信息"意味着如果我问你天空的颜色是什么，然后我看向天空，会发现你告诉我的答案与我看到的事实相吻合，所以在你与天空之间存在某种关联。归根结底，两个物体（你与天空）之间拥有相对信息，是相对于第三个物体（进行观测的我）而言的。要记住，相对信息与**量子纠缠**一样，是三个人的舞蹈。

但是如果一个物体（你）足够复杂到能够通过计算进行预测（如动物、人类、用人类科技制成的机器……），那么从上述意义上来说，"拥有信息"这一事实**也**暗示着拥有足够的资源，可以用来预测即将发生的互动的结果。如果你拥有天空颜色的信息，并闭上眼睛，那么在你睁开眼睛观看之前就能**预测**到你将会看到什么颜色。"你拥有关于天空颜色的信息"是在"信息"一词更强的那个意义上说的，因为它意味着你可以在看之前预见自己将会看到的东西。

换句话说，相对信息的基本概念是一种基础的物理结构，所有更复杂的信息概念都建立在它之上，而现在，这些复杂的信息概念开始具有语义值。

在这些信息概念中，信息的基本概念指的是身为物理世界的一部分的我们学习这一世界其他部分的过程。

一种世界观或世界理论要想说得通，就必须能够证明和解释这一世界的居民是如何得出这种观念、这种解读的。

这一条件常常被天真的唯物主义视作一大困境，但如果我们将物质视为互动和相互联系，便能够立即满足这个条件。

"我对世界的认知"就是这种能生成有意义的信息的互动之一例。我对世界的认知是外部世界与我的记忆之间的相互关联。如果天空是蓝色的，那么在我的记忆中就有一个蓝色天空的图景。所以我的记忆中就有足够的资源，让我可以预见如果我闭上眼睛之后立刻睁开，将会看到的天空的颜色是什么样的。在这种情况下，我的记忆**也**具有在语义层面上的关于天空的信息。我们知道天空是蓝色的**意味着**什么，只要睁开眼睛我们就可以确认这一含义。

这就是在 IV 章后面部分的量子力学公理中提到的"信息"的含义。

正是因为"信息"具有这样的双重含义，才让它具有了意义不确定的特点。我们用以理解这个世界的基础，就是我们掌握的关于世界的信息，即对我们有用的、自己与世界之间的联系。

# 3. 从内部看到的世界

虽然"有意义的信息"的基本概念将我们精神世界的某些方面与物理世界联系在了一起，但并没有弥合这两个世界之间的距离。好在量子理论迫使我们对现实进行彻底的反思，所以还有其他的概念可以帮助我们。

有的时候，精神世界与物理世界之间的距离问题从直觉上感觉是清楚的，但要准确地进行描述却十分困难。我们的精神世界有很多不同的方面：意义、意向性、价值、目的、情感、审美、道德感、数学直觉、感知、创造力、意识……我们的头脑能做很多事：记忆、预测、反思、推理、兴奋、愤慨、梦想、希望、观看、表达、幻想、辨认、认知、意识到自己的存在……这样一一看来，我们大脑的许多活动与一台足够复杂的物理器械能轻松做到的事情之间的距离似乎并不是十分遥远。那么是否也存在某些**无法**从我们所知的物理学中衍生出来的事物呢？

在一篇著名的文章[123]中，戴维·查尔莫斯将关于意识的问题分为两部分，他称之为"简单"问题和"困难"问题（意大利语论文中也经常使用这两个概念的英文术语，即

the easy and the hard problems of consciousness）。查尔莫斯称之为"简单"的问题完全不简单，这一问题指的是我们的大脑是如何工作、如何完成与我们的精神生活相关联的各种行为的。而他称之为"困难"的问题则是，理解伴随上述全部过程的主观感觉是什么。

查尔莫斯认为，在目前物理学概念对世界的解释中，"简单"问题得到了一定程度的解决，但他怀疑我们无法用同样的方式解决"困难"问题。为了澄清这一观点，他邀请我们想象一台机器，这台机器能够再现一个人类能被观测到的所有活动（包括只能用显微镜观测到的那些），总之，任何**外部**观察都会认为它与人类毫无区别，但它没有主观经验。他将其命名为"僵尸"。正如查尔莫斯所说："在它内部没有任何'人'存在。"单单是我们能构想出这种可能性这一事实就能证明，存在一种"额外的"东西将一个能够感知的存在与一个能够复制所有可观测行为的假想的僵尸区分开来。查尔莫斯认为，这"额外的"东西就代表着用现存的物理概念解释主观经验的困难所在。在他看来，这才是意识的真正难题。

神经科学在理解感觉、记忆、大脑在空间中自我定位的能力、语言的产生、情绪的形成及其作用等方面正逐渐取得显著进展。所有这些，以及其他更多的难题可能都会得以澄清。会不会有问题依然难以解决？查尔莫斯认为会有，因为"困难"问题不是要理解大脑如何运作，而是要理解为什么这些大脑的物理活动发生时，会伴随我们能感受到的相应主观感觉。换句话说，要想理解我们的精神生活与物理世界之间的关系，就必须意识到一个基本事实：我们是从外部描述物理世界的，而我们是以第一人称视角体验心灵／精神活动的。

量子迫使我们对世界进行的反思，让这一问题的性质发生了改变。如果世界就是关系，如果我们把物理现实理解为向物理系统显现的现象，那么就不存在从外部对世界的描述了。可能存在的对世界的描述说到底**都是**从内部进行的描述，它们说到底都是"第一人称视角下"的描述。我们看世界的视角，身处这一世界中的我们的视角（如珍南·伊斯梅尔"处境自我"的观点[124]）没有特别之处，它所依赖的逻辑与物理学为我们指出的逻辑相同。

想象所有事物的整体，就是想象自身存在于宇宙之**外**，从"外部"看宇宙。但是并不存在什么位于所有事物的整体"之外"的东西。外部视角是不存在的[125]。任何对世界的描述都来自世界内部。不存在从外部观测到的世界，存在的只有世界内部的、部分的、相互映照的视角。世界**就是**这种视角间的相互映照。

量子物理已经向我们证实，这一观点在无生命事物的范畴中成立。与一个物体相关的特性总和形成了一个视角。利用从每个视角中抽象出来的东西无法重构全部的事实，我们会发现它们构成的仍然是没有事实的世界，因为事实是且只是相对事实。这正是量子力学的多重世界解释面临的困境：这一阐释描述的只是一个在世界外部的观测者与世界互动时将会发生的事情，但不存在世界外部的观测者，因此它所描述的不是世界的事实。

托马斯·内格尔在一篇著名的文章[126]中通过提出一个问题"成为一只蝙蝠会是怎样的体验"来说明诸如此类的问题本身是清晰明确的，但却是自然科学无法回答的。问题就出在把物理学看作以第三人称的视角描述事物的假设。事实恰恰相反，相对性阐释证明，物理学总是以第一人称的视角描述现实的。任何描述都暗藏着一个从世界内部出发、与某一物理系统相关联的视角。

$$\hbar\hbar$$

关于精神的本质，可供选择的看法一般仅局限于三种：二元论认为，精神现实与无生命事物的现实完全不同；观念论认为物质现实只存在于精神之中；天真的唯物主义认为，所有精神现象都可归结于物质的运动。二元论与观念论的观点与我们近几个世纪以来学习到的世界现实之间存在不可调和的矛盾，尤其是在发现我们这些有感知的生物也与其他事物一样，无非是大自然的一部分之后。越来越多的证据证实，我们所认知到的一切，包括我们自己，都遵循已知的自然规律，这也证实了上述两种观点不可取。另一方面，从直觉来看，天真唯物主义似乎很难与主观经验的现实相互协调。

但并非只存在这三种选项。如果物体的特性是在它与其他物体互动时产生的，那么精神现象和物理现象之间的区别就会大为缩小。不管是物理变量，还是心灵哲学家们称为"感质"的事物，即"我看到红色"这种基础的精神现象，都可以是复杂程度或高或低的自然现象。

从物理性到主观性不是质上的飞跃，主观性的要求仅仅是提高复杂程度（波格丹诺夫会说提高"组织"程度），而从最基础的层次开始，直到最复杂的层面，所有事物都存在于由视角构成的物理性世界中。

因此，在我看来，当我们问自己"我"与"物质"之间存在什么关系时，我们就在使用两个同样模糊混乱的概念，而造成关于意识本质问题之混乱的根源正在于此。

拥有可用以感知的感觉的"我"如果不是精神过程的协调统一的整体，又能是什么？当然，在我们思考自己的时候，直觉上就会有一种统一感，但这种直觉仅仅用我们身体的整合和我们心智的运作方式就可以解释——我们的意识在一个时间里只能做一件事。我相信，这个问题使用的第一个术语"我"是一个形而上学错误的遗留，是经常出现的、将一种"过程"误认为一个"实体"的错误遗留下的表达。马赫明确表示，"'我'是不能保留的（Das Ich ist unrettbar）"，即不能保留"我"这个概念。解决神经进程的问题之后再问自己意识是什么，就好像弄懂其背后的物理学之后再问自己雷阵雨是什么一样，都是没有意义的问题。画蛇添足地加上一个感觉的"拥有者"概念，就好像为雷阵雨这一现象加上"宙斯"这一动因一样。用查尔莫斯的话来说，就好比理解了雷阵雨的物理原理之后，还要解决如何把它与宙斯的愤怒联系起来这一"困难问题"。

我们的确拥有身为独立的"自我"的"直觉"。但如果这是真实的，那么"在雷阵雨背后存在宙斯"的"直觉"也是真的……地球是平的这一"直觉"也应该是真的。对世界的有效理解不能建立在盲目的"直觉"之上。如果我们关注的是心灵本质的问题，那么向自己的内心内省就是最糟糕的研究工具，因为内省就意味着挖掘自己最根深蒂固的偏见，然后沉湎其中。

但问题中的第二个词"简单物质"更是一种形而上学残留的错误概念。这种形而上学的基础是一种过于天真的物质观念，它认为作为宇宙终极实存的物质仅仅是由质量和运动确定的。这是错误的形而上学观念，因为它与量子力学相抵触。

如果我们从过程、事件，从**相对**特性、从由关系构成的世界的角度来思考，物理现象与精神现象之间的断裂就没有那么巨大了。我们可以把它们都看作由复杂的互动结构生成的自然现象。

我们对世界的了解被细分为不同的科学，而这些科学之间多少都互相联系。在这些构成我们认知的各部分之间的关系中，物理学在其中扮演的角色在某些方面被量子削弱了，又在某些方面被它丰富了。18世纪机械主义澄清所有事物基础的主张已经消失，相对地，量子力学对现实基本规则的理解或许有些令人不安，但它已经逐渐成长起来，这一理解更加丰富、微妙，它让我们能以一种更有条理的方式来思考这个世界。

在最基本的物理层面上，世界是由相互关联的网络构成的。在达尔文适者生存机制的背景下，与我们的存续相关的信息对我们是有意义的。德谟克里特在残篇115中说："Ο κόσμος ἀλλοίωσις, ὁ βίος ὑπόληψις." 意思是："宇宙就是变化，生命就是叙事。"宇宙就是相互作用，而生命将相互作用组织起来。我们就像用关系网编织出来的精致花边，而根据我们目前最合理的理解，现实也是由这种关系网构成的。

如果我远观一片森林，我看到的会是一条深绿色的天鹅绒缎子。当我走近这天鹅绒的时候，会看到它是由树干、树枝和树叶组成的。此外还有树皮、苔藓、四下纷飞的昆虫等，构成十分复杂。在每只瓢虫的每只眼睛里都有一个非常精巧的细胞结构与它的神经元相联，指导着它的生活。每个细胞都是一座城市，每个蛋白质都是由原子建成的城堡；每一个原子的原子核中都翻滚着疯狂的量子风浪，夸克和胶子如龙卷风般旋转纷飞，这就是量子场的震荡。而这一切都只不过是发生在一片小小的丛林中的事实，这片丛林位于一颗小小的行星之上，这颗行星围绕着一颗小恒星旋转，整个星系中有数千亿恒星，整个宇宙中有数万亿星系，每个星系中随处可见令人眼花缭乱的宇宙事件。在宇宙的任何一个角落，我们都会发现深不见底的、层次丰富的现实。

我们正在这些层次中辨认出一些规律，并且已经收集到了与之相关的信息，这让我们得以构建出由单个层次构成的连贯图像。每一个层次都是近似得来的结果。而现实实际上是不分层次的。我们划分出来的层次，分离出来的个体，都是大自然与我们相互联系的方式，它们与我们大脑对物理现象的呈现，也就是我们称为概念的东西相联。对现实层次的划分是相对于我们与之互动的方式而言的。

基础物理学也不例外。大自然总是遵循着它那些简单的规则，而事物的复杂性与总体规则没有关系。知道我的女朋友遵循麦克斯韦方程，并不能帮助我让她变得快乐。要学习发动机的工作原理，最好忽略掉构成它的基本粒子之间的核力。对世界的理解的各个层次之间是相互独立的，这证明了知识的自足性。在这种意义上，基础物理远比一个物理学家所愿意相信的更无力。

但各类知识之间也不存在真正的断裂：只有使用物理术语才可以理解化学的基础，只有使用化学术语才可以理解生物化学的基础，只有使用生物化学术语才可以理解生物学的基础，等等。有些学科分支我们理解得很好，其他的则不然。真正的断层是我们对它们理解的缺失。这就是与"意义"这一概念的物理基础相关问题的意义所在。

关系性视角让我们远离了主体-客体、物质-意识的二元论，以及看似无法化归为一的现实-思想或大脑-意识的二元论。如果我们连我们身体内部的进程与外部世界的关系都能解读，还有什么是仍待解读的呢？这些进程涉及的是我们的身体和外部世界，它们就是我们的身体对自己与环境之间的联系做出的反应和加工，是横跨于我们身体的外部与内部（以及内部与内部）之上的进程。我们的神经元信号里携带的相关信息内容组成了镜像游戏，而这些进程在这场游戏里所赋予自己的名字，如果不是"意识的现象学"，又会是什么呢？

这一论述显然并未解决大脑是如何运作的问题，而查尔莫斯称之为"简单"，但实际上绝不简单的问题也完全没有解决。对大脑的运作方式，我们依然知之甚少，但我们对其的了解正在越来越多，且所有知识完全符合已知的自然法则。我们没有理由怀疑自己的脑内活动中存在某些无法用已知的自然法则来解释的事物。

所有否定"用已知自然法则来理解我们的脑内活动"的可能性的意见，细细看来都只是"这听起来不太合理"这一笼统意见的老调重弹，而它所依据的仅仅是直觉，没有任何论点和论据作为支撑*。除非我们把一个令人感到悲哀的希望纳入考虑才能说得过去。这种主张是：脑内活动是由我们死后依然存在的、某种烟雾状的、非物质的实体构成的。而在我看来，这种观点不仅不合理（是真的很不合理），而且令人毛骨悚然。

正如本章引言中引用的美国哲学家艾里克·班克斯所说的话："无论心-身问题对我们来说是如何神秘，我们都应永远记住，这对大自然而言是一个业已解决的问题。留给我们解决的问题，只有理解大自然是如何做到这一点的。"

---

\* 托马斯·内格尔的《思想与宇宙：为何唯物主义新达尔文理论对自然的认知几乎肯定是错误的》（*Mind and Cosmos: Why the Materialist Neo-Darwinian Conception of Nature is Almost Certainly False*）（牛津：牛津大学出版社，2012）就是一个例子。这本书喋喋不休地重复"我觉得不可能，我觉得不可能"，但仔细阅读这部论著后，除能得出明确的、白纸黑字地对自然科学进步表现出来的无知、不理解和不感兴趣之外，无法发现任何真正可被称作论点或论据的段落。——作者注

# VII

我将试着给一个尚未结束的故事

写下结论。

# 1. 这真的可能吗？

我的朋友，我看你情绪起伏，

像是有事让你惊慌。高兴起来吧，我的孩子。

舞剧已经结束了。我们这些演员，

我先前告诉过你，原都是精灵，我们

都已如薄烟，飘散融入到空气之中。

就像这景象编织成的缥缈幻梦，

高耸入云的塔楼，美轮美奂的宫殿，

庄严神圣的神庙，和这伟大的星球本身。

没错，它所留有的一切，都会消散，

就像这场虚幻的盛会退场，

不留任何痕迹。构成我们的材料

与构成梦境的材料相同；我们短暂的人生

都裹绕在睡梦之中。*

神经科学最令人着迷的新进展之一与我们视觉系统的运

---

* 此处出自奇幻剧《暴风雨》第4幕第1景（威廉·莎士比亚著，方平译，上海：
上海译文出版社，2016），结合本书使用的语言有所改动。——译者注

作方式，即"我们是如何看的"这一问题有关。我们是如何能一眼看出我们面前的东西是书还是猫的呢？

我们似乎自然而然地抱有这样的想法：受体接收了照射在我们眼睛的视网膜上的光，并将它转化为信号，输出到我们大脑内部，而大脑内部的神经元以越来越复杂的方式对信息进行加工，到最后解读完成，辨认出我们看到的是什么物体。在此过程中，有的神经元可以识别区分不同颜色的线条，有的神经元可以识别这些线条构成的形状轮廓，有的神经元可以将这些轮廓与我们记忆中的数据进行对比……还有的神经元能最终对事物进行识别，如识别出某物是一只猫。

然而事实并非如此。大脑根本不是这样工作的。它的工作方式恰好相反，大部分信号并非由眼睛传输到大脑，而是反方向，从大脑传输到眼睛。[127]

真实发生的情况是，大脑基于先前已知的东西，期待看到某个事物。大脑处理出来一张它**预测**出来的眼睛应该看到的图像。这一信息从大脑出发，经过一些中间阶段发送给眼睛。**只有**在大脑检测到自己的预期与照进眼睛的光不相符时，神经回路才会给大脑输送信号。也就是说，从眼睛到大脑这一方向的线路上，输送的不是眼睛观测到的环境景象，而只是有可能会出现的与大脑预期不符的消息。

这一视觉运作方式的发现是一个惊喜。但随后一想，这明显是从环境中收集信息的有效方式。如果向大脑发送的信号只是再次验证了一些大脑已知的东西，这一过程又有什么意义？计算机科学家压缩图像文件使用的也是类似的方法。他们并非将所有像素的颜色都存入内存，而是仅记录那些**变化了**的像素颜色信息，这样需要记住的信息更少，但足以重建原图像。

而发现我们所见与世界之间的联系，是我们在概念认知上迈出的重要一步。当我们环顾四周时并非真的在"观察"，我们更像是以我们已知的东西（包括错误的偏见）为基础，编织出一个梦中的世界图景，并无意识地将所见与它仔细对比，以便在必要时纠正自己的图景。

换句话说，我们的所见不是对外部世界的重现，而是我们期望看到，并修正过我们所能捕捉到的与现实不符之处后的东西。与这一过程相关的信号输入不是为了**确认**我们已知的东西，而是为了报告与我们预期**不符**的东西。

不符之处有时是一个细节，如猫的一只耳朵动了；有时是一种警示信息，让我们直接跳跃到另外一种假设，如"啊！那不是一只猫，而是一只老虎"；有时是一种完全崭新的场景，而我们依然试图通过想象这一场景对我们可能具有的意义来理解它本身。我们是利用自己已知的信息来理解我们的瞳孔所接收到的事物的。

这甚至可能是大脑运作采用的一种普遍方式。例如，在所谓的 PCM（投射意识模型，Projective Consciousness Model）[128] 中，假设意识是大脑的一种持续试图预测信号输入的活动，而这一输入取决于世界的变化和我们自己身处的相对于世界的位置。我们在这种意义上构建了事物的预期图景，并不断以自己观察到的不同之处为基础，试图把预测的误差降到最低。

借用 19 世纪的法国哲学家依波利特·丹纳的话，我们可以说："对外部的感知是一种位于内部的、与外界事物和谐共存的梦境。我们不应将'幻觉'称为一种错误的感知，而应将外部感知称为'得到确认的幻觉'。"[129]

科学本质上只是我们看待世界的方式的延伸，因为我们试图寻找到自己的预期与我们从世界中收集到的信息之间的差别。我们拥有关于世界的图景，如果这种图景并不适用，我们就试着去改变它。人类的全部知识都是这样构建起来的。

我们每个人的大脑中都可以瞬间生成图景。而知识图景的增长则要慢得多，要通过数年、数十年、数百年全人类与现实的密切对话才能实现。第一种图景与个体经验的组织有关，最终形成个体的心理世界；第二种与社会经验的组织有关，最终建立了科学描述中的物理法则。（波格丹诺夫说过："心理法则与物理法则的区别可归结于个体组织起来的经验与社会组织起来的经验之间的区别。"[130]）但两种图景都是同一种东西，是我们不断更新、优化的我们脑内的现实导图，也就是我们的概念结构，它们的存在是为了关注我们观测到的自己的想法与现实之间的差异，所以也是为了更好地解读现实。[131]

有时这种差异是一个细节，于是我们就能掌握一个新的事实。有时重新探讨我们的预期图景，会触及到我们认知整个世界方式的概念结构本身，于是我们就要彻底更新对世界的深层观念。我们会发现全新的思考现实的导图，可以稍微更好地为我们展示这个世界。

这张全新的导图就是量子理论。

$$\hbar\hbar$$

量子理论呈现出来的世界图景当然会有些令人不安。我们需要抛弃我们觉得非常、非常自然的看法，即世界是由事物构成的。我们需要重新认识这一观念，将其视为陈旧的偏见，视为一辆我们再也不需要了的破旧的手推车。

世界坚实性的某一部分似乎消散无踪了，就像没入迷幻体验中的斑斓的彩虹色或紫色一样。这让我们感到震惊，就像本章开头引用的普罗斯佩罗的台词描写的那样："就像这景象编织成的缥缈幻梦，高耸入云的塔楼，美轮美奂的宫殿，庄严神圣的神庙，和这伟大的星球本身。没错，它所留有的一切，都会消散，就像这场虚幻的盛会退场，不留任何痕迹。"

这是莎士比亚最后一部作品《暴风雨》的结尾部分，也是文学史上最动人心魄的段落之一。普罗斯佩罗/莎士比亚在将观众带入幻象中，让他们忘乎所以之后，又宽慰他们说："我的朋友，我看你情绪起伏，像是有事让你惊慌。高兴起来吧，我的孩子。舞剧已经结束了。我们这些演员，我先前告诉过你，原都是精灵，我们都已如薄烟，飘散融入到空气之中。"最后自己也悠悠然消散，只留下这不朽的低语："构成我们的材料与构成梦境的材料相同；我们短暂的人生都裹绕在睡梦之中。"

在对量子力学进行漫长思考的最后，这就是我的感受。物理世界的坚不可摧似乎已经消散于空中，仿佛普罗斯佩罗口中耸入云霄的塔楼和瑰丽的官殿。现实碎裂成了一场镜像游戏。

但量子力学中没有伟大诗人描绘的华美场景，也没有探入人内心深处的词句。它也不是最近某些想象力过剩的理论物理学家的疯狂揣测。不，它是耐心的、理智的、以经验为依据的基础物理研究，正是它导致了现实实在性的解体。它是人类迄今为止发现的最出色的科学理论，是现代科技的基石，其可靠性是不容置疑的。

我认为是时候正视这一理论，并跳出理论物理学家、哲学家的狭窄圈子，在整个当代文化的复杂网络*中来讨论它，从中提纯出极为甘美又有些令人飘飘然的蜜汁。

---

\* 显然已经有很多思想路线或多或少受到了量子力学启发或源自量子力学。比如我发现，凯伦·巴拉德对玻尔思想的运用就一针见血，且十分迷人，参见《中途遇见宇宙》(*Meeting the Universe Halfway*)(Duke University Press, Durham, NC, 2007) 和《后人类主义的行动性：向理解物质如何成为物质迈进》(*Posthumanist Performativity: Toward an Understanding of How Matter Comes to Matter*)，刊于 Signs: Journal of Women in Culture and Society, 28, 2003, pp. 801-831。——作者注

希望我写下来的这些东西能稍稍对你们有些帮助。

我们目前发现的最佳描述现实的方式是用事件来编织出一张互动关系网。"实体"不过是这张网中转瞬即逝的节点。事物的特性只有在与其他事物发生互动时才会确定下来，每个事物都只是其他事物的映象。

每个图景都是局部的。不存在一种抛开视角观看事物的方式。没有绝对的、普适的观点。但是观点之间仍然会互相交流，知识与知识、知识与现实会相互对话，并在对话中调整自己、丰富自己，与现实保持和谐一致，而我们对现实的理解也由此而得到深化。

这一过程的主角不是区分于现实的主体，也不是超然的视角，而是现实本身的一部分，物竞天择教会它去关心有用的联系和有意义的信息。我们对现实的看法本身也是现实的一部分。

"我"的概念，我们的社会，我们的文化、精神、政治生活都是由关系构成的。

因此，几个世纪以来我们能够做到的一切都是在一张交互网络中完成的。因此，合作政治比竞争政治更明智、更有效……

因此，我认为，就连那个叛逆的、孤独的，曾经驱使我在青春期不断提出疯狂而寂寞的问题，曾经相信自己是完全独立自由的存在的……那个个体自我的思想本身，最终都会意识到自己不过是一张用网格编织成的网中泛起的小小涟漪……

多年前，青春期时促使我选择就读物理系的那些问题——现实的结构是什么？我们的心灵是如何工作、如何理解现实的——仍然有待解答。但我学到了一些东西。物理学没有让我失望。它让我痴迷、惊奇、迷惑、目瞪口呆、坐立难安，让我在不眠之夜中凝视黑暗，思考着"这真的可能吗？这让人怎么能相信呢"。这也是本书开头卡斯拉夫在南丫岛的沙滩上喃喃道出的问题。

我认为物理学是现实结构与思想结构之间的交织最为紧密的地方，也是这一交织不断接受进化试炼的地方。在这之中的旅行比我期盼的更令人惊奇、充满冒险。空间、时间、物质、思想、整个现实世界在我的眼前重组，宛如一个巨大又神奇的万花筒。对我来说，比起宇宙的浩瀚和它伟大的历史，比起爱因斯坦的非凡预言，量子理论才是将我们心中的思想地图置于重新彻底的讨论的核心要点。

用丹纳的话来说，经典的世界观已不再是得到确认的幻觉。目前为止，量子理论描绘的破碎的、非实质的世界才是更能与现实世界和谐共存的幻觉……

关于量子的发现为我们描绘的世界图景带来了一种眩晕、自由、喜悦、轻盈的感觉。"我的朋友，我看你情绪起伏，像是有事让你惊慌。高兴起来吧，我的孩子。"我实际上就像是跟随魔笛之声的孩子，被青春期的好奇心吸引，走向物理学，并发现了比我原本期望的还要更奇妙的魔法城堡。一个男孩在北海中神圣之岛的旅行为我们打开了量子理论世界的大门，而我认为这个世界无比美丽，并试图在这些篇章中讲述它的故事。

位置偏远、狂风肆虐的黑尔戈兰岛，在歌德笔下是地球上"大自然无边魅力彰显的一个例子"，他还认为，在这神圣之岛上可以展现出 Weltgeist[132]，即"世界精神"。谁知道呢，也许是这"世界精神"出声建议，帮助海森堡稍稍拂去了遮蔽我们双眼的阴霾……

每当原本坚不可摧的事物受到质疑，就会打开新的道路，让我们能够看得更远。我认为，看到原本貌似坚如磐石的实质分解消散，让我们能够更轻松地看待生命的短暂和轻柔的生命之泉的流动。

事物之间的相互联系、一个事物在另一个事物中投射的思想闪耀着明亮的光芒，这是冰冷的 18 世纪力学无法捕捉到的。

尽管它让我们目瞪口呆。尽管它给我们留下了深不可测的神秘。

# 致谢

感谢布鲁。感谢埃马努埃拉、李、卡斯拉夫、杰南、泰德、大卫、罗贝托、西蒙、尤金尼奥、奥雷利安、马西莫、恩里克的诸多协助。感谢安德烈为本书的出版提出诸多宝贵建议,感谢玛达雷娜对文本的润饰,感谢萨米的帮助并怀念与他的友情,感谢圭多为我指明人生之路,感谢15年前第一个愿意聆听这些想法的比尔,感谢韦恩的洞察力,感谢克里斯的热情好客,感谢安东尼诺出色的建议。感谢我的父亲,如今他仍在教导我何为肉体死亡而精神永在。感谢西莫内和亚历山大,他们是世界上最棒的研究小组。感谢我优秀的学生,感谢多年来同我探讨这类话题的物理和哲学领域的同事,感谢我出色的读者。感谢罗懿宸对本书中文译本的审读和修订。感谢所有编织出神奇的关系网的人,而本书只是这张网中的一条丝线。尤其感谢沃纳和亚历山大 *。

---

\* 此处指沃纳·海森堡和亚历山大·波格丹诺夫。——译者注

# 注释

1. 本条，以及后续各条海森堡的引言均来自 W. Heisenberg, *Der Teil und das Ganze*, Piper, München, 1969，个别地方有极小幅度的改动。

2. N. Bohr, *The Genesis of Quantum Mechanics*, 收录于 *Essays 1958-1962 on Atomic Physics and Human Knowledge*, Wiley, New York, 1963, pp. 74-78; 意大利语译本：*La genesi della meccanica quantistica*，收录在 *I quanti e la vita*, Boringhieri, Torino, 1965, pp. 190-191。

3. W. Heisenberg, *Über quantentheoretische Umdeutung kinematischer und mechanischer Beziehungen*, 收录于 Zeitschrift für Physik, 33, 1925, pp. 879-893。

4. M. Born 和 P. Jordan, *Zur Quantenmechanik*, 收录于 Zeitschrift für Physik, 34, 1925, pp. 858-888。

5. P.A.M. Dirac, *The Fundamental Equations of Quantum Mechanics*, 收录于 Proceedings of the Royal Society A, 109, 752, 1925, pp. 642-653。

6. 狄拉克意识到海森堡的表格以不变的方式表现变量，这让他想起他在泊松的一堂高级力学课上听到的拓展知识。73 岁高龄的狄拉克以一种愉快的口吻讲述那些命途多舛的年月的视频可见 https://www.youtube.com/watch?v=vwYs8tTLZ24。

7. M. Born, *My Life: Recollections of a Nobel Laureate*, Taylor & Francis, London, 1978, p. 218.

8. W. Pauli, *Über das Wasserstoffspektrum vom Standpunkt der neuen Quantenmechanik*, 收录于 Zeitschrift für Physik , 36, 1926, pp. 336-363, 文章中的计算展现了泡利精湛的技巧。

9. 引自 F. Laudisa, *La realtà al tempo dei quanti: Einstein, Bohr e la nuova immagine del mondo*, Bollati Boringhieri, Torino, 2019, p. 115。

10. A. Einstein, *Corrispondenza con Michele Besso (1903-1955)*, Guida, Napoli, 1995, p. 242.

11. N. Bohr, *The Genesis of Quantum Mechanics*, cit., p.75; 意大利译本 p. 191。

12. 狄拉克称之为"q 数（q-numbers）"，更现代化的说法是"算子"，更笼统的说法是非交换代数的变量，我将在第 IV 章讲决定这一代数的等式。

13. W.J. Moore, *Schrödinger, Life and Thought*, Cambridge University Press, Cambridge, 1989; 意大利语译本：*Erwin Schrödinger scienziato e filosofo*, B. Bertotti 和 U. Curi 主编 , Il poligrafo, Padova, 1994。

14. E. Schrödinger, *Quantisierung als Eigenwertproblem (Zweite Mitteilung)*, 引自 Annalen der Physik, 384, 6, 1926, pp. 489-527。

15. 即颠倒了程函方程的近似过程。

16. E. Schrödinger, *Quantisierung als Eigenwertproblem (Erste Mittei-lung)*, 引自 Annalen der Physik, 384, 4, 1926, pp. 361-376。薛定谔起初推导的是相对论性方程，但他确信这一方程是错误的。随后他仅局限于推导非相对论性方程，就得出了正确的结果。

17. E. Schrödinger, *Über das Verhältnis der Heisenberg-Born-Jordan-schen Quantenmechanik zu der meinen*, 引自 Annalen der Physik, 384, 5, 1926, pp. 734-756。

18. 在本书中，$\psi$ 既指代波函数，即以电子位置为基础的量子状态，也指代抽象的量子状态，即希尔伯特空间中的一个向量。考虑到在后文的描述中二者区别不大，故而合并。

19. George Uhlenbeck, 引自 A. Pais, *Max Born's Statistical Interpretation of Quantum Mechanics*, 收录于 Science, 218, 1982, pp. 1193-1198。

20. 引自 M. Kumar, *Quantum: Einstein, Bohr, and the Great Debate about the Nature of Reality*, Icon Books, London, 2010; 意大利语译本：*Quantum. Da Einstein a Bohr, la teoria dei quanti, una nuova idea della realtà*, Mondadori, Milano, 2017, p. 155。

21. 同上，p. 218。

22. E. Schrödinger, *Nature and the Greeks and Science and Humanism*, Cambridge University Press, Cambridge, 1996.

23. M. Born, *Quantenmechanik der Stoßvorgänge*, 引自 Zeitschrift für Physik, 38, 1926, pp. 803-827。

24. 波函数 $\psi(x)$ 的平方模给出的是在特定点 $x$ 可观测到粒子的概率。

25. 现在赌场已修改规则，类似做法已成违法行为。

26. 同理，海森堡的理论也是根据先前已观测到的量，给出可能会出现的粒子的概率。

27. $B = 2h\,\nu^3 c^{-2}/(e^{h\nu/kT}-1)$。

28. M. Planck, *Über eine Verbesserung der Wien'schen Spect ralgleichung*, 引自 Verhandlungen der Deutschen Physikalischen Gesellschaft, 2, 1900, pp. 202-204。

29. $E = h\nu$。

30. A. Einstein, *Über einen die Erzeugung und Verwandlung des Lichtes betreffenden heuristischen Gesichtspunkt*, 引自 Annalen der Physik, 322, 6, 1905, pp. 132-148。

31. 光电效应是基于光电管发生的现象：光照在特定金属上会产生微小的电流。但奇怪的是，低频率的光，无论光强有多大，它照在金属上都不会出现这样的现象。根据爱因斯坦的理解，这是因为，不管光子的数量有多少，低频率的光子能量都更低，这些能量都不足以将电子从原子中抽离出来。

32. N. Bohr, *On the Constitution of Atoms and Molecules*, 引自 Philosophical Magazine and Journal of Science, 26, 1913, pp. 1-25。

33. 随后他的发言被整理发表为 N. Bohr, *The Quantum Postulate and the Recent Development of Atomic Theory*, 收录于 Nature, 121, 1928, pp. 580-590。

34. P.A.M. Dirac, *Principles of Quantum Mechanics*, Oxford University Press, Oxford, 1930.

35. J. von Neumann, *Mathematische Grundlagen der Quantenmechanik*, Springer, Berlin, 1932.

36. J. Bernstein, *Max Born and the Quantum Theory*, 引自 American Journal of Physics, 73, 2005, pp. 999-1008。

37. 按原文中图片从左至右的顺序分别为：
P.A.M. Dirac,《量子力学原理》(*I principi della meccanica quantistica*), Bollati Boringhieri, Torino, 1968;
L.D. Landau e E.M Lifšits, *Meccanica quantistica*, Editori Riuniti, Roma, 1976;
A. Messiah, *Quantum Mechanics*, vol. I, North Holland Publishing Company, Amsterdam, 1967;
E.H. Wichmann, *Fisica quantistica, in La fisica di Berkeley*, Zanichelli, Bologna, vol. IV, 1973;
R. Feynman, *La Fisica di Feynman*, Addison-Wesley, London, vol. III, 1970.

38. 引自 A. Pais, *Ritratti di scienziati geniali. I fisici del XX secolo*, Bollati Boringhieri, Torino, 2007, p. 31。

39. E. Schrödinger, *Die gegenwärtige Situation in der Quantenmechanik*, 引自 Naturwissenschaften, 23, 1935, pp. 807-812。

40. 正因为如此，我们不鼓励将量子力学理念套用在日常生活之中。我们无法观测到干涉现象，所以可以直接将"醒－睡"猫的量子态叠加这个概念直接替换为"不知道猫是否睡着"。消去受大量环境变量影响的物体的干涉现象是完全可以理解的做法。这种做法的专有名词叫作"量子退相干"。

41. 有许多书都详尽地还原了这场历史性的大辩论，如 Manjit Kumar 出色的 *Quantum* 和近期出版的 Federico Laudisa 的 *La realtà al tempo dei quanti*。Laudisa 倾向于支持爱因斯坦直观感受到的原理，而我则更愿意追随玻尔和海森堡的脚步。

42. D. Kaiser, *How the Hippies Saved Physics: Science, Counterculture, and the Quantum Revival*, W.W. Norton & Co, New York, 2012.

43. 近期捍卫这一解读的一本科普书目是 Sean Carroll 的 *Something Deeply Hidden: Quantum Worlds and the Emergence of Spacetime* (Dutton Books, New York, 2019)。

44. 只用波函数 $\psi$ 和薛定谔方程来定义和使用量子理论是不够的，必须详细说明一个能代入可观测量的代数，否则将无法计算出结果，也无法将之与我们所经历的现象联系起来。在其他阐释中这一可观测量代数都很明确，但我在多重世界阐释中没有找到关于它的明确说明。

45. 可在 David Z. Albert 的 *Quantum Mechanics and Experience* (Harvard University Press, Cambridge-London, 1992) 查看介绍并捍卫博姆阐释的内容。

46. 在量子理论的阐释中，我们与粒子相互影响的方式十分微妙，且通常都不是很清楚：测量仪器的波会与电子的波相互影响，但决定仪器运作的是描述电子位置的完整波值，因此电子的实际位置的演变决定了整体波函数的值。

47. 还存在另一种可能性，那就是量子力学只是一种近似现象，隐变量其实存在于某种特定的规则中。但到目前为止，这些对量子力学所能预测到的事物的改动还没有出现。

48. 即微粒的总体排布的空间。

49. 这些理论存在诸多不同版本，但都有些不完整和牵强附会。最著名的版本有两个：一个是由意大利物理学家贾恩卡洛·吉拉尔迪尼、阿贝尔托·里米尼和图里奥·韦伯共同提出的自定域力学；另一个是由罗杰·彭罗斯提出的，他假设塌缩是当时空中两种量子态叠加超过阈值时引力造成的现象。

50. C. Calosi 和 C. Mariani, *Quantum Relational Indeterminacy*, 收录于 Studies in History and Philosophy of Science. Part B: Studies in History and Philosophy of Modern Physics, 2020。

51. 更准确地说，波函数 $\psi$ 的值与经典力学中的哈密顿主函数 $S$ 相似，都是一种计算工具，而不可被认为是存在的实体。欲求证之，可观察发现，哈密顿主函数 $S$ 事实上是波函数 $\psi$ 的经典极限：$\psi \sim \exp(iS/\hbar)$。

52. 即费希特、谢林和黑格尔的唯心主义。

53. 关于量子力学的相关性阐释可参见 E.N. Zalta 主编的 *The Stanford Encyclopedia of Philosophy* 中"关系性量子力学（Relational Quantum Mechanics）"的词条，网址：www.plato.stanford.edu/archives/win2019/entries/qm-relational/。

54. N. Bohr, *The Philosophical Writings of Niels Bohr*, Ox Bow Press, Woodbridge, vol. IV, 1998, p. 111.

55. 此处我所指的特性是可变化的量，也就是被状态空间方程描述的特性，而不是像非相对论性的粒子的质量一样不变的特性。

56. 如果一块石头与另一块石头进行互动，并在此事件中改变了它，那么这次事件就是真实的。如果一个事件的发生所产生的干涉现象并不发生在这块石头上，而是发生在别处，那么这一事件相对这块石头而言就不是真实的。

57. A. Aguirre, *Cosmological Koans: A Journey to the Heart of Physical Reality*, W.W. Norton & Co, New York, 2019.

58. E. Schrödinger, *Nature and the Greeks and Science and Humanism*, 见注释 22。

59. 事件 e1 "是相对 A 的，不是相对 B 的"。这句话的意思是：e1 与 A 互动，如存在一个事件 e2 能与 B 互动，那么 e1 就不可能已经与 B 互动。

60. 第一个意识到波函数 $\psi$ 的相对性的是 20 世纪 50 年代中期在美国取得博士学位的年轻学生休·艾弗雷特三世。他的博士论文《基于相对态的量子力学公式》对量子理论的相关讨论产生了很大影响。

61. C. Rovelli, *Che cos'è la scienza. La rivoluzione di Anassimandro*, Mondadori, Milano, 2011.

62. Juan Yin, Yuan Cao, Yu-Huai Li 及其他，*Satellite-based Entanglement Distribution Over 1200 Kilometers*, 引自 Science, 356, 2017, pp. 1140-1144。

63. J.S. Bell, *On the Einstein Podolsky Rosen Paradox*, 引自 Physics Physique Fizika, 1, 1964, pp. 195-200。

64. 贝尔不等式的话题十分细致、专业，也十分可靠。感兴趣的读者可以在《斯坦福哲学百科全书》（*Stanford Encyclopedia of Philoso-*

*phy*，网址：https://plato.stanford.edu/entries/bell-theorem/）等参考资料中找到更多细节描述。

65. 两个物体的波函数不存在于两个希尔伯特空间的张量和 $H_1 \oplus H_2$ 中，而是张量积 $H_1 \otimes H_2$ 中。在任意基矢上，两个系统的总波函数形式表达不是 $\psi_{12}(x_1, x_2) = \psi_1(x_1)\psi_2(x_2)$，而是更为一般、更具有普遍性的形式 $\psi_{12}(x_1, x_2)$，其数学表达式是乘积态 $\psi_{12}(x_1, x_2) = \psi_1(x_1)\psi_2(x_2)$ 的线性组合，或者说线性叠加。换句话说，更普遍的形式 $\psi_{12}(x_1, x_2)$ 包含了量子纠缠。

66. 在分析哲学中，相关性不是在单个物体上突然出现的一种状态。相关性必须来自外部，而非内部。

67. 在表达式 $|A\rangle \otimes |OA\rangle + |B\rangle \otimes |OB\rangle$ 所表述的情况中，$A$ 和 $B$ 指代的是观测者的特性，$OA$ 和 $OB$ 是观测者与这些特性有关的变量，对 $A$ 的观测使整个物理系统坍缩为表达式 $|A\rangle \otimes |OA\rangle$，因此这个式子表达的情况是：对观测者变量的进一步观察使状态变为 $OA$。

68. 这里提到的"相对信息"概念是香农在一篇介绍信息理论的经典论文中提出的：C.E. Shannon，《通讯的数学原理》（*A Mathematical Theory of Communication*），引自 The Bell System Technical Journal, 27, 1948, pp. 379-423。香农主张称，他对"信息"的定义与精神和语义学无关。

69. C. Rovelli,《关系性量子力学》（*Relational Quantum Mechanics*），引自 International Journal of Theoretical Physics, 35, 1996, pp. 1637-1678，网址：https://arxiv.org/abs/quant-ph/9609002，本书作者在这篇文章中引入了这两个公理。

70. "物理实体"指"相空间体积不变"的物体。任何一个物理系统都可以合理地近似看作相空间体积不变的物体。

71. 比如，如果对粒子的自旋沿两个不同方向进行两次观测，那么第二次观测的结果会使第一次观测的结果变得与对之后自旋观测结果的预测无关。

72. 以下各引文的作者独立提出了与注释69中相似的概念：A. Zeilinger, *On the Interpretation and Philosophical Foundation of Quantum Mechanics*, 引自 Vastakohtien todellisuus, Festschrift for K.V. Laurikainen, U. Ketvel 等 编，Helsinki University Press, Helsinki, 1996; Č. Brukner 和 A. Zeilinger, *Operationally Invariant Information in Quantum Measurements*, 引自 Physical Review Letters, 83, 1999, pp. 3354-3357。

73. 更确切地说，任何物理系统的任何自由度在它所在相空间的状态精准度都不可能大于 $\hbar$（约化普朗克常数 $\hbar$ 的量纲是相空间的体积）。

74. W. Heisenberg, *Über den anschaulichen Inhalt der quantentheoretischen Kinematik und Mechanik*, 引自 Zeitschrift für Physik, 43, 1927, pp. 172-198。

75. 一开始海森堡和玻尔是从实际的角度解释"测量一个变量会改变另一个变量"的。他们认为，由于世界是由粒子构成的，那么就没有任何一种足够精细的观测方式能在不改变被观测物体的前提下进行观测。但爱因斯坦坚持对此进行批评，这迫使他们认识到事实真相更为微妙。海森堡提出的原理并不意味着位置和速度不具有确切的值，我们无法同时得知它们的值，是因为测量其中一个就会改变另一个。不确定性原理的意思是，量子微粒永远不具有完全确定的位置和速度。物理变量中的某些部分永远都是不确定的。这一部分只有在互动中才能得以确定，但同时又会出现某个不确定的部分。

76. 可观测量构成了一个非交换代数。

77. "量子退相干"现象很好地澄清了这一点，即在存在众多变量的环境中无法观测到量子干涉现象。

78. 这就是中心极限定理。这一定理的简化版本是：$N$ 个变量总和的涨落通常与 $\sqrt{N}$ 一同增长，这意味着当 $N$ 值极大时，涨落的平均值会归零。

79. V. Il'in, *Materializm i empiriokriticizm*, Zveno, Moskva, 1909; 意大利语译本：V. Lenin, *Materialismo ed empiriocriticismo*, Editori Riuniti, Roma, 1973。

80. A. Bogdanov, *Empiriomonizm. Stat'i po filosofii*, S. Dorovatovskij i A. Ñarušnikov, Moskva-Sankt Peterburg, 1904-1906; 英语译本：*Empiriomonism: Essays in Philosophy, Books 1-3*, Brill, Leiden, 2019。

81. E.C. Banks, *The Realistic Empiricism of Mach, James, and Russell: Neutral Monism Reconceived*, Cambridge University Press, Cambridge, 2014。这本书敏锐地论述了马赫的观点，并对其思想做了颇为有趣的重新评估。

82. "大西洋上空有一个低压槽，它向东移动，和笼罩在俄罗斯上空的高压槽汇合，还看不出有向北移避开这个高压槽的迹象。等温线和等夏温线对此负有责任。空气温度与年平均温度，与最冷月份和最热月份的温度以及周期不定的月气温变动处于一种有序的关系之中。太阳、月亮的升起和下落，月亮、金星、土星环的亮度变化以及许多别的重要现象都与天文年鉴里的预言相吻合。空气里的水蒸气达到最大膨胀力，空气的湿度是低的。一句话，这句话颇能说明实际情况，尽管有一些不时髦：这是 1913 年 8 月里的一个风和日丽的日子。"（引自 R. Musil, *DerMann ohne Eigenschaften*, Rowohlt, Berlin, vol. I, 1930；中文译本：罗伯特·穆齐尔，《没有个性的人》，张荣昌译，北京，作家出版社，2000，p. 4；意大利语译本：*L'uomo senza qualità*, Einaudi, Torino, vol. I, 1957, p. 5。）

83. F. Adler, *Ernst Machs Überwindung des mechanischen Materialismus*, Brand & Co, Wien, 1918.

84. E. Mach, *Die Mechanik in ihrer Entwicklung historischkritisch dargestellt*, Brockhaus, Leipzig, 1883；意大利语译本：*La meccanica nel suo sviluppo storico-critico*, Bollati Boringhieri, Torino, 1977。

85. E.C. Banks, *The Realistic Empiricism of Mach, James, and Russell*, 见注释 81。

86. B. Russell, *The Analysis of Mind*, Allen & Unwin-The Macmillan Company, London-New York, 1921.

87. A. Bogdanov, *Vera i nauka (O knige V. Il'ina « Materializm i empiriokriticizm »*, 收录于 Padenie velikogo fetišizma (Sovremennyj krizis ideologii), S. Dorovatovskij i A. Ñarušnikov, Moskva, 1910；意大利语译本参考：*Fede e scienza. La polemica su « Materialismo ed empiriocriticismo » di Lenin*, in A. Bogdanov et al., Fede e scienza, Einaudi, Torino, 1982, pp. 55-148。另有 A. Bogdanov, *PrikljuÉenija odnoj filosofskoj školy*, Znanie, Sankt Peterburg, 1908, 该文对马赫的思想进行了细致的讨论；意大利语译本参

考：*Le avventure di una scuola filosofica*, 收录于 Fede e scienza, 见前引 , pp. 149-204。

88. E. Mach, *Die Mechanik in ihrer Entwicklung historischkritisch dargestellt*, 见注释 84；意大利语译本同见注释 84。

89. 如果仍觉证据不足，可重读注释 84 中提及的书籍《力学史评》（*La meccanica nel suo sviluppo storico-critico*）。这本书似乎是一位出色而勤勉的学生基于爱因斯坦的广义相对论做出的解释。只是……这本书写成于 1883 年，比爱因斯坦理论的发表要早 32 年。

90. D.W. Huestis, *The Life and Death of Alexander Bogdanov, Physician*, 引自 Journal of Medical Biography, 4, 1996, pp. 141-147。

91. 参见 https://brill.com/view/book/edcoll/9789004300323/front-7.xml。

92. K.S. Robinson, *Red Mars; Green Mars; Blue Mars*, Spectra, New York, 1993-1996; 意大利语译本：*Il rosso di Marte; Il verde di Marte; Il blu di Marte*, Fanucci, Roma, 2016-2017。

93. D. Adams, *The Salmon of Doubt: Hitchhiking the Galaxy One Last Time*, Del Rey, New York, 2005.

94. 例如，爱因斯坦用"光盒"理想实验提出反对，玻尔对此进行解释的论点就是错误的。玻尔提到的是广义相对论，但实际上这个问题与广义相对论根本没有关系，与之相关的是远距离物体之间的量子纠缠现象。

95. N. Bohr, *The Philosophical Writings of Niels Bohr*, 见注释 54, p. 111。

96. M. Dorato, *Bohr meets Rovelli: a dispositionalist accounts of the quantum limits of knowledge*, 引自 Quantum Studies: Mathematics and Foundations, 7, 2020, pp. 233-245; 网址: https://doi.org/10.1007/s40509-020-00220-y。

97. 对亚里士多德来说，关系性是实质存在的特性之一，是实质性存在的一部分相对其他存在的特性（《范畴篇》，7, 6a, 36-37）。亚里士多德认为，在所有范畴中，关系性是拥有"较少存在性和现实"的（《形而上学》，XIV, 1, 1088a, 22-24, 30-35）。我们能得出什么不同的观点吗？

98. C. Rovelli, *Relational Quantum Mechanics*, 见注释69; "Relational Quantum Mechanics" 词条，收录于 The Stanford Encyclopedia of Philosophy，见注释53。

99. B.C. van Fraassen, *Rovelli's World*, 收录于 Foundations of Physics, 40, 2010, pp. 390-417；网址: www.princeton.edu/~fraassen/abstract/Rovelli_sWorld-FIN.pdf。

100. M. Bitbol, *De l'intérieur du monde: Pour une philosophie et une science des relations*, Flammarion, Paris, 2010.（我已经在第 III 章讨论了量子力学的相对性内容。）

101. F.-I. Pris, *Carlo Rovelli's quantum mechanics and contextual realism*, 收录于 Bulletin of Chelyabinsk State University, 8, 2019, pp. 102-107。

102. P. Livet, *Processus et connexion*, 收录于 *Le renouveau de la métaphysique*, 主编: S. Berlioz, F. Drapeau Contim 和 F. Loth, Vrin, Paris, 2020。

103. M. Dorato, *Rovelli's Relational Quantum Mechanics, Anti-Monism, and Quantum Becoming*, 引自 The Metaphysics of Relations, A. Marmodoro 和 D. Yates 主编, Oxford University Press, Oxford, 2016, pp. 235-262；网址：http://arxiv.org/abs/1309.0132。

104. 参见：S. French, J. Ladyman, *Remodeling Structural Realism: Quantum Physics and the MetaRovelli physics of Structure*, 收录于 Synthese, 136, 2003, pp. 31-56；S. French, *The Structure of the World: Metaphysics and Representation*, Oxford University Press, Oxford, 2014。

105. L. Candiotto, *The Reality of Relations*, 刊载于 Giornale di Metafisica, 2, 2017, pp. 537-551；网址：philsci-archive.pitt.edu/14165/。

106. M. Dorato, *Bohr meets Rovelli*, 见注释 96。

107. J.J. Colomina-Almiñana, *Formal Approach to the Metaphysics of Perspectives: Points of View as Access*, Springer, Heidelberg, 2018.

108. A.E. Hautamäki, *Viewpoint Relativism: A New Approach to Epistemological Relativism based on the Concept of Points of View*, Springer, Berlin, 2020.

109. S. French e J. Ladyman, *In Defence of Ontic Structural Realism, in Scientific Structuralism*, A. Bokulich 和 P. Bokulich 主编, Springer, Dordrecht, 2011, pp. 25-42; J. Ladyman 和 D. Ross, *Every Thing Must Go: Metaphysics Naturalized*, Oxford University Press, Oxford, 2007。

110. J. Ladyman, *The Foundations of Structuralism and the Metaphysics of Relations*, 收录于 The Metaphysics of Relations, 见注释 103。

111. M. Bitbol, *De l'intérieur du monde*, 见注释 100。

112. L. Candiotto 和 G. Pezzano, *Filosofia delle relazioni*, il nuovo mel-angolo, Genova, 2019。

113. Platone, *Sofista*, 247 d-e.

114. C. Rovelli, L'ordine del tempo, Adelphi, Milano, 2017.

115. E.C. Banks, *The Realistic Empiricism of Mach*, James, and Rus-sell, 见注释81。

116. Nāgārjuna, *Mūlamadhyamakakārikā*; 英语译本: J.L. Garfield, *The Fundamental Wisdom of the Middle Way: Nagarjuna's «Mūlamadhyamakakārikā»*, Oxford University Press, Oxford, 1995。

117. 同上，XVIII, 7。

118. E.C. Banks, *The Realistic Empiricism of Mach, James, and Russell*, 见注释81，结论部分。

119. Ch. Darwin, *The Origin of Species by Means of Natural Selection*, Murray, London, 1859.

120. "（可能有）一些存在，其中的一切似乎都是为了一个目的而组织起来的，但事实上，它们是随机形成的结构，构成它们的事物如果没有被恰当地组织起来的话，要么已经灭亡，要么即将消亡，正如恩培多克勒的'人面小牛'一样。"亚里士多德，《物理学》，II, 8, 198b, 29-32。

121. 同上条，II, 8, 198b, 35。

122. 本节内容可参考卡洛·罗韦利的文章: *Meaning and Intentionality*

= *Information + Evolution*,收录于 *Wandering Towards a Goal*, A. Aguirre, B. Foster 和 Z. Merali 编,Springer, Cham, 2018, pp. 17-27。此处的例子和想法的灵感来自于 David Wolpert 在题为 *Observers as systems that acquire information to stay out of equilibrium* 的研讨会上的发言,该研讨会在 *The physics of the observer* 会议期间举行,会议于 2016 年在加拿大班夫举办。

123. D.J. Chalmers, *Facing Up to the Problem of Consciousness*,收录于 Journal of Consciousness Studies, 2, 1995, pp. 200-219。

124. J.T. Ismael, *The Situated Self*, Oxford University Press, Oxford, 2007.

125. M. Dorato, *Rovelli's Relational Quantum Mechanics, Anti-Monism, and Quantum Becoming*,见注释 103。

126. Th. Nagel, *What Is It Like to Be a Bat?*,收录于 The Philosophical Review, 83, 1974, pp. 435-450; 意大利语译本:*Com'è essere un pipistrello?, in Mente e corpo. Dai dilemmi della filosofia alle ipotesi della neuroscienza*, A. De Palma、G. Pareti 编, Bollati Boringhieri, Torino, 2004, pp. 164-180。

127. 参见 A. Clark, *Whatever next? Predictive Brains, Situated Agents, and the Future of Cognitive Science*,收录于 Behavioral and Brain Sciences, 36, 2013, pp. 181-204。

128. D. Rudrauf, D. Bennequin, I. Granic, G. Landini 等, *A Mathematical Model of Embodied Consciousness*,刊于 Journal of Theoretical Biology, 428, 2017, pp. 106-131; K. Williford, D. Bennequin, K. Friston, D. Rudrauf, *The Projective Consciousness Model*

*and Phenomenal Selfhood*, 刊于 Frontiers in Psychology, 2018。

129. H. Taine, *De l'intelligence*, Librairie Hachette, Paris, vol. II, 1870, p. 13.

130. A. Bogdanov, *Empiriomonizm. Stat'i po filosofii*, 见注释 80；英语译本见注释 80, p. 28。

131. 有关图景与科学的关系可参考课程 *Appearance and Physical Reality*, 网址：https://lectures.dar.cam.ac.uk/video/100/appearance-and-physicalreality, 被收录于正待在剑桥出版社出版的达尔文学院讲座（Darwin College Lectures）的 *Vision* 系列中。

132. J.W. Goethe, 1827 年 5 月 3 日写给克里斯蒂安·迪特里希·冯·布特尔的信札，收录于 *Gedenkausgabe der Werke, Briefe und Gespräche*, E. Beutler 编, Artemis, Zürich, vol. XXI, 1951, p. 741；1827 年 10 月 24 日写给卡尔·弗里德里希·泽尔特的信札，收录书目同上，p. 767。

**更好的阅读**

文治
磨铁图书旗下子品牌

出 品 人　沈浩波

特约监制　潘　良　于　北

产品经理　何青泓

特约编辑　李芳芳

版权支持　高　蕙　侯瑞雪

营销支持　金　颖　黄筱萌　黑　皮

关注我们

官方微博：@文治图书
官方豆瓣：文治图书
联系我们：wenzhibooks@xiron.net.cn

著作权合同登记号 图字：11-2023-045

**图书在版编目（CIP）数据**

量子物理如何改变世界 /（意）卡洛·罗韦利著；
王子昂译 . -- 杭州：浙江科学技术出版社，2023.4（2024.6重印）
ISBN 978-7-5739-0536-9

Ⅰ.①量… Ⅱ.①卡…②王… Ⅲ.①量子论—普及
读物 Ⅳ.① O413-49

中国国家版本馆 CIP 数据核字 (2023) 第 026182 号


书　　名　量子物理如何改变世界
著　　者　[意] 卡洛·罗韦利
译　　者　王子昂

| 出　　版 | 浙江科学技术出版社 | 网　　址 | www.zkpress.com |
|---|---|---|---|
| 地　　址 | 杭州市体育场路 347 号 | 联系电话 | 0571-85176593 |
| 邮政编码 | 310006 | 印　　刷 | 河北鹏润印刷有限公司 |
| 开　　本 | 860mm×1092mm　1/32 | 印　　张 | 6.75 |
| 字　　数 | 150 000 | | |
| 版　　次 | 2023 年 4 月第 1 版 | 印　　次 | 2024 年 6 月第 5 次印刷 |
| 书　　号 | ISBN 978-7-5739-0536-9 | 定　　价 | 62.00 元 |
| 责任编辑 | 卢晓梅 | 责任校对 | 李亚学 |
| 责任美编 | 金　晖 | 责任印务 | 叶文炀 |